现代生物技术

郑艳冰　孙　倩　主　编

中国纺织出版社

内 容 提 要

本书共十二章，第一章为绪论，第二章～第七章分别介绍了基因工程、细胞工程、微生物和发酵工程、酶工程、蛋白质工程和生物分离工程。第八章～第十一章介绍了现代生物技术在食品领域、化学领域、疾病治疗领域、环境领域的应用，第十二章分析了现代生物技术的专利保护及安全性问题探究，以此让读者在了解生物技术相关理论知识的同时，也对其应用领域、相关法规和安全性方面有更深入、更全面的了解和认识。

本书力求内容全面新颖，概念准确、文字通俗易懂，尽可能地反映现代生物技术各领域的最新研究进展。

图书在版编目(CIP)数据

现代生物技术 / 郑艳冰，孙倩主编. —北京 ：中国纺织出版社，2019.5（2024.4重印）

ISBN 978-7-5180-5535-7

Ⅰ. ①现… Ⅱ. ①郑… ②孙… Ⅲ. ①生物工程 Ⅳ. ①Q81

中国版本图书馆 CIP 数据核字(2018)第 250443 号

责任编辑：闫　婷　　责任校对：楼旭红
责任印制：王艳丽

中国纺织出版社出版发行
地址：北京市朝阳区百子湾东里 A407 号楼　邮政编码：100124
销售电话：010—67004422　传真：010—87155801
http://www.c-textilep.com
E-mail:faxing@ c-textilep.com
中国纺织出版社天猫旗舰店
官方微博 http://weibo.com/2119887771
北京兰星球彩色印刷有限公司印刷　各地新华书店经销
2019 年 5 月第 1 版　2024 年 4 月第 3 次印刷
开本：787×1092　1/16　印张：17.75
字数：331 千字　定价：89.00 元

前　言

生物工程技术是21世纪高新技术革命的核心内容，生物技术产业是21世纪的支柱产业。在人类面临的粮食短缺问题、健康问题、环境问题、资源问题、人口问题和能源问题等方面，生物工程技术显示出强大的作用。生物技术广泛应用于医药卫生、农林牧渔、轻工食品、化工和能源等领域，可促进传统产业的技术改造和新兴产业的形成，对人类社会生活产生了深远的影响。生物工程与人们的日常生活、经济和社会的发展关系密切，它几乎渗透到所有的学科。在21世纪各行各业、各个学科领域涌现出了更多杰出的人才，参与到与生命科学交叉的边缘领域的研究和开发中来。

现代生物技术理论性强，而且在各个领域的应用也是推动其自身发展的动力。本书写作的指导思想是：力求内容全面而新颖、概念准确、文字通俗易懂，尽可能地反映现代生物技术各领域的最新研究进展。本书共十二章，第一章为绪论，第二章～第七章分别介绍了基因工程、细胞工程、微生物和发酵工程、酶工程、蛋白质工程和生物分离工程。第八章～第十一章介绍了现代生物技术在食品领域、化学领域、疾病治疗领域、环境领域的应用，第十二章分析了现代生物技术的专利保护及安全性问题探究，以此让读者在了解生物技术相关理论知识的同时，也对其应用领域、相关法规和安全性方面有更深入、更全面的了解和认识。

在编写过程中参考了一些前人的成果和论述，同时也得到了许多人的支持，在此表示衷心的感谢。现代生物技术的内容极为丰富且发展迅速，由于篇幅所限，书中不可能一一详细论述探讨，有许多内容也必须精简。由于编者水平有限，书中难免有不妥之处，还请读者多批评指正，以使本书不断完善。

编　者

目录

第一章　绪　论

在20世纪最后的二十几年时间中，现代生物技术以前所未有的速度迅猛发展，一批新兴的现代生物技术产业已经或正在形成。现代生物技术取得的一个接一个令人瞩目的成就，推动着科学的进步，促进着经济的发展，改变着人们的思维与生活方式，影响着人类社会的发展进程。现代生物技术的研究与开发(research and development，R&D)已经成为世界性潮流，不论是发达国家还是发展中国家，都对现代生物技术寄予厚望。现代生物技术的研究与开发不仅有可能使产业结构发生变化，还有可能给一些传统的生物技术产业带来新的希望。毫无疑问，现代生物技术将成为21世纪最具发展前景的高科技领域和国民经济体系的支柱产业之一。

然而，事物都具有两面性。如同很多重大的科学技术发明(如火药、电能、核能、计算机与网络技术等)一样，现代生物技术在促进人类社会进步和经济发展的同时，也存在安全性问题，对社会伦理观念、法律法规产生深刻影响，并可能引发一系列社会伦理问题。对此，人们应给予充分认识。

第一节　生物技术定义与主要技术范畴

一、生物技术定义

随着现代生物技术产品越来越多地进入市场和百姓家庭，生物技术、生物工程、基因工程等术语逐渐为众人所熟悉。那么，究竟什么是生物技术？要准确地定义生物技术，首先应了解构成生物技术的基本内容。一般而言，生物技术由以下3个相互关联的基本要素构成：

(1)采用生命科学的基础理论与技术。生命科学涉及生物学、医学、农学等与生命相关的学科领域，其中生物学理论和技术是现代生物技术最重要的基础。生物学又可分为遗传学、生理学、生物化学、生物物理学、细胞生物学、分子生物学、微生物学、免疫学、发育生物学、生物信息学等多种学科及分支交叉学科，探讨的问题从DNA到蛋白质、从染色体到细胞、从生理现象到遗传变异、从受精到细胞凋亡、从个体发育到物种进化、从陆地生物到海洋生物及空间生物、从微小生物到大型生物等，不计其数。

(2)利用生物材料或生物系统。现代生物技术开发利用的材料可以是微生物、植物或动物体，也可以是动物或植物的器官、组织、细胞、细胞器、生物酶系等。利用生物特有的生命方式，在适当的条件下，经济、高效地制备人类所需要的生物活性物质。

(3)通过一定的工程系统(包括生产工艺、设备等)获得产品或为社会提供服务。如生产医用蛋白质、DNA、细胞、组织或器官、动物或植物新品种和食品、肥料、饲料、生物材料等，以及提供治疗和预防疾病、治理环境污染、改善自然生态环境等社会服务。

基于以上认识，学者们赋予生物技术以下定义：

生物技术(biotechnology)是以现代生命科学理论为基础，结合其他自然科学与工程学原理和技术，设计构建具有特定生物学性状的新型物种或品系，依靠生物体(包括微生物，动、植物体或细胞，生物酶系等)作为生物反应器，将物料进行加工以提供产品和为社会服务的综合性技术体系。

二、现代生物技术的主要技术范畴

很多学者认为，现代生物技术包含的主要技术范畴有：基因工程、细胞工程、酶工程、发酵工程、生物分离工程(生化工程)，以及由此衍生出来的蛋白质工程(protein engineering)、抗体工程(antibody engineering)、糖链工程(polysaccharose engineering)、胚胎工程(embryo engineering)及海洋生物技术等。随着生命科学与生物技术的纵深发展，不断有一些新的内容出现，尤其是生物基因组学、蛋白质组学、生物芯片、生物信息学等重大学科的出现，已经大大扩展了现代生物技术的内涵，并且其深度与广度还会得到不断的拓展。

(一)基因工程

基因工程(gene engineering)是按照人们的愿望对携带遗传信息的分子(脱氧核糖核酸，DNA)进行设计和改造，通过体外基因重组、克隆、表达和转基因等技术，将一种生物体的遗传信息转入另一种生物体，有目的地改造生物特性或创造出更符合人们需要的新生物类型，或获得对人类有用的产品(如多肽或蛋白)的分子工程。基因工程可用来表示一个特定的基因施工项目，也可泛指它所涉及的技术体系，其核心是构建重组体 DNA 的技术，因而基因工程和 DNA 重组技术有时成为同义词。基因工程是当前生物技术中影响最大、发展最为迅速、最具突破性的领域。它的突出优点之一就是打破了常规育种中难以突破的物种之间的界限，使原核生物与真核生物之间、动物与植物之间，甚至人与其他生物之间的遗传信息可以进行相互转移和重组。

蛋白质工程指的是通过对蛋白质已知结构和功能的认识，结合蛋白质结晶学和蛋白质化学知识，借助计算机辅助设计，利用基因定位诱变等技术改造蛋白质某些性能，并通过基因工程手段进行表达，从而获得性状更为优良的新型蛋白质的技术体系。基因工程和蛋白质工程的发展既反映了基础研究的最新成果，又体现了工程学科开拓出来的新技术和新工艺。基因工程与蛋白质工程的兴起标志着人类已经进入到一个可以设计和创造新基因、新蛋白质和生物新性状的时代。由于改变蛋白质氨基酸序列需要通过基因工程来实现，是基因工程的深化和发展，故蛋白质工程仍包含于基因工程范畴，也被称为第二代基因工程。

随着基因工程技术的发展，绘制人类基因组图谱已经成为可能。1986 年 3 月，美国生物学家、诺贝尔奖获得者 Dulbecco 提出了"人类基因组计划(human genome project，HGP)"。经过长达 3 年的争议与讨论，美国国会(1990)批准了这一研究项目，美国政府决定用 15 年(1990～2005)左右的时间、投资 30 亿美元来完成这一计划，由美国国立卫生研究院(NIH)和能源部(DOE)从 1990 年 10 月 1 日起组织实施。各国科学家纷纷响应美国科学家的倡议，包括英、日、德、法和中国的科学家相继参与到这项宏伟浩大的科学工程之中。在 HGP 的影响下，人们的研究目标从传统的单个基因的研究转向对生物整个基因组结构与功能的研究。生命科学正从全新的角度研究和探讨生长与发育、遗传与变异、结构与功能以及健康与疾病等生物学与医学基本问题的分子机制，并形成了一门新的学科分支——基因组学。基因组(genome)是指生物具有的携带遗传信息的遗传物质的总和，基因组学(genomics)就是以分子生物学技术、计算机技术和信息网络技术等为研究手段，以生物体内全部基因为研究对象，在全基因背景下和整体水平上探讨生命活动的内在规律及其与内外环境关系的一门科学。

2001 年，HGP 序列测定结果提供的 DNA 数据揭示了基因组的精细结构，同时人们也认识到基因的数量是有限的，结构是相对稳定的，这与生命活动的复杂性和多样性存在巨大的反差。科学家也认识到，基因只是携带遗传信息的载体，基因组学虽然在基因活性和疾病相关性等方面为人类提供了有力的根据，但由于基因表达的方式错综复杂，同样一个基因在不同条件、不同时期起到完全不同的作用，并且具有相同基因组的个体形态差异非常之大。因此，要研究生命现象、阐明生命活动规律仅仅了解基因组是不够的，还必须对基因的产物——蛋白质的数量、结构、性质、相互关系和生物学功能进行全面深入的研究，才能进一步了解这些基因的功能是什么，它们是如何发挥这些功能的，才能建立基因遗传信息与生命活动之间直接的联系。Wilkins 和 Williams(1994)率先将蛋白质组(proteome)定义为"基因组所表达的全部蛋白质及其存在的方式"，这个概念的提出标志着一个新的科学——蛋白质组学(proteomics)的诞生，即定量检测蛋白质水平上的基因表达，从而揭示生物学行为(如疾病过程、药物效应等)和基因表达调控机制的学科。于是，一个以"蛋白质组"为研究对象的生命科学新时代到来了。

(二)细胞工程

细胞工程(cell engineering)是指应用现代细胞生物学、发育生物学、遗传学和分子生物学等学科的理论与方法，按照人们的需要和设计，在细胞、亚细胞或组织水平上进行遗传操作，获得重组细胞、组织、器官或生物个体，从而达到改良生物的结构和功能，或创造新的生物物种，或加速繁育动植物个体，或获得某些有用产品的综合性生物工程。在现代生物技术取得的诸多成就之中，细胞工程做出了不可磨灭的贡献，单克隆抗体、克隆动物、干细胞利用、转基因生物等就是细胞工程的典型结晶。细胞是生命活动的基本单位，基因工程中基因的表达、工程菌的构建，酶工程、蛋白质工程中的新型蛋白质合成等都需要细胞工程的加盟。从某种意义上来说，基因工程是现代生物技术的核心，而细胞工程则是它的基础和公用平台，基因工程与细胞工程的完美结合决定着现代生物技术的发展。细胞工程涉及的范围非常广。按实验操作对象的不同可以分为细胞与组织培养、细胞融合、细胞核移植、体外受精、胚胎移植、染色体操作、转基因生物等；按生物类型的不同又可分为动物细胞工程、植物细胞工程、微生物细胞工程。随着细胞工程研究的不断深入，在其基础之上发展衍生出了不少新的领域，如组织工程、胚胎工程、染色体工程等。

（三）发酵工程

发酵工程（fermentation engineering）是生物技术的桥梁工程，是现代生物技术产业化的重要环节。其主体是利用微生物（特别是经过 DNA 重组改造过的微生物）以及动植物细胞大规模生产商业产品。发酵工程是最早实现产业化的生物技术，利用微生物可生产对人类有用的许多产品，如抗生素、氨基酸、维生素、核苷酸、酶制剂、蛋白质、食品饮料等。现代发酵工程主要内容包括优良菌株筛选与工程菌（细胞）构建、细胞大规模培养、发酵罐或生物反应器设计优化、菌体（细胞）及产物收获等。此外，发酵工程还在开发可再生资源、生物废料再生和生物净化等方面有着广阔的用途。

（四）酶工程

酶（enzyme）是一类生物催化剂，多数酶的本质是蛋白质，此外还有核糖核酸。酶具有作用专一性强、催化效率高等特点，能在常温常压和低浓度条件下进行复杂的生物化学反应。没有酶，生物体的生命活动就难以进行。酶工程（enzyme engineering）是指研究酶的生产、酶分子改造和应用的一门技术性学科，它包括酶的发酵生产与分离纯化、酶的固定化、酶的化学修饰与人工模拟、对酶基因进行修饰或设计新基因改造酶蛋白、合成新型酶，以及酶的应用和理论研究等方面的内容。酶工程是 1971 年在第一届国际酶工程会议上才得到命名的一项新技术。目前，酶工程应用范围已遍及工业、医药、农业、化学分析、环境保护、能源开发和生命科学理论研究等各个方面，而酶工程产业也正在快速发展，已成为现代生物技术的重要组成部分。

(五)生物分离工程

生物分离工程(bio-separation engineering)就是从微生物发酵液、酶促反应液或动植物细胞培养液中将需要的目标产物提取、浓缩、纯化及成品化的一门工程学科,是现代生物技术产业化必不可少的技术环节。生物产品可以通过微生物发酵过程、酶促反应过程或动植物细胞大量培养过程获得,包括传统的生物技术产品(如氨基酸、有机酸、抗生素、维生素等)和现代生物技术产品(如重组医用多肽或蛋白)。生物反应的产物通常由细胞、游离的细胞外代谢产物、细胞内代谢产物、残存的培养基成分和其他一些惰性成分组成的混合物。这些产物并不能直接应用,必须通过一系列提取、分离和纯化等后续加工才能得到可用的最终产品。因此,生物分离工程是现代生物技术的重要领域之一,又与基因工程、细胞工程、发酵工程、酶工程等有密切关联。由于生物产物的特殊性(如具有生物活性、不稳定、发酵液中目标产物含量低等)、复杂性(从小分子到大分子)和产品(如纯度、活性、特定杂质含量)要求严格性,其结果导致分离过程往往占整个生物生产成本的大部分(70%~90%,甚至更高)。因此,生物分离工程的质量往往决定整个生物加工过程的成败,设计合理的生物分离工程可大大降低产品的生产成本,实现商业化生产。生物分离工程的进步程度对于保持和提高各国在生物技术领域内的经济竞争力至关重要。

第二节 生物技术产生与发展

从广义角度而言,"生物技术"是人类对生物资源(包括微生物、动物、植物等)的利用、改造,并为人类服务的技术。匈牙利工程师 Karl Ereky(1917)最初提出"生物技术"这个名词时,它的含义是指采用甜菜作为饲料大规模养猪的技术,也就是利用生物将原料转变为产品。实际上,生物技术的发展和应用可以追溯到 1 000 多年以前,人们利用生物体和古老的生物技术进行酿酒、制醋以及制作酱油、泡菜、干酪等。而人类有意识地利用酵母进行大规模发酵生产则始于 19 世纪。当时,大规模生产的发酵产品主要有丙酮、丁醇、乙醇、乳酸、柠檬酸、面包酵母、蛋白酶、淀粉酶等初级代谢产物。1928 年,英国学者 Flemming 发现了青霉素,经过美国学者 Florey 和 Chain 等人(1940)提取、纯化,又经过临床验证,终于在 1943 年开始进行大规模生产。从此,生物技术产品中又增添了新的成员——抗生素。自此以后,链霉素、金霉素、红霉素等抗生素相继问世,一个以获取细菌次级代谢产物——抗生素为主要特征的抗生素工业成为生物技术的支柱产业。20 世纪 50 年代氨基酸发酵工业、60 年代酶制剂工业的加盟促进了生物技术产业的进一步发展。70 年代基因工程、细胞融合技术的问世又翻开了生物技术新的篇章。

根据生物技术发展过程的技术特征,人们通常将生物技术划分为 3 个不同的发展阶段:

传统生物技术、近代生物技术和现代生物技术。

一、传统生物技术的产生

传统生物技术的应用历史悠久，如石器时代后期的谷物酿酒，周代后期的豆腐、酱、醋等的制作，基本技术特征是酿造技术。然而，在很长时期内，人们并不了解这些技术的本质所在。直到荷兰人 Leeuwen Hoek(1676)成功制造了能放大 170～300 倍的显微镜，人们才了解到了微生物的存在。法国学者 Louis Pasteur (1857)利用实验方法证明酒精发酵是由活酵母发酵引起的，其他发酵产物是由其他微生物发酵所形成。人们还发现(1897)，经过碾磨破碎的“死”酵母同样能使糖类发酵变成酒精。以后经过一系列研究，发酵的奥秘才逐渐被人们揭开。从 19 世纪末到 20 世纪 30 年代，人们首先发现了不需通气搅拌的厌氧菌纯种发酵技术，并相继出现了如乳酸、酒精、丙酮-丁醇、柠檬酸、甘油、淀粉酶等许多产品的工业化发酵生产。这一时期的生产过程较为简单，多数为兼气发酵或固体表面发酵，对设备要求不高，产品基本属于微生物初级代谢产物。

二、近代生物技术的发展

20 世纪 40 年代，由于青霉素大规模发酵的推动，极大地促进了大规模液体深层通气搅拌发酵技术的发展，给发酵工业带来了革命性的变化。抗生素、有机酸、酶制剂等发酵工业在世界各地蓬勃发展。20 世纪 50 年代中期以后，随着对微生物代谢途径和调控研究的不断深入，在发酵工业上找到了能突破微生物代谢调控以积累代谢产物的手段，并很快应用于工业生产。此后，人们又开发了一系列发酵新技术，如无菌技术、补料技术、控制技术等。从此开始了近代生物技术产业的兴旺发达。

近代生物技术时期的主要特点如下：①产品类型多，不仅有生物体初级代谢产物(如有机酸、氨基酸、多糖、酶)，还包括次级代谢产物(如抗生素等)、生物转化产物(如甾体化合物等)、酶促反应产物(如 6-氨基青霉烷酸酰化等)。②生产设备规模巨大，如常用的发酵罐体积可达几十到几千立方米。③生产技术要求高，如需要在无外来微生物污染条件下发酵，多数需要通入无菌空气进行需氧发酵，产品质量要求高等。④技术发展速度快，如产量和质量大幅度提高，发酵控制技术飞速发展等。同时，由于化学工程工作者加盟，经过大量理论与实践研究，于 20 世纪 40 年代形成了一门新型的学科——生化工程，并得到长足发展，目前已经成为现代生物技术的重要组成部分。

近代生物技术主要还是通过微生物初级发酵来生产产品，其主要技术过程通常包括 3 个阶段：第一阶段是对原料进行加工以作为微生物营养和能量的来源，以及优良菌种的筛选，即上游过程；第二阶段是微生物在一个大的生物反应器中大量生长并连续生产目标产物如抗生素、有机酸、氨基酸、蛋白质、酶等，即发酵与转化过程；第三阶段是将所需要的目标产物提取、纯化及成品化的下游加工过程。

20 世纪 60 年代到 70 年代，人们的研究目标主要集中在上游过程、生物反应器设计和优化等方面，这些研究使得对发酵过程和反应体系的监测、大规模微生物培养技术、相关检测仪器设备等都得到了长足发展。在大规模发酵生产过程中，最难以优化的环节是第二阶段。一方面，科学家们通常采用化学诱变、紫外照射等方法产生突变体以改良菌种、提高产量，这些方法已经有许多成功的例子。然而，采用传统的方法只能使产量得到有限的提高，因为在突变菌株内如果某一个组分合成过多，其他一些代谢产物的合成势必会受到影响，结果会影响到微生物在发酵过程中的生长。另一方面，常规的诱变、筛选只能提高微生物已有的遗传特性，而不能赋予生物体其他的遗传性状。基因工程的出现使这种状况发生了根本性变化。

三、现代生物技术的兴起

Watson 和 Crick(1953)提出的 DNA 双螺旋结构模型奠定了分子生物学基础，从而揭开了生命科学史上划时代的一页。此后，越来越多的科学家投身于分子生物学研究，取得了一系列分子生物学和现代生物技术的新发现与新进展(表 1-2-1)。1973 年，美国斯坦福大学的 Stanley Cohen 和加利福尼亚大学旧金山分校的 Herber Boyer 共同完成的基因转移试验为基因工程开启了通往现实的大门，使人们可以按照自己的意愿设计出全新的生命体。这项技术的出现使传统的生物技术迅速完成了向现代生物技术的飞跃，使现代生物技术成为代表 21 世纪发展方向、具有广阔前景的新兴学科和高新技术产业。

表 1-2-1　1953 年以来现代生物技术领域的部分重要事件

年份	重要事件
1953	Watson 和 Crick 阐明了 DNA 双螺旋结构；Grubhofer 和 Schleith 提出了酶固定化技术
1956	提出了遗传信息通过 DNA 碱基序列进行传递的理论
1957	DNA 复制过程包括双螺旋互补链分离得到证实
1958	获得了 DNA 聚合酶Ⅰ，并用该酶在试管内成功合成了 DNA
1960	发现 mRNA，并证明 mRNA 指导蛋白质合成
1961	《现代生物技术与生物工程》杂志创刊
1961～1966	破译全部遗传密码
1965	中国科学家成功合成有生物活性的胰岛素，在世界上首次实现蛋白质人工合成
1967	获得了 DNA 连接酶
1970	分离得到第一个限制性内切酶；发现反转录酶
1971	用限制性内切酶酶切产生 DNA 片段，用 DNA 连接酶获得第一个重组 DNA 分子

续表

年份	重要事件
1972	Khorana 等合成了完整的 tRNA 基因;Berg 等首次成功构建 DNA 重组体
1973	Cohen 和 Boyer 建立了 DNA 重组技术
1975	Kohler 和 Milstein 建立了单克隆抗体技术;Bromhall 首次进行哺乳动物体细胞核移植
1976	DNA 测序技术诞生;第一个 DNA 重组技术规则问世
1977	重组人生长激素抑制因子基因在大肠埃希菌中成功表达;世界上首例试管婴儿在英国培育成功
1978	美国 Genentech 公司在大肠埃希菌中成功表达胰岛素基因
1980	美国最高法院对 Chakrabarty 和 Diamond 的"超级细菌"专利案作出裁定,经过基因工程操作的微生物可以获得专利
1981	第一个单克隆抗体试剂盒在美国被批准使用;首次成功分离出小鼠 ES 细胞并建立细胞系
1982	第一个 DNA 重组技术生产的动物疫苗在欧洲被批准使用;美国批准重组人胰岛素上市;美国科学家 Brackett 获得世界上第一胎试管牛
1983	基因工程 Ti 质粒用于植物转化;Ulmer 提出蛋白质工程的概念
1988	PCR 技术诞生;美国授予 Leder 和 Stewart"对肿瘤敏感的基因工程小鼠"专利
1990	第一个体细胞基因治疗方案在美国获得批准;人类基因组计划启动
1994	Wilkins 和 Williams 提出了蛋白质组的概念;中国基因组计划启动
1997	英国培育出世界上第一只克隆羊;转录组学(transcriptomics)概念被提出;中国科学家窦忠英等首次从流产胎儿分离克隆出人类 ES 细胞并成功诱导分化
1998	美国批准 AIDS 疫苗进行人体试验;日本培育出克隆牛,英、美等国家培育出克隆鼠;首次从恒河猴囊胚中分离建立世界上第一株灵长类动物 ES 细胞
1999	RNA 组学(RNomics)的研究任务被提出;中国正式加入国际基因组测序计划
2000	人类基因组草图宣告完成;首次成功地从人囊胚建立未分化人胚胎干细胞系;中国科学家成功培育出人抗胰蛋白酶基因的转基因山羊
2001	国际人类蛋白质组组织宣告成立;英国成功培育出世界上首批转基因克隆猪
2002	中国科学家杨焕明等完成了对水稻(籼稻)基因组序列草图的测定和初步分析
2003	人类基因组序列图绘制成功,HGP 的所有目标全部实现;H9N2 禽流感疫苗成功进行临床试验;中国 SARS 疫苗动物实验研究取得重大突破;中国第一次拥有自主知识产权的农产品快速检测技术;中国在世界上首次批准国内自主研制的世界上第一个"治疗用(合成肽)乙型肝炎疫苗"
2004	中国首次批准自主研制的 SARS 疫苗进行Ⅰ期临床试验;美国研制的 H5N1 禽流感疫苗获准进行Ⅰ期临床试验
2005	中国自主研制的艾滋病疫苗正式获准进行Ⅰ期临床试验(2006 年顺利完成)和中国研制的 H5N1 禽流感疫苗进行Ⅰ期临床试验
2008	欧盟正式批准葛兰素公司生产的佐剂疫苗 Prepandix 上市用于 H5N1 禽流感

自 20 世纪 80 年代以来,现代生物技术产业蓬勃发展,特别是在医药、农牧业、食品等方

面已经体现了巨大的经济效益和社会效益。大量与人类健康密切相关的基因已经得到克隆和表达，胰岛素、生长激素、细胞因子、单克隆抗体、重组疫苗等几十种医药产品已经被批准上市。现代农业生物技术在提高农作物抗虫、抗病、抗逆和改良农作物品质等方面已经发挥了重要作用，1986 年全球只有 5 项转基因作物获准进入田间试验，到 1999 年 1 月，全球已经批准进行转基因农作物大田示范的就有 4 779 项。仅在 1994～1997 年的 3 年期间，国外已有包括抗虫棉花和玉米，抗除草剂大豆、棉花、玉米、油菜、耐储番茄、抗病毒病南瓜等几十种转基因植物的 46 项转基因植物获准商品化上市销售。1996 年开始，国际上一些大公司，如美国的孟山都公司、德国的赫斯特公司、瑞士的诺华公司都看中了转基因植物的商业价值，围绕农业生物技术展开了激烈的竞争。20 世纪 90 年代以来，随着 HGP 的发展，除了上述传统领域外，现代生物技术不断融入化工、环境、能源、自动化和计算机等众多领域。

从技术内容来看，现代生物技术是一门正处于迅猛发展中的以基因工程为核心、细胞工程为主导的高技术综合体系。其主要技术内容包括：①DNA 重组技术和其他基因转化技术；②细胞和原生质体融合技术；③酶和细胞固定化技术；④动、植物细胞大规模培养技术；⑤植物脱毒与快速繁殖技术；⑥动物胚胎工程技术；⑦现代微生物发酵技术（高密度发酵、连续发酵和其他新型发酵技术等）；⑧蛋白质工程技术；⑨现代生物反应工程和生物分离工程（下游加工过程）技术；⑩海洋生物技术等。

现代生物技术的发展趋势则主要表现为以下方面：①基因操作技术日新月异并不断完善，新的技术、方法一经问世便迅速在市场上加以应用；②基因工程药物与疫苗的研究与开发进展迅速，使得 21 世纪整个医药工业面临巨大而全面的革命；③转基因动物和植物取得重大的突破给农牧业带来了崭新的飞跃，第二次农业革命将全面展开；④生命体基因组阐明、基因组编码的蛋白质结构和功能研究是当代生命科学发展的主流方向之一，与人类疾病相关基因结构和功能及其与农作物产量、质量、抗性等相关基因的结构和功能的阐明和应用是未来研究的热点和重点之一；⑤在 HGP 带动下发展起来的基因组学将是一颗耀眼的明珠，新基因的发现可为生物芯片的研制提供必备的组件，而生物芯片将是大规模、高通量筛选基因的有力工具，使功能基因组、蛋白质组的研究得以迅速发展；⑥基因治疗、人类干细胞研究的重大进步使得对恶性肿瘤、组织器官损害等严重危害人类健康的疾病防治可能产生重大的突破，并有可能给整个医疗领域带来革命；⑦由基因工程发展而来的蛋白质工程将分子生物学、结构生物学、计算机科学等有机结合，并形成一门高度综合的学科体系；⑧信息技术向生命科学领域高度渗透，形成了令人瞩目的现代高新科学——生物信息学；⑨网络通信的日益发展使现代生物技术研究、开发和应用大大加速。

第三节 现代生物技术前景

现代生物技术自诞生以来就一直受到全世界各方面人士的深切关注，许多科学家将现代生物技术称为21世纪的朝阳产业。原因之一是现代生物技术在其诞生后的三十几年中发展迅猛并且用途广泛，更为重要的是现代生物技术所具有的可持续发展性是其技术无以比拟的。由于生物技术是以生物体(微生物、植物、动物等)为原料进行产品生产，其原料具有再生性。利用生物体进行的产品生产过程对环境的污染和破坏非常小，有些重组微生物甚至可以清除环境污染。面对当今社会存在的人口膨胀、资源枯竭、环境污染等一系列危及人类生存的严峻问题，人们日益深刻地意识到，发展具有可持续发展的新技术、新产业的迫切性与必要性。因此，现代生物技术在21世纪将会得到更加迅猛的发展。

一、现代生物技术对人类生活的影响

现代生物技术已经渗入了人们生活的方方面面，其发展为人类生活提供了诸多方面的便利。如培育具有抗虫、抗逆、抗真菌、抗病毒和品质好、营养价值高等优良性能的植物，可有效提高农作物产量及改善粮食品质；新型药物的开发、治疗性克隆研究的进步，对许多疾病更为准确的诊断、预防和有效的治疗，使人们的生命质量和寿命大为提高；开发制造可以生产化学药物、化工原料、生物大分子、氨基酸、酶类和各种食品添加剂的微生物，使人们获得更多的产品；创造带有更多优良生物学性状的家畜和其他动物，可大大提高畜牧业生产水平；简化清除环境污染物和废弃物的程序，使环境治理与保护更为有效等。目前，现代生物技术已走入寻常百姓的家庭，成为提高人们生活质量的重要方法之一。转基因植物、转基因动物逐渐走上人们的餐桌，为人们提供质量更高、营养成分更为合理的食品；PCR、核酸杂交等许多现代生物技术逐步广泛用于多种疾病的分子诊断，使医生能更加快速、准确地诊断疾病；胰岛素、干扰素、白细胞介素等一大批基因工程药物，以及重组乙肝疫苗、禽流感疫苗等现代生物技术疫苗已经大规模生产并投放市场，为治疗和预防人类疾病发挥着重要的作用；DNA数据库用于案件侦破，为警方确定犯罪提供了有力的武器；系统地对胎儿进行染色体检查，以确定胎儿是否患有遗传病或携带有遗传缺陷的基因，在提高人口质量上具有积极意义。

二、现代生物技术对社会与环境的影响

现代生物技术革命使人们改造自然的能力和推动社会发展的能力迈上了一个新的台阶，它的发展对世界经济、政治、军事和社会各方面的发展进程正产生越来越深远的影响。现代生物技术发展产生的巨大社会和经济效益是人所共见的和令人瞩目的。然而，在人们

享受现代生物技术给人类带来的种种好处和便利的同时，生物技术所拥有的巨大力量也给人类社会带来了许多出乎意料的冲击，并可能出现许多人类始料未及的严重后果。正如当年的核物理学一样，现代生物技术同样也是一柄双刃剑，既可用来为人类造福，也可用来制造致命的生物武器，或被一些狂人用来制造克隆人、超人，从而给人类造成毁灭性的灾难。现代生物技术是否会失去控制而成为危害人类生存的杀手？应该支持和鼓励什么样的研究？又应该禁止哪些内容的研究？

在现代生物技术对人类与自然环境和社会的影响方面，人们主要关注的问题包括：①将外源性基因引入生物体，尤其是人体后是否会破坏细胞生长的重要基因，是否会激活癌基因，从而产生一些难以预料的结果。②基因工程改造微生物是否会导致一些致病力极强、难以控制的新型病原微生物出现，这些经过改造的微生物如果逸出实验室并扩散，是否有可能会导致某些可怕疾病的流行，或被某些人利用作为生物武器，使笼罩在人类头上的生存阴影日益增大。③经过基因改造的生物体是否会对其他生物或环境造成危害，转基因作物是否会对人类健康和环境造成一些难以预料的长期影响。④使用和开发基因工程生物是否会降低自然界遗传多样性。⑤人是否也可以成为基因操作的对象，基因诊断程序是否会侵犯个人隐私权，遗传检测是否会带来诸如性比例失调等社会问题。⑥对生殖细胞进行基因操作给人类提供了无限改变自身的可能性，甚至可以改变人种，由此将会产生什么样的社会后果。⑦究竟该由谁来决定对一个人进行基因改造，是父母、政府、医生，或是“未来人”本身，这些决定是否属于侵犯人权的行为。⑧克隆人是否会扰乱正常的社会伦理纲常，是否会对人类自身进化产生影响，是否可能会被一些人用来制造所谓的超人而破坏世界和平。⑨对现代生物技术进行大量的经济资助是否会影响或限制其他重要技术的发展，现代生物技术专利申请是否会阻碍科学家之间的思想交流。⑩将转基因动物的器官移植给人类，对动物和人类本身是否人道，用含有人类基因的生物体作为食品或饲料是否是对人类自身的不尊重。农业生物技术的发展是否会彻底改变传统的耕作方式？用现代生物技术生产的药物进行治疗是否会压抑同样有效的传统治疗方式？强调行业上的成功是否意味着只有富人才能享受现代生物技术所带来的利益？将动物基因转入植物是现代生物技术对素食主义者人权的侵犯？……这些棘手的问题一直受到公众、科学家和政府的关注，对这些问题目前也没有明确的答案。

三、现代生物技术规范化管理

正是由于人们对现代生物技术可能产生的负面影响的高度关注，早在 1975 年，包括基因工程的开拓者 Cohen 和 Boyer 在内的许多美国科学家自发地要求禁止一切可能具有潜在危险的基因转移实验，甚至还有部分人要求全面禁止基因操作试验。现代生物技术自其诞生开始就已经不仅仅是一个单纯的科学问题，同时也成为一个由公众、政府共同关注的社会问题。

在经过长期而广泛的讨论、分析与辩论的基础上，科学家们结合自身的实践经验，提出了对现代生物技术安全性的指导方案，这个安全性的指导方案目前已经过多次修改和完善。各国政府部门也出台了许多法律法规与国际协议，如欧盟、美国、加拿大等国家及组织共同签署的《禁止政府投资进行克隆人实践公约》(1998)，参加联合国生物安全问题会议的134个国家的代表同意、139个国家签署了的《卡塔赫那生物安全议定书》(2001)。

这两个协议基本确立了处理生物安全问题的国际法律框架。2002年，欧盟委员会本着遵循谨慎原则和对消费者负责的精神，制定了新的《转基因食品法规》。中国政府颁布了一系列生物安全管理法规，如《基因工程安全管理办法》(1993)《农业生物基因工程安全管理办法》(1996)《人类胚胎干细胞研究伦理指导大纲》(2001)等。随着现代生物技术发展，新问题、新观点会不断出现，与此相应的新的规则也会不断被制定出来。现代生物技术究竟是普罗米修斯圣火还是潘多拉魔盒，人们暂时还无法回答，但努力使现代生物技术造福于人类，并尽最大可能避免其产生的不良后果是全人类共同努力的方向。

四、现代生物技术产业化特点

与其他许多科学研究不同的是，现代生物技术的最终目标是生产商业化的产品，大量的商业化投资支撑着现代生物技术研究，并且对可观商业回报的预期使得投资者们在现代生物技术发展的初期阶段就以极大的热情对它进行投资。因此，现代生物技术在一定程度上是由于经济的发展所推动的。如世界上第一家生物技术公司——美国Genentech公司，就是在投资者Robert Swanson与Herb Boyer对现代生物技术具有广阔前景达成共识的前提下于1976年成立的。1977年，Genentech公司研究人员对牛和猪的生长素进行了开发研究；1978年，公司研究人员又成功地将编码人胰岛素两条链的基因转移到一个载体上并在大肠埃希菌中成功表达，由此获得了世界上第一种基因工程蛋白药物——重组人胰岛素；1979年，公司科学家又成功克隆并表达了人类生长素基因，又一次证明了利用基因工程技术可以在微生物细胞中大量生产外源蛋白。在此期间，Genentech公司还与其他公司合作开发了α-干扰素、β-干扰素生产技术。这些成功使得1980年Genentech公司股票在上市的20分钟内，由每股35美元飚升到89美元。随着1982年重组人胰岛素被批准正式上市和第一个利用DNA重组技术生产的动物疫苗在欧洲被批准使用，人们对现代生物技术进行投资的热情进一步高涨，使现代生物技术产业化进程大大加快，产业化水平不断提高。

21世纪的现代生物技术将成为信息产业之后带动新经济发展的主力军。基于现代生物技术高投入、高产出、高风险、高度学科交叉等综合特点，现代生物技术产业发展突出了许多自身的特点：政府在产业发展中发挥重要作用；知识资本和金融资本联合运作；大型企业兼并、中小企业重组的发生日益频繁；研究机构与产业集团紧密结合形成特色高新技术工业园区，为重大项目实施提供特色服务。现代生物技术产业化特点主要体现在以下方面。

(1)现代生物技术企业是典型的技术密集型企业。经济学家们长期以来一直都在大力倡导和追求的研究—生产一体化的经济发展模式已经在现代生物技术产业中得到完美体现。许多生物技术公司的产品都是从实验室原型直接转化而来，不少的生物技术公司领导人员本身就是生物学家。如 Robert Swanson 与 Herb Boyer 在对现代生物技术具有广阔前景达成共识的前提下成立了 Genentech 公司，而 Herb Boyer 本人后来成为 Genentech 公司的副总裁。在实验室取得的基础学科领域的成果同样可以极大地推动和促进商业化生产的发展。例如，随着 HGP 顺利进展，一些重要的遗传病基因已经被分离和测序，另一些常见病的基因也被精确地定位在染色体的遗传图谱上；人类基因组和其他生物基因组提供的生物学信息不断地为新药开发、动植物改良、环境保护和工业生产各个领域开拓新的、具有商业价值的基因。美国人类基因组科学公司(HGS)就曾声称，他们已经分离和鉴定了人类几乎所有的基因，并以此为基础开发新药而可望成为世界上最大的制药企业。美国得克萨斯西南医学中心 1998 年 1 月宣布，他们已经发现人类抗衰老基因，该项结果可能在 5 年之后用于人类抗衰老治疗。消息一经公布，共同参与研究的美国加州生物技术公司股票价值一夜之间上涨近 50%。

(2)现代生物技术产品不断增加、涉及领域日益广泛。生物技术在新型药物开发中的应用使生物技术药物品种不断增多，这些品种包括基因工程疫苗、细胞因子等许多产品。除生物技术制药外，基因工程与细胞工程结合产生了两种治疗技术——细胞移植和基因治疗，使得各种天然细胞或基因工程细胞有可能成为治疗疾病的重要手段。动物胚胎移植技术在美国和加拿大已经实用化。人们已经培育出了携带人生长激素基因的猪和鱼，它们的生长速度比普通动物更快、长得更大；转基因羊、转基因兔等许多其他动物也先后被成功地培育出来。研究人员还成功培育出了抗病毒、抗除草剂、抗虫、高蛋白的农作物；利用植物组织培养技术和快繁脱毒方法开发出了几百种再生植物株，品种包括农作物、林木、瓜果、花卉等。

(3)现代生物技术市场高速扩张、经营现代生物技术产品公司之间的竞争日益激烈。20 世纪 80 年代曾有人预测，到 20 世纪末全球生物技术产品年销售额将达到 100 亿美元左右。然而，在 20 世纪 90 年代中期，美国和日本的医药生物技术产品年销售额就已经超过了 100 亿美元，中国的医药生物技术产品年销售额超过 30 亿元人民币。全球生物技术产品年销售额以平均每年约 20%的增长率高速扩展。

随着市场的不断扩张，经营现代生物技术产品公司之间的竞争日益激烈。如美国的 Biological 公司(1978 年成立)是最早进行 DNA 片段合成的公司，在早期的市场竞争中占据了优势地位，但由于商业经验不足和经营不佳等原因而倒闭；Genentech 公司(1991)将其 60%的股份以 21 亿美元的价格卖给了 Holfman-LaRoche 公司。

(4)各大生物技术公司生产产品更为专一、研究目标日趋集中。在激烈的市场竞争中，各大生物技术公司都深刻地认识到，只有研究目标高度集中和生产高度专一的产品才能立于不败之地。如加拿大的大型生物技术公司 Allelix 公司成立了 3 个子公司，分别进行农业生物技术研究、药物开发和医疗诊断试剂的制造。美国的一些大型生物技术公司都具有自身的专一产品。这种强调专业化的现象体现了现代生物技术公司的发展趋势。

(5)世界各国都投入巨额资金进行生物技术开发。迄今为止，大多数生物技术产业发展都是以美国为中心，1993 年，美国在生物技术领域的投资已达到 40 亿美元。各国政府都坚信，现代生物技术是 20 世纪最后一项伟大的技术革命，是 21 世纪的主流产业，所以任何一个国家都不愿意被排除在这项可以获得的巨大利益之外。在日本，现代生物技术被政府列为优先发展的“决策工业”，1997 年投资额达 50 多亿美元。加拿大，联邦政府投资参与建立了 Allelix 公司，该公司在 20 世纪 80 年代建立时的注册资本就高达 1 亿美元。在中国，20 世纪 80 年代初就已经将生物技术列为科技和产业发展的重要领域之一。1985 年，国家有关部门组织制定了《生物技术发展政策》并于 1986 年批准实施；1986 年开始实施包括生物技术在内的“863”国家高科技发展计划(1986～2000)和国家其他科技攻关计划，对生物技术发展给予了大力支持；1989 年又组织制定了 1990～2000 年和 2020 年期间生物技术中长期发展纲要。

(6)医药生物技术产业化进程最快、市场最大。医药生物技术是现代生物技术领域中成果最多、最活跃、产业发展最迅速、效益最显著的领域。国际上生物技术领域所取得的成果有 60%以上都是医药领域的；欧洲 800 多家生物技术公司中有 600 多家从事医药行业；美国 40%以上的生物技术公司从事医药行业研究和产品开发；生物技术产品销售额的 90%左右与医药产品有关。

(7)现代生物技术领域基础研究与应用研究的界限日益模糊。传统观点认为，基础研究实验主要是满足科学家对自然现象本质的好奇心，而应用研究则是能满足某种实际结果的研究。在现代生物技术领域中，基础研究和应用研究形成了一种相互促进与补充的良好循环。基础研究可以汇集一些基本知识促进其本身的深入发展，基础研究的结果可以应用于实际；而应用研究提出的一系列问题则只能由基础研究来解决。例如，当年 Cohen 和 Boyer 进行转基因试验时，只是希望了解细菌染色体外质粒分子性质和一些质粒如何会获得新基因等理论问题。结果，他们想到了可以将质粒作为基因运输的载体。基因治疗中存在的技术性问题的最终解决有赖于 HGP、基因组学、蛋白质组学这类基础研究的发展。

20 世纪末的生物技术主要还是处于研究阶段，产业建设尚在初创。21 世纪将是现代生物技术进入广泛大规模产业化和对人类做出更大贡献的时期。

第四节　中国现代生物技术研究与开发

鉴于现代生物技术所具有的巨大潜能与效益，世界各国都非常重视其发展。美国一直处于现代生物技术领域的领先地位，欧洲、日本紧随其后。中国在现代生物技术发展方面同样给予了高度重视，做出了巨大的努力。

一、中国现代生物技术研究与开发成果

中国的现代生物技术虽然起步较晚，但发展迅速。目前正在实施的国家科技攻关计划、国家自然科学基金、火炬计划等科技计划及产业发展计划均把生物技术列为优先发展的高新技术产业。1986 年启动的“863”计划是我国现代生物技术发展的重要里程碑，列入“863”计划的生物技术领域的重大研究项目有 12 个，包括 100 多项研究课题。在“863”计划的带动下，我国的生物技术研究与开发体系逐步在医药、农业、轻化工、环境和海洋生物等领域逐渐形成，并取得了一系列辉煌成就。

(一)医药生物技术

医药生物技术是中国现代生物技术发展的一个重要方面，并已取得了一系列突破性进展。

1.基因工程药物、疫苗与诊断试剂

1989 年，我国第一个拥有自主知识产权的基因工程药物——重组人干扰素 α1b 上市。此后又有一批基因工程活性多肽药物上市，如干扰素 α2a、干扰素 α2b、白细胞介素-2、重组人胰岛素、重组人生长素、心钠素、集落细胞刺激因子、粒细胞刺激因子、人组织纤维蛋白酶原激活因子(t-PA)、肿瘤坏死因子、人红细胞生成素、成纤维细胞生长因子、链激酶、尿激酶原、牛凝乳酶、超氧化物歧化酶等 20 多种。

我国现已成功研制了基因工程乙肝治疗性疫苗、CT 缺失的霍乱菌苗、口服腺病毒载体乙肝疫苗、伪狂犬病毒基因缺失疫苗等多种基因工程疫苗。在世界上首次批准使用福氏—宋内氏双价基因工程痢疾菌苗。兽用 *E. ciLi* K88/K89 双价基因工程灭活疫苗和 *E. ciLi* K88-LTB 双价基因工程活疫苗已经商品化。成功研制了具有自主知识产权的 AIDS 疫苗、SARS 灭活疫苗、H5NI 和 H9N2 人用禽流感疫苗。

此外，我国已经研制成功并且生产了乙型肝炎表面抗原凝集诊断试剂、丙型肝炎病毒酶联免疫试剂盒、血糖试剂盒、尿酸氧化酶试剂盒、谷丙转氨酶试剂盒、谷草转氨酶试剂盒、甘油三酯诊断试剂盒等多种诊断试剂，形成了中国自己的新型诊断试剂工业。

蛋白质工程研究方面，我国已有自己独创性的蛋白质设计计算方法，为合理设计药物奠

定了基础；发现了一批有价值的前导化合物；在对人胰岛素、人尿激酶原、葡萄糖异构酶、凝乳酶的蛋白质工程研究已经达到世界先进水平。

2. 改造传统的生物技术产业

利用基因工程手段对抗生素合成和结构修饰进行了系统研究。通过研究基因结构和组成，深入了解抗生素生物合成机制，并分离出相关基因，进行有目的的基因操作改造抗生素结构，获得了抗生素新品种如4″-异戊酰螺旋霉素等。构建的以CPC为原料生产7-ACA工程菌已投入生产使用，由此可逐步解决7-ACA依赖进口的局面。

传统的大宗发酵产品生产中存在的高能耗、高物耗、严重环境污染状况得到改善。如使用新型的节能生物反应器，使味精和柠檬酸发酵能耗降低了30%～40%；采用双酶法工艺取代传统的酸水解淀粉的工艺，原料使用率提高10%，改善了糖化质量，减轻了后负荷并提高了产量；啤酒发酵中采用耐高温α-淀粉酶代替传统的糊化工艺，节省能耗60%等。

3. 疾病治疗发生重大变化

基因治疗方面，已经对血友病进行了临床实验并取得满意效果，达到国际先进水平。针对恶性肿瘤的基因治疗方面，已经构建了TK、TD两种基因及其相关的病毒载体，并已进入临床试验。已经成功研制了一种新型的具有高效导入功能的靶向型非病毒型载体系统，并已申报国内和国际专利。

干细胞研究方面，中国科学家也取得了良好的业绩，在国际上首次从流产儿分离克隆出人类胚胎干细胞，并分化获得了上皮样细胞、神经元细胞、神经胶质细胞和脂肪细胞；在国际上首次获得人类心脏跳动样细胞，探索出人类、牛胚胎干细胞分离克隆的适当条件；通过药物诱导在体外将胚胎干细胞定向分化为心肌细胞；成功分离出山羊胚胎早期的类胚胎干细胞和类生殖细胞；建立了三个中国人胚胎干细胞系，并成功地诱导分化。

（二）农业生物技术

农业生物技术是中国现代生物技术发展的另一个重要方面，在这个领域中国也取得了很大的成绩。

1. 转基因生物成果斐然

植物基因工程研究方面，已经成功地培育出了多种转基因作物，如转基因水稻、大豆、小麦、棉花、番茄、烟草、甜椒、辣椒、马铃薯、矮牵牛等。自行开发的有23种，其中10种以上转基因植物已经进入大田试验阶段。

动物基因工程研究方面成果喜人，已经获得了转基因鱼、兔、鸡等多种转基因动物以及可在乳汁中表达蛋白凝血因子IX的转基因山羊等。转基因动物在动物育种中已初见成效。

2. 胚胎工程研究达国际先进水平

胚胎工程领域研究方面，成功地利用核移植技术培育出了兔、山羊、牛等动物；牛、羊胚胎分割技术已经达到国际先进水平；胚胎工程总体水平接近国际平均水平。

3.生物肥料和生物农药迅速发展

已成功开发出苏云金杆菌乳悬剂、多种农用抗生素等生物农药，形成了一定的生产规模，并已大面积推广使用。构建的水稻联合固氮工程菌大面积应用后增产效果明显。复合生物肥料年产量超过 40 万吨，广泛应用于豆科作物、粮食作物和绿色蔬菜生产及盐碱地改良。

4.植物细胞工程新品种不断出现，经济效益显著

利用单倍育种体技术，已经成功培育了具有高产、抗逆、早熟、抗病的小麦、水稻、烟草、甜椒、大白菜等新品种；小麦、水稻等双倍体新品种大面积推广使用，增产粮食几十亿公斤。

茎尖脱毒和离体快繁技术已日趋成熟，建立了一批工厂化试管苗生产基地，在马铃薯、香蕉、草莓、蔬菜、花卉和林木等生产中得到广泛应用。

全国已成立 10 余家植物组织培养公司，专门从事花卉、香蕉等组培苗的开发和生产，年销售额 1 亿多元人民币。

二、中国现代生物技术发展中的薄弱点

中国政府对现代生物技术研究与开发一直都十分重视。在政府的大力支持下，中国科学家在生物技术领域已经取得了巨大的成就。然而，目前中国现代生物技术研发所面临的问题仍然十分严峻。

（一）产品的创新性有待提高

当前我国生物技术发展中存在的主要问题是技术储备不足和创新不够，拥有自主知识产权的品种少。如国内已经批准上市的基因工程药物中仅有 rhu-IFNα1b 为国内首创，其余基本为仿制品。这将使不少产品生产过程中有可能造成知识侵权和专利侵权问题。由于创新性不足，同一品种出现多企业竞相研制或生产。如有 18 家公司研制 thuCSF，thuGM-CSF 有 16 家公司进行研制，从而造成资金、人力和物力的巨大浪费。创新是生物技术发展的灵魂和立足点，由于机制、资金、认识等问题，国内创新性成果很少，在国际上获得的专利为数不多，国际竞争性弱。

（二）生物技术支撑产业有待加强

伴随着现代生物技术的发展，很多的自动化仪器、装置不断涌现。各种用于研究的新技术装置可大大增加研究人员发现的机会和加快研究开发速度。国外经验表明，生物技术与其支撑产业应同步发展，但我国生物技术支撑产业和服务非常薄弱，大部分研究开发用的仪器设备、试剂都依赖进口。这种状况极大地制约了我国生物技术的发展。

（三）生物技术产业生产设备落后的局面亟待改变

商业化生产现代生物技术产品需要新型的生产设备，如大型高效生物反应器、生物反应与分离一体化膜反应器、低剪切力抗污染低能耗细胞培养生物反应器，以及精确、灵敏的监测手段和传感系统等。生物分离工程中细胞破碎、产物分离装置与介质等对研制的产品能否商业化生产至关重要。然而，国内在此方面投入的人力、物力不够，与国外差距很大。为了使研制的产品尽快投产，必须从国外买进很多生产设备。这也是制约我国现代生物技术发展的重要因素之一。

（四）上游与下游的衔接问题亟待解决

生物技术产业发展既需要上游的研究开发，也需要下游技术和规模生产与之衔接配合。国内生物技术产业发展中，上下游衔接不畅的问题非常突出。在制药领域，主要表现为下游技术（分离、提取、纯化、复性等）薄弱。虽然一些有实力的公司的兴起和国外先进设备的引进使这种状况有所改善，但从人才和技术储备的角度来看，依然是上游研究力量较强，下游技术开发较弱。而在轻、化工业领域则是另一种表现，上游开发研究（如菌种改良、基因工程菌构建、发现新菌种等）力量薄弱。表面上看似乎是各自领域的问题，但实际上是我国生物技术及产业发展不够系统，市场化、社会化程度不高的表现。

（五）生物安全性研究亟待加强

国内生物技术研究开发已经取得巨大成就，但对生物技术安全性问题缺乏系统的研究。我国已经有相当数量的转基因生物释放或即将释放到环境中，其安全问题受到国内外广泛关注。实验室研究存在的一些不很显著的问题，在形成规模产业化并经过一定长的时间后可能会暴露出来，直接或间接地对人类社会、生态和环境造成影响。因此，应加强生物技术安全性问题研究，并逐步建立健全生物技术安全性管理体系，以及时监测和评估可能引起的安全风险。

现代生物技术在给人们带来巨大好处的同时，也存在着被误用或滥用的风险。不断发展的生物技术有可能给哲学、伦理、法律等领域带来巨大冲击，应加强我国生物技术安全性研究，尽早制定相关对策，规范包括基因技术在内的各种新科技的发展，使其沿着健康的道路前进。

第二章　基因工程

第一节　概　述

一、基因工程的概念

基因工程是指用现代遗传学及分子生物学的理论和方法，按照人类的需要，用 DNA 重组技术对生物基因组的结构或组成进行人为修饰或改造，从而改变生物的结构和功能，以便更经济、更有效地生产人类所需要的物质和产品的技术。这种技术是在生物体外，通过对 DNA 分子进行人工“剪切”和“拼接”，对生物的基因进行改造和重新组合，然后导入受体细胞内进行无性繁殖，使重组基因在受体细胞内表达，产生出人类所需要的基因产物。通俗地说，就是按照人们的主观意愿，把一种生物的个别基因复制出来，加以修饰改造，然后放到另一种生物的细胞里，定向地改造生物的遗传性状。

由于基因工程是在分子水平上进行操作，最终是为了创造出人们所需要的新品种，因而它可以突破物种间的遗传障碍，大跨度地超越物种间的不亲和性。例如，在基因工程中最常使用的大肠杆菌是一种原核生物，但它却能大量表达来自人类的某些基因。例如，各种人多肽生长因子就可用大肠杆菌来生产。如果用常规的育种技术来做同一项工作，那么成功的机会几乎为零。因此，科学家们可以利用基因工程实现人类对各种物种改良的愿望。

基因工程自其诞生至今已经形成了一整套技术路线，主要包括目的基因的取得、目的基因与表达性载体的重组、重组体对寄主细胞的转化及目的基因的表达、表达产物的纯化与生物活性的测定。在农业生物技术中，植物基因工程取得了一系列引人瞩目的成果，人们成功地获得了抗虫、抗病毒、抗除草剂等转基因植物，并已开始了大田实验。人们可以在一定范围内根据意愿来改造植物的一些性状，从而获得高产、稳产、优质和抗逆性强的品种。向动物体转移外源基因并使之在动物体内表达，能够有效地克服物种之间固有的生殖隔离，实现动物物种之间，或动物和植物及微生物之间遗传物质的交换。因此，动物基因工程对于深入研究基因结构、功能及其表达调控，对于培育高产、优质和抗逆动物品种，对于开发动物体作为活的生物反应器生产珍稀蛋白质等方面，均有巨大的应用潜力；而基因工程在医药领域的应用在于能利用生物体生产基因工程药物，为人类的健康打下坚实的医学基础。

二、基因工程操作的基本过程

基因工程是有目的地在体外进行一系列的基因操作。一个完整的基因工程实验过程包括:目的基因的分离和改造;构建载体;目的基因插入载体;重组载体导入宿主细胞进行扩增;基因表达产物的鉴定、收集和加工一系列复杂过程的综合,其实验流程可以概括为如图2-1-1所示的内容。

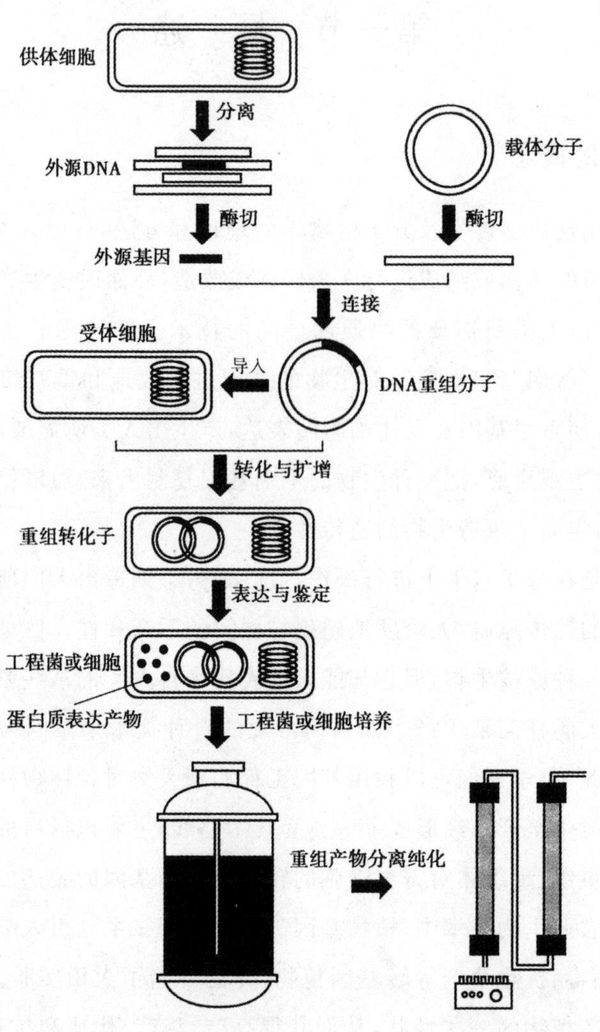

图 2-1-1 基因工程操作的基本流程示意图

当基因构建完成后,下游工作的内容是将含有重组外源基因的生物细胞(基因工程菌或细胞)进行大规模培养及外源基因表达产物的分离纯化过程,获得所需要的产物。具体的生产方法有以下三种。

(1)微生物发酵法。将基因工程菌种通过发酵方法进行基因表达产物的生产,从发酵产物中将基因表达产物分离纯化出来。

(2)动物体发酵法。将基因转入动物胚胎内,通过转基因动物作为活体发酵罐生产基因表达产物,如从转基因牛的牛奶中获取抗甲型肝炎疫苗。

(3)植物体发酵法。利用植物转基因技术将外源基因转入植物体内,获取基因表达产物。如在中药材植物中转入与其药效成分相匹配的西药成分的基因,使中药材含有西药成分而达到中西医结合治疗的目的。

三、基因工程研究的意义

半个多世纪的分子生物学和分子遗传学研究结果表明,基因是控制一切生命运动的物质形式。基因工程的本质是按照人们的设计蓝图,将生物体内控制性状的基因进行优化重组,并使其稳定遗传和表达。这一技术在超越生物王国种属界限的同时,简化了生物物种进化程序,加快了生物物种进化速度,最终卓有成效地将人类生活品质提升到一个崭新的层次。因此,基因工程诞生的意义毫不逊色于有史以来的任何一次技术革命。

基因工程研究与发展的意义体现在以下 3 个方面:

(1)大规模生产生物分子。利用细菌基因表达调控机制相对简单和生长速度快等特点,令其超量合成其他生物体内含量极微但却具有较高经济价值的生化物质。

(2)设计构建新物种。借助基因重组、基因定向诱变甚至基因人工合成技术,创造出自然界不存在的生物新性状乃至全新物种。

(3)搜寻分离鉴定生物体。尤其是人体内的遗传信息资源。目前,日趋成熟的 DNA 重组技术已能使人们获得全部生物的基因组,并迅速确定其相应的生物功能。

第二节　工具酶和基因表达载体

一、工具酶

基因工程是在 DNA 分子水平上进行设计施工的。在分子水平上对 DNA 分子进行的剪接和重组操作,不可能在显微镜下进行,更不可能像外科手术那样进行直接操作。DNA 分子的直径只有 2.0 nm(粗细只有头发丝的十万分之一),其长度也是极其短小的。要在如此微小的 DNA 分子上进行剪切和拼接,是一项非常精细的工作,必须要有专门的工具。这些工具包括一系列具有各种不同功能的酶,如对 DNA 链进行特异性精确剪切的限制性内切酶、负责 DNA 复制的 DNA 聚合酶、将不同 DNA 片段连接到一起的 DNA 连接酶、能以 RNA 为模板合成 DNA 的反转录酶等,以及用于 DNA 片段扩增和转运的载体等。有了这些工具才能对 DNA 链进行准确的剪切和拼接,分离和复制目的基因以及将目标基因运转到受体细胞中去。

(1)限制性内切酶。在生物体内有一类酶,它们能将外来的DNA切断,即能够限制异源DNA的侵入并使之失去活力,但对自己的DNA却无损害作用,因为宿主DNA内切酶识别位点的某些碱基已经被甲基化了,内切酶不能催化已修饰底物的水解,这样可以保护细胞原有的遗传信息。由于这种切割作用是在DNA分子内部进行的,故名限制性内切酶(简称"限制酶")。限制酶是基因工程中所用的重要切割工具。首批被发现的限制性内切酶包括来源于大肠杆菌的*Eco*RⅠ和*Eco*RⅡ以及来源于*Heamophilus influenzae*的*Hind*Ⅱ和*Hind*Ⅲ。这些酶可在特定位点切开DNA,产生可体外连接的基因片段。研究者很快发现,内切酶是对研究基因组成、功能及表达非常有用的工具。限制性内切酶按照亚基组成、酶切位置、识别位点、辅助因子等因素划分为三大类型,分别称为Ⅰ型、Ⅱ型、Ⅲ型,这三种不同的限制性内切酶具有不同的特征。用于DNA的特异性剪切的限制性内切酶是Ⅱ型酶,因为它既能够识别DNA链上的特异性位点,又能进行专一性的切割。限制性内切酶在分子克隆中得到广泛应用,是重组DNA的基础。一些常用限制酶的参数见表2-2-1。

表2-2-1　一些常用限制酶的识别序列及其产生菌

限制酶名称	识别序列	产生菌
*Bam*HⅠ	G　GATCC	淀粉液化芽孢杆菌
*Eco*RⅠ	G　AATTC	大肠杆菌
*Hind*Ⅲ	A　AGCTT	流感嗜血杆菌
*Kpn*Ⅰ	GGTAC　C	肺炎克雷伯式杆菌
*Pst*Ⅰ	CTGCA　G	普罗威登斯菌属
*Sma*Ⅰ	CCC　GGG	黏质沙雷氏菌
*Xba*Ⅰ	T　CTAGA	黄单胞菌属
*Sal*Ⅰ	G　TCGAC	白色链霉菌
*Sph*Ⅰ	GCATG　C	暗色产色链霉菌
*Nco*Ⅰ	C　CATGG	珊瑚诺卡氏菌

Ⅱ型限制酶的识别序列通常由4～8个碱基对组成,这些碱基对的序列呈回文结构(palindromic structure),旋转180°,其序列顺序不变。所有限制酶切割DNA后,均产生5′-磷酸基和3′-羟基的末端。限制酶作用所产生的DNA片段有以下两种形式:一是具有黏性末端(cohesive end)。有些限制酶在识别序列上交错切割,结果形成的DNA限制片段具

有黏性末端。例如，*Hind*Ⅲ切割结果形成5′单链突出的黏性末端，而*Pst*Ⅰ切割结果却形成3′单链突出的黏性末端。二是具有平末端(blunt end)。有些限制酶在识别序列的对称轴上切割，形成的DNA片段具有平末端。例如，*Sma*Ⅰ切割结果形成平末端。

*EcoR*Ⅰ的识别序列是：

5′-G_ A A T T C-3′

3′-C T T A A_G -5′

*Sma*Ⅰ的识别序列是：

5′-C C C_G G G-3′

3′-G G G_C C C-5′

①同裂酶。来源不同的限制酶，识别和切割相同的序列，这类限制酶称为同裂酶(isoschizomer)。同裂酶产生同样切割，形成同样的末端，酶切后所得到的DNA片段经连接后所形成的重组序列，仍可能被原来的限制酶所切割。同裂酶之间的性质有所不同(如对离子强度、反应温度以及对甲基化碱基的敏感性等)。

②同尾酶。来源不同的限制酶，识别及切割序列不相同，但却能产生相同的黏性末端，这类限制酶称为同尾酶(isocaudamer)。两种同尾酶切割形成的DNA片段经连接后所形成的重组序列，不能被原来的限制酶所识别和切割。*Eco* RⅠ和*Mun*Ⅰ同属同尾酶。

然而，蛋白质测序的结果表明，限制性内切酶的变化多种多样，若从分子水平上分类，则应当远远不止这三种。限制性内切酶识别的序列与DNA的来源无关，对任何来源的各种DNA都是普遍适用的。因此，有了这种特异性识别和切割的限制性内切酶，就可以在任何DNA分子上的特异位点处将其剪断，产生特定的DNA片段。这是DNA重组技术的重要基础之一。

③DNA连接酶。从图2-2-1中可以看出，被限制酶切开的DNA两条单链的切口，带有几个伸出的核苷酸，它们之间正好互补配对，这样的切口叫作黏性末端。可以设想，如果把两种来源不同的DNA用同一种限制酶来切割，然后让两者的黏性末端黏合起来，似乎就可以合成重组的DNA分子了。但是，实际上仅仅这样做是不够的，互补的碱基处虽然连接起来，但是这种连接只相当于把断成两截的梯子中间的踏板连接起来，两边的扶手的断口处还没有连接起来。要把扶手的断口处连接起来，也就是把两条DNA末端之间的缝隙“缝合”起来，还要靠另一种极其重要的工具——DNA连接酶。

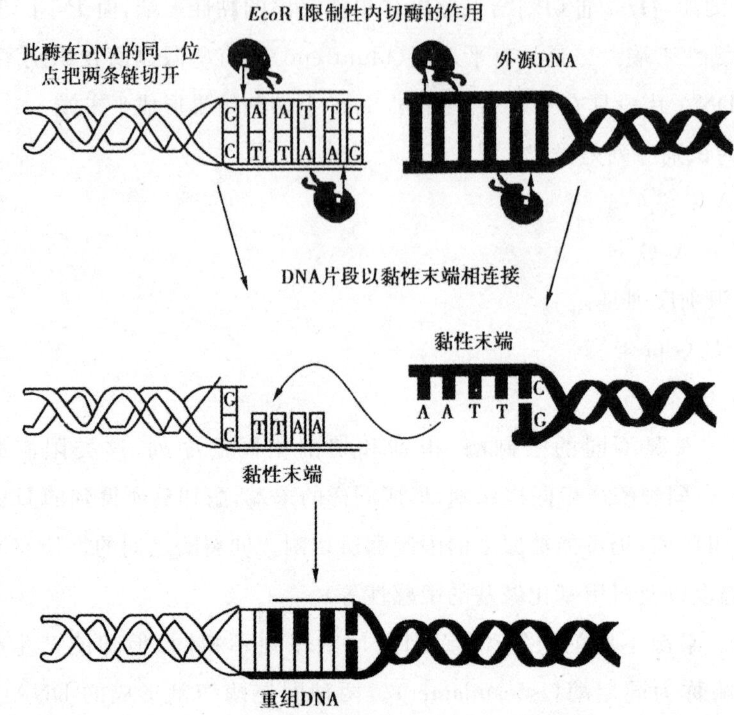

图 2-2-1 限制性核酸内切酶 *Eco*R Ⅰ的作用

将不同的DNA片段连接在一起的酶叫作DNA连接酶。DNA连接酶主要来自T_4噬菌体和大肠杆菌。DNA连接酶催化两个双链DNA片段相邻的5′端磷酸与3′端羟基之间形成磷酸二酯键。它既能催化双链DNA中单链切口的封闭，也能催化两个双链DNA片段进行连接。DNA连接酶主要有两种：一种是T_4DNA连接酶，另一种是大肠杆菌DNA连接酶。T_4DNA连接酶由一条多肽链组成，相对分子质量为6 800，通常催化黏性末端间的连接效率要比催化平末端的连接效率高。催化反应需要Mg^{2+}和ATP，ATP作为反应的能量来源。T_4 DNA连接酶在基因工程操作中被广泛应用。大肠杆菌DNA连接酶的相对分子质量为7 500，连接反应的能量来源是NAD^+，此酶催化DNA连接反应与T_4DNA连接酶大致相同，但不能催化DNA分子的平末端连接。

体外DNA连接方法目前常用的有三种：①用T_4或大肠杆菌DNA连接酶可连接具有互补黏性末端的DNA片段；②用T_4DNA连接酶连接具有平末端的DNA片段；③先在DNA片段末端加上人工接头，使其形成黏性末端，然后再进行连接。

④反转录酶。反转录酶(reverse transcriptase)是以RNA为模板指导三磷酸脱氧核苷酸合成互补DNA(cDNA)的酶。这种酶需要镁离子或锰离子作为辅助因子，当以mRNA为模板时，先合成单链DNA(ssDNA)，再在反转录酶和DNA聚合酶Ⅰ的作用下，以单链DNA为模板合成“发夹”型的双链DNA(dsDNA)，再由核酸酶SⅠ切成两条单链的双链DNA。

因此，反转录酶可用来把任何基因的 mRNA 反转录成 cDNA 拷贝，然后可大量扩增插入载体后的 cDNA。也可用来标记 cDNA 作为放射性的分子探针。反转录酶在基因工程中，主要用来从 mRNA 转录出 cDNA 片段。由于 mRNA 是染色体上基因的拷贝，所以反转录酶使基因工程学家们能通过细胞质中的 mRNA 来认识和分离目标基因。

二、基因载体

基因工程的重要一步是将分离到的目标基因转导到细菌中进行无性繁殖以快速和大量地将其扩增。然而，从染色体上切割和分离下来的单个目标基因通常不带有进行复制和功能表达的调节序列，而且一个单独的目标基因也难进入受体细胞中。因此，为了使分离到的目标基因顺利进入受体细胞，并在受体细胞中复制和表达，必须将目标基因与一种特别的 DNA 分子重组。这种特别的 DNA 分子称为基因载体。作为载体的物质必须具备以下条件：能够在宿主细胞中复制并稳定地保存；具有多个限制酶切点，以便与外源基因连接；具有某些标记基因，便于进行筛选。基因工程中使用的载体基本上来自微生物，主要包括质粒载体、λ 噬菌体载体、柯斯质粒载体、M_{13}噬菌体载体、真核细胞的克隆载体、人工染色体等。

(1)质粒载体。质粒是一种染色体外的稳定遗传因子，经人工修饰改造后作为载体。它具有十分有利的特性：具有独立复制起点；具有较小的相对分子质量，一般不超过 15 kb；具有较高拷贝数，使外源 DNA 得以大量扩增；易于导入细胞；具有便于选择的标记和安全性。

细菌中天然质粒种类很多，不同的质粒，其复制和遗传的方式不同。根据复制和遗传方式的差异，可以将质粒分为两类：严密型质粒和松弛型质粒。严密型质粒的复制方法与细菌的生理过程密切相关，当细菌蛋白质合成终止时，质粒的复制也随即停止。严密型质粒在细菌细胞中一般只有 1～2 个拷贝。松弛型质粒的复制与细胞的生理过程关系不大，当细菌蛋白质合成停止时它仍可以进行复制。所以，松弛型质粒在一个细菌体内的数目常常可达到数十个乃至数千个。因此，通常选择松弛型质粒作为基因载体，以期能使目的基因在宿主体内大量复制。细菌质粒并不是细菌生长所必需的组成部分，但细菌质粒通常带有某种遗传特性。例如，有的带有抗药性的 R 因子基因；有的带有使自身能从一个细菌进入到另一个细菌的转移因子基因；还有的质粒有能够产生某种毒素的基因。这些遗传性状赋予宿主细菌以某种可观察的生物学特征。通过这些特征，我们便可以知道重组的目的基因是否进入了宿主细胞，并挑选出这些细胞。大肠杆菌质粒 pBR322 是基因工程中最常用的代表性质粒，是环状双链 DNA 分子，由 4 361 bp 组成，是由博利瓦(Bolivar)等于 1977 年构建的一个典型人工质粒载体。可插入大小 5 kb 左右的外源 DNA。它具有一个复制起点，是松弛型质粒。当加入氯霉素扩增之后，每个细胞可含有 1 000～3 000 个拷贝。pBR322 质粒具有 2 种抗性基因，一个是四环素抗性基因(Tet^r)，另一个是氨苄西林抗性基因(Amp^r)。已知有 24 种主要限制酶在 pBR322 分子上均有一个限制性酶切位点，其中有 7 种限制酶(*Eco*R V、

Nhe Ⅰ、*Bam*H Ⅰ、*Sph* Ⅰ、*Sal* Ⅰ、*Xma*Ⅲ和 *Nru* Ⅰ)的切点位于四环素抗性基因之内，还有 3 种限制酶(*Sca* Ⅰ、*Puu* Ⅰ、*Pst* Ⅰ)的切点位于氨苄西林抗性基因之内。外源 DNA 片段插入这些位点之中任一位点时，将导致相应抗性基因的失活。因外源 DNA 的插入而导致基因失活的现象，称为插入失活(insertional inactivation)。插入失活常被用于检测含有外源 DNA 的重组体。

现已构建了许多新的含有一个人工构建的多克隆位点(multiple cloning sites)的质粒，如 pUC 系列和 pGEM 系列的质粒载体。在这些质粒载体上带有不同限制酶单一识别位点的短 DNA 片段，外源基因可随意插入任何一个位点。同时又由于多克隆位点位于一个基因的编码区内，因而基因的插入、失活极易被检测到。除大肠杆菌质粒外，枯草芽孢杆菌(*Bacillus subtilis*)质粒和酿酒酵母(*Saccharomyces cerevisiae*)的 2 μm 质粒常作为酵母细胞外源基因的克隆或表达载体。此外，先后构建了一系列不同类型的穿梭质粒载体(shuttle plasmid vectors)。这是一类同时含有两种细胞的复制起点，特别是同时含有原核生物与真核生物的复制起点，能在两种生物细胞中进行复制的质粒载体。其中最常见和被广泛应用的是大肠杆菌—酿酒酵母穿梭质粒载体，这种质粒同时含有大肠杆菌和酿酒酵母的复制起点，故既可在大肠杆菌细胞中复制又可在酵母细胞中复制。此外，还有其他穿梭质粒载体系统。

(2)λ 噬菌体载体。λ 噬菌体克隆载体是基因工程中一类很有价值的克隆载体，具有很多优点：分子遗传学背景十分清楚；载体容量较大，一般质粒载体容纳略多于 10 kb，而 λ 噬菌体载体却能容纳大约 23 kb 的外源 DNA 片段；具有较高的感染效率，其感染宿主细胞的效率几乎可达 100%，而质粒 DNA 的转化率却只有 0.1%。

但由于野生型λ噬菌体 DNA 的分子很大，基因结构复杂，限制酶有很多切点，且这些切点多数位于必需基因之中，因而不适于作为克隆载体，必须经一系列改造才能用作克隆载体。构建 λ 噬菌体克隆载体的基本原则是：删除基因组中非必需区，使基因组变小，有利于克隆较大的 DNA 片段；除去多余的限制位点。现已构建了各种各样的 λ 载体。这些载体可分为两类：插入型载体(insert vector)，其限制酶位点可用于外源 DNA 的插入；取代型载体(replacement vector)，具有成对限制酶位点，外源 DNA 可取代两个限制位点上的 DNA 区段。重组 DNA 与包装蛋白混合，可在体外包装成有感染力的重组噬菌体颗粒。虽然 λ 噬菌体载体是一类极为有用的克隆载体，但是由于 λ 噬菌体头部组装时容纳 DNA 的量是固定的，因而插入的外源 DNA 长度必须控制在使重组 DNA 为野生型 λDNA 长度的 78%～105%，否则难以正常组装。

(3)柯斯质粒载体。柯斯质粒载体(cosmid vector)即黏粒载体，是由 λ 噬菌体的黏性末端和质粒构建而成。cosmid 一词的意思是带有 cos 位点的质粒。柯斯质粒载体含有来自质粒的一个复制起点、抗药性标记、一个或多个限制酶单一位点，以及来自 λ 噬菌体黏性末端

的 DNA 片段，即 cos 位点，其对于将 DNA 包装成 λ 噬菌体粒子是必需的。柯斯质粒载体的优点在于：具有噬菌体的高效感染力，而在进入宿主细胞后不形成子代噬菌体，仅以质粒形式存在；具有质粒 DNA 的复制方式，重组 DNA 注入宿主细胞后，两个 cos 位点连接形成环状 DNA 分子，如同质粒一样进行复制；具有克隆大片段外源 DNA 的能力，柯斯质粒本身一般只有 5～7 kb，而它可克隆外源 DNA 片段的极度限值竟高达 45 kb，远远超过质粒载体及 λ 噬菌体载体的克隆能力。

（4）M_{13}噬菌体载体。M_{13}是大肠杆菌丝状噬菌体，其基因组为环状 ssDNA，大小为 6 407 bp。感染雄性（F^{+}或 Hfr）大肠杆菌进入细胞后，转变成复制型（RF）dsDNA，然后以滚环方式复制出 ssDNA。每当复制出单位长度正链，即被切出和环化，并立即组装成子代噬菌体并以出芽方式（即宿主细胞不被裂解）释放至胞外。

野生型 M_{13}不适于直接作为克隆载体，因而人们对其进行改造，构建了一系列 M_{13}克隆载体。在 M_{13}基因组中，除基因间隔区（IG）外，其他均为复制和组装所必需的基因。外源 DNA 插入 IG 区，可不影响 M_{13}活动，因而野生型 M_{13}的改造主要在 IG 区中进行。M_{13}主要用于制备单链 DNA 和基因测序。

（5）噬菌体质粒载体。噬菌体质粒（phagemid 或 phasmid）是由丝状噬菌体和质粒载体 DNA 融合而成，兼有两者的优点。这类载体具有来自 M_{13}或 f_1噬菌体的基因间隔区（内含 M_{13}或 f_1噬菌体复制起点）和来自质粒的复制起点、抗药性标记、一个多克隆位点区等。例如，pUC18 噬菌体质粒载体就是将野生型 M_{13}的基因间隔区插入质粒载体 pUC18 构建而成的。

噬菌体质粒在寄主细胞内以质粒形式存在，复制产生双链 DNA。当用辅助噬菌体 M_{13}感染宿主细胞后，噬菌体质粒的复制就转变成如同 M_{13}噬菌体一样的滚环复制，产生单链 DNA 并被包装噬菌体粒子以出芽方式释放至胞外。

噬菌体质粒载体在应用上具有许多优点：①载体本身分子小，约为 3 000 bp，便于分离和操作；②克隆外源 DNA 容量较 M_{13}噬菌体载体大，可克隆 10 kb 外源 DNA 片段；③可用于制备单链或双链 DNA，克隆和表达外源基因。

上述几类大肠杆菌克隆载体的克隆能力及其主要用途比较见表 2-2-2。

表 2-2-2　几类大肠杆菌克隆载体比较

载体类型	克隆外源 DNA 片段大小	主要用途
质粒载体	＜15 kb	克隆和表达外源基因；DNA 测序
λ 噬菌体载体	＜23 kb	构建基因文库和 cDNA 文库
克斯质粒载体	＜45 kb	构建基因文库
M_{13}载体	300～400 bp	制备单链 DNA；定位诱变；噬菌体展示

(6)真核生物的载体。真核生物载体，主要有酵母质粒载体和真核生物病毒两类。

酵母质粒载体。酵母质粒载体都是利用酵母的 2 μm 质粒和其染色体组分与细菌质粒 pBR322 构建而成的，能分别在细菌和酵母菌中进行复制，所以又称为穿梭载体，主要有以下 3 种。①附加体质粒(episomal plasmid)：该质粒载体含有来自大肠杆菌质粒 pBR322 的复制起点并携带选择标记的氨苄西林抗性基因(Ampr)。此外，还有来自酵母 2 μm 质粒的复制起点以及一个作为酵母选择标记 URA3 基因。这种质粒既可在大肠杆菌中复制也可在酵母细胞中复制，当重组质粒导入酵母细胞中可进行自主复制，且具有较高的拷贝数。②复制质粒(replicating plasmid)：该质粒含有来自大肠杆菌质粒 pBR322 的复制起点和选择标记的氨苄西林抗性基因(Ampr)、四环素抗性基因(Tetr)；来自酵母染色体的自主复制序列(ARS)。酵母重组质粒导入酵母细胞中可获得中等拷贝数的质粒。③整合质粒(integrating plasmid)：该质粒含有来自大肠杆菌质粒 pBR322 的复制起点和选择标记的氨苄西林抗性基因(Ampr)、四环素抗性基因(Tetr)和来自酵母的 URA3 基因。它既可以作为酵母细胞的选择标记，也可与酵母染色体 DNA 进行同源重组。这种质粒可在大肠杆菌中复制，但不能在酵母细胞中进行自主复制。一旦导入酵母细胞，可整合至酵母染色体上，成为染色体 DNA 的一个片段。

真核生物病毒载体。①哺乳动物病毒载体：这类病毒载体具有许多突出优点。例如，动物病毒能够有效识别宿主细胞，某些动物病毒载体能高效整合到宿主基因组中以及高拷贝和强启动子中，有利于真核外源基因的克隆与表达。许多哺乳动物病毒如 SV40、腺病毒、牛痘病毒、反转录病毒等改造后的衍生物可作为基因载体。②昆虫病毒载体：昆虫杆状病毒的衍生物作为载体具有的优点，主要为高克隆容量，克隆外源 DNA 片段大小可高达100 kb；其次，具有高表达效率，外源 DNA 的表达量达到细胞蛋白质总量的 25%左右，甚至更多；此外，它具有安全性，仅感染无脊椎动物，并不引发人和哺乳动物疾病。③植物病毒载体：一些 RNA 病毒和 DNA 病毒已被改造为植物基因工程载体。目前，植物基因工程操作较多使用双链 DNA 病毒载体，如花椰菜花叶病毒载体。

(7)人工染色体。酵母人工染色体(yeast artificial chromosome，YAC)是一类目前能容纳最大外源 DNA 片段人工构建的载体。酵母染色体的控制系统主要包括 3 部分：①着丝粒(centromere，CEN)：它的作用是使染色体的附着粒与有丝分裂的纺锤丝相连，保证染色体在细胞分裂过程中正确分配到子代细胞。②端粒(telomere，TEL)：位于染色体两个末端，功能是保护染色体两端，保证染色体的正常复制，防止染色体 DNA 复制过程中两端序列的丢失。③酵母自主复制序列(autonomously replicating sequence，ARS)：其功能与酵母细胞复制有关。

YAC 克隆外源 DNA 能力非常大，一个 YAC 可插入长达 10^6 碱基以上的 DNA 片段。因此，YAC 既保证所插入外源基因结构的完整性，又大大减少基因库所要求克隆的数目。

目前,YAC 已成为构建高等真核生物基因库的重要载体,并在人类基因组的研究中起着重要作用。除酵母人工染色体外,现已构建细菌人工染色体(BAC)更便于基因工程操作,在人类基因组研究中正被广泛应用。

(8)载体的宿主。为了保证外源基因在细胞中的大量扩增和表达,选择合适的克隆载体宿主就成为基因工程的重要问题之一。一个理想的宿主的基本要求是:能够高效吸收外源 DNA;具有使外源 DNA 进行高效复制的酶系统;不具有限制修饰系统,不会使导入宿主细胞内未经修饰的外源 DNA 发生降解;一般为重组缺陷型(RecA)菌株,使克隆载体 DNA 与宿主染色体 DNA 之间不发生同源重组;便于进行基因操作和筛选;具有安全性。宿主细胞应该对人、畜、农作物无害或无致病性等。原核生物的大肠杆菌及真核生物的酿酒酵母,由于它们具有一些突出优点,如生长迅速、极易培养、能在廉价培养基中生长,其遗传学及分子生物学背景十分清楚,因而已成为当前基因工程广泛应用的重要克隆载体宿主。

第三节 目的基因克隆策略

一、获得目的基因的途径

从事一项基因工程,通常总是要先获得目的基因。目的基因又称目标基因(target gene),是指通过人工方法分离、改造、扩增并能够表达的特定基因,或者是按计划获取有经济价值的基因。倘若基因的序列是已知的,可以用化学方法合成,或者利用聚合酶链式反应(PCR)由模板扩增。此外,最常用并且无须已知序列的方法是建立一个基因文库或 cDNA 文库,从中选择目的基因进行克隆。

(1)基因文库的构建。基因文库是指整套由基因组 DNA 片段插入克隆载体获得的分子克隆之总和。在理想条件下,基因文库应包含该基因组的全部遗传信息。基因文库的构建通常包含以下 5 个步骤:①染色体 DNA 的片段化:利用能识别较短序列的限制性内切酶对染色体基因组进行随机性切割,产生众多的 DNA 片段。②载体 DNA 的制备:选择适当的 λ 噬菌体载体,用限制性内切酶切开,得到左右两臂,以便分别与染色体 DNA 片段的两端连接。③体外连接与包装:将染色体 DNA 片段与载体 DNA 片段用 T_4 DNA 连接酶连接,然后重组体 DNA 与 λ 噬菌体外壳蛋白在体外包装。④重组噬菌体感染大肠杆菌:重组噬菌体感染细胞将重组 DNA 导入细胞,重组 DNA 在细胞内增殖并裂解宿主细胞,产生的溶菌产物组成重组噬菌体克隆库,即基因文库。⑤基因文库的鉴定、扩增与保存:构建的基因文库应鉴定其库容量,需要时可进行扩增。构建好的基因文库可多次使用。

(2)cDNA 文库的建立。真核生物基因的结构和表达控制元件与原核生物有很大的不同。真核生物由于外显子与内含子镶嵌排列,转录产生的 RNA 需切除内含子拼接外显子才能最后表达，因此真核生物的基因是断裂的。真核生物的基因不能直接在原核生物表达，只有将加工成熟的mRNA经反转录合成互补的DNA(cDNA)，再接上原核生物的表达控制元件，才能在原核生物中表达。此外，mRNA很不稳定，容易被RNA酶分解，因此真核生物需建立cDNA文库来进行克隆和表达研究。所谓cDNA文库是指细胞全部mRNA反转录成cDNA并被克隆的总和。建立cDNA文库与基因文库的最大区别是DNA的来源不同。基因文库是取现成的基因组DNA，cDNA文库是取细胞中全部的mRNA经反转录酶生成DNA(cDNA)，其余步骤两者相类似。构建cDNA文库的基本步骤有五步：制备mRNA；合成cDNA；制备载体DNA(质粒或λ噬菌体)；双链cDNA的克隆(cDNA与载体的重组)；cDNA文库的鉴定、扩增与保存。

(3)基因库中克隆基因的挑选分离。基因文库和cDNA文库建立起来后，下一步的工作是从一个庞大的基因库中分离出所需要的重组体克隆，这是一件难度很大、费时费力的工作。一种方法是根据重组体某种特征从库中直接挑选出重组体，这种方法叫作"选择"；另一种方法是把库中所有的重组体进行一遍筛查，这种方法叫作"筛选"。

①原位杂交法。这一种利用特异探针的直接选择法，是一种十分灵敏而且快速的方法。用于杂交的探针可以是双链DNA，也可以是单链DNA，或是RNA。杂交的检测常用放射性同位素标记探针，通过自显影来进行。显然，有效进行杂交筛选的关键是获得特异的探针。探针的获得有如下方法：如果目的基因序列是已知的，或部分序列是已知的，探针可以从已有的克隆中制备，或用PCR方法扩增；如果目的基因是未知的，而有其他物种的同源序列，那么可以用同源序列作探针；如果目的基因未知，但知道它对应的蛋白质序列，可根据蛋白质序列设计相应的核酸探针。

②扣除杂交法。这是一种难度很大的筛选方法，是面对目的基因未知、同源基因未知、蛋白质序列未知情况的。基本原理是找到该基因的高表达细胞，提取相应的mRNA，并与一般细胞提取的mRNA进行比较，分离一般细胞不存在而高表达细胞存在的mRNA，然后用该mRNA反转录生成cDNA。

(4)聚合酶链式反应扩增目的基因。20世纪80年代以后，随着DNA核苷酸序列分析技术的发展，人们已经可以通过DNA序列自动测序仪对提取出来的基因进行核苷酸序列分析，并且通过一种扩增DNA的新技术(PCR技术)，使目的基因片段在短时间内成百万倍地扩增。上述新技术的出现大大简化了基因工程的操作技术。

二、功能启动子的分离和构建

近年来，随着对启动子功能研究的深入，启动子的分离方法也得到发展。主要方法有：基因组文库筛选法、探针载体筛选法、启动子捕获法、常规PCR法、反向PCR法、锅柄PCR法、序列特异性引物PCR法、热不对称交错PCR法和Y形接头扩增法。

(1)基因组文库筛选法。基因组文库筛选法是较早得到应用的一种分离启动子的方法，适合高等真核生物，但此方法需构建基因组文库，工作量大，目前已很少使用。其操作流程为：提取基因组 DNA；使用限制性内切酶消化基因组，基因组被内切酶酶切后，产生出可用于克隆的 DNA 片段；将 DNA 片段同 γ 噬菌体载体连接后，转化到大肠杆菌的受体细胞中，构建基因组文库；用与待克隆启动子相关的已知序列片段或特异基因片段作探针与构建好的基因组文库杂交，筛选出含有目的启动子的序列。

(2)探针载体筛选法。探针载体筛选法是利用启动子探针载体筛选启动子，因此其核心是构建含有报告基因的启动子缺失质粒载体即探针载体。启动子探针型载体是一种分离基因启动子的工具型载体，它包括两个基本部分：转化单元和检测单元。转化单元含复制起点和抗生素抗性基因，用于选择被转化的细胞。检测单元包含一个已失去转录功能且易于检测的遗传标记基因以及克隆位点。该方法的流程为：将 DNA 消化产物与无启动子的探针质粒载体重组，并使克隆片段恰好插在报告基因上游；把重组混合物转化到宿主细胞并构建质粒载体基因文库；检测报告基因的表达活性，若检测报告基因具有活性，则该插入重组 DNA 片段具有启动子活性。同时探针载体系统还应该满足以下条件：载体上还应有两个选择标记，方便筛选；报告基因产物应便于鉴定、方便筛选以及后期的量化；质粒稳定存在，拷贝数已知；报告基因的上游应有多个克隆位点。该方法适用于原核和一些低等真核生物，它能够随即筛选启动子，同时可以批量获得未知序列启动子片段，但工作量大且不能特异分离某一特定基因的启动子片段，因此该方法应用很有限。

(3)启动子捕获法。启动子捕获法是伴随着基因标记技术发展起来的。该方法的流程是：将不含启动子的报告基因构建于载体上，并插入内源基因的外显子中；当插入位点与内源基因方向一致时，可以由该内源基因的启动子驱动报告基因表达；通过检测报告基因表达与否及表达的时空特异性，判断报告基因插入位点是否存在基因的启动子和表达特性，进而从报告基因的旁邻序列中分离出该启动子序列。

(4)常规 PCR 法。常规 PCR 法适用于全序列已知的基因，是通过已经发表的基因序列设计引物，克隆基因启动子的方法，现已成为较常规的启动子的克隆方法，该方法简便、快捷、操作简单，但不能克隆到全新的启动子。苏宁等以水稻叶绿体 DNA 为模板通过 PCR 扩增到 16S rRNA 基因启动子区域片段；王景雪等以水稻基因组 DNA 为模板，用 PCR 方法从水稻基因组 DNA 中分离了 16 000 醇溶蛋白启动子片段，和已发表的序列对比发现其同源性高达 99.9%；王昌涛等从玉米自交系中克隆到泛素(ubiquitin)的启动子；王海燕等根据已报道的香菇 gPd 启动子设计引物，扩增获得大小分别为 1 018 bp 和 615 bp 灰树花基因中启动子片段 gPdZGFI 和 gPdZGFZ，与香菇 gPd 启动子序列同源性分别为 96%和 98%。

(5)反向 PCR。反向 PCR 技术(inverse-PCR，iPCR)是 1988 年 Ochman 和 Triglia 最早提出的，它是在常规 PCR 技术基础上改进的染色体步行方法。该方法适用于部分或全部序列已知的基因，具有高效、快速、稳定、花费少、操作简单、引物设计方便等诸多特点，应用较为广泛。该方法的流程为：选择在已知DNA序列内部没有切点的限制性内切酶对该DNA进行酶切，后经T_4 DNA连接酶催化自连成环状DNA；设计合适方向并与已知序列两端互补的引物，以环状DNA为模板，经PCR得到已知序列的旁侧DNA片段。Digeon等用该方法分离了小麦种子特异表达基因puropndoline的1 068 bp的启动子片段，通过转基因检测发现，该启动子片段能驱动目的基因在水稻种子中特异表达；Kim等设计了两对嵌套反向引物，克隆了芝麻种子特异表达基因SeFAD2的启动子序列；韩志勇等以iPCR技术为基础克隆了转基因水稻的外源基因旁侧序列；Frester等用该方法克隆了豌豆种子脂肪加氧酶基因启动子约800 bp片段。

(6)锅柄PCR法。锅柄PCR又称接头PCR(P-PCR)，是继反向PCR方法之后的又一用来扩增基因组中已知序列两侧未知序列的方法，适用于大小在2～9 kb的部分序列已知的基因的长启动子。该项技术是能扩增距已知序列最远的未知DNA序列的方法，它能完成全部嵌套式扩增，同时具有非常高的特异性，但其中DNA环化、连接等步骤比较难控制。该方法的流程如下：用几种限制性内切酶酶切DNA；将酶切后的DNA与体外合成的接头在适当的条件下连接；取适量连接产物直接作为PCR模板，其中一条引物为接头特异引物，其序列能与接头序列互补，另一条引物为基因特异引物，其序列与已知序列互补，该引物3′端朝向要扩增的序列区；将PCR产物克隆并测序。杨予涛等从牵牛基因组DNA中克隆到一个光合组织特异表达的启动子；李鹏丽等利用该方法分离了1 801 bp大豆类受体蛋白酶基因rlpk-5c上游片段，研究表明该启动子能驱动GUS基因在番茄愈伤组织和大豆幼苗生长点中瞬时表达；陈军营等在克隆小麦GLP3基因启动子时改变了传统的TAIL-PCR方法，得到了1 748 bp的GLP3基因上游侧翼序列，通过测序得出该序列含有TATA-box、CAAT-box等核心启动子；财音青格乐等通过此方法，成功地克隆了大豆种子特异性启动子序列。

(7)序列特异性引物PCR法。序列特异性引物PCR(sequence specific primer PCR, SSP-PCR)法是基于Taq DNA聚合酶，对于和靶基因序列完全匹配的引物，比错配的引物更有效地进行扩增的原理，操作较简单，耗时较少，效率高。该技术流程是：用一系列特异性寡核苷酸引物进行PCR，即在确定某一碱基为该等位基因所特有的基础上设计寡核苷酸引物，并使其3′端的第一个碱基与等位基因的特异碱基互补。Shyamala等运用该PCR法以小鼠伤寒杆菌组氨酸转运操纵子为起点进行连续步移并克隆启动子。

(8)热不对称交错PCR法。热不对称交错PCR法即TAIL-PCR(thermal asymmetric interlaced PCR)，最早由Liu等提出，此后由于该方法可以直接以基因组DNA为模板，高效快捷地克隆未知序列从而得到了广泛的应用。它是利用目标序列旁侧的已知序列设计3个嵌套的序列特异性引物(约20 bp)，分别和1个具有低T_m值的短随机简并引物(约14 bp)相结合，根据引物长短和特异性差异设计出不对称的温度循环扩增特异产物，该方法快捷、简单、特异性高，但需与较多引物组合，且扩增条件精细。该技术需经过三轮反应：第一轮PCR反应由5次高特异性反应，1次低特异性反应，10次较低特异性反应和12次热不对称的超级循环构成。通过第一轮反应可以得到不同浓度的3种类型产物——特异性产物（Ⅰ型）和非特异性产物（Ⅱ型和Ⅲ型）；第二轮反应将第一轮反应的产物稀释1 000倍作为模板，通过10次热反应将第一轮不对称的超级循环时产生的特异性的产物被选择地扩增，而非特异产物含量极低；第三轮反应又将第二轮反应的产物稀释作为模板，再设置普通的PCR反应或热不对称超级循环，通过上述三轮PCR反应可以获得与已知序列邻近的目标序列。

Zhang等用此法从白菜中克隆了一个新的PCP（pollen coat protein）基因启动子，该启动子可以驱动CUS基因在花药壁、花瓣顶部及花药发育后期的花粉管中特异表达；刘召华等根据尾穗苋凝集素ACA基因5′端已知序列设计出3个基因特异的反向引物，并分别与11个简并引物配对，通过热不对称交错式PCR进行扩增，最终获得了ACA基因起始密码子上游约700 bp的片段，检测结果显示该DNA片段具有种子特异表达的活性；Gao等用该法克隆了鳜鱼金属硫蛋白-2基因（metallothionein-2 gene，MT-2）的启动子序列；李秋莉等应用TAIL-PCR法成功地克隆了辽宁碱蓬BADH基因的启动子片段；根据Liu和Huang的报道，TAIL-PCR方法通常可以扩增到0.2～2 kb的片段；Wang等用该方法分离了小球藻硝酸还原酶基因5′端侧翼基因序列并将其与CUS基因融合并表达，研究结果显示该侧翼序列能启动CUS基因的表达。

（9）Y形接头扩增法。Y形接头扩增法也称YADE法，Y形接头扩增的引物处于Y形接头的两个分叉单链上，在特异引物引导合成了与接头末端互补的序列后，则接头引物开始退火参与扩增。该方法适用于较复杂的真核生物基因组。运用此法可以有效防止接头引物的单引物扩增，延伸时起始片段可以是基因组DNA（gDNA）也可以是互补DNA（cDNA）。在应用YADE法时，需要合适的内切酶，因此为了得到合适的内切酶，需要从众多的内切酶中进行筛选，同时特殊的Y形接头也增加了实验的成本。Prashar等在扩增cDNA3′端时运用此法减少了接头引物的单引物扩增；方卫国等首次建立了适合球孢白僵菌和金龟子绿僵菌的YADE体系，并用YADE法克隆到球孢白僵菌类枯草杆菌蛋白酶基因的启动子。

第四节　聚合酶链式反应

一、PCR的基本原理

PCR是聚合酶链式反应的简称，指在引物指导下由酶催化的对特定模板（克隆或基因组DNA）的扩增反应，是模拟体内DNA复制过程，在体外特异性扩增DNA片段的一种技术，在分子生物学中有广泛的应用，包括用于DNA作图、DNA测序、分子系统遗传学等。

PCR 基本原理是以单链 DNA 为模板，四种 dNTP 为底物，在模板 3′端有引物存在的情况下，用酶进行互补链的延伸，多次反复地循环能使微量的模板 DNA 得到极大程度的扩增。在微量离心管中，加入与待扩增的 DNA 片段两端已知序列分别互补的两个引物、适量的缓冲液、微量的 DNA 模板、四种 dNTP 溶液、耐热 Taq DNA 聚合酶、Mg 等。反应时先将上述溶液加热，使模板 DNA 在高温下变性，双链解开为单链状态；然后降低溶液温度，使合成引物在低温下与其靶序列配对，形成部分双链，称为退火；再将温度升至合适温度，在 Taq DNA聚合酶的催化下，以 dNTP 为原料，引物沿 5′→3′方向延伸，形成新的 DNA 片段，该片段又可作为下一轮反应的模板，如此重复改变温度，由高温变性、低温复性和适温延伸组成一个周期，反复循环，使目的基因得以迅速扩增。因此 PCR 循环过程由三部分构成：模板变性、引物退火、热稳定 DNA 聚合酶在适当温度下催化 DNA 链延伸合成(图 2-4-1)。

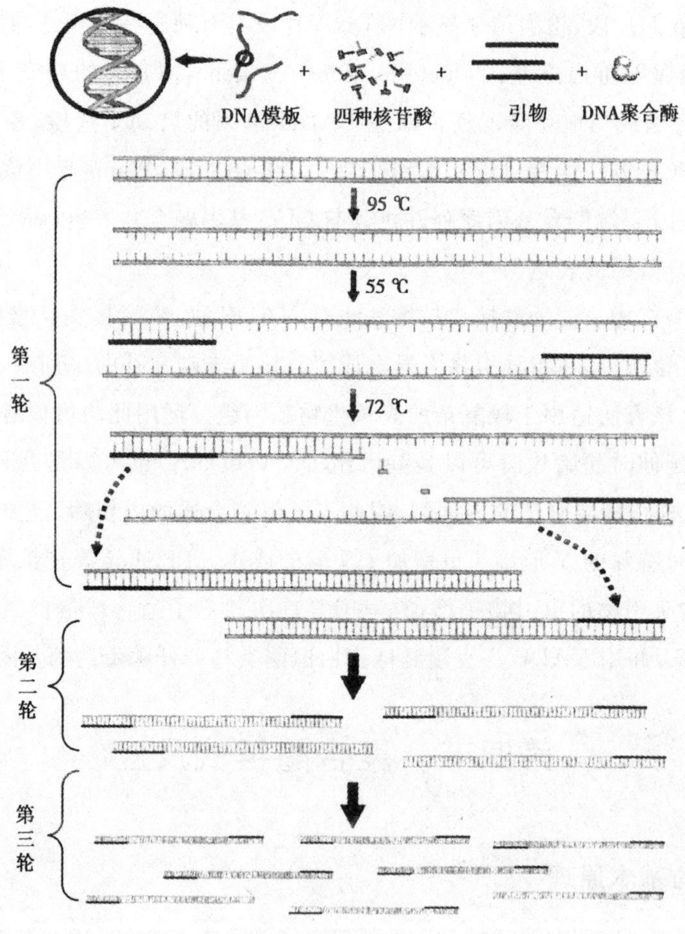

图 2-4-1　PCR 反应步骤

(1)模板 DNA 的变性。模板 DNA 加热到 90～95℃时，双螺旋结构的氢键断裂，双链解开成为单链，称为 DNA 的变性，以便与引物结合，为下一轮反应做准备。变性温度与 DNA 中 G-C 含量有关，G-C 间由三个氢键连接，而 A-T 间只有两个氢键相连，所以 G-C 含量较高的模板，其解链温度相对要高些。故 PCR 中 DNA 变性需要的温度和时间与模板 DNA 的二级结构的复杂性、G-C 含量高低等均有关。对于高 G-C 含量的模板 DNA 在实验中需添加一定量二甲基亚砜(DMSO)，并且在 PCR 循环起始阶段热变性温度可以采用 97℃，时间适当延长，即所谓的热启动。

(2)模板 DNA 与引物的退火。将反应混合物温度降至 37～65℃时，寡核苷酸引物与单链模板杂交，形成 DNA 模板—引物复合物。退火所需要的温度和时间取决于引物与靶序列的同源性程度及寡核苷酸的碱基组成。一般要求引物的浓度大大高于模板 DNA 的浓度，并由于引物的长度显著短于模板的长度，因此在退火时，引物与模板中的互补序列的配对速度比模板之间重新配对成双链的速度要快得多，退火时间一般为 1～2 min。

(3)引物的延伸。DNA 模板—引物复合物在 Taq DNA 聚合酶的作用下，以 dNTP 为反应原料，靶序列为模板，按碱基配对与半保留复制原理，合成一条与模板 DNA 链互补的新链。重复循环变性—退火—延伸过程，就可获得更多的“半保留复制链”，而且这种新链又可成为下一次循环的模板。延伸所需要的时间取决于模板 DNA 的长度。在 72℃条件下，Taq DNA聚合酶催化的合成速度为(40～60) bp/s。经过一轮“变性→退火→延伸”循环，模板拷贝数增加了一倍。在以后的循环中，新合成的 DNA 都可以起模板作用，因此每一轮循环以后，DNA 拷贝数就增加一倍。每完成一个循环需 2～4 min，一次 PCR 经过 25～35 次循环，2～3 h。扩增初期，扩增的量呈直线上升，但是当引物、模板、聚合酶达到一定比值时，酶的催化反应趋于饱和，便出现所谓的“平台效应”，即靶 DNA 产物的浓度不再增加。

PCR 的三个反应步骤反复进行，使 DNA 扩增量呈指数上升。反应最终的 DNA 扩增量可用 $Y=(1+X)^n$ 计算。Y 代表 DNA 片段扩增后的拷贝数，X 表示平均每次的扩增效率，n 代表循环次数。平均扩增效率的理论值为 100%，但在实际反应中平均效率达不到理论值。反应初期，靶序列 DNA 片段的增加呈指数形式，随着 PCR 产物的逐渐积累，被扩增的 DNA 片段不再呈指数增加，而进入线性增长期或静止期，即出现“停滞效应”，这种效应称为平台期。达到平台期所需的 PCR 循环次数取决于反应体系中模板的拷贝数、PCR 扩增效率、DNA 聚合酶的种类和活性、引物质量，以及非特异性扩增带的竞争等诸多因素。大多数情况下，平台期的到来是不可避免的。

PCR 扩增产物可分为长产物片段和短产物片段两部分。短产物片段的长度严格地限定在两个引物链 5′端之间，是需要扩增的特定片段。短产物片段和长产物片段是由于引物所结合的模板不一样而形成的。以一个原始模板为例，在第一个反应周期中，以两条互补的 DNA 为模板，引物是从 3′端开始延伸，其 5′端是固定的，3′端则没有固定的止点，长短不一，这就是“长产物片段”。进入第二周期后，引物除与原始模板结合外，还要同新合成的链（即“长产物片段”）结合。引物在与新链结合时，由于新链模板的5′端序列是固定的，这就等于这次延伸的片段3′端被固定了止点，保证了新片段的起点和止点都限定于引物扩增序列以内、形成长短一致的“短产物片段”。不难看出“短产物片段”是按指数倍数增加，而“长产物片段”则以算术倍数增加，几乎可以忽略不计，这使得PCR的反应产物不需要再纯化，就能保证足够纯DNA片段供分析与检测用。

二、PCR引物的设计

引物是PCR特异性反应的关键，PCR产物的特异性取决于引物与模板DNA互补的程度。理论上，只要知道任何一段模板DNA序列，就能按其设计互补的寡核苷酸链作引物，利用PCR就可将模板DNA在体外大量扩增。引物设计有三条基本原则：首先，引物与模板的序列要紧密互补；其次，引物与引物之间避免形成稳定的二聚体或发夹结构；再次，引物不能在模板的非目的位点引发DNA聚合反应（即错配）。

引物的选择将决定PCR产物的大小、位置，以及扩增区域的T_m值这个和扩增物产量有关的重要物理参数。好的引物设计可以避免背景和非特异产物的产生，甚至在RNA-PCR中也能识别cDNA或基因组模板。引物设计也极大地影响扩增产量：若使用设计粗糙的引物，产物将很少甚至没有；而使用正确设计的引物得到的产物量可接近于反应指数期望的产量理论值。当然，即使有了好的引物，依然需要进行反应条件的优化，比如调整Mg^{2+}浓度，使用特殊的共溶剂如二甲基亚砜、甲酰胺和甘油。对引物的设计不可能有一种包罗万象的规则确保PCR的成功，但遵循某些原则，则有助于引物的设计。

(1)引物长度。PCR特异性一般通过引物长度和退火温度来控制。引物的长度一般为15～30 bp，常用的是18～27 bp，但不应大于38 bp。引物过短会造成T_m值过低，在酶反应温度时不能与模板很好地配对；引物过长又会造成T_m值过高，超过酶反应的最适温度，还会导致其延伸温度大于74℃，不适于Taq DNA聚合酶进行反应，而且合成长引物还会大大增加合成费用。

(2)引物碱基构成。引物的(G+C)含量以40%～60%为宜，过高或过低都不利于引发反应，上下游引物的G、C含量不能相差太大。其T_m值是寡核苷酸的解链温度，即在一定盐浓度条件下，50%寡核苷酸双链解链的温度，有效启动温度，一般高于T_m值5～10℃。若按公式$T_m=4(G+C)+2(A+T)$估计引物的T_m值，则有效引物的T_m为55～80℃，其T_m值最好接近72℃以使复性条件最佳。引物中四种碱基的分布最好是随机的，不要有聚嘌呤或聚嘧啶的存在。尤其3′端不应超过3个连续的G或C，因这样会使引物在G+C富集序列区错误引发。

(3)引物二级结构。引物二级结构包括引物自身二聚体、发卡结构、引物间二聚体等。

这些因素会影响引物和模板的结合从而影响引物效率。对于引物的3′端形成的二聚体，应控制其 $\Delta G > -5.0$ kcal/mol 或少于3个连续的碱基互补，因为此种情形的引物二聚体有进一步形成更稳定结构的可能性，引物中间或5′端的要求可适当放宽。引物自身形成的发卡结构，也以3′端或近3′端对引物—模板结合影响更大；影响发卡结构稳定性的因素除了碱基互补配对的键能之外，与茎环结构形式亦有很大的关系。应尽量避免3′端有发卡结构的引物。

(4)引物3′端序列。引物3′端和模板的碱基完全配对对于获得好的结果是非常重要的，而引物3′端最后5～6个核苷酸的错配应尽可能地少。如果3′端的错配过多，通过降低反应的退火温度来补偿这种错配不会有什么效果，反应几乎注定要失败。

引物3′端的另一个问题是防止一对引物内的同源性。应特别注意引物不能互补，尤其是在3′端。引物间的互补将导致不想要的引物双链体的出现，这样获得的PCR产物其实是引物自身的扩增。这将会在引物双链体产物和天然模板之间产生竞争PCR状态，从而影响扩增成功。

引物3′端的稳定性由引物3′端的碱基组成决定，一般考虑末端5个碱基的 ΔG 值。ΔG 值是指DNA双链形成所需的自由能，该值反映了双链结构内部碱基对的相对稳定性，其大小对扩增有较大的影响。应当选用3′端 ΔG 值较低(绝对值不超过9)、负值大的引物，稳定性高，扩增效率更高。引物3′端的 ΔG 值过高，容易在错配位点形成双链结构并引发DNA聚合反应。

需要注意的是，如扩增编码区域，引物3′端不要终止于密码子的第3位，因密码子的第3位易发生简并，会影响扩增特异性与效率。另外，末位碱基为A的错配效率明显高于其他3个碱基，因此应当避免在引物的3′端使用碱基A。

(5)引物的5′端。引物的5′端限定着PCR产物的长度，它对扩增特异性影响不大，因此，可以被修饰而不影响扩增的特异性。引物5′端修饰包括：加酶切位点；标记生物素、荧光、地高辛、Eu^{3+} 等；引入蛋白质结合DNA序列；引入突变位点、插入与缺失突变序列和引入—启动子序列等。对于引入1～2个酶切位点，应在后续方案设计完毕后确定，便于后期的克隆实验，特别是在用于表达研究的目的基因的克隆工作中。

(6)引物的特异性。引物与非特异扩增序列的同源性不要超过70%或有连续8个互补碱基同源，特别是与待扩增的模板DNA之间要没有明显的相似序列。

三、PCR反应中使用的DNA聚合酶

Taq DNA多聚酶是耐热DNA聚合酶，是从水生栖热菌(*Thermus aquaticus*)中分离的。Taq DNA聚合酶是一个单亚基，分子量为94 000。具有5′→3′的聚合酶活力，5′→3′的外切核酸酶活力，无3′→5′的外切核酸酶活力，会在3′端不依赖模板加入1个脱氧核苷酸(通常

为 A,故 PCR 产物克隆中有与之匹配的 T 载体),在体外实验中,Taq DNA 聚合酶的出错率为 10^{-5}～10^{-4}。此酶的发现使 PCR 被广泛应用。此酶具有以下特点:①耐高温,在 70℃下反应 2 h 后其残留活性在 90%以上,在 93℃下反应 2 h 后其残留活性仍能保持 60%,而在 95℃下反应 2 h 后为原来的 40%。②在热变性时不会被钝化,故不必在扩增反应的每轮循环完成后再加新酶。③一般扩增的 PCR 产物长度可达 2.0 kb,且特异性也较高。PCR 的广泛应用得益于此酶,目前各试剂公司中开发了多种类型的 Taq 酶,有用于长片段扩增的酶,扩增长度极端可达 40 kb;有在常温条件下即可应用的常温 PCR 聚合酶;还有针对不同实验对象的酶等。

四、PCR 扩增反应的实施

PCR 反应条件包括温度、时间和循环次数。

(1)温度与时间的设置。基于 PCR 原理三步骤而设置变性—退火—延伸三个温度点。在标准反应中采用三温度点法,双链 DNA 在 90～95℃变性,再迅速冷却至 40～60℃,引物退火并结合到靶序列上,然后快速升温至 70～75℃,在 Taq DNA 聚合酶的作用下,使引物链沿模板延伸。对于较短靶基因(长度为 100～300 bp 时)可采用二温度点法,除变性温度外、退火与延伸温度可合二为一,一般采用 94℃变性,65℃左右退火与延伸(此温度 Taq DNA 酶仍有较高的催化活性)。

①变性温度与时间。变性温度低,解链不完全是导致 PCR 失败的最主要原因。一般情况下,93～94℃持续 1 min 足以使模板 DNA 变性,若低于 93℃则需延长时间,但温度不能过高,因为高温环境对酶的活性有影响。此步若不能使靶基因模板或 PCR 产物完全变性,就会导致 PCR 失败。

②退火(复性)温度与时间。退火温度是影响 PCR 特异性的较重要因素。变性后温度快速冷却至 40～60℃,可使引物和模板发生结合。由于模板 DNA 比引物复杂得多,引物和模板之间的碰撞结合机会远远高于模板互补链之间的碰撞。退火温度与时间取决于引物的长度、碱基组成及其浓度,还有靶基序列的长度。对于 20 个核苷酸,$(G+C)$含量约 50%的引物,55℃为选择最适退火温度的起点较为理想。引物的复性温度可通过以下公式帮助选择合适的温度:T_m值(解链温度)$=4(G+C)+2(A+T)$,复性温度$=T_m$值$-(5$～$10℃)$。在 T_m值允许范围内,选择较高的复性温度可大大减少引物和模板间的非特异性结合,提高 PCR 反应的特异性。复性时间一般为 30～60 s,足以使引物与模板之间完全结合。

③延伸温度与时间。Taq DNA 聚合酶的生物学活性:70～80℃,150 核苷酸每秒每酶分子;70℃,60 核苷酸每秒每酶分子;55℃,24 核苷酸每秒每酶分子;高于 90℃时,DNA 合成几乎不能进行。

④PCR 反应的延伸温度。PCR 反应的延伸温度一般选择 70～75℃，常用温度为 72℃，过高的延伸温度不利于引物和模板的结合。PCR 延伸反应的时间，可根据待扩增片段的长度而定，一般 1 kb 以内的 DNA 片段，延伸时间 1 min 是足够的。3～4 kb 的靶序列需 3～4 min；扩增 10 kb 需延伸至 15 min。延伸时间过长会导致非特异性扩增带的出现。对低浓度模板的扩增，延伸时间要稍长些。

(2)循环次数。循环次数决定 PCR 扩增程度。PCR 循环次数主要取决于模板 DNA 的浓度，一般的循环次数选为 25～35 次，循环次数越多，非特异性产物的量亦随之增多。

五、PCR 产物的分析

PCR 产物是否为特异性扩增，其结果是否准确可靠，必须对其进行严格的分析与鉴定，才能得出正确的结论。PCR 产物的分析，可依据研究对象和目的的不同而采用不同的分析方法。

(1)凝胶电泳分析。PCR 产物电泳，EB 溴化乙啶染色紫外仪下观察，初步判断产物的特异性。PCR 产物片段的大小应与预计的一致，特别是多重 PCR，应用多对引物，其产物片段都应符合预计的大小，这是起码条件。琼脂糖凝胶电泳通常应用 1%～2%的琼脂糖凝胶，供检测用。6%～10%聚丙烯酰胺凝胶电泳分离效果比琼脂糖好，条带比较集中，可用于科研及检测分析。

(2)酶切分析。根据 PCR 产物中限制性内切酶的位点，用相应的酶切、电泳分离后，获得符合理论的片段，此法既能进行产物的鉴定，又能对靶基因分型，还能进行变异性研究。

(3)分子杂交。分子杂交是检测 PCR 产物特异性的有力证据，也是检测 PCR 产物碱基突变的有效方法。

(4)Southern 印迹杂交。Southern 印迹杂交是在两引物之间另合成一条寡核苷酸链(内部寡核苷酸)标记后作探针，与 PCR 产物杂交。此法既可作特异性鉴定，又可以提高检测 PCR 产物的灵敏度，还可知其分子量及条带形状，主要用于科研。

(5)斑点杂交。斑点杂交将 PCR 产物点在硝酸纤维素膜或尼龙膜薄膜上，再用内部寡核苷酸探针杂交，观察有无着色斑点，主要用于 PCR 产物特异性鉴定及变异分析。

(6)核酸序列分析。核酸序列分析是检测 PCR 产物特异性的最可靠方法。

六、PCR 技术的应用

1. PCR 在食品行业检测中的应用

PCR 技术在食品科学中主要用于对食品中微生物含量的检测。众所周知，食品中微生物的检测关乎人的健康，需要方便、准确、快捷的技术保障。传统方法检测食品中致病菌的步骤烦琐、费时，需经富集培养、分离培养、形态特征观察、生理生化反应、血清学鉴定以及必要的动物试验等过程，并且传统方法无法对那些难以人工培养的微生物进行检测。如在肉制品的检验中，蛋白质鉴定技术已成功运用于鉴别生鲜肉类的品种，但当食品中的肉类已经经过切碎、混合、蒸煮、熏烤等加工烹调过程后，失去了原有的形态学特征和质地，而且加工处理也会改变肉类蛋白质的结构和稳定性，从而破坏物种特有的蛋白质和抗原决定部位。所以，蛋白质鉴定肉类品种的稳定性和可靠性较差，已不能满足现代肉类安全检测的要求。随着生物技术的发展，使用 PCR 技术建立了检测清真食品中是否含有猪肉或猪油的方法，物种特异性 PCR 技术可以用于清真食品的鉴定，是一种可以信赖的、合适的技术。以物种间基因差异为基础的分子学鉴定方法成为研究的热点，而采用 PCR 方法有特异性强、灵敏度高和可鉴别性的特点，已成为肉制品鉴别最常用的方法。

2. PCR 在医学中的应用

在临床医学方面也经常使用 PCR 技术，如对乙肝病毒、肿瘤、病原体等的检测。如许多常见的人类肿瘤疾病与某些病毒病因及肿瘤相关基因的遗传学改变有着密切的关系。PCR 技术在肿瘤病毒病因、肿瘤相关基因、肿瘤相关抑癌基因等研究方面已取得可喜成果，同时也被用于多点突变的遗传病。

PCR 在法学中应用于亲子鉴定、血型鉴别，以及指纹鉴别等。如对痕量的血迹，无法用传统血清学的方法进行血型检验时，就可采用 PCR 方法检验 ABO 和 MN 血型。对某些犯罪现场的生物材料的检定将为法医提供可靠有效的依据及直接、高效率的数据。DNA 技术鉴定进行取证主要应用在刑事民事案件中。

3. PCR 在饮用水中的检测

1990 年，Bejetal 利用多重 PCR 检测了 Legionella 类菌种和大肠类细菌，其结果是通过点对点方法固定的多聚 dT 尾捕捉探针和生物素标记的扩增 DNA 进行杂交来检测的。而对于水中的大部分细菌，通常采用分离培养来鉴定它们的种类和数量，但是分离方法和培养基的选择是限制检测效率的问题所在，一部分细菌由于不能在人工培养基上生长，使得鉴定的细菌种类和数量低于环境中的实际值。因此运用 PCR 技术可对水体进行直接检测，缩短检测时间，扩大检测范围，并且具有较高的精确度，同时也可以反映水环境中微生物病原体的种类及多样性。

4. PCR 技术在非生物学中的应用

DNA 的初级结构核苷酸序列具有极丰富的信息含量，利用 PCR 扩增，可以从非常少的 DNA 原始材料中获取信息，使之在作为商业产品的亚显微标志或标志物方面用途广泛。例如，对伪造产品的检测，对污染源的追踪调查等，都可通过 PCR 来鉴定。

PCR 技术的问世成了生物学界的一个热点，特别在分子生物学和人类遗传学等研究领

域。该技术能直接、富于针对性且高效率地提供数据，还能得到离散的等位基因数据并正确地确定 DNA 类型的基因型。此外，还可用于遗传图谱构建、器官移植的组织类型鉴定，检测转基因动植物中的植入基因等领域，它使人类基因重组成为可能。PCR 的应用前景还使研究现已灭绝的动物及在过去几百年间收集的物种的群体遗传成为可能。科学家们还在继续尝试扩增来自更稀有、更陌生样品的序列。总之，PCR 作为一项“革命性的新技术”不仅推动分子生物学及相关学科的发展，而且为相应的产业提供一片“天空”，将在商业领域中占有重要领地。

第五节　DNA 重组技术

一、DNA 重组技术

重组 DNA 分子的构建是通过 DNA 连接酶在体外作用完成的。DNA 连接酶催化 DNA 上裂口两侧（相邻）核苷酸裸露 3′-羟基和 5′-磷酸之间形成共价结合的磷酸二酯键，使原来断开的 DNA 裂口重新连接起来（图 2-5-1）。

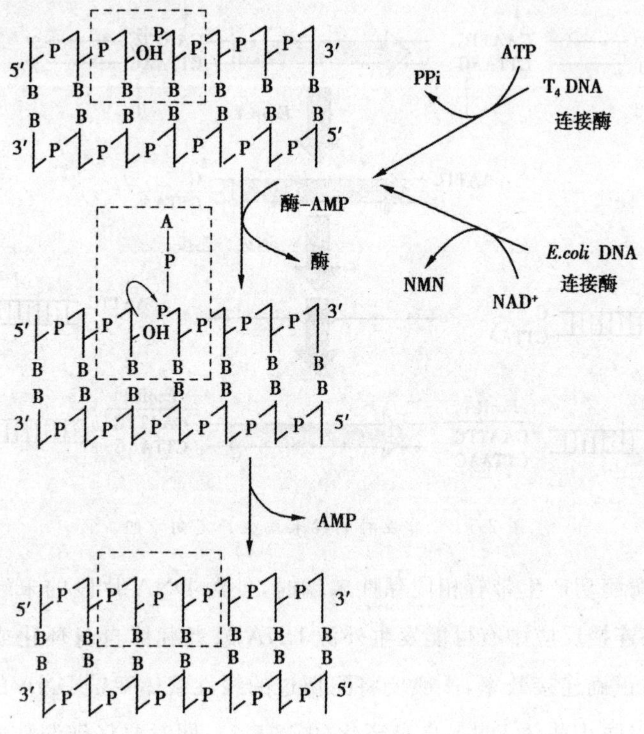

图 2-5-1　DNA 连接酶催化 DNA 分子连接

由于DNA连接酶还具有修复单链或双链的能力，因此它在DNA重组、DNA复制和DNA损伤后的修复中起着关键作用。特别是DNA连接酶具有连接DNA平末端或黏性末端的能力，这就促使它成为重组DNA技术中极有价值的工具。

重组质粒构建的基本过程：首先是一个环状载体分子从一处打开（酶切）而直线化，它的一端连上目标DNA片段的一端，另一端与相应DNA片段的另一端相连，重新形成一个含有外源DNA片段的新的环化分子。这种连接的结果有两种可能：一种是正向连接，另一种是反向连接。只有正向连接的DNA分子才能表达出正常的功能。这需要对重组分子转化后加以判别，严格的做法还需要对正确连接的重组分子进行序列分析。目的基因与载体重组连接的方式根据不同的情况而确定。

根据外源DNA片段末端的性质同载体上适当的酶切位点相连，实现基因的体外重组。外源DNA片段通过限制性内切酶酶解后其所带的末端有以下3种可能：

（1）用两种不同的限制酶进行酶切产生带有非互补突出的黏性末端片段，而分离出的外源基因片段末端同载体上的切点相互匹配时，则通过DNA连接酶连接后即产生定向重组体（图2-5-2）。

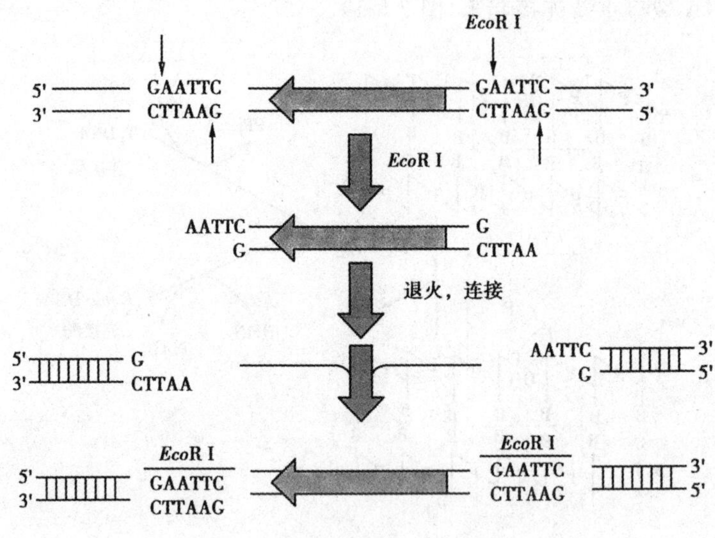

图2-5-2　非互补的黏末端生产定向重组

（2）当用一种酶酶切产生带有相同黏性末端时，外源DNA片段的末端与其相匹配的酶切载体相连接时在连接反应中有可能发生外源DNA或者载体自身环化或形成串联寡聚物的情况。要想提高正确连接效率，一般要将酶切过的线性载体双链DNA的5′端经碱性磷酸酶处理去磷酸化，以防止载体DNA自身环化（图2-5-3）；同时要仔细调整连接反应混合液中两种DNA的浓度比例以便使所需的连接产物的数量达到最佳水平。

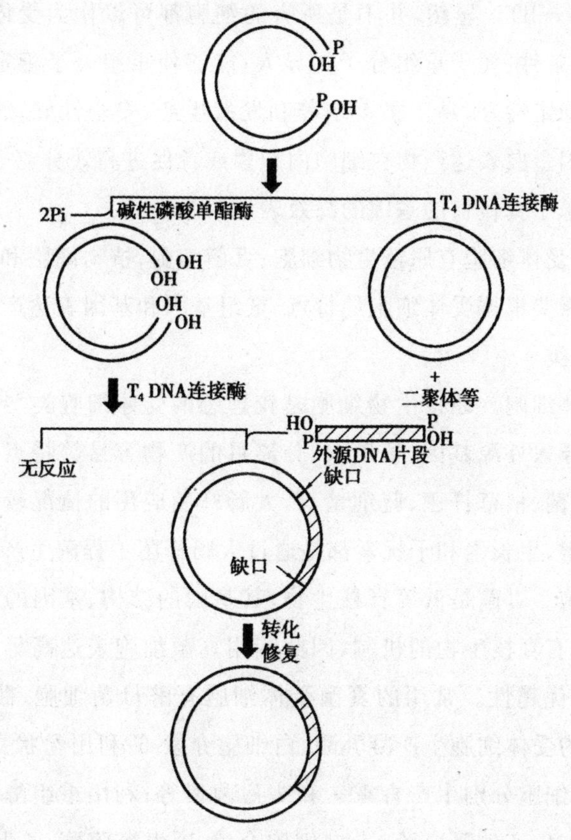

图 2-5-3 DNA 分子的 5′端碱性磷酸化防止自身环化

(3)产生带有平末端的片段。当外源 DNA 片段为平末端时,其连接效率比黏性末端 DNA 的连接要低得多。因此需要有效连接其所需要的 DNA 连接酶、外源基因及载体 DNA 的浓度要高得多。加入适当浓度的聚乙二醇可以提高平末端 DNA 的连接效率。

当在载体的切点以及外源 DNA 片段两端的限制酶切位点之间不可能找到恰当的匹配位点时可采用下述方法加以解决:①在线状质粒的末端和外源 DNA 片段的末端用 DNA 连接酶接上接头(linker)或衔接头(adaptor)。这种接头可以是含单一的或多个限制性酶切位点然后通过适当的限制酶酶解后进行重组。②使用大肠杆菌 DNA 聚合酶 Ⅰ 的 Klenow 片段部分补平 3′凹端。这一方法往往可将无法匹配的 3′凹端转变成平末端而与目的基因完成连接。

二、重组 DNA 导入受体细胞

外源目的基因与载体在体外连接重组后形成 DNA 分子,该重组 DNA 分子必须导入适宜的受体细胞中才能使外源目的基因得以大量扩增或者表达。这个导入及操作过程称为重组 DNA 分子的转化(transformation)。能够接受重组 DNA 分子并使其稳定维持的细胞称为受体细胞(receptor cell)。显然,并不是所有的细胞都可以作为受体细胞。一般情况下,受体细胞应符合下列条件:便于重组分子的导入;能够使重组分子稳定存在于分子中;便于重组体的筛选;遗传稳定性好,易于扩大培养和发酵生产;安全性好,无致病性,不会造成生物污染;便于外源基因蛋白表达产物在细胞内积累或者促进高效分泌表达;具有较好的转译后加工机制,便于来源于真核目的基因的高效表达。

基因工程常用的受体细胞有原核生物细胞、真菌细胞、植物细胞和动物细胞。采用哪种细胞作为受体细胞,需要根据受体细胞的特点、重组基因和基因表达产物而决定。

1.受体细胞的种类

(1)原核生物受体细胞。原核生物细胞是较理想的受体细胞类型,它具有结构简单(无细胞壁、无核膜)、易导入外源基因、繁殖快、分离目的产物容易等特点。至今被用于受体菌的原核生物有大肠杆菌、枯草杆菌、蓝细菌等,大肠杆菌应用的情况较多。在商品化的基因工程产品中,人胰岛素、生长素和干扰素都是通过大肠杆菌工程菌生产出来的。

(2)真菌受体细胞。真菌是低等真核生物,其基因的结构、基因的表达调控机制以及蛋白质的加工及分泌都有真核生物的机制,因此利用真菌细胞表达高等动植物基因具有原核生物细胞无法比拟的优越性。常用的真菌受体细胞有酵母菌细胞、曲霉菌和丝状真菌等。例如,利用曲霉菌作为受体细胞生产凝乳酶、白细胞介素-6;利用丝状真菌中的青霉菌属、工程头孢菌属作为受体细胞分别生产青霉素和头孢菌素等;利用重组酵母菌成功生产的异源蛋白质的例子很多,如生产牛凝乳酶、人白细胞介素-1、牛溶菌酶、乙肝表面抗原、人肿瘤坏死因子、人表皮生长因子等。

(3)植物受体细胞。植物细胞具有细胞壁,外源DNA的摄入相对于原核生物细胞较难,但经去过壁后的原生质体同样可以摄入外源DNA分子。原生质体在适宜的培养条件下再生细胞壁,继续进行细胞分裂,从植物细胞培养与转基因植株的再生两条途径都可以表达外源基因产物。另外,即使没有去掉细胞壁,采用基因枪法和通过农杆菌介导法同样可以使外源基因进入植物细胞。

植物细胞作为受体细胞的最大优越性就是植物细胞的全能性,即每一个植物细胞在适宜的条件下(包括培养基与培养条件)都具有发育成一个植株的潜在能力。也就是说,外源基因转化成功的细胞可以发育形成一个完整的转基因植株而稳定地遗传下来。因此,植株基因工程发展十分迅速,在生产上已经产生效益的转基因植物有:烟草、番茄、拟南芥、马铃薯、矮牵牛、棉花、玉米、大豆、油菜及许多经济作物。

(4)动物受体细胞。动物细胞作为受体细胞具有一定的特殊性。动物细胞组织培养技术要求高,大规模生产有一定难度。但动物细胞也有明显的优点:能够识别和除去外源真核基因中的内含子,剪切加工成熟的mRNA;对来源于真核基因的表达蛋白在翻译后能够正确加工或者修饰,产物具有较好的蛋白质免疫原性;易被重组的质粒转染,遗传稳定性好;转化的细胞表达的产物分泌到培养基中,易提取纯化。

早期多采用动物生殖细胞作为受体细胞,培养了一批转基因动物;而近期通过体细胞培养也获得了多种克隆动物,因此动物体细胞同样可以作为转基因受体细胞。目前用作基因受体动物的主要有猪、羊、牛、鱼、鼠、猴等,主要生产天然状态的复杂蛋白或者动物疫苗以及动物的基因改良。

2.重组DNA分子转化受体细胞的方法

将重组质粒转入受体细胞的方法很多,不同的受体细胞转化方法不同,相同的受体细胞也有多种转化方法。如针对大肠杆菌受体细胞,有Ca^{2+}诱导法、电穿孔法、三亲本杂交结合转化法等;如以植物细胞作为受体细胞,则采用叶盘转化法、基因枪法、花粉管通道法等。

(1)Ca^{2+}诱导法转化大肠杆菌。以下是利用Ca^{2+}诱导法将外源DNA转化大肠杆菌的基本过程(图2-5-4)。

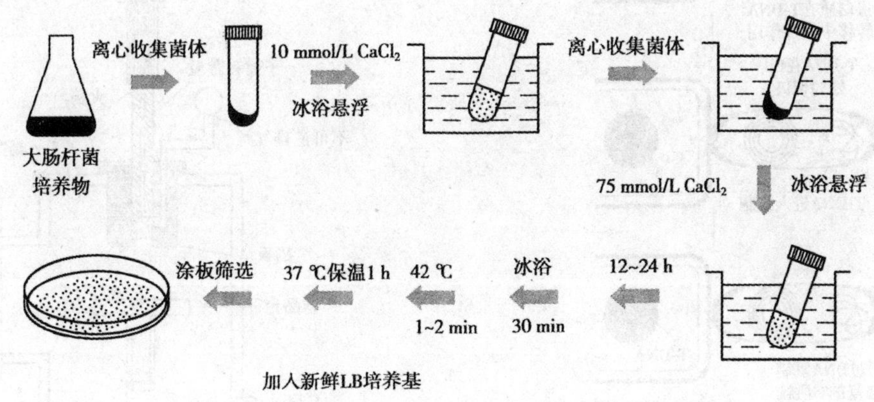

图2-5-4　Ca^{2+}诱导法将外源DNA转化大肠杆菌的基本过程

①制备感受态细胞。感受态细胞是指处于能够吸收周围环境中DNA分子的生理状态的细胞。Ca^{2+}诱导法就是利用$CaCl_2$诱导大肠杆菌形成感受态,能够容易接受外源质粒。

②DNA分子转化感受态细胞。将制备好的感受态细胞加入NTE缓冲液溶解的外源DNA中,在适宜的条件下促使感受态细胞吸收DNA分子。在LB培养基上筛选转化子。

(2)叶盘法转化植物细胞。叶盘法通常用在双子叶植物细胞的基因转化上。因为最初的做法是将植物叶片切成圆盘,让工程农杆菌侵染而再生转化芽体,得名叶盘法,又称农杆菌介导法。当农杆菌侵染植物细胞时,细菌本身留在细胞间隙中,而其Ti质粒上的T-DNA单链在核酸内切酶的作用下被加工、剪切,然后转入植物细胞核中,整合到植物细胞的染色体上,完成外源基因转化植物细胞的过程。留在农杆菌体内的Ti质粒缺口经过DNA复制而复原。该基因转化过程是一个复杂的遗传工程。图2-5-5简明表示了叶盘法转化植物细胞的基本过程。

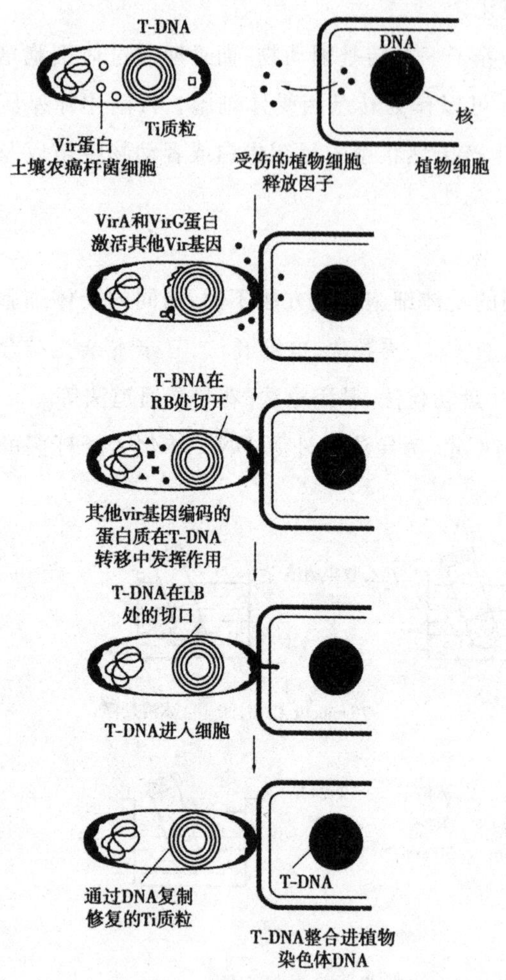

图 2-5-5 叶盘法转化植物细胞的过程

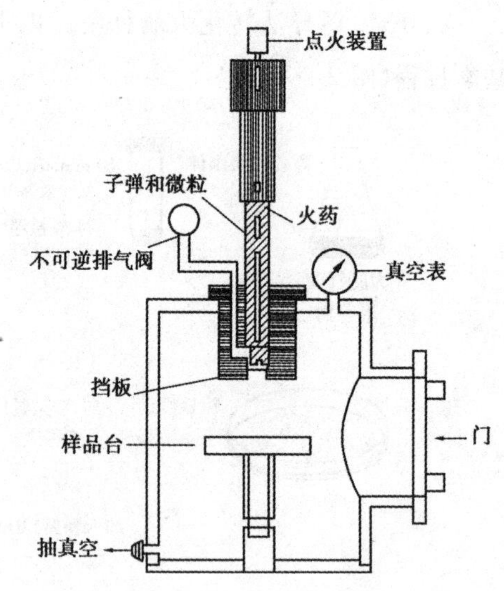

图 2-5-6 基因枪的基本结构

(3)基因枪法转化植物细胞。对于单子叶植物(农杆菌侵染较难)及特殊材料如愈伤组织、胚状体、原球茎、胚、种子等适宜采用基因枪法直接转化,效果较好。基因枪法又称微弹轰击法(microprojectile bombardment 或 biolistics),或叫粒子轰击法,其基本原理是将外源DNA 包被在微小的金粉或钨粉表面,然后在高压作用下,微粒被高速射入受体细胞或者组织。微粒上的外源 DNA 进入细胞后,整合到植物染色体上,得到表达,实现基因的转化。图 2-5-6是基因枪的基本结构,主要由点火装置、发射装置、挡板、样品台及真空系统等几个部分组成。

目前已经有十几种植物采用基因枪法获得了转基因植株,包括水稻、玉米、小麦三大谷类作物。基因枪法在植物细胞器转化过程中显示了明显的优势。

三、基因重组体的筛选与鉴定

在重组 DNA 分子的转化过程中，并非所有的细胞都能够导入重组 DNA 分子。通常将导入外源 DNA 分子后能够稳定存在的受体细胞称为转化子，而含有重组 DNA 分子的转化子称为重组子，也有将含有外源目的基因的克隆称为阳性克隆或者期望重组子。实际上，真正能够转化成功的比例是较低的。若转化效率为 10^{-6}，则 10^{8} 个受体细胞中只有 100 个受体细胞被真正转化。如何使用有效的手段筛选和鉴定转化子与非转化子、重组子与非重组子成为基因转化关键的技术所在。一般情况下，能够从这些细胞中快速准确地选出期望重组子的方法是将转化扩增物稀释到一定倍数，均匀涂抹在筛选的特定固体培养基上，使之长出肉眼可以分辨的菌落，然后进入新一轮的筛选与鉴定。目前已经发展运用了一系列可靠的筛选与鉴定方法，下面介绍几种常用的技术方法。

1.载体遗传标记法

载体遗传标记法的原理是利用载体 DNA 分子上所携带的选择性遗传标记基因筛选转化子或者重组子。由于标记基因所对应的遗传表型与受体细胞是互补的，因此在培养基上施加合适的筛选压力，即可保证转化子长成菌落，而非转化子隐身不能生长，这样的选择方法称为正选择。经过一轮正选择，如果载体分子含有第二个标记基因，则可以利用第二个标记基因进行第二轮的正选择或者负选择。这样可以从众多的转化子中筛选出重组子。

(1)抗药性筛选。这是利用载体 DNA 分子上的抗药性选择标记进行的筛选方法。在载体上使用的抗药性标记一般有氨苄西林抗性(Ap^r)、霉素抗性(Kan^r)、四环素抗性(Tc^r)、氯霉素抗性(Cm^r)、链霉素抗性(Str^r)以及潮霉素抗性等。一种载体上一般含有 1～2 种抗性标记，例如 pBR322 质粒载体上含有 Ap^r、Tc^r 两种抗性标记，这是抗药性筛选的前提。如果外源基因插入在 pBR322 的 *Bam*HⅠ位点上，则只需将转化扩增物涂抹在含有氨苄西林的培养基上，理论上若能长出菌落的便是转化子；如果外源基因插在 *Pst*Ⅰ的位点上，则利用四环素正向选择转化子[图 2-5-7(a)]。

通过上述的正向选择获得的转化子含有重组子与非重组子两种情况，所以第二步采用负选择的方法筛选出重组子[图 2-5-7(b)]。用无菌牙签将 Ap^r 转化子(菌落)分别逐一接种在只含有一种抗生素的 Tc 或者 Ap 平板培养基上。由于外源基因在 *Bam*HⅠ位点的重组，导致载体上 Tc^r 基因失活，使 $Tc^r \rightarrow Tc^s$，因此重组子具有 Ap^rTc^s 的遗传表型，而非重组子是 Ap^rTc^r 的遗传表型。所以重组子只能在 Ap 培养基上生长而不能在 Tc 培养基上生长，相对应的是非重组子既能在 Ap 培养基上又能在 Tc 培养基上生长。因此通过两轮选择可以将重组子筛选出来。

但是若重组子的数量多，这样筛选工作量太大，改进的方法是利用影印培养技术。将一

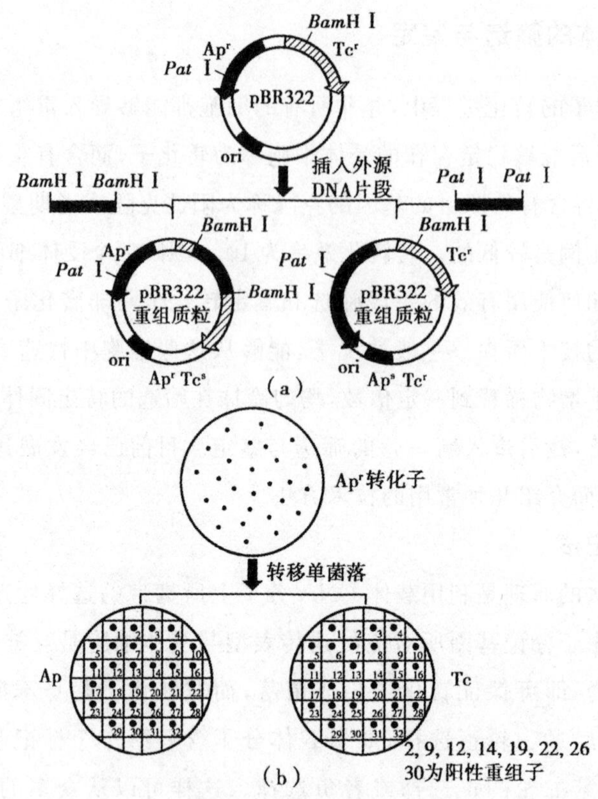

(a)正向选择 (b)反向选择

图 2-5-7 正向选择与负向选择 pBR322

块无菌丝绒布或者滤纸接触菌落表面，定位沾上菌落，然后影印到 Tc 平板培养基上，经过培养，非重组子即长出菌落，而重组子的相应位置不会长出菌落。结果表现与上述负选择一样。

这里所说的负选择方法，是因为外源基因插入 Tc 基因中使 $Tc^r \rightarrow Tc^s$，因此也有称为插入性失活筛选。在插入失活筛选的基础上，有人巧妙地设计了插入表达筛选法。即在筛选标记的基因前面连接一段负调控序列，当外源基因插入这段负调控序列时，使得抗性标记基因能够表达。因此筛选重组子可以采用正选择的方法进行筛选。

(2)显色互补筛选法。许多大肠杆菌的载体上含有 LacZ′标记基因，其编码的产物 β 半乳糖苷酶在显色剂 X-gal(5-溴-4-氯-3-吲哚-β-D-半乳糖苷)和底物 IPTG(异丙基-β-D-硫代半乳糖苷)存在下，可以产生蓝色沉淀物，使菌落呈现蓝色。若 LacZ′标记基因区插入外源基因，则不能表达 β 半乳糖苷酶，因此菌落是白色的。由此可以根据菌落颜色的不同筛选出真正的重组子(图 2-5-8)。

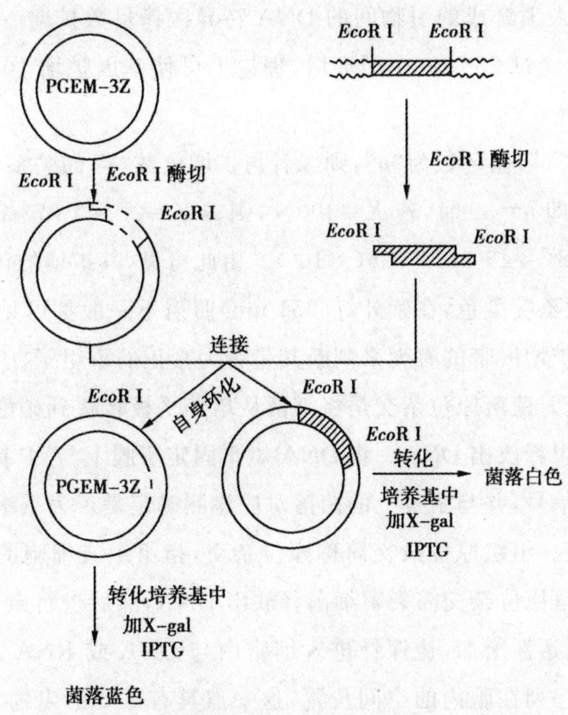

图 2-5-8　显色互补法筛选重组子

(3)利用报告基因筛选植物转化细胞。在植物基因工程研究中，载体携带的选择标记基因通常称为报告基因(reporter gene)。转化的植物细胞由于报告基因的表达，可以在一定的筛选压力下继续生长或者表现出相关性状，而非转化细胞则不能生长或者表现相关性状。常用的报告基因有抗生素抗性基因如新霉素磷酸转移酶(NPTⅡ)基因、潮霉素磷酸转移酶(HPT)基因，还有表达特殊产物的基因如 β 葡萄糖酸苷酶(GUS)基因、荧光素酶(LUC)基因、抗除草剂 bar 基因等。

通过这些报告基因筛选植物转化细胞的方法是：如果报告基因是新霉素磷酸转移酶(NPTⅡ)基因、潮霉素磷酸转移酶(HPT)基因、抗除草剂 bar 基因，则在培养基中分别加入卡那霉素、潮霉素、草甘膦作为筛选压，通过筛选压的细胞能够继续生长分化，则基本确定为转化成功的细胞；如果报告基因是 β 葡萄糖酸苷酶(GUS)基因、荧光素酶(LUC)基因，则在荧光显微镜下观察，产生荧光的细胞可以初步确定是转化成功的细胞。

2.根据基因结构和表达产物检测

(1)PCR 检测法。PCR 是体外酶促合成特异 DNA 片段的新方法，在本节前面已经介绍。PCR 既可作为获取目的基因的手段，也可作为目的基因片段检测的手段，其原理都是相同的。PCR 反应中每条 DNA 链经过一次解链、退火、延伸三个步骤的热循环后就成了两条双链 DNA 分子。如此反复进行，每一次循环所产生的 DNA 均能成为下一次循环的模板，每一次循环都使两条人工合成的引物间的DNA特异区拷贝数扩增一倍，PCR产物得以2^n的数量形式迅速扩增，经过25～30个循环后，理论上可使基因扩增10^9倍以上，实际上一般可达10^6～10^7倍。

假设扩增效率为“X”，循环数为“n”，则二者与扩增倍数“Y”的关系式可表示为：$Y=(1+X)^n$。扩增30个循环即$n=30$时，若$X=100\%$，则霉$Y=2^{30}=1\ 073\ 741\ 824(>10^9)$；而若$X=80\%$时，则$Y=1.8^{30}=45\ 517159.6(>10^7)$。由此可见，其扩增的倍数是巨大的，将扩增产物进行电泳，经溴化乙啶染色，在紫外灯(254 nm)照射下一般都可见到DNA的特异扩增区带。这样可以通过扩增区带的有无来判断其是否为真正的重组子。

(2)菌落原位杂交。菌落原位杂交是将细菌从培养平板转移到硝酸纤维素滤膜上，然后将滤膜上的菌落裂菌以释放出DNA。将DNA烘干固定于膜上与^{32}P标记的探针杂交，放射自显影检测菌落杂交信号，并与平板上的菌落对应检测确定是否为重组子。

(3)组织原位杂交。组织原位杂交简称原位杂交，指组织或细胞的原位杂交，它与菌落的原位杂交不同。菌落原位杂交需裂解细菌释放出DNA，然后进行杂交。而原位杂交是经适当处理后，使细胞通透性增加，让探针进入细胞内与DNA或RNA杂交。因此原位杂交可以确定探针的互补序列在胞内的空间位置，这一点具有重要的生物学和病理学意义。例如，对致密染色体DNA的原位杂交可用于显示特定的序列位置；对分裂期间核DNA的杂交可研究特定序列在染色质内的功能排布；与细胞RNA的杂交可精确分析任何一种RNA在细胞中和组织中的分布。此外，原位杂交还是显示细胞亚群分布和动向及病原微生物存在方式和部位的一种重要技术。用于原位杂交的探针可以是单链或双链DNA，也可以是RNA探针。通常探针的长度以100～400 nt为宜，过长则杂交效率降低。最近研究结果表明，寡核苷酸探针(16～30 nt)能自由出入细菌和组织细胞壁，杂交效率明显高于长探针。因此，寡核苷酸探针和不对称PCR标记的小DNA探针或体外转录标记的RNA探针是组织原位杂交的优选探针。

探针的标记物可以是放射性同位素，也可以是非放射性生物素和半抗原等。放射性同位素中，^3H和^{35}S最为常用。^3H标记的探针半衰期长，成像分辨率高，便于定位，缺点是能量低。^{35}S标记探针活性较高，影像分辨率也较好。而^{32}P能量过高，致使产生的影像模糊，不利于确定杂交位点。

(4)Southern印迹杂交。Southen印迹杂交(Southern blotting，又称DNA印迹杂交)是研究DNA图谱的基本技术，在遗传诊断DNA图谱分析及PCR产物分析等方面有重要价值。Southern印迹杂交基本方法是将DNA标本用限制性内切酶消化后，经琼脂糖凝胶电泳分离各酶解片段，然后经碱变性，Tris缓冲液中和，高盐下通过毛吸作用将DNA从凝胶中转印至硝酸纤维素滤膜上，烘干固定后即可用于杂交。凝胶中DNA片段的相对位置在DNA片段转移到滤膜的过程中继续保持着。附着在滤膜上的DNA与^{32}P标记的探针杂交，利用放射自显影术确定探针互补的每条DNA带的位置，从而可以确定在众多酶解产物中含某一特定序列的DNA片段的位置和大小。图2-5-9为Southern印迹杂交的过程示意图。

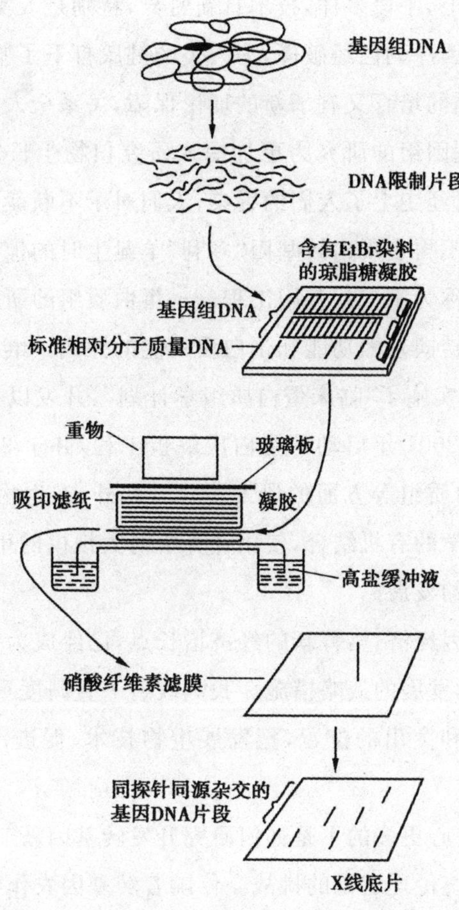

图2-5-9 Southern印迹杂交过程示意图

(5)Northern印迹杂交。Northern印迹杂交(Northern blotting，又称RNA印迹)是一种将RNA从琼脂糖凝胶中转印到硝酸纤维素膜上的方法。RNA印迹技术正好与DNA相对应，故被趣称为Northern印迹杂交(因为DNA印迹技术称为Southern印迹技术)，与此原理相似的蛋白质印迹技术则被称为Western blotting。Northern印迹杂交的RNA吸印与Southern印迹杂交的DNA吸印方法类似。Northern印迹是检测DNA转录为RNA的情况；Western印迹则是检测RNA翻译为蛋白质的情况。

第六节 基因工程的发展趋势

基因工程技术在多个学科技术的基础之上发展起来，已有三十余年的历史，经历了试验研究、技术成熟、飞速发展三个明显不同的时期。技术日益完善，理论不断创新，应用研究多方位开发，在工农业技术、医药卫生、食品开发、环境保护、能源综合利用方面取得了丰硕的成果。在目的基因的获取上，手段多样，技术日新月异，特别是人类基因组计划完成以来，关系人类本身的2.5万个基因序列已经破译，为人类的健康打下了坚实的基础；水稻基因组计划的完成，使高产优质水稻的培育又有了新的理论保障，关系全人类衣食生存的问题已经解决；模式植物——拟南芥基因组的研究为更加深入研究植物生长发育习性提供了帮助。在现实生活中，转基因食品已经走上了人们的餐桌，人们对于不断诞生的转基因牛、转基因鼠、转基因鸡、转基因鱼，已经不再表现出转基因“多利”羊诞生时的惊奇。科学研究的深入已经由基因组的研究深入到被称为第二代基因工程——蛋白质组的研究。美国率先将生物技术的研究重心从基因组测序转向基因功能和蛋白质功能的探测。继2000年9月启动“蛋白质结构启动计划”后，2002年实施了“临床蛋白质组学计划”，开发以蛋白质研究为基础的癌症诊断和治疗系统。日本于2001年启动了蛋白质解析工程，并于2003年确定了“生物立国”战略，明确提出了加快蛋白质组等方面的研发步伐。此外，在生物科技迅速发展的年代，实现了与信息科学与生物科学的有机结合，使用计算机对大规模的生物信息进行计算处理，极大地促进了当代生物科技的发展。

进入21世纪，发展基因经济，培育新的经济增长点，已经成为许多国家特别是发展中国家摆脱经济低迷、实现持续发展的战略措施。我国政府一直高度重视生物技术的发展，强调把生物技术摆上更加重要和突出的位置，把发展生物技术、促进产业化作为一项重要战略举措。

与此同时，现在人们关心更多的不是如何研究开发转基因新产品，而是转基因产品推广后的安全性问题以及对传统伦理道德的挑战。伴随着转基因农作物全球种植面积的连年扩大以及现代生物技术的高速发展，生物安全问题引起了世界各国的极度关注，2001年生物安全问题被中国中央电视台评为“年度世界十大新闻”之一。为了达到趋利避害的目的，许多国家和国际组织在积极发展生物技术的同时，也在积极进行生物安全方面的研究，并制订、发布和实施了生物安全管理法规，建立了相应的管理机制。如何规范市场，如何合理有序地开发转基因新产品已经逐步走向了法律程序，一个赋予高科技的和谐社会已经迎面而来，正如科学家20世纪末的预言，21世纪已经成为生物科技的世纪。

第三章　细胞工程

第一节　细胞工程概述

细胞工程是应用细胞生物学和分子生物学方法，借助工程学的试验方法或技术，在细胞水平上研究改造生物遗传特性和生物学特性，以获得特定的细胞、细胞产品或新生物体的有关理论和技术方法的学科。广义的细胞工程包括所有的生物组织、器官及细胞离体操作和培养技术。狭义的细胞工程则是指细胞融合和细胞培养技术。根据研究对象不同，细胞工程可分为动物细胞工程和植物细胞工程。微生物细胞工程归类为发酵工程范畴。

细胞工程是生物工程的一个重要方面。总的来说，它是应用细胞生物学和分子生物学的理论和方法，按照人们的设计蓝图，进行在细胞水平上的遗传操作及进行大规模的细胞和组织培养。按照需要改造的遗传物质的不同操作层次，可将细胞工程学分为染色体工程、染色体组工程、细胞质工程和细胞融合工程等几个方面。

一、细胞工程的内涵

1.染色体工程

染色体工程是按人们需要来添加或削减一种生物的染色体，或用别的生物的染色体来替换。可分为动物染色体工程和植物染色体工程两种。动物染色体工程主要采用对细胞进行微操作的方法(如微细胞转移方法等)来达到转移基因的目的。植物细胞染色体工程目前主要是利用传统的杂交回交等方法来达到添加、消除或置换染色体的目的。

2.染色体组工程

染色体组工程是改变整个染色体组数的技术。自从1937年秋水仙素用于生物学研究后，多倍体的工作得到了迅速发展，如得到四倍体小麦、八倍体小黑麦、三倍体西瓜等。

3.细胞质工程

细胞质工程又称细胞拆合工程，是通过物理或化学方法将细胞质与细胞核分开，再进行不同细胞间核质的重新组合，重建成新细胞。可用于细胞核与细胞质的关系的基础研究和育种工作。1981年瑞士学者伊梅恩斯等用灰鼠的细胞核注入除去了精核的卵内，然后再将这个由黑鼠细胞质和灰鼠细胞核组成的卵进行体外培养，形成胚胎后再移植到白色雌鼠的子宫里，经过21天的发育，得到的仔鼠是灰色的，说明仔鼠的性状取决于细胞核的来源。这一技术的成功与完善对于优良家禽的无性繁殖和濒临绝迹的珍贵动物的传种意义重大。

4.细胞融合工程

细胞融合工程是用自然或人工的方法使两个或几个不同细胞融合为一个细胞的过程。细胞融合工程可用于产生新的物种或品系，如我们所熟悉的“番茄马铃薯”“拟南芥油菜”和“蘑菇白菜”等。如今已利用体细胞融合技术在动物间实现了小鼠和田鼠、小鼠和小鸡，甚至于小鼠和人等许多远缘和超远缘的体细胞杂交。虽然目前动物的杂交细胞还只停留在分裂传代的水平，不能分化发育成完整的个体，但在理论研究和基因定位上都有重大意义。

细胞融合工程还广泛应用于单克隆抗体的生产。单克隆抗体技术是利用克隆化的杂交瘤细胞（细胞融合所得）分泌高度纯化的单克隆抗体，具有很高的实用价值，在诊断和治疗病症方面有着广泛的应用前途。

二、细胞工程的研究历史

植物细胞培养在20世纪初已开始研究。1902年，德国植物学家哈贝兰特依据细胞学说提出，高等植物的器官和组织可以分离成单个细胞，而每一个分离出来的细胞都具有进一步分裂和发育的能力。为此，他还进行了高等植物离体细胞的培养，但未能成功。1904年，亨宁（Henning）成功地进行了胡萝卜和辣菜根的离体胚培养。我国学者李继同也进行了银杏胚的离体培养，发现了胚乳提取液能促进离体胚的生长。1927年，温特（Went）发现了生长素吲哚乙酸（IAA）能促进细胞的生长。到20世纪30年代，植物细胞培养研究取得了突破性进展。人们发现，通过细胞或组织培养可使植物再生。1934年，怀特（White）用番茄根建立了第一个无性繁殖系。1939年，高特里特（Gautheret）、诺比考特（Nobercourt）和怀特分别成功地培养了烟草、萝卜和杨树等细胞，并形成部分组织。至此，植物细胞培养才真正开始。随后，又相继发现了维生素和生长素等物质对植物细胞的生长发育有促进作用。1955年，米勒（Miller）等学者发现激动素能促使培养细胞分裂和代替腺嘌呤促进发芽，并确定了植物培养液控制芽和根形成的激动素和生长素的比例。1956年，Roetier等首先申请了用植物细胞培养生产化学物质的专利。从此，利用植物次生代谢生产药物的研究蓬勃发展起来。到20世纪60年代，科金（Cocking）等建立了植物原生质体培养和融合技术。20世纪70年代以后，外源基因片段可引入植物细胞体内，通过培养，这种细胞可获得人们所需的产物。同时，大规模培养技术方面也取得了巨大发展，如日本开发了20 000 L搅拌釜式反应器，用于烟草细胞的培养。以后，植物细胞和组织培养在世界各地广泛展开和应用，各种细胞和组织培养技术也日益完善。

动物细胞工程起初应用于疫苗的生产。在疫苗产业早期，利用动物来生产疫苗，如用家兔人工感染狂犬病毒生产狂犬疫苗，用奶牛生产天花疫苗。将某些细菌接种到动物身上生产抵抗该种细菌的疫苗。1920～1950年,已经开发出多种病毒或细菌疫苗,如伤寒疫苗、肺结核疫苗、破伤风疫苗、霍乱疫苗、百日咳疫苗、流感疫苗和黄热病疫苗等。1951年,Earle等开发了能促进动物细胞体外培养的培养液,这标志近代动物细胞培养技术的开端。大规模培养动物细胞生产生物制品,始于20世纪50年代。最初的生产方法是采用成千上万只体积小的培养瓶。1967年,Van Wezel开发了适合贴壁细胞生长的微载体,使得动物细胞的培养能够在搅拌釜式反应器中进行,从而大大提高了生产率。微载体培养系统现已得到广泛应用,最大可达15 000 L规模。在过去30多年的时间内,用动物细胞技术生产的疫苗挽救了几百万人和动物的生命。

三、细胞工程的发展前景

1.发展细胞工程具有战略意义

细胞工程的战略意义是毋庸置疑的。从利用转基因技术培育抗旱植物,改善我国生态环境,再造一个山川秀美的西北,到研制基因疫苗和基因药物,根治一些长期困扰我国人民群众的重大疾病;从食品、轻工业、材料、环保,至刑事侦查、道德伦理,甚至包括国家安全(有报道称一些国家正在利用基因研究得到的人种差异结果,研制专门针对某类人种有害而对其他人种无害的生物武器)。可以说细胞工程无处不在,前景不可估量。

细胞工程的产业化历程才20多年,还是一个新兴产业。1977年,世界第一个含人生长素释放抑制因子的重组DNA在大肠杆菌中获得表达,在科学上标志着人工重组DNA体外表达的成功。不久,第一家基因工程公司Cenetech诞生。1982年,该公司推出了第一个基因工程药物——重组人胰岛素,标志着细胞工程商业化的开始。

2.细胞工程产品具有独特价值

(1)对病人更安全。细胞工程生产产品的优点之一是使用安全。过去使用动物细胞培养生产的生物制品,经常发生过敏反应或病原体传染的事件。例如,脊髓灰质炎疫苗可能被猿猴肾病毒污染;流感疫苗可能被引起过敏反应的鸡卵蛋白污染;使用从脑垂体提取的生长激素可能引起克雅病。而用细胞工程生产的产品使用非常安全,能将致病因素降到最小,并可显著提高产品的质量。因为细胞工程培养所用的细胞背景非常明确,经过严格的安全检测,消除了病原体被污染的危险。

(2)能保障蛋白质产品的产量和质量。如果仅靠从自然界提取,许多生物蛋白制品也许不可能用于疾病的治疗:由于细胞工程技术的发展,现在几乎可以大量生产任何已知的氨基酸序列生物蛋白。如果已经获得编码某一目的蛋白的基因,只需将其转染至宿主细胞中,获得可表达目的蛋白的基因工程细胞系,经动物细胞大规模培养,便能获得大量的可供临床使用的生物制品,而将基因工程细胞系转化为现实产品的关键技术之一是动物细胞大规模高密度培养技术。已有许多具有治疗作用但又难以从机体中提取的细胞因子,可以通过动物细胞大规模培养技术生产。主要产品有人生长激素、人促红细胞生成素(EPO)、溶栓药物、单克隆抗体(mAb)。

第二节 植物细胞工程

一、概述

以植物细胞为单位在离体条件下进行培养、繁殖或人为的精细操作,使细胞的某些生物学特性按人们的意愿发生改变,从而改良品种或创造品种、加速繁育植物个体或获取有用物质的过程统称为植物细胞工程。它的研究内容主要包括细胞核组织培养、细胞融合及细胞拆合等方面。

二、植物细胞工程的理论基础

1.细胞全能性与细胞分化

细胞是生物体结构和功能的基本单位,高等植物由无数形态、结构和功能不同的细胞构成。植物体分生组织中的细胞具有持续性或周期性分裂能力,成熟组织中的细胞失去分裂能力,而执行其他功能。植物组织培养不仅能使处于分生状态的细胞继续保持分裂能力,同时也可使成熟组织中的细胞恢复分裂能力。这是因为植物每一个具有完整细胞核的细胞,都拥有该物种的全部遗传信息,具有形成完整植株的能力。一个活细胞所具有的产生完整生物个体的潜在能力称为细胞的全能性。

植物细胞全能性是一种潜在的能力。在自然状态下,由于细胞在植物体内所处位置及生理条件的不同,其细胞的分化受各方面的调控与限制,致使其所有的遗传信息不能全部表达出来,只能形成某种特化细胞,构成植物体的一种组织或某种器官的一部分,表现出一定的形态及生理功能,但其全能性的潜力并没有丧失。

从理论上讲,任何一个活的植物细胞,只要有完整的膜系统和细胞核,即使是已经高度成熟和分化的细胞,在适当的条件下,都具有向分生状态逆转的能力,从而表现出其全能性。但不同细胞全能性的表达难易程度有所不同,这主要取决于细胞所处的发展状态和生理状态。

细胞全能性的表达能力与细胞分化的程度呈负相关,从强到弱依次为:生长点细胞>形成层细胞>薄壁细胞>厚壁细胞>特化细胞。这是因为越老的细胞,基因表达越受到严格的制约,其丧失功能或不表现功能的基因会越多。

细胞的分化(differentiation)是指细胞的形态结构和功能发生永久性的适度变化的过程。植物成熟种子胚胎中的所有细胞几乎都保持着未分化的状态,具有旺盛的分裂能力,成

为胚性细胞。这些胚性细胞之间无明显差异，其细胞质浓稠，细胞核较大。在适宜的条件下，种子开始萌发，胚性细胞不断分裂，数目迅速增加。随着时间的推移，细胞的发育方式发生不同变化，形态和功能也发生变化，有的形成根、茎、叶的细胞；有的仍然保持分裂能力，形成分生组织；有的则失去分裂能力，形成成熟组织。细胞分化是组织分化和器官分化的基础，是离体培养再分化和植株再生得以实现的基础。

脱分化（dedifferentiation）是指在培养条件下，一个已分化的失去分裂能力的成熟细胞回复到原始无分化状态或分生状态的过程。脱分化是在特定条件下（如体外培养基），处于分化成熟和分裂静止状态的细胞体内的溶酶体将失去功能的细胞组分降解，并产生新细胞组分，完成细胞器的重建。同时细胞内酶的种类与活性发生改变，细胞的代谢过程也发生改变，引起基因表达的改变，细胞的性质和状态发生扭转，恢复原有分裂能力，即细胞"返老还童"。若条件合适，经过脱分化的细胞可以长期保持旺盛的分裂状态而不发生分化。

细胞脱分化的难易程度与植物种类和器官及其生理状况有很大关系。一般单子叶植物、裸子植物比双子叶植物难，成年细胞和组织比幼龄细胞和组织难，单倍体细胞比二倍体细胞难，茎、叶比花难。

再分化是指由已经过脱分化的细胞产生各种不同类型的分化细胞的过程。表现为由无结构和特定功能的细胞转变成具有一定结构、执行一定功能的组织和器官，从而构成一个完整的植物体或植物器官。

在脱分化和再分化的过程中，细胞的全能性得以表达。组织培养的主要工作是设计和筛选培养基，探讨和建立合适的培养条件，促使植物组织和细胞完成脱分化和再分化。

2.器官发生

植物的离体器官发生是指培养条件下的组织或细胞团（愈伤组织）分化形成不定根（adventitious roots）、不定芽（adventitious shoots）等器官的过程。器官原基一般起始于一个细胞或一小团分化的细胞，经分裂后形成拟分生组织。

（1）离体培养中器官发生的方式。通过器官发生形成再生植株大体上有3种方式：①先芽后根，即先形成芽，后在芽基部长根，大多数植物为这种情况。②先根后芽，先形成根，再从根的基部分化出芽，但芽分化难度较大。③在愈伤组织的不同部位形成芽和根，再通过芽和根的维管组织连接起来形成完整植株。也有一些愈伤组织分化时仅形成根而无芽或者是芽而无根。

（2）器官分化过程。离体培养条件下，经过愈伤组织再分化器官一般要经过三个生长阶段。第一阶段是外植体经过诱导形成愈伤组织。第二阶段是"生长中心"形成。当把愈伤组织转移到有利于有序生长的条件下以后，首先在若干部位成丛出现类似形成层的细胞群，通常称之为"生长中心"，也称为拟分生组织，它们是愈伤组织中形成器官的部位。第三阶段是器官原基及器官形成。

在有些情况下,外植体不经过典型的愈伤组织即可形成器官原基。这一途径有两种情况:一是外植体中已存在器官原基,进一步培养即形成相应的组织器官进而再生植株,如茎尖、根尖分生组织培养;另一种是外植体某些部位的细胞,在重新分裂后直接形成分生细胞团,然后由分生细胞团形成器官原基。这种不经过愈伤组织直接发生器官的途径在以品种繁殖为目的的离体培养中具有重要的实践意义。

研究表明,在叶肉细胞再生植株过程中,最初分裂细胞的第一次分裂轴向是十分重要的。在不经过愈伤组织的器官分化中,这次平周分裂既是叶肉细胞的脱分化,同时也是该细胞转变发育方式极性的确定。现在,有人把最先启动分裂的这些细胞称为感受态细胞。

(3)起始材料对器官分化的影响。①母体植株的遗传基础。②外植体的类型。外植体对诱导反应及其再生能力的影响体现在外植体的生理状态上。总体来讲,生理状态年轻,来源于生长活跃或生长潜力大的组织和器官的细胞更有利于培养,但具体到不同的植物类型则有较大差异。外植体选取合理与否,不仅影响培养的难易,而且有时甚至影响分化的程度和器官类型。1974 年 Tran Thanh Van 等取烟草正在开花的植株的薄层表皮进行培养,结果不同部位的表皮外植体所形成的芽的类型不同。

(4)激素对器官分化的调控。激素在细胞生长与个体发育中具有重要的调控作用。离体培养下的器官分化,在大多数情况下是通过外源提供适宜的植物激素而实现的。在众多的植物激素中,生长素与细胞分裂素是两类主要的植物激素,在离体器官分化调控中占有主导地位。离体培养中,外源激素在细胞内的吸收和代谢影响激素的活性,从而影响其培养效果。

(5)光照对器官分化的影响。光照时间、强度以及光质对器官分化均有影响。由于培养条件下光合作用能力较低,因此光照的作用更大程度上是调节细胞的分化状态,而不是合成光合产物。光照对器官发生的调节可能与其对培养物内源激素平衡的调节有关。

(6)器官分化的基因调控。同源框(homoeobox)基因有:Kn1(KNOTTEDI);STM(Shoot meristemless);cdc2;ESR1;bZIP(PKSF1);SRD1、SRD2 和 SRD。

三、植物细胞工程的基本技术手段

(1)无菌操作技术。细胞工程的所有过程都必须在无菌条件下进行,稍有疏忽都可能导致操作失败。操作人员要有很强的无菌操作意识,操作应在无菌室内进行,进入无菌室前,必须先在缓冲室内换鞋、更衣、戴帽。一切操作都应在超净工作台上进行。另外对供试的试验材料、所用的器械和器皿及药品都必须进行严格灭菌或除菌,克服培养中的污染是成败的关键。只有把无菌关把好了,才能谈及后面的操作步骤。这是细胞工程中头等重要的共性问题。

(2)原生质体培养、融合技术。植物细胞与动物细胞最大的区别,在于它的外周有一层

坚硬的细胞壁。细胞壁的主要成分为纤维素、半纤维素、果胶质和木质素等，去掉细胞壁的植物细胞称为原生质体。虽然原生质体由于失去了细胞壁而变成球形状态，但它的基本生命特征并未改变，仍然具有在一定条件下发育成完整植株的全能性。由于原生质体膜很薄，给实验操作带来许多方便，如进行基因导入和遗传转化以及从原生质制备各种细胞器等。植物原生质体培养可分为两个阶段，即原生质体的获得和原生质体的培养及分化成苗。

用作分离原生质体的材料可以是叶肉细胞或悬浮培养的细胞，也可以是外植体诱导的愈伤组织细胞。这些细胞在无菌混合酶液中消化数小时，放在显微镜下看到细胞形状变成圆形的原生质球时，便终止酶解作用。用过滤离心洗涤法去除酶液，纯化原生质体。原生质体的培养常用的有液体浅层静止法、固体培养法和饲养法等。为适应不同植物原生质体的培养要求，已发展出各种类型的培养基，而且其成分也十分复杂。例如，用于低密度培养的KM8P 培养基，就是由 60 多种成分配制而成的。原生质体在适宜的培养条件下，一般经过12～24 h 就可以再生出细胞壁。长壁后的细胞变成椭圆形，2～4 天就开始分裂形成小细胞团，当长到肉眼可见约 1 mm 时，转到固体培养基上增殖并诱导分化出芽和根的小植株。目前有一种好的体系可把烟草的原生质体经 60 天左右培养，就可获得大量植株。

植物原生质体融合技术是借鉴于动物细胞融合的研究成果，在原生质体分离培养的基础上建立起来的。植物细胞杂交的本质是将两种不同来源的原生质体，在人为的条件下进行诱导融合。由于植物细胞的全能性，因而融合之后的杂种细胞，可以再生出具有双亲性状的杂种植株。因此，细胞融合也叫原生质体融合或细胞杂交，包括三个主要环节：诱导融合；选择融合体或杂种细胞；杂种植株的再生和鉴定。

(3)快速繁殖技术。植物的快速繁殖技术简称快繁技术，又称为微繁殖技术，是利用组织培养方法将植物体某一部分的组织小块，进行培养并诱导分化成大量的小植株，从而达到快速无性繁殖的目的。其特点为繁殖速度快，周期短，且不受季节、气候、自然灾害等因素的影响，可实现工厂化生产。这一技术现已基本成熟，并形成了诸如工厂化生产兰花这样的产值巨大的工业生产体系。在 20 m^2 的培养室内，最多可容纳 100 万株试管苗。但对于某种特定植物而言，尤其是新试验的植物材料，还有大量的研究工作需要我们去探讨，如摸索愈伤组织诱导和分化的条件、控制变异等。在大规模工厂化栽培中，也还存在着一系列的工业技术性问题有待解决。

植物的去病毒技术是快繁技术的一个分支，又称脱毒技术。植物的病毒病严重影响着农业生产。病因的种类估计达 500 余种，而且病原体可通过维管束传导。因此，对无性繁殖的植物来说，一旦染上病毒，就会代代相传越来越严重。人们常见的马铃薯、草莓、葡萄等植物，多年下来越种越小的现象就是病毒感染造成的。迄今对植物病毒病已采用的生物、物理、化学等多种防治途径均收效甚微，有的毫无成效。因此，过去人们只能采取拔除并销毁病株的消极方法。1952 年，法国科学家首次建立了生长点培养成株的脱毒法，从而开创了防治植物病毒病的新途径。植物茎尖培养之所以能除去病毒，是因为在感染病毒的植株中，病毒的分布是不一致的。在老叶片及成熟组织和器官中，病毒含量较高，但幼嫩的和未成熟的植物部位，病毒的含量较低，而在生长点0.1～1 mm，则几乎不含病毒颗粒。这是由于病毒的繁殖运输速度与茎尖细胞生长速度不同所致。在茎尖分生组织中，细胞繁殖十分迅速，病毒还来不及侵入，因而就成为植物体相对无病毒的特殊区域。

如果我们采取不含病毒颗粒或病毒颗粒含量甚少的0.1～0.5 mm带1～2个叶原基的茎尖作为外植体，进行快速繁殖，就可培养成完整的无病毒小植株。对取得的植株要求进行严格的鉴定，证明确实无病毒方可应用。鉴定的方法有指示植物法、抗血清鉴定法、电子显微镜检查法等。无病毒苗一旦得到，重要的是防止再感染，如保管得好，一般可应用5～10年。目前应用这种去病毒技术，已去除了马铃薯的X、Y、A、M、S病毒和奥古巴花叶病毒。脱毒植株的产量明显高于感病株。

第三节 动物细胞工程

一、概述

动物细胞工程是细胞工程的一个重要分支，它应用细胞生物学和分子生物学的方法，在细胞水平上对动物进行遗传操作，一方面深入探索、改造生物遗传种性，另一方面应用工程技术的手段，大量培养细胞或动物本身，以期收获细胞或其代谢产物以及可供利用的动物。

早在1885年，Wilhelm Roux就开创性地把鸡胚髓板在保温的生理盐水中保存了若干天，这是体外存活器官的首次记载。1887年，Arnold把桤木的木髓碎片接种到蛙身上。当白细胞侵入这些木髓碎片后，他收集这些白细胞并放在盛盐水的小碟中，接下来观察这些白细胞的运动。1903年，Jolly将蝾螈的白细胞保存在悬滴中并维持了一个月。1906年，Beebe和Ewing在动物的血液中尝试培养了传染性淋巴肉瘤的细胞。可是，由于当时的培养基并不理想，实验难以重复，并且也难以证明这些先驱者所培养的是否是真正存活的健康组织和细胞。直到1907年，美国胚胎学家Ross Harrison的实验才被公认为动物组织培养真正开始的标志，因为该实验不但提供了可重复的技术，而且证明了生物组织的功能可以在体外十分明确地延续下去。Harrison将蛙胚神经管区的一片组织移植到蛙的淋巴液凝块中，这片组织在体外不但存活了数周，而且居然还从细胞中长出了轴突(神经纤维)，解决了当时关于轴突起源的争论，并表明了利用体外存活的组织进行实验研究的可能性。他所采用的把培养物放在盖玻片上并倒置于凹玻片腔中的方法还一直沿用至今，称为盖片覆盖凹窝玻璃悬滴培养法。

1912年，当时的Carrel是外科医生，在实验中特别注意无菌操作。他用血浆包埋组织块外加胎汁的培养法，并采用了更新培养基和分离组织的传代措施，从而完善了经典的悬滴培养法(suspension culture)。Carrel用这种方法，曾培养一鸡胚心肌组织长达数年之久。这些创造性的工作充分揭示了离体的动物组织在培养条件下，具有近于无限的生长和繁殖能力。并充分证明，组织培养的确是研究活组织和细胞的极好方法。1924年Maximow又把Carrel的悬滴培养法改良为双盖片培养，使之更易于传代和减少污染。Carrel又设计了用卡氏瓶培养法，扩大了组织的生存空间。自悬滴培养问世后的30年中，以Harrlson和Carrel为首的科学家们，用这些方法对各种组织在体外生长的规律和细胞形态进行了深入的研究，发表了大量论文，为组织培养的进一步发展奠定了稳固的基础。

1958年冈田善雄发现，已灭活的仙台病毒可以诱使艾氏腹水瘤细胞融合，从此开创动物细胞融合的崭新领域。20世纪60年代，中国的童第周教授及其合作者独辟蹊径，在鱼类和两栖类中进行了大量核移植实验，在探讨核质关系方面做出了重大贡献。1975年，Kohler和Milstein巧妙地创立了淋巴细胞杂交瘤技术，获得了珍贵的单克隆抗体。1997年，英国Wilmut领导的小组用体细胞核克隆出了“多莉”绵羊，把动物细胞工程推上了世纪辉煌的顶峰。

二、动物细胞工程的理论基础

利用植物细胞可以培育成植物体，那么，利用动物细胞能不能大量繁殖动物体，以提高其繁殖率呢？答案是肯定的。动物细胞工程指的是应用现代细胞生物学、发育生物学、遗传学和分子生物学的原理、方法与技术，按照人们的需要，在细胞水平上进行遗传操作，包括细胞融合、核质移植等方法，快速繁殖和培养出人们所需要的新物种的生物工程技术。

动物细胞工程研究技术众多，如动物细胞培养、动物细胞核移植、动物细胞融合、单克隆抗体等，但最基础的技术手段是动物细胞培养，即它是其他动物工程技术手段的基础。而动物细胞培养的主要原理是动物细胞增殖。细胞增殖以分裂方式进行。细胞的生长和增殖是动物生长、发育、生殖和遗传的基础。整合细胞的分裂方式有三种：有丝分裂、无丝分裂和减数分裂。细胞的生长和增殖具有周期性。

细胞的衰老与动物体的衰老有密切关系，细胞的增殖能力与供体的年龄有关，幼龄动物细胞增殖能力强，有丝分裂旺盛，老龄动物则相反。因此，一般来说，幼年动物的组织细胞比老年动物的组织细胞易于培养。同样，组织细胞的分化程度越低，其增殖能力越强，越容易培养。

动物细胞的培养有各种用途，一般来说，动物细胞培养不需要经过脱分化过程。因为高度分化的动物细胞发育潜能变窄，失去了发育成完整个体的能力，因此，动物也就没有类似植物组织或细胞培养时的脱分化过程。要想使培养的动物细胞定向分化，通常采用定向诱导动物干细胞，使其分化成所需要的组织或器官。

三、动物细胞工程的基本技术手段

1.动物细胞培养

动物细胞培养是动物细胞工程的重要技术基础，动物细胞培养是指从活的动物机体中取出相关组织，将它们分散成单个细胞，然后放在适宜的培养基中，模拟机体内生理条件，建立无菌、室温和一定营养的条件等，使之分裂、生长、增殖，并维持其结构和功能的技术。在细胞培养的过程中，细胞不出现分化，不再形成组织。

组织块培养法是动物细胞培养中最常用的方法。其过程是将组织块用机械方法或酶解法分离成单个细胞，做成细胞悬液，再培养于固体基质上，成单层细胞生长，或在培养液中呈悬浮状态培养的技术。具体做法一般为：无菌取出目的细胞所在组织，以培养液漂洗干净，以锋利无菌刀具割舍多余部分，切成小组织块（1～2 mm^3），用移液管将这些小组织块移至培养瓶，添加培养液后翻转培养瓶使组织块脱离培养液 10～15 min，然后再翻转过来静置培养（37℃），迁移细胞生长到足够大时，用物理方法（如冲洗、刮取等）或化学方法（如用 0.25% 胰酶或 1∶5 000 螯合剂）将细胞取下移至另一培养瓶中以传代（继代培养）。

悬浮细胞培养法也是动物细胞培养中最常用的方法之一。将小组织块置于无钙、镁离子但含有蛋白酶类的解离液中离散细胞，低速离心洗涤细胞后，将目的细胞吸移至培养瓶培养，待细胞增殖到一定数量后移至另一培养瓶中以传代。

由于绝大多数哺乳动物细胞趋向于贴壁生长，细胞长满瓶壁后生长速度显著减慢，乃至不生长。因此，哺乳动物细胞的大量培养需提供较大的支持面。

动物细胞的体外培养，根本特点是模拟体内的条件，因此，其重要的条件可以概括为无菌、生长环境（pH、温度等）和营养三个方面。

与多数哺乳动物体内温度相似，培养细胞的最适温度为（37±0.5）℃，偏离此温度，细胞的正常生长及代谢将会受到影响甚至导致死亡。实践证明，细胞对低温的条件耐受性要比对高温的耐受性强些，低温下会使细胞生长代谢速率降低；一经恢复正常温度时，细胞会再行生长。若在 40℃左右，在几小时内细胞便会死亡。因此高温对细胞的威胁更大。

细胞培养的最适 pH 为 7.2～7.4，当 pH 低于 6.0 或高于 7.6 时，细胞的生长会受到影响，甚至死亡。而且，多数类型的细胞对偏酸性的条件耐受性较强，而在偏碱性的情况下则会很快死亡。细胞的生长代谢离不开气体，容器中的 O_2 及 CO_2 用来保证细胞体内代谢活动的进行，作为代谢产物的 CO_2 在培养环境中还可调节 pH。

在保证细胞渗透压的情况下，培养液里的成分要满足细胞进行糖代谢、脂代谢、蛋白质代谢及核酸代谢所需，包括十几种必需氨基酸及其他多种非必需氨基酸、维生素、碳水化合物及无机盐类等。

只要满足了上述基本条件，细胞就能在体外正常存活、生长。在实际培养中还应根据不

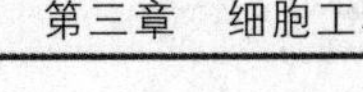

同细胞体外培养的难易程度而采取具体的措施。

2.动物细胞融合

在细胞融合过程中，开始阶段只来自两个细胞的细胞质先聚集在一起，而细胞核仍保持彼此独立，这种特定阶段的细胞结构称为合胞体。其中含有两个或多个相同细胞核的叫同型合胞体，而含有两个或多个不同细胞核的叫异型合胞体，或称异核体。在异核体中，来自两个不同细胞的成分如质膜、细胞器及细胞核彼此混合存在，这就为研究这些成分之间的相互作用提供了条件。例如，将鸡红细胞与生长的组织培养细胞融合后，存活于培养细胞细胞质中的鸡红细胞的惰性核，便开始重新合成 RNA，并最终导致 DNA 的合成。少数异型合胞体在继续培养和发生有丝分裂的过程中，来自不同细胞核的染色体便有可能合并到一个细胞核内，从而产生出杂种细胞。由于这种杂种细胞的双亲都是体细胞，因而又叫作体细胞杂种。应用克隆的方法，可以从杂种细胞得到杂种细胞系。

动物细胞的融合作用虽然在形式上同精卵结合的受精过程有些类似，但两者在本质上是截然不同的。动物的精卵结合是一种有性过程，有着十分严格的时空关系和种族界限，这为确保物种的遗传稳定性起了十分重要的作用。在自然界中，正是由于存在着这种遗传屏障，不同物种之间的有性杂交往往是不孕的。而细胞融合则不同，它通过人工的方法克服了存在于物种之间的遗传屏障，从而能够按照人们的主观意愿，把来自不同物种的不同组织类型的细胞融合在一起，这不仅对遗传育种有利，而且也可为遗传学研究提供新的手段。

融合细胞至少含有两套亲本体细胞的染色体，因而呈现四倍体或多倍体的特点。如果两个亲本体细胞是来自同一物种的不同组织，那么在融合细胞中，这两套染色体能彼此相容而不发生排斥现象；如果两个亲本体细胞来自不同物种，则将产生排斥现象，其中总有一套亲本染色体被优先排斥，最后只剩下少数几条。由于种间杂种细胞遗传的不稳定性，融合细胞群体总是呈现多种表型特征：有些表现某一亲本特征，有些表现中间型特征，有些同时具备双亲特征，有的会重新出现已经丧失的某一亲本的特征，有的甚至会表现出双亲均不具备的新的遗传特征。当然，融合细胞中两个亲本有时也具有遗传上的互补作用，据此可作为标记来选择融合细胞。

细胞融合技术主要应用于 3 个方面。①染色体的基因定位：这是融合细胞技术应用的主要成果之一。例如，将人体细胞与小鼠细胞融合，在杂种细胞系中，由于优先排斥的是人染色体，因此，每种细胞系都仅含有一条或若干条特异性的人染色体。通过对这些细胞系生理生化功能分析，就可以断定特定的人染色体的功能。实验已经证明，仅保留着 1 号人染色体的人—小鼠杂种细胞系，才能合成人尿苷单磷酸激酶，从而证实了编码这种激酶的人类基因是定位在 1 号染色体上。②遗传疾病的治疗与基因互补分析：体细胞遗传学和分子遗传学研究证实，许多种人类疾病都与基因的突变或缺失有关，估计有 2 000 种以上的人类疾病是由单基因缺失引起的。通过细胞融合技术，将不同遗传缺陷的两种突变细胞融合，产生的杂种细胞由于基因的互补作用,便可恢复其正常的表型。细胞融合技术对基因互补分析也十分重要。在选出具有特殊表型的稳定突变体后必须要成对地将这些突变体细胞互相融合,并对所产生的杂种细胞进行测定,观察是否存在所需研究的遗传性状。如果两个突变体细胞不能互补,表明它们缺失的是同一基因,或不同基因产生了同样的突变;如果两个突变体细胞能够互补,则表明它们缺失不同的基因或同一基因的不同部位发生了突变。应用这种基因互补分析,可以断定突变体所涉及的有关基因数目,可用来分析基因的结构以及剖析遗传疾病的病因等。③特殊活性物质的制备:例如,将能分泌胰岛素、生长激素等具有特殊功能的细胞,与在体外能长期传代存活的骨髓瘤细胞融合,就可能选择到既能生产特殊活性物质,又具较长寿命的杂种细胞克隆系。因此,应用细胞融合技术,有可能得到生产生长激素、促性腺激素、催乳素、胰岛素等各种杂种细胞系。

3.单克隆抗体

当动物细胞受到抗原蛋白质(简称抗原)的刺激作用后,便会在动物体内引起免疫反应,并伴随着形成相应的抗体蛋白质(简称抗体)。这种抗原—抗体之间的应答反应是一个相当复杂的过程。由于一种抗原往往具有多种不同的决定簇,而每一种抗原决定簇又可以被许多种不同的抗体所识别,因而事实上每一种抗原都拥有大量的特异性的识别抗体。例如,纯系小鼠中,虽然一种抗原可检测到的识别抗体只有5～6种,而它的实际数字,可达数千种之多。

动物体内主要有两种淋巴细胞,一种是T淋巴细胞,另一种是B淋巴细胞,后者负责体液免疫,能够分泌特异性免疫球蛋白,即抗体。在动物细胞发生免疫反应过程中,B淋巴细胞群体可产生多达百万种以上的特异性抗体。但研究发现,每一个B淋巴细胞都只能分泌一种特异性的抗体蛋白质。显而易见,如果要想获得大量的单一抗体,就必须从一个B淋巴细胞出发,使之大量繁殖成无性系细胞群体,即克隆。而由克隆制备的单一抗体称为单克隆抗体。然而遗憾的是,在体外培养条件下,一个B淋巴细胞是不能无限增殖的。因此,通过这条途径制备大量的单克隆抗体事实上是办不到的。

由于单克隆抗体具有专一性强、质地均一、反应灵敏、可大规模生产等特点,因而在理论研究和实验应用方面都具有十分重要的意义。于是,如何获得单克隆抗体便成为亟待解决的问题。1975年,有两位科学家根据癌细胞可以在体外培养条件下无限传代增殖这一特性,在PEG的作用下,将它与B淋巴细胞进行融合,得到了具有双亲遗传特性的杂交细胞。它既能在体外迅速增殖,又能合成分泌特异性抗体,从而成功地解决了从一个淋巴细胞制备大量单克隆抗体的技术难题。这项技术就是淋巴细胞杂交瘤技术。这两位科学家也因此获得了1984年诺贝尔生理学或医学奖。

通过上述培养之后获得培养液、血清或腹水,其中除了单克隆抗体之外,还有无关的蛋白质等其他物质,因而必须对产品作分离纯化。目前,常用的方法有硫酸铵沉淀法、超滤法、

盐析法等。一般采用几种纯化方法分步进行，如先把培养液或腹水用硫酸铵沉淀法进行初步纯化，得到粗制单克隆抗体，之后进一步采用盐析法获得纯度为95%、不含致热源的单克隆抗体精制品，再经鉴定分析合格后供制剂用。

4.胚胎、核移植

1958年科学家们通过实验证实了植物细胞的全能性，即植物体的任何一个细胞，都包含有其个体的全部遗传信息，因而在离体培养状态下，植物原生质体能成长为完整的植株。那么，一个已分化的动物细胞，经离体培养后，能否得到一只完整的小动物呢？实验表明，小白鼠的神经细胞分化不出其他组织的细胞，也不能长出一只完整的小白鼠。但已证实，动物体内确实存在着全能性细胞，如低等动物的鱼、两栖类等，从2细胞到囊胚期的细胞都具有全能性，高等动物从胚胎2细胞到64细胞以及内细胞团的胚胎细胞也具有发育的全能性。当前已从小鼠内细胞团分离出全能性的干细胞。

胚胎干细胞简称ES细胞，是正常二倍体型细胞，像早期胚胎细胞一样具有发育上的全能性。ES细胞被注射到正常动物的胚腔内，能参与宿主内细胞团的发育，广泛地分化成各种组织，并能产生功能性生殖细胞。此外，ES细胞还有一个突出的特点，它可以在体外进行人工培养、扩增，并能以克隆的形式保存。因此，ES细胞系的建立，为动物细胞工程寻找到了一种良好的新实验体系。

在ES细胞系建立之前，动物细胞工程的遗传操作仅局限于受精卵和极早期的胚胎细胞。这些细胞来源困难，数量少，因而应用上受到极大的限制。而ES细胞系的建立，使得个体选择变成细胞水平的选择，节省了人力和财力，大大提高了遗传操作效率和选择效率。ES细胞系的另一个优越性是，由于它可以在体外进行扩大培养，同样也可采用已成熟的遗传物质导入细胞的技术进行遗传操作。利用ES细胞系可作为优良的载体，为在高等动物中开展细胞工程的研究提供了方便。

培养ES细胞的成功取决于三个关键因素：①胚胎发育的精确阶段，最好取5.5日龄的胚胎，这时细胞还未分化成体细胞和生殖细胞。但此期胚胎已处于着床后的早期，为分离和培养胚胎多能干细胞，可采取改变母体激素和切除卵巢的方法，人为地延缓囊胚着床。②要从单个胚胎中获得足够数量的具多能干细胞的前体细胞。③培养条件和培养方式要适于全能干细胞的生长。

然而，哺乳动物的胚胎必须种植在母体子宫内，从母体获得营养才能正常地生长与发育。但并不是所有种植在子宫里的细胞都具有这种功能，只有发育到特定的胚滋养层细胞才有这种功能。因此，ES细胞要变成动物个体有两种途径：一是把ES细胞与8～10细胞时期的胚胎聚集，或通过胚腔注射构成嵌合体。ES细胞在嵌合体里经过细胞增殖而分化成各种组织并形成有功能的生殖细胞，也就是ES细胞通过嵌合体的子代变成动物个体。二是通过核移植（或细胞融合）把ES细胞导入去核的卵母细胞，然后转移到寄母输卵管种植到子宫而发育成个体。

由此可见,ES 细胞系的建立为动物育种奠定了基础。ES 细胞的建立,还为人们从分子水平上对动物进行基因组改造奠定了基础。ES 细胞为核移植技术在体外提供大量的"富能核",在理论上也可能通过核移植达到控制性别。目前,已能将 ES 细胞诱导为造血细胞,如能导入动物骨髓或诱导分化为淋巴细胞前体,将对基因治疗提供重要途径。干细胞已成为生物技术细胞工程的又一热点,除了小鼠 ES 细胞外,仓鼠 ES 细胞系也已建成,同时在体型较大动物如猪、牛、羊等方面也有初步报道,最近还报道从人体中已分离到 ES 细胞。

1952 年,布里格斯等科学家建立了细胞核移植技术,为核质关系的研究开创了新途径。

因为用细胞核移植技术,通过不同细胞质与细胞核之间的配合,可以更明确而深刻地研究不同组织和不同发育时期的细胞核的功能及其与细胞质之间的相互作用。由于细胞核体积很小,必须在显微镜下才能观察到,同时它又十分脆弱,易受损伤,因此,细胞核移植是一项十分精细、难度很大的显微操作技术。细胞核移植实验工作包括去核卵的制备、供体细胞的分离及细胞核移植三个步骤。

细胞核移植技术最初以变形虫为材料,在单细胞动物内进行。布里格斯等首次对低等动物进行核移植,成功地得到核移植的小蛙。我国著名的胚胎学家童第周教授,把核移植技术应用到蟾蜍和鱼类,取得令人瞩目的成就。继两栖类和鱼类等核移植取得成功之后,科学家们开始把注意力集中到哺乳动物身上,首例获得成功的是 1957 年在小鼠上的试验,之后进展较快,特别是对哺乳动物的卵子移植技术取得了重大改进。

第四节 微生物细胞工程

一、概述

微生物是一个相当笼统的概念,既包括细菌、放线菌这样微小的原核生物,又涵盖菇类、霉菌等真核生物。由于微生物细胞结构简单、生长迅速、实验操作方便,对有些微生物的遗传背景已经研究得相当深入,因此微生物已在国民经济的不少领域,如抗生素与发酵工业、防污染与环境保护、节约资源与能源再生、灭虫害与农林发展、深开采与利用贫矿、种菇蕈造福大众等方面发挥了非常重要的作用。

由于微生物的繁殖速度很快,利用各种物质的能力很强,而且可以在短时间内获得大量的菌体。所以微生物菌体本身就可以被应用:如含有丰富营养物质的菌体可被用来进行单细胞蛋白 SCP 的生产、酵母制作面包、利用再生资源生产饲料蛋白等;有些菌体可用来生产肥料,或被用作医药、农药、生物催化剂以及遗传载体等;有些菌体可用来净化环境、冶炼金属;还有些菌体常被用作判断产品卫生质量的重要检测指标。

微生物在其生长繁殖过程中，不断从外界吸取各种营养物质，部分营养物质通过体内代谢，产生许多代谢产物。与此同时，人们还通过各种生物技术手段，改变微生物的代谢途径，从而提高代谢产物的合成量，获得更多更广的代谢产物。如微生物发酵生产各种氨基酸、有机酸、核苷酸等初级代谢产物，以及抗生素、维生素、激素、细胞毒素、生物碱等次级代谢产物。

微生物在其代谢过程中，还能产生一种特殊的生物催化剂——酶。利用酶的独特催化作用，不仅使生物体的各种复杂的化学反应能在温和的条件下进行，而且可以用来生产新型产品或改变产品的品质，尤其是在食品酿造行业中，通过酶促反应，可以改变食品的色、香、味，生产出许多营养丰富、口味独特、深受广大人民喜欢的食品。

二、微生物细胞工程的理论基础

微生物细胞工程是指应用微生物细胞进行细胞水平的研究和生产。具体内容包括：各种微生物细胞的培养、遗传性状的改变、微生物细胞的直接利用以及获得微生物细胞代谢产物等。

(1)微生物细胞培养。微生物的特点为：个体小，表面积大；吸收多，转化快；生长旺，繁殖快；适应性强，易变异；分布广，种类多。因不同类型的微生物对营养要求不同，对外界生长环境的条件要求不同，所以应根据实际需要选择最适培养基和培养方法。

(2)遗传性状的改变。基因控制生物的性状，亲代传给子代的不是性状本身，而是将控制性状的基因传给子代。若想获得带有各种遗传标记的微生物变种，就必须改变其遗传性状。

基础性遗传学研究的内容为：改变各种细菌如大肠杆菌等，使其遗传性状发生改变，成为携带各种遗传标记的试验菌种，用于遗传学的基础研究。实际应用中，可以通过改变微生物遗传性状，进行微生物育种，选育高质高产菌株。如青霉素发酵产业，1943 年产量可达 20 单位/毫升青霉菌发酵液，经过改变生产菌的遗传性状，生产菌变异逐渐积累后，发酵水平已超过(5 万～10 万)单位/毫升青霉菌发酵液。

改变遗传性状常用的方法有突变、基因工程、原生质体融合。突变又分为自发突变和诱发突变(用物理化学手段诱变)，诱发突变是改变遗传性状常用的方法，但其随机性大，且诱变方法多次使用，诱变效果也会逐渐降低；用基因工程手段改变遗传性状，目的明确，针对性强，已经取得很大成功。但操作前需要充分了解目的菌的遗传背景，操作手法复杂，实验条件要求高，从而限制了应用；原生质体融合技术，操作容易，设备要求简单。特别是对于遗传背景不甚明了的、感受态尚不了解的、转化困难的菌种，采用原生质体法进行细胞遗传重组也完全可行。

三、微生物细胞工程的基本技术手段

1.微生物细胞融合

早在1958年,冈田善雄发现,用紫外线灭活的仙台病毒(HVJ)可以诱发艾氏腹水瘤细胞融合产生多核体。微生物细胞壁是细胞融合的一道天然屏障。要使不同细胞遗传信息发生重组就需要除去细胞壁。因而,不少人尝试制备微生物原生质体。1972年,匈牙利Ferenczy等首先报道了在微生物中的原生质体融合,他们采用原生质体融合技术使白地霉(*Geotrichum candidum*)营养缺陷型形成强制性异核体。在1976年巨大芽孢杆菌、枯草杆菌、粟酒裂殖酵母等原生质体融合取得成功后,构巢曲霉和烟曲霉、娄地青霉和产黄青霉等真菌种间原生质体融合也获得成功。

在微生物系统中,原生质体融合的基本过程是真菌、细菌、放线菌等微生物经过培养后获得大量菌体细胞,在高渗溶液(如SMM液、DP液等)中用脱壁酶(蜗牛酶、溶菌酶等)处理脱去细胞壁制成原生质体,然后通过高效促融合剂(如PEG)促使原生质体在适合的培养基中再生出细胞壁,并生长繁殖形成菌落,最后筛选出融合体。

微生物原生质体融合受下列因素的影响:

(1)参与融合菌株的遗传性状。参与融合的菌株一般都需要有选择标记,标记主要通过诱变获得。在进行融合时,应先测定各个标记的自发回复突变率。若回复突变率过高,则不宜作为选择标记。

(2)制备原生质体的菌龄。制备细菌原生质体应取对数生长中期菌龄的细胞,因为此时的细胞壁中的肽聚糖含量最低,对溶菌酶也最敏感。

(3)培养基成分。细菌在不同的培养基中培养对溶菌酶的敏感度不一样。芽孢杆菌对溶菌酶的敏感性大于棒状杆菌。在棒状杆菌制备原生质体前,菌体的前培养需要添加少量青霉素以阻止肽聚糖合成过程中的转肽作用,从而削弱细胞壁对溶菌酶的抗性。

2.原核细胞的原生质体融合

细菌是最典型的原核生物,它们都是单细胞生物。细菌细胞外有一层成分不同、结构各异的坚韧细胞壁形成抵抗不良环境因素的天然屏障。根据细胞壁的差异,一般将细菌分成革兰氏阳性菌和革兰氏阴性菌两大类。前者肽聚糖约占细胞壁成分的90%,而后者的细胞壁上除了部分肽聚糖外还有大量的脂多糖等有机大分子。由此,革兰氏阴性菌与革兰氏阳性菌对溶菌酶的敏感性差异很大。

溶菌酶广泛存在于动物、植物和微生物细胞及其分泌物中。它能特异地切开肽聚糖中N-乙酰胞壁酸与N-乙酰葡萄糖胺之间的β-1,4-糖苷键,从而使革兰氏阳性菌的细胞壁溶解。但由于革兰氏阴性菌细胞壁组成成分的差异,处理革兰氏阴性菌时,除了溶菌酶外,一般还要添加适量的EDTA(乙二胺四乙酸),才能除去它们的细胞壁,制得原生质体或原生质球。

革兰氏阳性菌细胞融合的主要过程如下：①分别培养带遗传标志的双亲本菌株至对数生长中期，此时细胞壁最易被降解。②分别离心收集菌体，以高渗培养基制成菌悬液，以防止下一阶段原生质体破裂。③混合双亲本，加入适量溶菌酶，作用 20～30 min。④离心后得到原生质体，用少量高渗培养基制成菌悬液。⑤加入 10 倍的 40％聚乙二醇促使原生质体凝集、融合。⑥数分钟后，加入适量高渗培养基稀释。⑦涂接于选择培养基上进行筛选。长出的菌落很可能已结合双方的遗传因子，要经数代筛选及鉴定才能确认已获得杂合菌株。

对革兰氏阴性菌而言，在加入溶菌酶数分钟后，应添加 0.1 mol/L 的 EDTA-Na_2共同作用 15～20 min，则可使 90％以上的革兰氏阴性菌转变为可供细胞融合用的球状体。尽管细菌间细胞融合的检出率仅为 0.01％～1％，但由于菌数总量十分巨大，检出数仍是相当可观的。

3.真菌的原生质体融合

真菌主要有单细胞的酵母类和多细胞菌丝真菌类。同样，去除它们的细胞壁、制备原生质体是细胞融合的关键。

真菌的细胞壁成分比较复杂，主要由几丁质及各类葡聚糖构成纤维网状结构，其中夹杂着少量的甘露醇、蛋白质和脂类。因此可在含有渗透压稳定剂的反应介质中加入 0.3 mg/mL消解酶进行酶解。也可用取自蜗牛消化道的蜗牛酶（30 mg/mL）进行处理。原生质体的得率都在 90％以上。此外还可用纤维素酶、几丁质酶、新酶等消解细胞壁。

真菌原生质体融合的要点与前述细胞融合类似。一般都以 PEG 为融合剂，于特异的选择培养基上筛选融合子。但由于真菌一般都是单倍体，融合后，只有那些形成真正单倍重组体的融合子才能稳定传代。具有杂合双倍体和异核体的融合子遗传物质性质不稳定，尚需经过多代考证才能最后断定是否为真正的杂合细胞。国内外已成功地进行数十例真菌的种内、种间、属间的原生质体融合，大多是大型的食用真菌，如蘑菇、香菇、木耳、平菇、凤尾菇等，取得了相当可观的经济效益。

第四章　微生物与发酵工程

发酵(fermentation)最初来自拉丁语“fervere”这个词,原指酵母菌作用于果汁或发芽谷物时产生 CO_2 的现象。巴斯德认为发酵是酵母菌的无氧呼吸,是生物体获得能量的一种形式。广义的发酵概念可定义为“在有氧或无氧条件下,利用好氧或兼性厌氧、厌氧微生物的新陈代谢活动,将有机物转化为有用的代谢产物,从而获得发酵产品和工业原料的过程”。

发酵生产中常用的微生物主要有细菌、放线菌、酵母菌和霉菌等。发酵工业是传统发酵技术和现代重组 DNA、细胞融合等新技术相结合并发展起来的现代生物技术,并通过现代化学工程技术,生产有用物质或直接用于工业化生产的一种大工业体系。发酵工程是用来解决按发酵工艺进行工业化生产的工程学问题的科学,即从工程学的角度实现发酵生产的发酵工业。在发酵过程中,可根据不同微生物及产品的要求,可控制不同的生产条件,如利用基因工程菌发酵生产重要的药品如胰岛素、干扰素及生长激素等。

随着科学技术的进步,发酵技术已经进入能够人为控制和改造微生物,并使这些微生物为人类生产产品的现代发酵工程阶段。现代发酵工程作为现代生物技术的一个重要组成部分,具有广阔的应用前景,已经涉及医药工业、食品工业、能源工业、化学工业,以及农业包括改造植物基因、生物固氮、工程杀虫菌生物农药、微生物养料及环境保护等方面。随着现代高新技术的发展,发酵工业呈现出蓬勃发展新的景象。

第一节　微生物的基本知识

微生物是形体微小,结构简单,必须借助显微镜才能观察到的一类低等生物的总称。它包括属于原核微生物的细菌(真细菌和古细菌)、放线菌、蓝细菌、立克次氏体、支原体、衣原体和螺旋体等;属于真核微生物的真菌(酵母菌、霉菌和蕈菌)、单细胞藻类和原生动物;以及属于非细胞微生物的病毒(脊椎动物病毒、无脊椎动物病毒、植物病毒、微生物病毒)和亚病毒(类病毒、卫星 RNA、朊病毒)。

微生物代谢能力强、生长繁殖快的特点使其非常适合于工业和其他领域。由于地球上微生物的种类繁多、性能各异,针对特定的目的,通过大范围的筛选,可以从环境中找到具有所需代谢途径的微生物。鉴于篇幅所限,本节只简单介绍细菌、放线菌、酵母菌和霉菌最为

常见的四大类微生物的基本知识。

一、微生物细胞的结构特点

(一)细菌的细胞结构

广义的细菌是指一大类细胞核无核膜包裹，只存在称为拟核区(nuclear region)(或拟核)的裸露 DNA 的原始单细胞生物，包括真细菌(eubacteria)和古菌(archaea)两大类群。人们通常所说的即为狭义的细菌，指的是原核微生物中一类形状细短、结构简单、多以二分裂方式进行繁殖、在自然界分布最广、个体数量最多的有机体，是大自然物质循环的主要参与者。属于单细胞原核微生物的细菌，形体虽然微小，但结构较为复杂，可分为基本结构和特殊结构(图 4-1-1)。

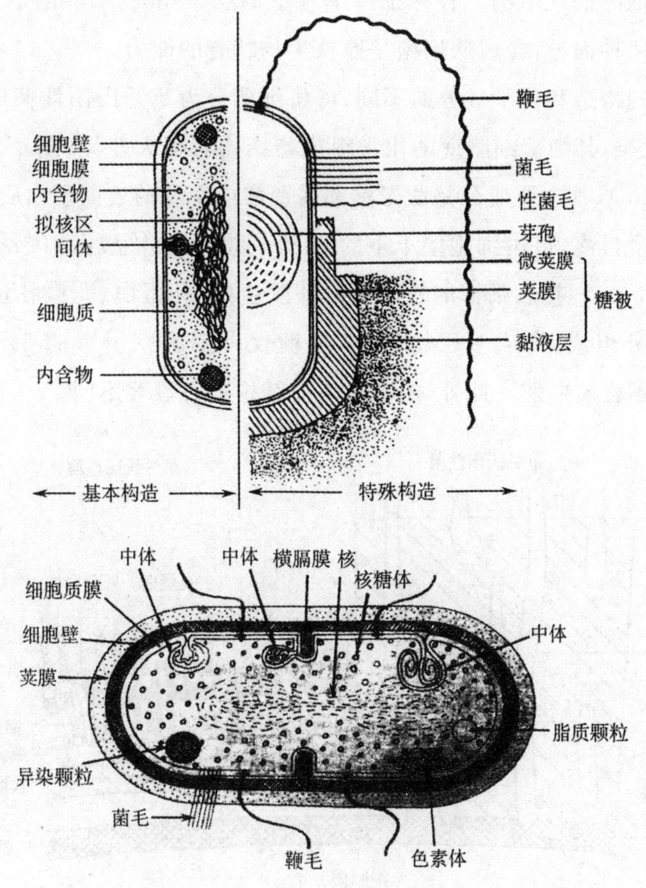

图 4-1-1 细菌细胞构造模式图

在发酵工业生产中常用的细菌有枯草芽孢杆菌、乳酸杆菌、醋酸杆菌、棒状杆菌、丙酸杆菌、丙酮丁醇梭状芽孢杆菌、短杆菌、黄单胞菌、肠膜明串珠菌、葡萄糖酸杆菌等，分别用于生产淀粉酶、乳酸、乙酸、氨基酸、肌苷酸、丙酸、丙酮、丁醇、黄原胶、葡聚糖（右旋糖酐）及维生素C等。

1.细菌的基本结构

细菌的基本结构是指所有细菌都具有的细胞结构，包括细胞壁、细胞膜、细胞质、核体、核糖体（核蛋白体）和内含物等。

（1）细胞壁。细胞壁包在细胞膜外表面，比较坚韧，富有弹性，其主要功能是维持细菌的固有形状，具有保护作用和渗透屏障作用，并提供细胞足够机械强度。细菌细胞壁主要成分是肽聚糖（peptidoglycan），又称黏肽（mucopeptide），与细胞壁的机械强度密切相关。肽聚糖是由*N*-乙酰葡萄糖胺和*N*-乙酰胞壁酸两种氨基糖经β-1，4-糖苷键连接间隔排列形成的多糖支架。在*N*-乙酰胞壁酸分子上连接四肽侧链，肽链之间再由肽桥或肽链联系起来，组成一个机械性很强的网状结构。各种细菌细胞壁的肽聚糖支架均相同，在四肽侧链的组成及其连接方式随菌种而异，合成肽聚糖是原核生物特有的能力。

由于细胞壁的构造和化学成分的不同，可将细菌分为革兰氏阳性菌（G^+菌）与革兰氏阴性菌（G^-菌）两大类，其细菌细胞壁的化学组成与结构有很大差异（图4-1-2）。G^+菌的细胞壁较厚（20～80 nm），其主要成分是肽聚糖和磷壁酸或少量的表面蛋白质，一般不含类脂质，其中肽聚糖的含量最高，可占细胞壁干重的50%～80%，磷壁酸占10%～50%。G^-菌的细胞壁较薄（10～15 nm），在肽聚糖的外层有由外膜蛋白（孔蛋白、非微孔蛋白、脂蛋白等）、磷脂和脂多糖三部分组成，构成多层结构，肽聚糖仅占细胞壁干重的5%～20%，脂多糖占80%以上，G^-菌不含磷壁酸。此外，两者的表面结构也有显著不同。

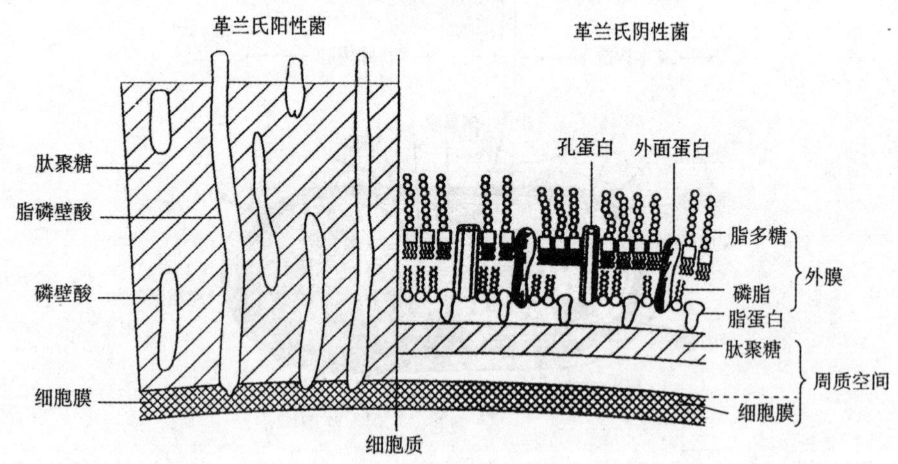

图4-1-2 革兰氏阳性菌与革兰氏阴性菌细胞壁构造的比较（周德庆，2011）

(2)细胞膜。细胞膜又称质膜，是一层紧贴于细胞壁内侧，紧包住细胞质、柔软而富有弹性的半渗透性膜。基本结构是磷脂双分子层，由磷脂、蛋白质和少量糖类组成。在电子显微镜下观察细胞膜呈两暗层夹一亮层的"三明治式"结构(图 4-1-3)。双层的磷脂分子整齐对称排列，具有液态流动性；周边蛋白和整合蛋白质则以不同程度镶嵌在磷脂双分子层中，做"漂浮"运动或"冰山"移动。细胞膜的主要功能是选择性地控制细胞内外的营养物质和代谢废物的运输和交换，维持细胞内正常渗透压，是合成细胞壁、荚膜与产生代谢能量的场所，并与鞭毛运动有关。间体又称中介体、中间体，由细胞膜内褶而形成的一种管状、层状或囊状结构。间体自 20 世纪 50 年代被发现以来，被认为是细菌细胞膜内褶形成的囊状结构，具有多种功能，如合成酶类、DNA 和细胞壁等，参与呼吸、细胞分裂和芽孢形成等。但由于纯化困难，缺乏结构和功能方面的直接证据，间体一直受到质疑。在 20 世纪 80 年代，应用完善的电镜制片方法，充分证实了间体是制片时人为造成的矫作物，不是细菌细胞的结构。

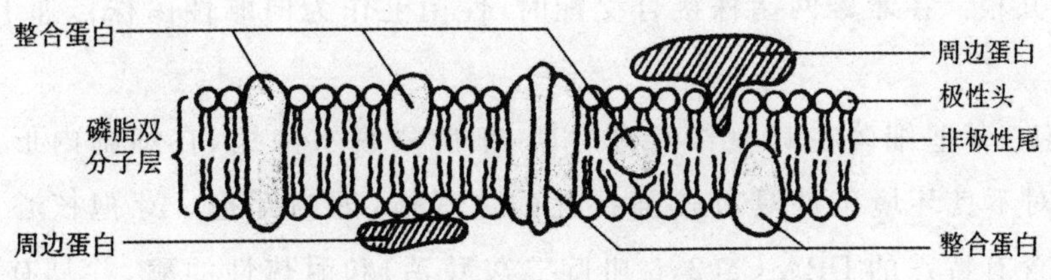

图 4-1-3　细胞膜结构模式图

(3)细胞质和内含物。细胞质是细胞膜内除核质体之外的一切无色、透明、黏稠的胶状物质和一些颗粒状物质的总称，含有水(约占 80%)、蛋白质、核酸、脂类和少量的糖类、无机盐等基本成分。主要包括核糖体、各种贮藏物和质粒等。核糖体是分散于细胞质中核糖核蛋白的颗粒状结构，它由 60%的核糖体核糖核酸(rRNA)和 10%的蛋白质组成，沉降系数为 70S(其中大亚基 50S，小亚基 30S)，是细胞合成蛋白质的场所。

(4)核质体。又称核质、核区、原核、拟核或核基因组，是指原核生物所特有的无核膜结构、无固定形态的原始细胞核。它实际上是没有固定形状的裸露于细胞质中的紧密缠绕的环状双链 DNA 丝状结构。其化学成分是一个大型的环状双链 DNA 分子，一般不含组蛋白或只有少量组蛋白与之结合，其生理功能是蕴藏遗传信息的主要物质基础，并通过复制将遗传信息传递给子代，通过转录和翻译调控细胞新陈代谢、生长繁殖、遗传变异等全部生命活动。

2.细菌的特殊结构

特殊结构包括糖被、鞭毛、菌毛、芽孢和其他休眠构造等。

(1)糖被。指的是包被于某些细菌细胞壁外的一层厚度不定的透明黏液性胶状物质，其化学组成多数为多糖，少数为多肽或蛋白质，也有多糖与多肽复合型。糖被按其有无固定层次、层次厚薄又可细分为荚膜、微荚膜、黏液层和菌胶团等。其中荚膜是有些细菌分泌的具有一定形状、固定于细胞壁表面的一层较厚（厚度一般为 0.2μm）的黏液性物质，主要功能是起保护作用（免受干燥的损害，免受宿主白细胞的吞噬，防止受化学药物和重金属离子的毒害等）和表面附着作用。此外，荚膜是储藏养料、堆积某些代谢废物的场所，也是某些致病菌的毒力因子，与致病力有关。

(2)鞭毛。某些细菌在细胞表面着生有一根或数十根细长、波浪状弯曲的丝状物，其化学组成主要是鞭毛蛋白。鞭毛是一种良好的抗原物质（H 抗原），具有运动能力，这是原核生物实现趋向性的最有效方式。

(3)菌毛和性菌毛。菌毛又称纤毛，是长在菌体表面一种比鞭毛更细、短直、中空、数量较多的蛋白质丝状物，其功能是使菌体附着于物体表面。性菌毛又称性毛，其构造和成分与菌毛相同，但比菌毛粗而长，略弯曲，中空呈管状，一般多见于 G－菌的雄性菌株中。每菌仅有一至少数几根。在雌雄两菌株接合交配时，性菌毛作为向雌性菌株传递 DNA 片段的通道。

(4)芽孢。某些细菌在其生长发育后期，细胞质脱水浓缩，在细胞内形成一个圆形或椭圆形、对不良环境条件具有较强抗性的休眠体，即为芽孢。芽孢核心含水量极低（40％），并含有特殊的 DPA-Ca（2，6-吡啶二羧酸钙）和耐热性的酶，并具有由角蛋白组成的厚而致密的芽孢衣，因此使芽孢具有极强的抗热、抗干燥、抗辐射、抗化学药物等不良环境的能力。

(5)其他休眠构造。细菌的休眠构造除上述的芽孢外，还有孢囊（由固氮菌产生）、黏液孢子（由黏球菌产生）、蛭孢囊（由蛭弧菌产生）和外生孢子（由嗜甲基细菌和红微菌产生）。孢囊是固氮菌尤其是棕色固氮菌等少数细菌在缺乏营养的条件下，由营养细胞的外壁加厚、细胞失水而形成的一种抗干旱但不抗热的圆形休眠体，一个营养细胞仅形成一个孢囊，因此与芽孢一样，也没有繁殖功能。孢囊在适宜的外界条件下，可发芽和重新进行营养生长。

（二）放线菌的细胞结构

放线菌（actinomycete）是一类能形成分支菌丝和分生孢子的原核微生物，革兰氏染色阳性。其主要繁殖方式是形成分生孢子，少数形成孢囊孢子，在液体培养条件下主要以菌丝断裂的方式繁殖。常用的放线菌主要来自以下几个属：链霉菌属、小单孢菌属和诺卡氏菌属等。放线菌菌丝结构与细菌基本相同，即细胞壁、细胞膜、细胞质与核质体。根据放线菌的菌丝体形态与功能的不同，可分为基内菌丝、气生菌丝和孢子丝三部分（图 4-1-4）。

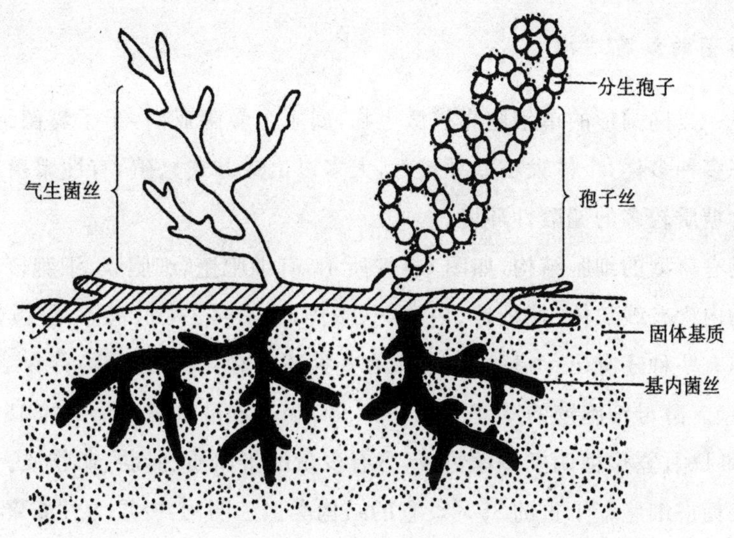

图 4-1-4　链霉菌的形态构造模式图

(1)基内菌丝。又称营养菌丝或一级菌丝,匍匐于培养基表面或生长于培养基之中吸收营养物质的菌丝称为基内菌丝。

(2)气生菌丝。又称二级菌丝,当营养菌丝发育到一定阶段长出培养基表面伸向空间的菌丝称为气生菌丝。其功能是繁殖后代,传递营养物质。

(3)孢子丝及孢子。气生菌丝生长到一定阶段,大部分气生菌丝分化出可形成孢子的菌丝称为孢子丝。孢子丝的形态和在气生菌丝上的排列方式随菌种而异。各种链霉菌有不同形态的孢子丝,如直形、波曲、钩状、螺旋状,着生方式有互生、轮生或丛生等,而且形状较稳定,是进行分类、鉴定的重要依据,各种不同孢子丝的形态如图 4-1-5 所示。

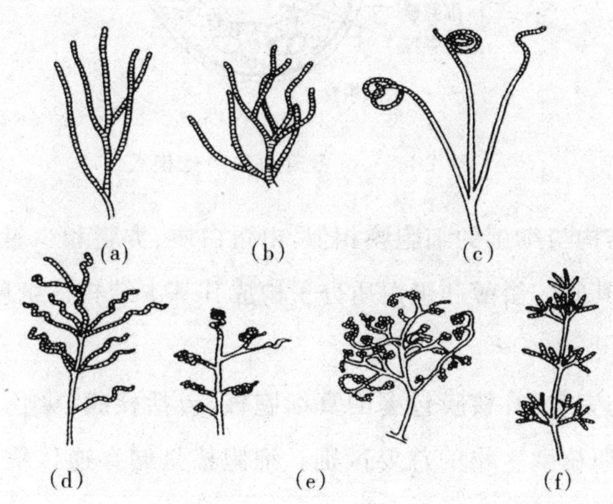

图 4-1-5　放线菌的各种孢子丝形态

(a)直形　(b)波浪形　(c)螺旋形　(d)松螺旋形　(e)紧螺旋形　(f)轮生螺旋形

(三)酵母菌的细胞结构

酵母菌是一类椭圆形的单细胞真核微生物，属于子囊菌亚门，半子囊菌纲，内孢霉目，酵母科。其形态多种多样，个体大小差异较大，大多以出芽方式繁殖，有性繁殖产生子囊孢子，主要分布于含糖质较多的偏酸性环境。

酵母菌具有典型的细胞结构，如图 4-1-6 所示，有细胞壁、细胞膜、细胞核、细胞质及其内含物。细胞质内含有线粒体、核糖体、内质网、微体、中心体、高尔基体、纺锤体、液泡及贮藏颗粒等，此外，有些种还有出芽痕(诞生痕)，有些种还具有荚膜、菌毛等特殊结构。

(1)细胞壁。酵母细胞壁的厚度为 0.1～0.3 μm。重量占细胞干重的 18%～30%，主要由 D-葡聚糖和 D-甘露聚糖两类多糖组成，含有少量的蛋白质、脂肪、矿物质。大约等量的葡聚糖和甘露聚糖占细胞壁干重的 85%。它的结构类似三明治：外层为甘露聚糖，占细胞壁干重的 40%～45%。中间层是一层蛋白质分子，约占细胞壁干重的 10%，其中有些是以与细胞壁相结合的酶的形式存在。内层为葡聚糖。当细胞衰老后，细胞壁重量会增加 1 倍。细胞壁包围细胞膜，具有保持细胞形态的作用。

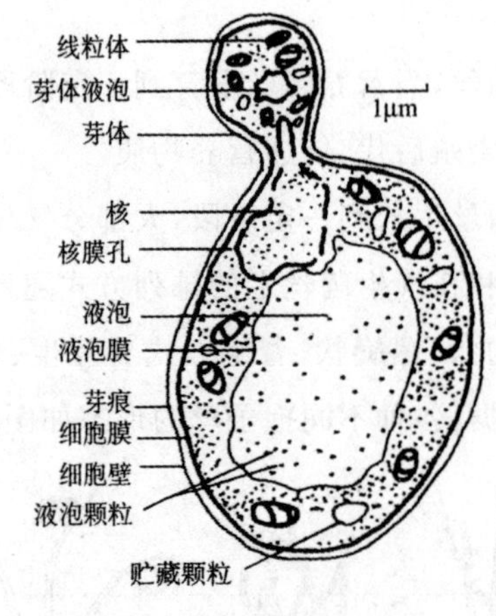

图 4-1-6　酵母菌细胞构造模式

(2)细胞膜。其结构与细菌的细胞膜相似，由蛋白质、类脂和少量糖类组成，并由上下两层磷脂分子和镶嵌在其间的甾醇和蛋白质分子构成其基本结构。细胞膜中的甾醇主要为麦角甾醇。

(3)细胞核。形态完整、有核膜包裹的真细胞核，包括核膜、染色质、核仁等结构。真细胞核是真核微生物与原核微生物的首要区别。细胞核是储存遗传信息、进行复制和转录的主要场所，并控制生长、繁殖及遗传和变异。

(4)细胞质及内含物。细胞质是一种透明、黏稠、胶体状水溶液，其内含物主要包括核糖体、线粒体、内质网、中心体、高尔基体、纺锤体、微体、质粒、液泡及贮藏颗粒等。核糖体游离

于细胞质中，也可附着在内质网膜上，沉降系数为80S(其中大亚基60S，小亚基40S)。内质网是细胞质中由不同形状、大小的双层膜系统相互密集或平行排列而成。内质网外与细胞膜相连，内与核膜相通。线粒体是位于细胞质内的杆状或球状的细胞器，一般每个细胞有1～20个，多达数百个，酵母菌等真核生物进行生物氧化的呼吸场所。生长旺盛的幼龄酵母菌的细胞质稠密而均匀，液泡很小，而老龄细胞可见较大的1或2个液泡，其中含有各种贮藏颗粒，如异染颗粒、肝糖粒和脂肪粒等，通常以此作为衡量酵母细胞成熟的标志。

(四)霉菌的细胞结构

霉菌不是分类学上的名称，而是一些丝状真菌的统称。凡是生长在固体营养基质上，形成绒毛状、蜘蛛网状、棉絮状或地毯状菌丝体的真菌，统称为霉菌。多数霉菌以无性孢子繁殖为主，少数以有性孢子进行繁殖。发酵工业中常用的霉菌有根霉、毛霉、犁头霉、红曲霉、曲霉、青霉、木霉、白地霉、棉阿舒囊霉等。霉菌的菌丝是由霉菌的孢子萌发而成的由细胞壁包被的一种管状细丝，它是霉菌营养体的基本单位，分为无隔菌丝和有隔菌丝两种类型。

(1)无隔菌丝。菌丝内无隔膜，整个菌丝就是一个长管状的单细胞，细胞质内含有多个细胞核(图5-1-7a)。在菌丝生长过程中只有细胞核的分裂和原生质的增加，而无细胞数目的增多，如毛霉目中的根霉属(*Rhizopus*)、毛霉属(*Mucor*)和犁头霉属(*Absidia*)等。

(2)有隔菌丝。菌丝内有隔膜，将菌丝分隔成多个细胞，整个菌丝由多个细胞组成，每两节中间的一段菌丝称菌丝细胞，每个细胞内含有一个或多个细胞核。隔膜上有一个或多个小孔相通，使细胞之间的细胞质相互流通，进行物质交换。在菌丝生长过程中，细胞核的分裂伴随着细胞数目的增多，如青霉属(*Penicillium*)、曲霉属(*Aspergillus*)和木霉属(*Trichoderma*)等。

当霉菌孢子落在适宜的固体营养基质上后，孢子萌发产生菌丝，继续生长并向两侧分枝。许多分支菌丝相互交织而成菌丝体。霉菌菌丝体在功能上有一定的分化，密布于营养基质内部主要执行吸收营养物功能的称为营养菌丝体：伸出培养基长在空气中的菌丝体，则称为气生菌丝体。部分气生菌丝体生长到一定阶段，可以分化成为具有繁殖功能、产生生殖器官和生殖细胞的菌丝体，称为生殖菌丝体。

二、微生物对营养物质的吸收方式

环境中的营养物质只有吸收到细胞内才能被微生物逐步利用。微生物在生长过程中产生的多种代谢产物，必须及时排到细胞外，以免在细胞内积累产生毒害作用，微生物才能正常生长。所有微生物细胞没有专门的摄食器官和排泄器官，因此，必须借助细胞膜的功能完成对营养物质的吸收与代谢产物的排出。微生物细胞膜对跨膜运输的营养物质具有选择性，一般只直接吸收小分子物质，而大分子的营养物质，如多糖、蛋白质、核酸、脂肪等，必须经相应的胞外酶水解成小分子物质，才能被微生物细胞吸收。根据物质运输过程的特点，除原生动物外，目前一般认为其他各大类有微生物对营养物质的吸收主要有单纯扩散、促进扩散、主动运输、基团转(移)位 4 种方式。

1.单纯扩散

单纯扩散又称被动扩散，此种扩散的推动力是由细胞膜内外物质浓度差而引起的，在无载体蛋白参与下，单纯依靠分子自由运动通过细胞膜，并由高浓度区向低浓度区扩散，直至细胞膜内外的浓度相等为止。单纯扩散并不是细胞吸收营养物质的主要方式，仅限于吸收小分子物质，如水、溶于水的气体(O_2、CO_2)和极性小分子(如尿素、乙醇、甘油、脂肪酸等)及某些氨基酸、离子等少数几种物质。

2.促进扩散

促进扩散是指溶质借助存在于细胞膜上的特异性载体蛋白的协助，在不消耗能量的条件下，可加速将膜外高浓度的溶质扩散到膜内，直至膜内外该溶质浓度相等为止。通过促进扩散进入细胞的营养物质主要有氨基酸、单糖、维生素及无机盐等，多见于真核微生物中，如酵母菌对葡萄糖的转运。

3.主动运输

主动运输是指一类需提供能量，并通过细胞膜上特异性载体蛋白构象的变化而使膜外环境中低浓度的溶质运入膜内的一种运输方式。营养物质在膜外侧与载体蛋白形成载体溶质复合物，进入膜内侧在能量参与下，载体构型发生变化，与结合物的亲和力降低，营养物质被释放出来，载体再被重新利用。微生物细胞对糖类(乳糖、葡萄糖、半乳糖、阿拉伯糖、蜜二糖等)、氨基酸(丙氨酸、丝氨酸、甘氨酸等)、核苷、乳酸和葡萄糖醛酸，以及某些阴离子(PO_4^{3-}、SO_4^{2-})和阳离子(Na^+、K^+)等都是通过主动运输吸收的。

4.基团转位

基团转位是指既需特异性载体蛋白的参与，又需耗能的一种物质运输方式。其特点是有一个复杂的运输系统来完成物质的运输，溶质分子在运输前后发生化学变化。基团转位主要用于运输糖和糖的衍生物(如乳糖、葡萄糖、甘露糖、果糖、麦芽糖、N-乙酰葡萄糖胺)、丁酸、核苷酸、嘌呤、嘧啶等。主要存在于厌氧和兼性厌氧的大肠杆菌、鼠伤寒沙门氏菌、金黄色葡萄球菌和乳酸杆菌等细菌中。例如，在大肠杆菌对葡萄糖的运输过程中，这些糖发生了磷酸化作用，并以磷酸糖的形式存在于细胞质中，磷酸糖中的磷酸基团来自磷酸烯醇式丙酮酸(PEP)。因此，又将基团转位称为磷酸烯醇式丙酮酸—磷酸糖转移酶运输系统(PTS)，简称磷酸转移酶系统。

微生物细胞代谢产物从胞内排出与营养物质吸收的 4 种方式相类似，营养物质运输的方式比较见表 4-1-1。

表 4-1-1　4 种运输营养物质方式的比较

比较项目	单纯扩散	促进扩散	主动运输	基团转位
特异载体蛋白	无	有	有	有
运输速度	慢	快	快	快
溶质运输方向	由浓至稀	由浓至稀	可由稀至浓	可由稀至浓
平衡时内外浓度	内外相等	内外相等	内部浓度高	内部浓度高
运输分子	无特异性	有特异性	有特异性	有特异性
代谢能量消耗	不需要	不需要	需要	需要
运输前后溶质	无化学变化	无化学变化	无化学变化	有化学变化
载体饱和效应	无	有	有	有
运行对象举例	H_2O、CO_2、O_2 甘油、乙醇、少数氨基酸、盐类等	PO_4^{3-}、SO_4^{2-} 糖（真核微生物）	氨基酸、乳糖等，K^+、Ca^{2+} 等无机离子	葡萄糖、甘露糖、果糖、嘌呤、核苷、脂肪酸等

三、工业生产中常见的微生物

工业生产上常用的微生物主要有四大类，即细菌、放线菌、酵母菌和霉菌，它们可以用来发酵生产有机酸、氨基酸、乙醇、饲料、发酵乳制品、发酵豆制品、酶制剂、抗生素等。

（一）细菌

1.乳酸菌

乳酸菌(lactic acid bacteria，LAB)是一类能够利用发酵性糖类产生大量乳酸的革兰氏阳性菌的统称，广泛存在于人、畜、禽肠道，许多食品、物料及少数临床样品中。虽然有些霉菌也能产生大量乳酸，但以乳酸细菌为主要类群，因而通常将乳酸细菌称为乳酸菌。乳酸菌目前至少可分为 18 属，共有 200 多种。工业生产乳酸的乳酸菌常为高温发酵菌，一般最适生长温度为 40～45℃。在乳酸发酵工业和食品饲料中常见的乳酸菌有乳杆菌属(*Lactobacillus*)、链球菌属(*Streptococcus*)、明串珠菌属(*Leuconostoc*,)、片球菌属(*Pediococcus*)、双歧杆菌属(*Bifidobacterium*)、肠球菌属(*Enterococcus*)等。其中保加利亚乳杆菌(*L. bulgaricus*)、德氏乳杆菌(*L. delbrueckii*)及嗜热链球菌(*S. thermophilus*)等常用于发酵生产酸奶；乳脂链球菌(*S. cremoris*)可用于发酵产干酪；肠膜状明串珠菌(*L. mesenterides*)用于生产酸泡菜及右旋糖苷(羧甲淀粉)；嗜盐片菌(*P. halophilus*)因其可以耐 NaCl 浓度为18%～20%，故常用于酱油的酿造；乳酸片球菌(*P. acidilactici*)可在含6%～8%的 NaCl 环境中生长，耐 NaCl 浓度为 13%～20%，常参与酸泡菜发酵；双歧杆菌属(*Bifidobacterium*)因是人体肠道有益菌群，可定殖在宿主的肠黏膜上形成生物学屏障，具有拮抗致病菌、改善微生态平衡、合成多种维生素、提供营养、抗肿瘤、降低内毒素、提高免疫力、保护造血器官、降低胆固醇水平等重要生理功能，其促进人体健康的有益作用，常用作益生菌制剂。

2.醋酸菌

醋酸菌在细菌分类学主要分属于醋酸杆菌属（*Acetobacter*）和葡糖杆菌属（*Glucomobacter*），用于酿醋的醋酸菌种大多属于醋酸杆菌属。醋酸杆菌属在比较高的温度下（39～40℃）可以正常生长，但适温增殖温度的在30℃以下，其主要作用是氧化乙醇生成乙酸，在食品工业上可用于食醋酿造。葡萄糖杆菌属则是一类生长适温在30℃以下，氧化葡萄糖为葡萄糖酸的醋酸菌，因此也被称为葡萄糖氧化杆菌。目前主要的醋酸菌种是纹膜醋酸杆菌（A. aceti），该菌在液体培养时，液面形成乳白色、皱褶状的黏性菌膜。能产生葡萄糖酸及乙酸。奥尔兰醋酸杆菌（*A. orleanwnse*）是法国奥尔兰地区用葡萄酒生产食醋的菌种。许氏醋杆菌（*A. schutzenbachu*）是法国著名的速酿食醋菌种，也是目前酿醋工业重要的菌种之一。沪酿1.01醋酸菌、醋酸杆菌AS1.41醋酸杆菌都是我国酿醋工业常用的菌种。

3.谷氨酸菌

谷氨酸虽然不是人体必需氨基酸之一，但在体内参与许多代谢反应。

谷氨酸是发酵法生产的最大量的氨基酸，其谷氨酸单钠盐（味精）是重要的调味品。谷氨酸生产菌分属于棒杆菌属（*Corynebacterium*）、短杆菌属（*Brevibacterium*）、小杆菌属（*Microbacterium*）和节杆菌属（*Arthrobacter*）。我国味精厂使用的谷氨酸生产菌大多属于棒杆菌属，如北京棒杆菌AS 1.299（*Cor ynebacterium pekinensen. sp.* AS1.299）和钝齿棒杆菌AS1.542（*Corynebacterium crenatumn. sp.* AS 1.542）、T_{613}、B_8等。

（二）放线菌

放线菌是一类具有丝状分枝细胞的细菌，属于原核微生物范畴，多数为腐生菌，少数为寄生菌。腐生的放线菌广泛分布于自然界中，泥土所特有的“泥腥味”主要是由放线菌引起的。放线菌与人类的生活密切相关，其最突出的特点是生产抗生素。临床上使用的抗生素有70%以上是由放线菌产生，如链霉素、红霉素、金霉素、庆大霉素、利福霉素等。放线菌还可以生产生物杀虫剂、酶制剂、维生素等产品。

1.链霉菌属

链霉菌属（*Streptomyces*）是最高等的放线菌，主要分布于土壤中，其营养菌丝和气生菌丝都很发达。已知放线菌所产抗生素的90%都是由链霉菌产生的，如灰色链霉菌（*S. griseus*）产生的链霉素、龟裂链霉菌（*S. rimosus*）产生的土霉素、红霉素链霉菌（*S. erythreus*）产生的红霉素、委内瑞拉链霉菌（*S. venezuelae*）产生的氯霉素、金色链丛菌（*S. aureofaciens*）产生的四环素等。此外，抗肿瘤的丝裂霉素（丝裂霉素）、抗真菌的制霉菌素等都是链霉菌的次级代谢产物。

2. **诺卡氏菌属**

诺卡氏菌属(*Nocardia*)已报道有100余种,多为好氧性腐生菌,少数为厌氧性寄生菌。多数种无气生菌丝或气生菌丝不发达,分支菌丝体可断裂成杆状或球状体。横隔分裂方式可形成孢子。诺卡氏菌能产生30多种抗生素,如对结核分枝杆菌(*Mycobacterium tuberculosis*)和麻风分枝杆菌(*M. leprae*)有特效利福霉素;对甲氧西林具有耐药性的葡萄球菌所引起的严重或致命感染,如肺炎、心内膜炎及败血症等的万古霉素;对引起植物白叶枯病的细菌,以及原虫、病毒有作用的间型霉素;对革兰氏阳性菌有作用的瑞斯托菌素等。另外,有些诺卡氏菌可用于石油脱蜡、烃类发酵及污水处理中分解腈类化合物。

3. **小单孢菌属**

小单孢菌属(*Micromonosporaceae*)目前已报道的有30余种,基内菌丝发育良好,形成致密小菌落,也能产生多种抗生素,如庆大霉素由绛红小单孢菌(*M. purpuuea*)和棘孢小单孢菌(*M. echinospora*)产生。有的小单胞菌还能产生利福霉素,有的种还能积累维生素 B_{12}。

4. **链孢囊菌属**

链孢囊菌属(*Streptosporangtum*)目前已报道的有20余种,产生多种抗细菌和肿瘤的抗生素,如粉红链孢囊菌(*S. roseum*)产生多霉素(*polymycin*),可抑制细菌、病毒及肿瘤的生长;绿灰链孢囊菌(*S. viridogriseurn*)产生绿菌素(*sporaviridin*)对细菌、霉菌具有抑制作用。

(三)酵母菌

酵母菌发酵糖类物质后能形成多种代谢产物,自身还含有丰富的蛋白质、维生素和酶,广泛应用于医药、食品和化工领域,在发酵工业中占有重要地位。发酵工业中常用的酵母菌有啤酒酵母、葡萄汁酵母、鲁氏酵母、假丝酵母(如热带假丝酵母、产朊假丝酵母、解脂假丝酵母)、黏红酵母、阿舒假囊酵母等,分别用于酿酒、制造面包、酿造酱油、生产脂肪和核黄素,以及生产供食用、药用和饲用的单细胞蛋白等。

1. **酵母菌属**

酵母菌属(*Saccharom yces*)菌种在酿酒、制药、生产单细胞蛋白和遗传工程中有着重要应用。模式种为酿酒酵母(*S. cereviszae*),又称啤酒酵母或爱丁堡酵母,在自然界中常出现于水果、果汁、花蜜,以及富含糖类的食品中。酿酒酵母广泛应用于啤酒、白酒酿造。葡萄酒酵母(*S. ellipsoideu*)属于啤酒酵母的椭圆变种,简称椭圆酵母,常用于葡萄酒和果酒的酿造。卡尔酵母(*S. carlsbergensis*),又称卡尔斯伯酵母或嘉士伯酵母,常用于啤酒酿造、药物提取等。

2. **假丝酵母属**

假丝酵母属(Candida)的细胞圆形、卵圆形或圆柱形,无性繁殖为多边芽殖,形成假菌丝。有些种类也能有真菌丝，不分泌色素，大部分具有乙醇发酵能力。产蛋白假丝酵母（*Candida utills*），又称产朊假丝酵母或食用圆酵母，富含蛋白质和维生素 B，常作为生产食用或饲用单细胞蛋白（*SCP*）及维生素 B 的菌株。此外解脂假丝酵母（*Candida lipolytica*）和热带假丝酵母（*Candida tropicalis*）可以用于石油发酵生产石油蛋白。

（四）霉菌

霉菌喜偏酸性环境，大多为好氧、腐生，少寄生。生长最适温度为 28～30℃。发酵工业上常用的霉菌有：毛霉、根霉、曲霉和青霉等。

1.毛霉属

毛霉属（*Mucor*）在自然界广泛分布，土壤中经常能分离到，菌丝发达，生长迅速，一般呈白色。毛霉具有很强的分解蛋白质和糖化淀粉的能力，常用于酿造、发酵食品等工业。常见的毛霉菌种如高大毛霉（*Mucormucedo*）可生产 3-羟基丁酮和脂肪酶；总状毛霉（*M. racemosus*）是毛霉中分布最广的一种。我国四川的豆豉即用此菌制成；鲁氏毛霉（*M. roxianus*）最初从小曲中分离出来，产生蛋白酶，有分解大豆的能力，我国多用它来制作豆腐乳。

2.根霉属

根霉属（*Rhizopus*）在自然界广泛分布，经常引起淀粉含量高的食品，如馒头、面包等变质。根霉能产生大量的淀粉酶，故用作酿酒、制醋业的糖化菌。常见的根霉菌种有米根霉（*Rhizopusoyzae*），常见于我国酒药和酒曲及土壤、空气中。华根霉（*R. chinensis*），耐高温，淀粉液化力强，有溶胶性，能产生乙醇、芳香脂类、左旋乳酸及反丁烯二酸。

3.曲霉属

曲霉属（*Aspergillus*）大多是腐生菌，长分布在谷物、土壤和有机体上，同时也是发酵工业和食品加工业的重要菌种，广泛用于柠檬酸、葡萄糖酸、淀粉酶和酒类的生产。常见的曲霉菌有米曲霉（*AsPergillus oryzae*），具有较强的淀粉酶和蛋白酶活力，是酱油、面酱发酵的主要菌种；黑曲霉（*A. niger*）在食品工业上常用作为发酵菌种，如用于食醋生产制曲、麸曲法白酒生产制曲、柠檬酸发酵等；黑曲霉还具有裂解大分子有机物和难溶无机物的能力，因此在生物肥料工业上，可用来改善土壤结构，增强土壤肥力，便于农作物吸收利用。但在高温、高湿环境下，黑曲霉容易大量生长繁殖产酶生热，引起植株或果实腐烂；在梅雨季节还容易引起衣物发霉。黄曲霉（*A. flavus*）可产生毒性很强的黄曲霉毒素，使食品和粮食污染带毒，有致癌致畸作用。

4.青霉属

青霉属（*Penicillium*）分布在土壤、空气、水果和粮食上，一般呈青绿色。青霉菌能产生青霉素和灰黄霉素，其中青霉素是最早被发现的抗生素，同时青霉还能产生多种酶和有机酸

（如柠檬酸、延胡索酸、草酸、葡萄糖酸等）。有些种类如点青霉（*Penicillium notatum*）和黄青霉（*P. chrysogenum*）等可用于青霉素的发酵生产。灰黄青霉（*P. griseofulvum*）等可用于灰黄霉素的发酵生产。另外青霉能引起皮革、布匹、谷物及水果等腐烂，岛青霉污染在世界各地产米区均可发现，它可产生毒素，使米发生霉变。除产生岛青霉素（*silanditoxin*）外，还可产生环氯素（*cyclochlorotin*）、黄天精（*luteoskyrin*）和红天精（*erythroskyrin*）等多种霉菌毒素。

自然界微生物资源非常丰富，广布于土壤、水和空气中，尤以土壤中为最多。有的微生物从自然界中分离出来就能够被利用，有的需要对分离到的野生菌株进行人工诱变，得到突变株才能被利用。当前发酵工业所用菌种的总趋势是从野生菌转向变异菌，从自然选育转向代谢控制育种，从诱发基因突变转向基因重组的定向育种。

随着人类对太空的探索，微生物菌种的航天搭载成为获得新菌种的一种手段。太空育种又被称为空间诱变育种，简单地说就是将微生物菌种送到太空，利用太空特殊的环境，诱导菌种产生基因突变，菌种返回地面后再进行选育，从而获得新菌种。

航天载人飞船上已经搭载了玉米、辣椒、茄子、番茄、刀豆等植物种子，回来后要经过几代筛选，获得其中有价值、有推广前景的种子。迄今为止，我国已先后20余次利用返回式卫星和神舟飞船，搭载了上千种作物种子和微生物菌种，获得了大量新性状品种，并大规模在农业生产中推广应用。

第二节　发酵工程的概况

一、发酵工程的发展简史

1.天然发酵阶段

人类利用微生物的代谢产物作为食品和医药，已有几千年的历史了。酿酒是人类最早通过实践所掌握的生物技术之一，大约在公元前6 000年，西方苏美尔人和巴比伦人就已开始用大麦芽酿造啤酒，约在公元前2 000年，古希腊人和古罗马人已会利用葡萄酿造葡萄酒。据考古证实，我国在距今4 000～4 200年前的龙山文化时期已有酒器出现。公元前221年（周代后期），我国人民已经懂得制酱、酿醋、制作豆腐乳。公元10世纪，我国就有预防天花的活疫苗。属于传统的微生物发酵技术产品的还有酱油、泡菜、奶酒、干酪及面团发酵、粪便和秸秆的沤制等。但那时人们并不知道微生物与发酵的关系，因而很难人为控制发酵过程，生产也只能凭经验，口传心授，故被称为天然发酵时期。

2.纯培养发酵技术阶段

1680年，荷兰的安东尼·列文虎克（Anthony Leeuwenhoek，1632～1723年）制成了显

微镜，首先观察到了用肉眼看不见的微生物。1857年，法国著名生物学家巴斯德(Louis Pasteur，1822～1895年)用“曲颈瓶实验”否定了微生物的“自然发生学说”，并首先证明了乙醇发酵是由活酵母引起的，酵母是乙醇发酵进行的场所。1897年，德国的毕希纳(Eduard Buchner，1860～1917年)进一步发现磨碎的酵母细胞仍能使糖液发酵产生乙醇，并将此具有发酵能力的物质称为酒化酶。至此，发酵现象的真相才真正被人们了解。此后，德国的柯赫(Robert Koch，1843～1910年)于1905年因其关于肺结核的出色工作获得了诺贝尔生理学或医学奖，他首先发明了固体培养基，得到了细菌的纯培养物，由此建立了微生物的纯种培养技术，从此开创了人为控制发酵过程的时期。19世纪末到20世纪20～30年代，这时期的产品有面包酵母、乙醇、丙酮、丁醇、有机酸(乳酸、柠檬酸)、酶制剂(淀粉酶、蛋白酶)等，主要是一些厌氧发酵和表面固体发酵产生的初级代谢产物。这一时期被称为纯培养发酵技术阶段。

3.深层发酵技术阶段

1928年，英国细菌学家弗莱明发现了能够抑制葡萄球菌生长的点青霉，其产物被称为青霉素，而当时弗莱明的研究成果并未引起人们的重视。20世纪40年代初，第二次世界大战中对于抗细菌感染药物的极大需求，促使人们重新研究了青霉素。最初以麸皮为培养基，采用表面培养法生产，其发酵效价单位约为40 U/mL，纯度20%，收率30%。其后，美、英科学家研究出5 m^3 的机械通风发酵罐，进行深层通风发酵，使发酵效价单位提高到200 U/mL，纯度60%，收率75%，由此建立了微生物深层培养技术。经过半个多世纪的发展，目前青霉素的发酵水平也有了大幅度的提高，使发酵效价单位提高到90 000U/mL，收率90%，纯度99.9%。由于采用了深层培养技术，从而推动了抗生素工业乃至整个发酵工业的快速发展。不久之后，其他抗生素如链霉素、新生霉素、氯霉素、金霉素、土霉素等相继问世。抗生素工业的发展很快又促进了其他发酵产品的出现，最突出的就是20世纪50年代氨基酸发酵工业和60年代酶制剂工业、有机酸工业的发展。这个时期的产品种类较多，有抗生素、氨基酸(谷氨酸、赖氨酸等)、核苷酸、酶制剂、有机酸(柠檬酸)、多糖、单细胞蛋白(SCP)、维生素等，还有生物转化、酶反应的产品，主要是一些好气发酵产生的初级代谢产物和次级代谢产物。可以说，这是一个近代发酵工业的鼎盛时代，新产品、新技术、新工艺、新设备不断出现，生产规模大，应用范围也日益扩大。

1973年，美国斯坦福大学的Stanley Cohen领导小组将两个质粒用*Eco*RI酶切后，再用连接酶连接起来，获得了具有两个复制起始位点的杂合质粒，并成功转化了大肠杆菌。尽管他们的实验并未涉及任何目的基因，但却为基因工程理论的建立及其技术应用奠定了基础。所谓基因工程就是按照人类的意向将外源(目标)基因(特定的DNA片段)在体外与载体DNA(质粒、噬菌体等)嵌合后导入宿主细胞，使之形成能复制和表达外源基因的克隆(clone)。这样不仅可以构建出高产量的基因工程菌，还可以通过这些重组体的培养而“借腹

怀胎”地获得微生物本身不能产生的目标产品——外源蛋白质，它包括植物、动物和人类的多种生理活性蛋白，如胰岛素、生长激素、细胞因子及多种单克隆抗体等基因工程药物。

1975 年，英国的 Kohler 及 Milstein 发明了杂交瘤技术，他们用淋巴细胞（来自脾脏，能产生抗体）与骨髓瘤细胞（能在体外无限繁殖）用原生质体融合（protoplast fusion）技术进行细胞融合而获得杂交细胞，该细胞能在体外培养并能产生单一抗体，称单克隆抗体（monoclonal antibody，MAb），可用作临床诊断试剂或生化治疗剂。1977 年，波依耳首先用基因操纵（gene manipulation）手段获得了生长激素抑制因子（growth hormone inhibitor）的克隆。1978 年，吉尔伯特（Gilbert）接着获得了鼠胰岛素（mouse insulin）的克隆。1982 年，第一个基因工程产品——利用重组体微生物生产的人胰岛素（human insulin）终于问世了。同年，研究人员利用基因工程技术在大肠杆菌及酵母菌细胞内获得了干扰素，产率可以达到（20～40）mL/L。之后用基因工程方法生产的干扰素进入了工业化生产，并且大量投放市场，降低了干扰素的生产成本，对病毒病的防治做出了巨大的贡献。

现代发酵工程不仅生产胰岛素、干扰素、生长激素、抗生素和疫苗等多种医疗保健药物，还生产天然杀虫剂、细菌肥料和微生物除草剂等农用生产制剂及氨基酸、香料、生物高分子、酶、维生素和单细胞蛋白等医药产品和化学工业产品。现代生物发酵产品众多，社会效益巨大，是方兴未艾的高新技术产业。生化药物由于附加值高而成为今后生物技术领域发展的重点。

我国“863 计划”中将开发太阳能和生物能作为能源领域主题之一，2006 年 1 月 1 日，《中华人民共和国可再生能源法》正式实施。微生物在能源可持续开发中发挥了重要作用，美国、欧洲一些国家和地区已把生物柴油作为代用燃料，建立了燃油生产基地。我国于 2008 年已经建成了三大乙醇燃料生产基地，总产能超过了 100 万吨/年，年产量约 5 万吨。政府明确规划到 2020 年我国燃料乙醇和生物柴油生产分别达到 1 000 万吨和 200 万吨，并且明确指出将通过开发边际土地和种植非粮能源作物来实现。据统计，生物发酵产业 2013 年产值接近 3 000 亿元，全年的产品总产量 2 424 万吨，同比增长 2.7%，其中，酵母、氨基酸、有机酸、酶制剂行业保持了两位数的增长。其中氨基酸的产量为 400 万吨、有机酸的产量为 158 万吨，淀粉的产量 1 225 万吨、多元醇产量 157 万吨，酶制剂产量 110 万、酵母产量 29.4 万吨，功能发酵制品产量 310 万吨。出口有了明显增长。2013 年主要产品出口量 328 万吨，较 2012 年增长 13.2%。

“十三五”将是我国生物发酵产业发展的调整期，也是发展的关键时期。加快发展和壮大生物发酵产业，以充分利用可再生资源，解决国民经济发展中可能面临的资源短缺等问题、构建可持续的经济发展之路成为必然选择。

“十三五”期间，中国生物发酵产业还将展开多项重点工作。首先要增强自主创新能力，推动高新技术改造传统制造技术。研究开发新产品、新技术、新装备，提高产品特殊性能的研究，通过生物转化、生物催化等方法生产高附加值产品，重点开发菌种选育、发酵工艺、分离提取纯化的关键技术和设备。其次，还要推动实施产品应用链体系联动工程，加强产品应用领域深度开发；推进清洁生产，加强产业环保治理。重点研究内容包括：新型发酵资源的开发与高效利用、发酵废弃物高值化综合利用、发酵废水资源化处理、清洁生产技术和节能减排技术在发酵行业绿色生物制造中的综合应用。

二、发酵工程产品的类型

发酵工程产品的主要类型有微生物菌体细胞、代谢产物、微生物酶制剂及微生物的生物转化等。这些产品广泛用于食品、医药、农牧、轻工、化工、能源和环保等领域中。

1. 微生物菌体细胞

传统的菌体细胞产品包括面包、食用和饲用菌体蛋白（如产朊假丝酵母、热带假丝酵母、啤酒酵母、小球藻、螺旋蓝细菌、拟内孢霉等）。现代的菌体细胞产品包括药用大型真菌，如香菇、冬虫夏草、密环菌、茯苓菌、灵芝、银耳、木耳等；生物农药，如苏云金芽孢杆菌细胞中的伴孢晶体可杀死鳞翅目、双翅目的害虫；丝状真菌的白僵菌、绿僵菌可防治松毛虫，因此可制成新型的微生物杀虫剂。活性乳酸菌作为益生菌制剂，具有改善人体肠道微生态环境、增强机体免疫力等多种保健作用。

2. 微生物酶制剂

酶（enzyme）普遍存在于动物、植物和微生物细胞中。酶的最初来源是从动植物组织中提取，但目前工业应用的酶大多来自微生物发酵。从 19 世纪日本学者利用米曲霉制造淀粉酶以来，利用发酵法制备生产并提取微生物生产的各种酶已是当今发酵工业的重要组成部分。因微生物种类多、产酶品种多、生产容易、成本低。微生物酶制剂有广泛地应用于食品和轻工行业中，如用于生产葡萄糖的淀粉酶（amylase）和糖化酶（saccharifying enzyme）；用于 DL 氨基酸的光学拆分的氨基酰化酶（amino acylase）。酶也用于医药生产和医疗检测中，如胆固醇氧化酶（cholesterol oxidase）用于检测血清中胆固醇（cholesterol）的含量，葡萄糖氧化酶（glucose oxidase）用于检测血液中葡萄糖的含量等。另外还有纤维素酶（cellulase）、蛋白酶（protcinase）、果胶酶（pectinase）、脂酶（1ipase）、过氧化氢酶（catalase）、药用酶（pharmaceuticals enzyme）等。这里所说的酶大部分是利用微生物生产的菌体胞内酶（endoenzyme）和菌体胞外酶（exoenzyme）并用现代生物技术的方法提取得到的酶纯品，称为酶制剂（enzyme preparation），以供各行业使用。

3. 微生物代谢产物

以微生物代谢产物作为产品是发酵工业中种类最多，也是最重要的部分。这类产品可分为两类。①初级代谢物（primary metabolite），如氨基酸、核苷酸、蛋白质、核酸等，它们是菌体生长所必需的，是在对数生长期所产生的物质，受许多调节机制的控制。许多初级代谢

产物在经济上有相当的重要性。②次级代谢产物(secondary metabolite),如抗生素、生物碱、细菌素、植物生长因子(plant growth factor)、色素、微生物多糖等,这些产物与菌体的生长繁殖无明显关系,是菌体稳定期合成的具有特定功能的产物,也受许多调节机制的控制,如诱导调节、分解代谢产物阻遏等。

由于抗生素不仅具有广泛的抗菌作用,还有抗病毒、抗癌、镇咳等其他生理活性,因而得到了大力发展,已成为发酵工业的重要组成部分。

4.微生物生物转化

微生物的生物转化作用是利用微生物细胞的一种或多种酶,作用于一些化合物的特定部位(基团),使它转变成结构相类似但具有更大经济价值的化合物的生化反应。生物转化的最终产物并不是微生物细胞利用营养物质经细胞代谢产生,而是微生物细胞的酶或酶系作用于底物某一部位,进行特定部位化学反应而形成的。细胞的作用仅相当于生物催化剂,反应最显著的特点是特异性强,包括反应特异性、结构位置特异性和立体特异性。利用生物转化还可将甘油转化成二羟基丙酮、将葡萄糖转化成葡萄糖酸、将山梨醇转化成 L-山梨糖等。生物工业中最重要的生物转化是甾体转化,如可的松、氟轻松、地塞米松等,它与化学合成法相比具有操作简便、收率高及成本低等特点。此外,利用固定化细胞或固定化酶进行生物转化,也可提高转化效率,降低成本。

三、发酵过程及其特点

发酵过程就是利用生物催化剂生产生物产品的过程,也称生物反应过程。一般生物反应过程由以下 4 部分组成:①原料的预处理和培养基的制备;②生物催化剂的制备;③生物反应器和反应条件的选择;④产品的分离与纯化。

无论是微生物培养,还是动植物细胞培养,以及用微生物处理污水和生产生物农药均为生物反应过程。如果生物催化剂采用的是生物细胞,则称发酵过程。如果使用的生物催化剂是酶,则称为酶反应过程。生物反应过程的特点简述如下:①发酵原料以碳水化合物为主,并加入少量有机和无机氮源,不含有毒物质;②生物反应过程通常在常温常压下进行,而且反应过程是以生物体的自动调节方式进行的,多个反应像一个反应一样,可在单一设备中进行,因而使一种设备具有多种用途;③容易进行复杂的高分子化合物的生产,如酶、光学活性体等;④能够高度选择性地进行复杂化合物在特定部位(基团)的反应,如氧化、还原等;⑤生产产品的生物体本身也可作为发酵产物,以生产富含蛋白质、酶、维生素的单细胞蛋白,除特殊情况外,一般培养液不会造成人和动物的危害;⑥发酵过程要注意严格防止杂菌污染,尤其要防止噬菌体的侵入,以免造成较大的危害;⑦在不增加设备投资的条件下,通过改良生物体的生产性能来提高生产能力。此外,在实际生产中,还可通过改进工艺技术和设备来改善产品质量,提高生产效益。

四、发酵工程的应用

(一)在食品工业与医药卫生中的应用

食品工业是世界上最大的工业之一,也是微生物技术最早开发应用的领域,至今其产量和产值仍占据微生物工程的首位。例如,以各种原料生产的单细胞蛋白;以糖类物质(水果汁、树汁、蜂蜜、糖蜜等)和淀粉类物质(谷类、薯类等)为主要原料酿造葡萄酒、黄酒、白酒、啤酒等;以牛奶为原料生产奶酒、乳酪、酸奶等发酵乳制品;以淀粉类物质为主要原料生产味精、肌苷酸、鸟苷酸等调味品;以豆类和谷物等为原料生产酱、酱油、醋、豆豉、豆腐乳、饴糖、泡菜等发酵食品。此外,还有葡萄糖、麦芽糖、果葡糖浆、甜味肽、甜蛋白等甜味剂,以及赖氨酸(强化剂)、柠檬酸(酸味剂)、色素(着色剂)、有旋糖苷和黄原胶(增稠剂)、葡萄糖氧化酶和维生素 C(保鲜剂)、乳链菌肽和那他霉素(防腐剂)等食品添加剂,也是微生物发酵产品。

医药卫生是发酵工程应用最广泛、发展最迅速、潜力最大的领域。这是因为可以利用发酵工程从各方面改进医药生产,开发新的药品,从而提高人类的医疗水平。现在发现的抗生素绝大多数由微生物产生,已形成产品的医用和兽用的(包括半合成抗生素)有百余种,其中主要有抗细菌抗生素(如杆菌肽、头孢菌素、金霉素、氯霉素、链霉素、麦迪霉素、螺旋霉素等);抗真菌抗生素(两性霉素 B、灰黄霉素、制霉菌素等);抗肿瘤抗生素(放线菌素、丝裂霉素、内瘤霉素、普卡霉素、博来霉素等)。此外,还有氨基酸、维生素、人胰岛素、乙肝疫苗、干扰素、甾体激素等也是微生物发酵的产品。

(二)在化工、能源产品中的应用

利用微生物生产化工原料(乙醇、甘油、异丙醇、丙酮、丁醇等)和一些表面活性剂,生产有机酸(乙酸、丙酸、乳酸、丁酸、琥珀酸、延胡索酸、苹果酸、酒石酸、水杨酸等)和多糖(右旋糖酐、黄原胶、茁霉多糖、海藻酸等);利用微生物生产沼气烷烃(甲烷)和清洁能源(氢气、微生物燃料电池)。此外还可利用藻类产油等。

(三)在农业中的应用

发达的农业经济在很大程度上依赖于科学技术的进步,发酵工程技术和产品为农业的发展提供了有力的支持。利用微生物生产生物农药——微生物杀虫剂,包括病毒杀虫剂(核型多角体病毒、质型多角体病毒、颗粒体病毒等)、细菌杀虫剂(苏云金芽孢杆菌、金龟子芽孢杆菌等)、真菌杀虫剂(白僵菌杀虫剂、虫霉菌杀虫剂等)、原生动物杀虫剂(微孢子杀虫剂、新线虫杀虫剂等)。利用微生物生产农用抗生素(如杀稻瘟菌素、灭瘟素 S、春日霉素、庆丰霉素等)、生物除草剂(杂草病原菌主要有锈菌、镰刀菌、炭疽病菌等真菌及线虫和病毒等)、生

物增产剂(如根瘤菌和弗氏放线菌等共生固氮菌、圆褐固氮菌和产脂固氮螺菌等联合固氮菌及钾细菌、磷细菌等)。此外,防治植物病害的微生物有细菌(假单胞菌属、土壤杆菌属等)、放线菌(细黄链菌)、真菌(木霉)、病毒(各种弱病毒)。

(四)在细菌冶金中的应用

利用微生物进行黄金开采和金属浸提回收。氧化亚铁硫杆菌等自养细菌具有将亚铁氧化为高铁、将硫和低价硫化物氧化为硫酸的能力,因此可将含硫金属矿石(主要是尾矿和贫矿)中的金属离子形成硫酸盐而释放出来。用此法浸出的金属有铜、钴、锌、铅、铀、金等。

(五)在环境保护中的应用

利用微生物消除废水、废气、废渣对环境的污染。对有毒废弃物的微生物处理技术主要包括厌气发酵法和好气发酵法。前者利用专性厌氧微生物(如梭菌、拟杆菌、瘤胃球菌、丁酸弧菌、甲烷菌等)和兼性厌气微生物(如大肠杆菌、芽孢杆菌等)用于沼气、肥料、饲料的发酵。后者在有氧条件下,利用某些产生菌胶的细菌和某些原虫的混合物处理工业和生活污水及废气。

(六)在高新技术研究中的应用

微生物在高新技术研究中,发挥了极为重要的作用。例如,为基因工程的研究提供的质粒、黏粒和病毒载体及限制性内切核酸酶、连接酶、磷酸酶、磷酸激酶等;医学诊断和发酵过程检测用的生物传感器(酶、微生物电极、DNA 芯片)及可能会用于微电子中的生物芯片等。

总之,发酵工程技术的应用十分广泛,它的发展推动了其他生物技术的快速发展,同时随着基因工程、蛋白质工程、酶工程和细胞工程的研究进展,将会进一步扩大发酵工程技术的应用范围,为工农业生产和人类健康做出巨大贡献。

五、发酵工程的发展前景

现代微生物发酵工程在食品、医药、环保、能源等领域为人类做出了很大的贡献。近几十年来,基因工程取得飞速发展,出现了许多“工程菌”,发酵生产出一些临床上紧俏药品,如白介素、促红细胞生长素、人类生长激素、重组乙肝疫苗、某些种类的单克隆抗体、白细胞介素-2、抗血友病因子、肿瘤坏死因子等几十种产品,并由此建立起技术密集型的新兴生物技术产业。发酵工程未来的发展趋势主要在于采用基因工程技术、细胞工程技术与常规育种技术结合,辅之以激光、太空射线、γ 射线等物理诱变的方法,致力于选育发酵工业所需的各种优良生产菌种;开发研制满足人类需求、附加值高的新型发酵产品;采用发酵工程技术取代部分传统化工产品的生产,降低原材料消耗和能源消耗,减少污染物的排放;充分利用可再生的生物资源,生产生物燃料、生物燃气等;研究开发发酵和提取新技术、新工艺、新设备,提高产品收率、节能降耗。

最近,国外利用纤维废料作为微生物工业的主要原料逐渐引起人们的重视。随着对纤维素水解研究的深入,人们发现取之不尽的纤维素资源代粮发酵生产各种产品和能源物质具有现实意义,且用纤维废料发酵生产乙醇、乙烯等能源物质已取得成功。发酵原料的改变正推动着微生物工业的迅速发展,并对解决环境污染问题具有重要意义。微生物工业除利用纤维素、石油等资源外,长远的设想是用碳酸气、空气中的氧及添加适量氮源、无机盐来制造微生物菌体蛋白。目前,美国、日本正从事此项研究,并在实验室取得初步成果。还有研究指出,有些细菌可以固定大气中的氮、碳酸气等来生成蛋白质。这些研究对于开辟人类未来粮食新来源有重大意义。

第三节　微生物发酵过程及其优化控制

在发酵工程领域,为了提高发酵水平和生产率,通过优化控制使发酵过程产品生产最优(即生产能力最大、成本消耗最低、产品质量最高)仍是发酵工程领域中存在的主要问题之一,因此对微生物发酵过程优化控制的研究日益受到重视。在微生物发酵过程中,根据微生物呼吸和发酵条件要求,分为厌氧发酵和好氧培养发酵两大类型,发酵生产控制就是要满足微生物生产和积累产品的需求,使菌种发挥最大的优良性能。此外,选择合理的发酵操作方式,对于提高发酵产率也有重要的意义。

一、微生物发酵类型及发酵操作方式

(一)微生物发酵类型

1.厌氧发酵

微生物的厌氧发酵又称静置发酵,即在培养基中接入所需微生物后,在不通空气的条件下进行发酵,如乙醇、丙酮丁醇、乳酸、甘油、甲烷(沼气)等,这种发酵一般在密闭的发酵槽或罐中进行。严格的厌氧发酵应采用真空泵抽去或吸去发酵槽或罐中的氧气,或者利用水产生氢气并与氧气发生反应而形成的真空环境,进行厌氧发酵。该法所用的生产菌种以厌氧菌和兼性厌氧菌居多。

以淀粉质为原料生产乙醇就是先利用液化酶和糖化酶将淀粉转化成单糖,而后又利用单糖进行厌氧发酵,经过 EMP 途径生成乙醇和 CO_2,即

$$\text{淀粉}\xrightarrow{\text{糖化}}\text{葡萄糖}\xrightarrow{\text{发酵}}\text{乙醇}+CO_2$$

酵母菌在没有氧气的条件下，通过十几步反应，1 分子葡萄糖可以分解成 2 分子乙醇、2 分子CO_2和 2 分子 ATP。如有氧参加，则酵母菌将糖彻底分解为水和 CO_2，同时获得大量菌体和能量。

2.好氧发酵

微生物好氧发酵以好氧菌和兼性好氧菌居多，其生长的环境必须供给无菌空气，以维持一定的溶解氧水平，使菌体迅速生长和发酵。目前好氧发酵主要采用液体深层通气培养法进行，在培养过程中，通过控制发酵的工艺条件，满足微生物的正常生长和积累产品。谷氨酸的发酵就是典型的好氧发酵，谷氨酶的生物合成途径如图 4-3-1 所示。葡萄糖经 EMP 途径（为主）和 HMP 途径（为辅）生成丙酮酸，丙酮酸进一步生成乙酰辅酶 A，而后进入三羧酸循环（TCA 循环）生成 α-酮戊二酸，后者在谷氨酸脱氢酶的作用下，在NH_4^+存在时，被还原氨基化生成谷氨酸。谷氨酸发酵是菌体异常代谢产物，只有菌体正常代谢失调时才积累谷氨酸，并在生物素限量时，因细胞膜的渗透性改变而使谷氨酸容易漏出。因此，在实际生过程中，特别要注意控制溶解氧的水平和培养基中生长因子的含量。

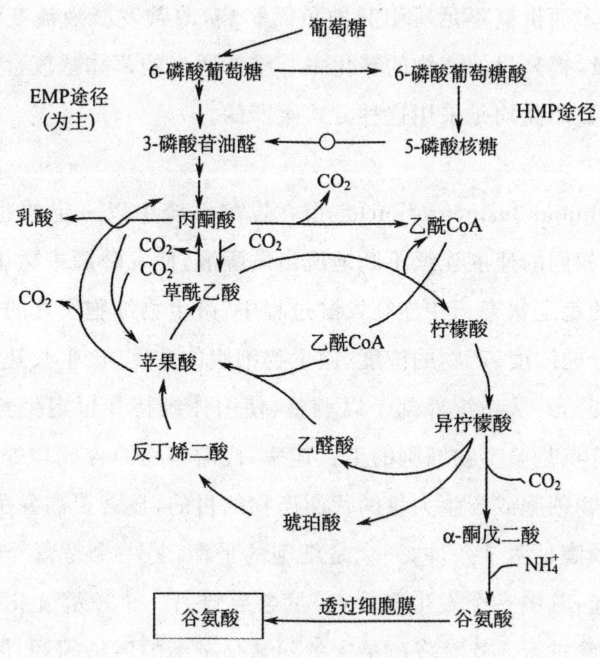

图 4-3-1 谷氨酸的生物合成途径

（二）微生物发酵操作方式

1.分批发酵法

分批发酵（batch fermentation）是指在一个密闭系统内完成全部发酵过程，除调节 pH

外，不添加其他物质的方法。在分批发酵过程中微生物的生长可分为延缓（停滞）期、对数生长期、平衡（稳定）期和衰亡期4个阶段。在分批发酵过程中，微生物生长所处的环境条件不断变化；可以进行少量多品种的发酵生产；当运转条件发生变化或需要生产新产品时，容易改变处理对策；发生杂菌污染时，容易终止操作；对生产原料的组成要求不严格。在分批发酵时，可根据微生物生长与产物形成的模式，控制发酵工艺条件，发挥细胞的优良性能，获得最大的产物得率。

2.补料分批发酵法

补料分批发酵（fed-batch fermentation）是指在分批发酵过程中，间歇或连续地补加一种或多种新鲜培养基的培养方法。它是介于分批发酵和连续发酵之间的一种过渡培养方式，是一种控制发酵的好方法，现已广泛用于抗生素、氨基酸、酶制剂、单细胞蛋白、维生素、核苷酸、有机酸、有机溶剂、激素类药物等的发酵工业生产中。补料分批发酵可使发酵系统中维持很低的基质浓度，解除发酵过程中的底物抑制、产物反馈抑制和葡萄糖的分解代谢物的阻遏效应，即可以除去快速利用碳源的阻遏效应，避免在分批发酵中因一次投料过多造成的细胞大量生长，耗氧过多而供氧不足所引起的负面影响，改善发酵液流变学的性质；在某种程度上减少细胞生成量，提高目的产物的转化率。维持适当的菌体浓度，缓解供氧与耗氧的矛盾，工业生产的大多数产品均是采用这种方式生产的。

3.连续发酵法

连续发酵（continuous fermenration）是指在发酵系统中以一定的速度连续不断地流加新鲜培养基，同时以相同的速度连续不断地流出发酵液，使发酵罐中微生物的生长和代谢活动始终保持在旺盛的稳定状态。在连续发酵过程中，微生物细胞所处的环境条件，如pH、温度、溶解氧、营养成分的浓度、产物的浓度、微生物细胞的浓度、比生长速率等都保持一定（自始至终基本保持不变），并从系统外部予以调整，使菌体维持在恒定生长速度下进行连续生长和发酵。其最大特点是微生物细胞的生长速率、代谢产物的合成均处于恒定状态，可达到稳定、高速培养微生物细胞或产生大量的代谢产物的目的，显著提高发酵生产效率和设备利用率。连续发酵必须满足两个条件，一个是细胞的平衡，另一个是营养物质的平衡，这两个平衡紧密联系在一起，其中一个发生变化，必然会导致另一个发酵变化。这样，平衡遭到破坏，连续发酵不能正常进行。连续发酵最大的问题是杂菌的污染问题，因此目前在工业生产中并没有大规模展开。

二、发酵过程的工艺控制

1.发酵培养基

从微生物的营养要求来看，所有微生物的生长和发酵产物的积累都需要碳源、氮源、无机盐、微量元素、水和生长因子。培养基是微生物生长繁殖和生物合成各种代谢产物所需要

的，按一定比例配制的多种营养物质的混合物。培养基的组成对菌体生长繁殖、产物的生物合成、产品的分离精制乃至产品的质量和产量都有重要的影响。微生物的营养活动是依靠向外界分泌大量的酶，将周围环境中大分子蛋白质、糖类、脂肪等营养物质分解成小分子化合物，借助细胞膜的渗透作用，吸收这些小分子营养物质来实现的。不同的微生物的生长情况不同或合成不同的发酵产物时所需的培养基有所不同，但发酵生产所用培养基的设计仍存在某些共同点可供遵循，那就是所有的发酵培养基都必须提供微生物生长繁殖和产物合成所需的各种营养成分。对于大规模发酵生产，除考虑上述微生物的需要外，还必须重视培养基原料的价格和来源。生物体内各种生化作用必须在水溶液中进行，营养物质必须溶解于水中，才能透过细胞膜被微生物利用。另外有些产品的生产还需要使用诱导剂、前体和促进剂。

需要注意的是考虑碳源、氮源时，要注意快速利用的碳（氮）源和慢速利用的碳（氮源）的相互配合，发挥各自优势，避其所短。还要选用适当的碳氮比，碳氮比不当还会影响菌体按比例地吸收营养物质，从而直接影响菌体生长和产物的形成，菌体在不同生长阶段，对其碳氮比的最适要求也不一样。由于碳既作碳架又作能源，因此用量要比氮多。一般发酵工业中碳氮比为（100∶0.2）～（100∶2.0），但在氨基酸发酵中，因为产物中含有氮，所以碳氮比就相对高一些。如果碳源过多，则容易形成较低的 pH；碳源不足，菌体衰老和自溶。氮源过多，则菌体繁殖旺盛，pH 偏高，不利于代谢产物的积累；氮源不足，则菌体繁殖量少，从而影响产量。另外还要注意生理酸、碱性盐和 pH 缓冲剂的加入和搭配。根据该菌种生长和合成产物时 pH 的变化情况，以及最适 pH 所控制范围等，综合考虑选用什么生理酸、碱性物质及其用量，从而保证在整个发酵过程中 pH 都能维持在最佳状态。

2.温度对发酵的影响及其控制

温度影响各种酶的反应速率；改变菌体代谢产物的合成方向，影响微生物的代谢调控机制；影响发酵液的理化性质，进而影响发酵的动力学特性和产物的生物合成。因此，温度对菌体生长和代谢产物的形成都有影响。为保证发酵的正常进行，在发酵过程中必须控制最适的发酵温度。最适发酵温度是既适合菌体的生长，又适合代谢产物合成的温度。它随着菌种、培养基成分、培养条件和菌体生长阶段不同而改变。理论上，在整个发酵过程中不应只选择一个培养温度，而应根据发酵不同阶段，选择不同的培养温度。在生长阶段，应选择最适生长温度，在产物分泌阶段，应选择最适生产温度。例如，谷氨酸产生菌的最适生长温度为 30～34℃，而生产谷氨酸的最适温度为 34～36℃。因此，在种子培养阶段和谷氨酸发酵前期（0～12 h）长菌阶段，应满足菌体生长最适温度 30～32℃（北京棒状杆菌 AS1.299）或 32～34℃（钝齿棒状杆菌 AS1.542），有利于菌体利用营养物质合成蛋白质、核酸等供菌体繁殖之用。在发酵中期、后期（12 h 以后）是谷氨酸大量积累阶段，菌体生长已基本停止，而谷氨酸脱氢酶的最适温度为 32～34℃（AS1.299）或 34～36℃（AS1.542），故发酵中、后期适当提高发酵温度对大量积累谷氨酸有利。

3.pH对发酵的影响及其控制

pH对菌体生长和代谢产物的形成都有很大影响:①影响酶的活性;②影响细胞膜所带电荷的状态;③改变细胞膜的通透性,影响微生物对营养物质的吸收和代谢产物的排泄;④影响营养物质的解离程度;⑤影响代谢途径及其产物。

培养基中营养物质的代谢是引起pH变化的重要原因,发酵液pH的变化是菌体代谢的综合结果。发酵pH随菌种的不同而各异,即使同一菌种,其生长最适pH也与产物合成的合适pH不同。例如,丙酮丁醇梭状芽孢杆菌(*Clostridium acetobutylicum*)发酵在pH中性时,菌体生长良好,但产物产量很低,其实际发酵合适的pH为4～6。因此,在发酵过程中,要注意菌体生长与产物合成之间pH的相互关系,选择合适的pH。在了解发酵过程对合适pH的要求之后,就要采取各种方法加以控制。首先,考虑发酵培养基的基础配方,使各组分之间有适当的比例,以至于使发酵pH的变化处于适合的范围内,在分批发酵过程中,常在培养基中加入缓冲盐控制pH的变化;其次,可以直接补加酸类或碱类等物质以达到控制pH的目的。

4.溶解氧浓度的变化及其控制

溶解氧是好氧发酵控制最重要的参数之一。液体中的微生物只能利用溶解氧,而气液界面处的微生物除了利用溶解氧之外,还能利用气相中的氧。由于氧气在发酵液中的溶解度很小,仅为0.22 mmol/L,因此,为了提高溶氧浓度,需要不断通风和搅拌,才能满足好氧微生物对溶解氧的需求。溶解氧的大小主要是由通风量和搅拌转速决定。溶解氧的多少还与发酵罐的径高比、液层厚度、搅拌器型式、搅拌叶直径大小、培养基黏度、发酵温度和罐压等有关。在实际生产中,搅拌转速固定不变,通常用调节通风量来改变通风比,控制供氧水平。溶解氧的多少对菌体生长和产物的形成及其产量都会产生不同的影响。

培养液中维持微生物呼吸和代谢所需的溶解氧必须与微生物的耗氧相平衡,这样才能满足微生物对氧的利用。在好氧发酵的培养液中维持微生物呼吸的最低氧浓度,称为临界溶解氧浓度($C_{临界}$)。在发酵时需要考虑每一种发酵产物的$C_{临界}$和最适溶氧浓度,并使发酵液中的溶氧保持在最适溶氧浓度的范围内。最适溶解氧浓度的大小与菌体和产物合成代谢的特性有关,可由实验来确定。

5.菌体浓度与基质对发酵的影响及其控制

菌体浓度(cell concentration)简称菌浓,是指单位体积培养液中菌体的含量。菌浓的大小与菌体生长速率有很大关系。菌体生长速率与微生物的种类和遗传特性有关,不同种类微生物的生长速率各有差异。细胞越复杂,分裂所需时间就越长。

菌浓的大小对发酵产物的产率影响很大。在适当的比生长速率下,发酵产物的产率与菌体浓度成正比关系,即发酵产物的产率

$$P=Q_{pm}\cdot c(X) \tag{4-1}$$

式中，Q_{pm}为最大比生产速率；$c(X)$为菌体浓度。

菌浓越大，产物的产量也越大，但是，菌浓过高，营养物质消耗过快，会造成有毒代谢产物的积累，从而可能改变菌体的代谢途径，特别是使培养液中的溶解氧明显减少，并成为限制性因素。因为随着菌浓的增加，培养液的摄氧率(OUR)按比例增加，表观黏度也增加，流体性质也发生改变，使氧的传递速率(ORT)成对数地减少

$$\mathrm{ORT}=Q_{O_2}\cdot c(X) \tag{4-2}$$

式中，Q_{O_2}为氧消耗速率。当OUR大于ORT时，溶解氧就减少，并成为限制性因素。菌浓增加而引起的溶氧浓度下降，会对发酵产生各种影响。因此，为了获得最高产率，就要在发酵过程中设法控制最适的菌体浓度。在一定培养条件下，菌体生长速率主要受培养基基质浓度的影响。因此，在发酵生产中通过调节培养基的浓度控制菌浓。首先确定基础培养基配方中各组分之间的适当配比，避免产生过浓或过稀的菌体量，然后通过中间补料来控制。其次，控制菌浓的方法还可以利用菌体代谢产生的CO_2量来控制生产过程的补糖量。

基质是产生菌代谢的物质基础，它既涉及菌体的生长繁殖，又涉及代谢产物的形成。其种类和浓度与菌体生长和代谢有密切关系。在分批发酵中，当基质过量时，菌体的生长速率与营养成分的浓度无关。但生长速度是基质浓度的函数，如Monod方程

$$\mu=\mu_{MAX}\frac{c(S)}{K_S+c(S)} \tag{4-3}$$

式中，K_S为饱和常数，其物理意义是生长速率一半时的底物浓度。

在$S \ll K_s$的情况下，比生长速率与基质浓度呈线性关系。在正常的情况下，可达到最大比生长速率，然而，由于代谢产物及其基质过浓，高浓度基质形成的高渗透压，引起细胞脱水而抑制多数微生物生长，因此导致菌体的比生长速率下降。此种效应称为基质的抑制作用。当葡萄糖浓度低于(100～150)g/L，不出现抑制，当葡萄糖浓度高于(350～500)g/L，多数微生物不能生长，细胞脱水。

6. CO_2对发酵的影响及其控制

CO_2是微生物的代谢产物，同时也是某些合成代谢的一种基质，它是细胞代谢的重要指标，对某些生产菌种的生长有刺激作用。但是，通常CO_2对菌体生长具有抑制作用，使微生物对碳水化合物的代谢和呼吸速率下降。当排气中CO_2的浓度高于4%时，微生物的糖代谢和呼吸速率下降。CO_2除影响菌体生长、形态和产物合成外，还可能影响发酵液的酸碱平衡，使发酵液的pH下降，或与其他化学物质发生化学反应，或与生长必需金属离子形成碳酸盐沉淀，或氧的过分消耗引起溶解氧浓度下降等原因，这些因素均能间接地影响菌体生长和产物合成。由于CO_2的溶解度比氧气大，因此随着发酵罐压力的增加，其含量比氧气增加得更快。因此，为了排除CO_2的影响，必须考虑CO_2在培养液中的溶解度、温度和通气

情况。

CO_2 浓度的控制主要看它对发酵的影响。如果 CO_2 对发酵有促进作用，则应该提高其浓度；反之，如 CO_2 对产物合成有抑制作用，就应设法降低其浓度。通过提高通气量和搅拌速率，在调节溶解氧的同时，还可以调节 CO_2 的浓度。此外，CO_2 的浓度也受发酵罐的罐压调节的影响。如果增大罐压，虽然溶解氧浓度增加了，但 CO_2 的浓度也增加。而且 CO_2 的溶解度比氧的溶解度大得多，因此在较高罐压下，不利于液相中 CO_2 的排出，这对菌体代谢和其他参数也会产生影响。

7.泡沫对发酵的影响及其控制

在微生物好气发酵过程中，由于受通气和搅拌、微生物代谢及培养基的成分和理化性质等因素的影响，在通气条件下发酵液中产生许多泡沫，这是正常现象。产生泡沫是由于：①通气和搅拌作用；②微生物代谢的代谢和呼吸；③培养基中的起泡物质。当发酵感染杂菌和噬菌体时，泡沫异常增多。尽管泡沫是好氧发酵中的正常现象，但是泡沫过多会给发酵带来负面影响，如发酵罐的装料系数减少、氧传递系数减小等。若泡沫过多而不加以控制，导致大量“逃液”，造成经济损失，同时发酵液从排气管路或罐顶、轴封处逃出，使染菌机会增加，严重时使通气搅拌无法进行，泡沫中的代谢气体不易被带走，菌体呼吸受到阻碍，导致代谢异常或菌体提前自溶。菌体自溶会促使更多的泡沫形成。因此，控制泡沫是保证正常发酵的基本条件，工业上常采用机械消泡和化学消泡剂消泡或两种同时使用。

发酵工程的基本任务是高效地利用微生物所具有的内在生产能力，以较低的能耗和物耗最大限度地生产生物产品，因此必须对发酵过程实现有效的控制。发酵过程是通过各种参数的检测，对生产过程进行定性和定量的描述，以期达到对发酵过程进行有效控制的目的。微生物的生长代谢过程是动态变化过程，属于开放系统，即细胞是在不断地与外界环境进行各种物质交换。发酵参数可以正确地反映发酵条件和代谢的变化。特别是菌体生长代谢过程中 pH 的变化，它是菌体生长和代谢的综合表现。通过在线或离线检测，可对各种参数进行有效的控制。

第四节　微生物反应动力学和反应器

生物反应动力学研究生物反应的规律。生物反应基本上有两种情况，一种是使底物在酶（游离酶或固定化酶）的作用下进行反应，即酶催化反应动力学；另一种微生物反应过程动力学，即利用微生物细胞中的酶系，把培养基中的物质通过复杂的生物反应转亿成新的细胞及其代谢产物。本节简单讨论微生物发酵过程中菌体的生长速率，基质消耗速率和产物生成速率的相互关系及微生物生物反应器——发酵罐。生物反应器是利用酶或生物体（如微生物）所具有的生物功能，在体外进行生化反应的装置系统，它是一种生物功能模拟机，如发

酵罐、固定化酶或固定化细胞反应器等。如果反应中采用整体微生物细胞时，反应器则称为发酵罐；凡采用酶催化剂时，则称为酶反应器。另还有适用于动植物细胞大量培养的装置，称为动植物细胞培养用反应器。生物反应器在酒类、医药生产、有机污染物降解等方面有重要的应用。

一、基本概念

通过对微生物反应动力学的研究，可进行最佳发酵生产工艺条件的控制。发酵过程中，菌体的浓度、基质浓度、温度、pH、溶解氧等工艺参数的控制方案，也可在研究的基础上进行优选，从而使生产控制达到最优化。发酵动力学的研究还在为试验工厂比拟放大、分批发酵过渡到连续发酵提供理论依据。

微生物反应是复杂的生物化学反应，包括细胞内的生化反应、胞内与胞外的物质交换和胞外物质传递及反应。在反应体系内，有微生物细胞的生长、基质消耗及产物的生成三个动力学过程，并且各自有最佳反应条件和多种代谢途径，这些代谢反应都是在微生物酶系的作用下进行的。微生物反应过程中，细胞形态、组成要经历生长、繁殖、维持、死亡等若干阶段.不同菌龄有不同的活性；同时发酵体系是一个多相体系，包括了气相、液相和固相，因此微生物反应本质上是复杂的酶催化反应体系，而微生物是反应的主体。

若把微生物反应视为生成多种产物的复合反应，将所有产物分为细胞本身和代谢产物两大类，则微生物反应可定性地表示为

$$\underset{(\text{C 源、N 源、}O_2\text{、无机盐})}{\text{营养物}} \longrightarrow \underset{(\text{目的产物、}CO_2)}{\text{细胞}+\text{代谢物}}$$

上式只表示物质变化的情况，实际的反应要复杂得多。为了便于描述，引入得率系数 Y 描述微生物生长过程计量关系的宏观参数，其意义为生成的细胞或产物与消耗的营养物质之间的关系。在实际工作中，最常用不同的得率系数。

(1)维持因子。维持因子(m)是菌种的一种特性，指的是单位质量的于菌体在单位时间内因维持代谢消耗的基质量，mol/(g·h)。对于特定条件，m 是一个常数，其值越低，菌株的能量代谢效率越低。维持因子可表示为

$$m = \frac{1}{c(X)}\left[-\frac{\mathrm{d}c(\mathrm{S})}{\mathrm{d}t}\right]_m \tag{4-4}$$

(2)得率系数。常用 $Y_{i/j}$ 来表示，最常用的是细胞得率系数($Y_{X/S}$)和产物得率系数($Y_{P/S}$)。利用细胞得率系数，不仅能对细胞消耗基质和将其转化为细胞自身的代谢产物的能力进行评价，还可以将细胞生长、基质消耗和产物形成动力学之间进行关联。因此，得率系数是描述细胞反应过程的一个重要参数。对于特定的微生物而言，得率系数是一个常数，有的情况下，可以明确说明是对某种基质的消耗而言的得率系数，最常用的得率系数有对基质

的细胞得率$Y_{X/S}$,对碳的细胞得率Y_G等。因此,不同得率系数意义不同。

①菌体生长的得率系数。细胞生长的得率系数表示以基质消耗为基准的细胞生长的得率系数,可表示力$Y_{X/S}$,$Y_{X/S}=\frac{\text{生成细胞的质量}}{\text{消耗底物的质量}}=\frac{\Delta c(mx)_{XS}}{-\Delta c(ms)}$,单位 g/g 或 g/mol(细胞/基质)。分批发酵时,发酵液中的细胞浓度和基质浓度均随反应时间而变化,$Y_{X/S}$一般不为常数,在某一瞬间的细胞得率称为瞬时得率(或称为微分得率),其定义式:$Y_{X/S}=\frac{dc(mx)}{-dc(ms)}$,总的细胞得率可以写成:$Y_{x/s}=\frac{c_t(X)-c_0(X)}{tc_t(S)-C_0(S)}$,分别为反应$c_0(X)$和$c_0(S)$开始时细胞和基质的质量浓度,$c_0(X)$和$c_t(S)$分别为反应结束时细胞和基质的质量浓度。$Y_{X/S}$值与微生物和基质的种类及反应条件等因素有关。在不同的培养环境下,对于相同的菌种同一培养基,好氧培养的$Y_{X/S}$值往往大于厌氧培养,如无乳链球菌,好氧培养条件下$Y_{X/S}$为 51.6g/mol,而厌氧培养却为 21.4g/mol。同一菌株在复合培养基中所得的值最大,其次是合成培养基,最小为基本培养基。

类似的还有以氧的消耗为基准的菌体生产的得率系数,可表示为$Y_{x/o}=\frac{\Delta c(X)}{\Delta c(O_2)}$或$Y_{GO}=\frac{\Delta c(X)}{\Delta c(O_2)}$;以基质异化代谢产生 ATP 为基准生成的细胞量的细胞的率表示为$Y_{ATP}=\frac{\Delta c(X)}{\Delta c(ATP)}$以能量的消耗为基准的菌体生长的得率系数$Y_{kj}=\frac{\Delta c(X)}{\Delta c(E)}=\frac{\text{细胞的生产量}}{\text{细胞储存的自由能}(E_a)+\text{分解代谢所释放的自由能}(E_b)}$,其中$E_a$采用干细胞的燃烧热,其值$\Delta H_a$为$-22.15$ kJ/g,E_b可采用所消耗的碳源和代谢产物各自的燃烧热之差来计算。多数微生物在好氧培养时的Y_{kj}值为 0.028 g/kJ,在厌氧培养时为 0.031 g/kJ。

②产物形成的得率系数。以基质消耗为基准的产物形成的得率系数,可表示为$Y_{P/S}$,$Y_{P/S}=\frac{\Delta c(P)}{-\Delta c(S)}$,在某一瞬间的产物得率称为瞬时得率(或称为微分得率),其定义式:$Y_{P/S}=\frac{dc(P)}{-dc(S)}$,总的产物得率可以写成:$Y_{P/S}=\frac{c_t(P)-c_0(P)}{c_t(S)-c_0(S)}$,$c_0(P)$和$c_0(S)$分别为发酵开始时产物和基质的质量浓度,$c_t(P)$和$c_t(S)$分别反应结束时细胞和基质的质量浓度。由于发酵开始时没有产物,因此$c_0(P)$为零,$Y_{P/S}=\frac{c_t(P)}{c_t(S)-c_0(S)}$。

二、微生物反应动力学

微生物反应动力学包括细胞生长动力学、基质消耗动力学和产物形成动力学,其中细胞生长动力学是其核心。

为了工程上的应用，首先需要对微生物反应过程进行合理的简化。第一，微生物反应动力学是对细胞菌体的动力学行为的描述，而不是对单一细胞。第二，不考虑细胞之间的差别，而是取其性质上的平均值。第三，细胞组成复杂，含有蛋白质、脂肪、碳水化合物、核酸、维生素等，而且成分的含量随环境发生变化，忽略这些变化。另外，细胞生长认为是均衡的，因此从模型的简化考虑一般采用均衡生长的非结构模型。微生物进行生物反应，其动力学描述常采用群体来表示，下面所讨论的微生物生长速率是指具有这种分布的群体平均值。

1.菌体比生长速率

微生物菌体的生长速率可表示如下：

$$r_X=\frac{dc(X)}{dt} \tag{4-5}$$

式(4-5)即瞬时微生物的增量。微生物的生长速率 r_X 与微生物浓度的变化率成正比，r_X 单位为 g/(L·h)。

若以比生长速率表示单个菌体的变化，则在平衡条件下，比生长速率 μ 的定义式为

$$\mu=\frac{1}{c(X)}\frac{dc(X)}{dt} \tag{4-6}$$

2.基质比消耗速率

以菌体得率系数为媒介，可确定基质的消耗速率与生长速率的关系。基质的消耗速率 r_S 可表示为

$$-r_S=\frac{dc(S)}{dt}=\frac{r_X}{Y_{X/S}} \tag{4-7}$$

式中，$Y_{X/S}$ 为以基质消耗为基准的菌体生长的得率系数(g/mol)。

基质的消耗速率常以单位菌体来表示，称为基质的比消耗速率，以 r 来表示

$$r=\frac{r_S}{c(X)} \tag{4-8}$$

碳源总消耗速率＝用于生长的消耗速率＋用于维持代谢的消耗速率

$$-r_S=\frac{1}{Y_G}r_X+m\cdot c(X) \tag{4-9}$$

式中，m 为基质维持代谢系数[mol/(g·h)]；$-r_s$ 为碳源总消耗速率[mol/(L·h)]；r_x 为菌体生成速率[g/(L·h)]；Y_G 为消耗碳源用于菌体生长的得率系数(g/mol)。两边同除以 $c(X)$，则

$$-r_X=\frac{1}{Y_G}\mu+m \tag{4-10}$$

式中(4-10)作为连接 r 和 μ 的关联式，可看作含有两个参数的线性模型。r_S 对 μ 的依赖关系可以一般化为

$$-r_S = g(\mu) \tag{4-11}$$

式(4-11)间接表明了 r 对环境的依赖关系。

3.代谢产物的比生成速率

由微生物反应生成的代谢产物种类很多,并且微生物细胞内的生物合成途径与代谢调节机制各有特色,因此很难用统一的生成速率模式来表示。代谢产物有分泌于培养液中,也有保留在细胞内,因此讨论代谢生成速率时有必要区分不同的情况。

与生长速率与底物消耗速率相同,代谢产物的生成速率,可记为 r_p);当以单位重量为基准时,称为产物的比生成速率,记为 Q,相关式为

$$Q = \frac{r_P}{c(X)} \tag{4-12}$$

CO_2不是目的代谢产物,但是,在微生物反应中是一定会产生的。CO_2 的 Q 值,常表示 Q_{CO_2}。好氧微生物反应中 CO_2 相对于氧的消耗,又称为呼吸商 RQ。

$$RQ = \frac{\Delta CO_2}{(-\Delta O_2)} = \frac{r_{CO_2}}{(-v_{O_2})} = \frac{Q_{CO_2}}{(-Q_{O_2})} \tag{4-13}$$

一般 Q 是 μ 的函数,考虑到生长偶联与非生长偶联两种情况,Q 与 μ 的关系式可写成

$$Q = A + B\mu$$

另外,作为一般形式,产物生成的动力学可认为是二次方程,即

$$Q = A + B\mu + C\mu^2 \tag{4-14}$$

式中,A、B、C 为常数。某些酶的生产和氨基酸的合成属于这种类型。

三、微生物反应器

微生物反应器是生产中最基本也是最主要的设备,其作用就是按照发酵过程的工艺要求,保证和控制各种生化反应条件,如温度、压力、供氧量等,促进微生物的新陈代谢,使之能在低消耗下获得较高的产量。由于微生物与氧气的关系不同,可将微生物分为好氧菌、厌氧菌与兼性厌氧菌,因此供微生物生存和代谢的生产设备也各不相同。

(一)厌氧液体生物反应器

啤酒是利用酵母菌进行兼性厌氧发酵得到的产品,乙醇是酵母菌厌氧发酵的结果,其生物反应器均属厌氧发酵设备。因为发酵过程不需供氧,所以发酵设备较为单。

1.乙醇发酵设备

为使乙醇酵母将糖转化为乙醇,并提高转化率,在设计乙醇发酵罐时,除了考虑满足乙醇酵母生长和代谢的必要工艺条件外,还应考虑有利于发酵液的冷却、发酵液的排放、设备的清洗、维修及设备制造安装方便等问题。

(1)乙醇发酵罐结构。该罐罐体为圆柱形,底盖和顶盖均为碟形或锥形,如图 4-3-2 所示。罐顶装有压力表 3、CO_2 出口 4、冷却水入口 5、料液和酒母入口 6、供观察清洗和检修罐体内部的人孔 7;罐底装有发酵液和污水排出口 12;罐身侧面装有冷却水出口管 1、取样管 2 和温度计接口管 9 和冷却水出口 8 等。在乙醇发酵过程中,为了回收 CO_2 气体及所带出的部分乙醇,普遍使用的密闭型发酵罐。

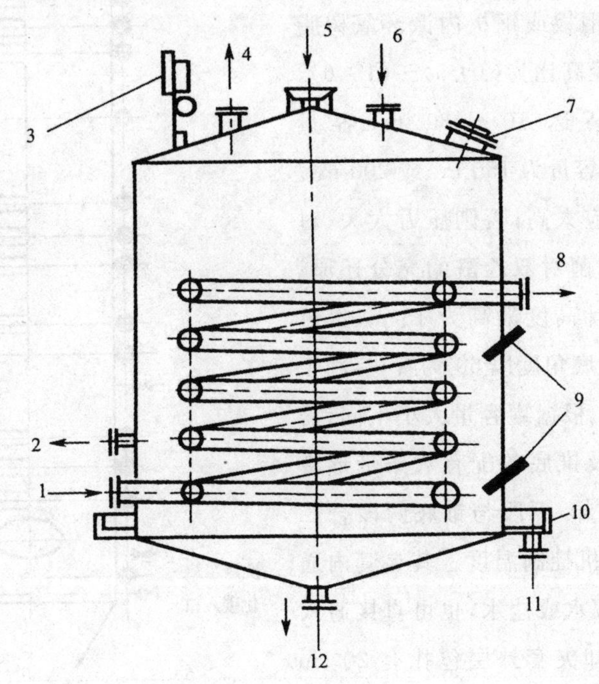

图 4-4-1　乙醇发酵罐

1—冷却水入口　2—取样口　3—压力表　4—CO_2 出口　5—冷却水入口　6—料液和酒母入口　7—人孔　8—冷却水出口　9—温度计　10—喷淋水收集槽　11—喷淋水排出口　12—发酵液及污水排出口

(2)发酵罐的冷却问题。由于乙醇发酵过程中释放出一定量的生化反应热,若不及时移走,将使发酵液温度升高而直接影响酵母菌生长和代谢产物的转化率,因此,罐中应装有冷却装置。对于中小型发酵罐多采用罐顶喷淋冷却;对于大型发酵罐,由于罐外壁冷却面积不能满足冷却要求,因此采用罐内装有冷却蛇管与罐外壁喷淋联合冷却装置,管体底部沿罐体四周装有集水槽,废水由集水槽出口排入下水道,以避免发酵车间潮湿和积水,影响车间的卫生和操作。此外,也有用罐外列管式喷淋冷却的方法,此法具有冷却发酵液均匀,冷却效率高等优点。

2.啤酒发酵设备

目前,国内外啤酒厂均已采用大容量的露天发酵罐,即锥底立式发酵罐(conical tank)。啤酒设备已向大型、室外和联合的方向发展,大型化的有利于啤酒质量的均一化,同时,由于啤酒生产的罐数减少，降低了主要设备的投资，迄今为止，使用的大型发酵罐容量已达到1 500 t。这种锥形罐的优点在于能缩短发酵时间，而且生产上的灵活性大，适于生产各种啤酒的要求。圆筒体锥底立式发酵罐（图4-4-2），罐体用不锈钢板或钢板内涂环氧树脂制成。圆筒部分的径高比为(1∶5)～(1∶6)，直径 2～5 m，高达 10～30 m，容量 40～600 m^3，常用的容量为150 m^3 或 200 m^3。麦芽汁装入高度不应太高，否则压力太大，对流加强，不利于酵母菌对双乙酰的充分还原。建议锥形罐中麦芽汁高度最高为 15 m，也可以 14 m 或12 m。锥底角度以 60°为宜，有利于酵母的沉淀和积聚。根据罐容量大小不同，需在罐的上、中、下部及锥底各配有数条带形冷却夹套，分为四段冷却，下段与锥底两段合二为一，因此有三段微机控制温度。其夹套内通入－4～－3℃的乙醇水或盐水，也可直接通入液氨循环使用。冷却夹套外层包扎有 20 cm厚的聚氨酯或聚苯乙烯泡沫硬质塑料绝热保温层，其外再加一层薄金属板作为保护层。顶盖和锥底也要有保温措施。如此即可完全置于室外，制成露天发酵罐。罐内装有自动洗涤装置，目前改用喷射球洗涤。罐身中下部装有取样口，并在其上、中、下段分别设有控制温度的铂电阻(Pt100)接口，以及冷却剂进出口；罐身还装有人孔，以观察和维修发酵罐的内部。罐顶装有压力表、排气阀、安全阀、人孔，以及自动封顶装置等。当发酵罐内压力超过0.1 MPa时，CO_2 由罐顶排气阀排出，使罐内压力保持 0.1 MPa 以下，一般为 0.08 MP，否则将抑制酵母菌的乙醇发酵。若罐内压力超过 0.2 MP 时，则罐顶安全阀自动打开，以控制罐中 CO_2 含量。罐底锥角处设有无菌麦芽汁和酵母入口，发酵旺盛时，使用全部冷却夹套（工厂称为开冷），维持适宜发酵温度，最终沉积在锥形底部的酵母则打开锥角阀门排出罐外。而成熟的啤酒从锥底侧面啤酒出口放出。有的啤酒厂在啤酒出口处先用可移动管放出酵母泥置于贮养罐中，以便重复使用，但使用酵母最多不超过 5 代。而后再用移动管放出成熟啤酒进行离心分离，除去酒中残余酵母和杂质。为使发酵过程中能饱和 CO_2，在罐底侧面装有

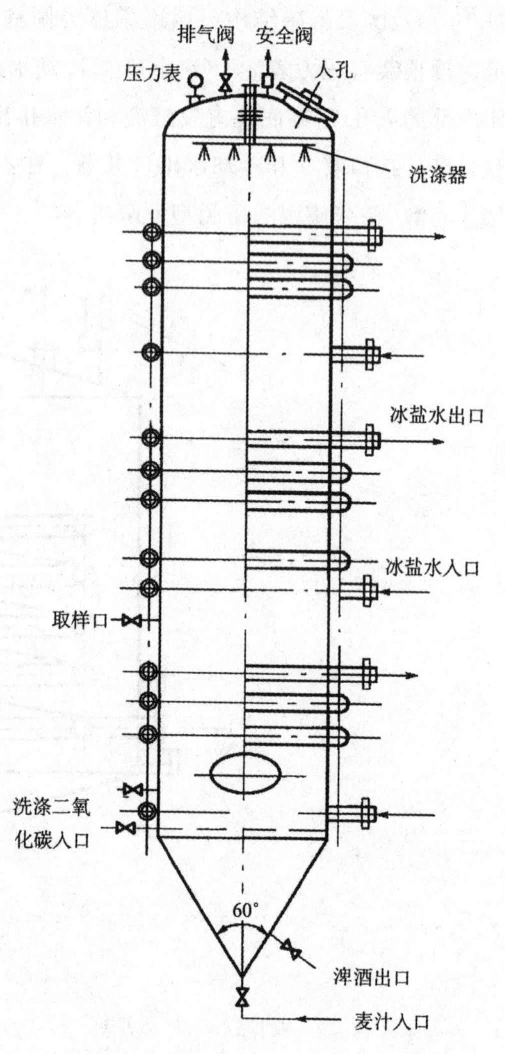

图 4-4-2 锥底立式发酵罐

洗涤净化的 CO_2 入口，当发酵 CO_2 不足时，CO_2 从充气管上的小孔吹入发酵液中。

(二)好氧液体生物反应器

好氧生物反应器(好氧发酵罐)采用通风和搅拌来增加氧的溶解速率，满足好氧微生物生长和代谢产物积累的需要，如氨基酸、柠檬酸、酶制剂、抗生素等生产中均采用好氧生物反应器。

目前根据好氧微生物的特点，发展了许多种类的好氧发酵罐。按照能量输入的方式，可将好氧发酵罐分成三类：内部机械搅拌型、外部液体搅拌型和空气喷射提升式。

1.机械搅拌通气式发酵罐

又称标准式或通用式发酵罐，特别适合于放热量大、需要比较高的气体含量的发酵反应。该发酵罐是发酵工厂应用最广的常用类型之一，它是利用机械搅拌器的作用，使空气和发酵液充分混合，促使氧气在醪液中溶解，以保证供给微生物生长繁殖与发酵所需要的氧气。这种发酵罐也存在一些缺点，发酵罐内部结构比较复杂，不容易清洗干净；机械搅拌需要传动装置，动力消耗大，特别对于丝状真菌的发酵和培养，机械搅拌的剪切力对其不利。

标准式发酵罐的罐体各部分的几何尺寸有一定的比例，如图 4-4-3 所示。发酵罐筒身高度(H)与罐内直径(D)之比一般为 $H:D=(1.7:1)\sim(4:1)$，新型高位发酵罐高度与直径之比在 10 倍以上，有利于提高空气的利用率。小型发酵罐装有 1～2 组搅拌器，大型发酵罐可装 3 组或 3 组以上，搅拌器的直径(d)与发酵罐直径(D)之比一般为 $d:D=(1:2)\sim(1:3)$；两组搅拌器，搅拌器直径(d)与搅拌器的间距(S)比为 $d:S=(1:1.5)\sim(1:2.5)$；三组搅拌器直径(d)与搅拌器的间距(S)之比为 $d:S=1:1\sim(1:2)$。最上面一组与液面的距离不超过搅拌器直径，最下面一组搅拌器应与风管出口接近，并与罐底的距离 B 一般等于搅拌器的直径 D，但也不宜小于 0.8 D，否则影响液体循环。

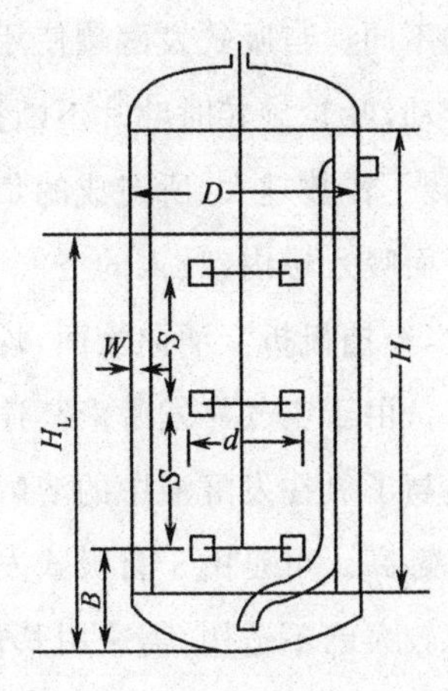

图 4-4-3 标准式发酵罐的几何尺寸

机械搅拌通风发酵罐主要部件包括罐体、搅拌器、挡板、空气分布装置、消泡装置、冷却装置、轴封等。罐体是由圆柱体和两端碟形封头或椭圆封头焊接而成的密封容器。这种形状的发酵罐受力均匀，死角少，物料容易排出。材料为碳钢或不锈钢，大型发酵罐可用 2～3 mm厚的不锈钢衬里或复合不锈钢制成。罐体厚度大小决定于罐径与罐压的大小。由于在发酵、空罐灭菌或实罐灭菌中需要保持一定的罐压，因此要求发酵罐是一个受压容器。所以,罐体应根据最大使用压力来设计。

为了使发酵液充分被搅动,应根据发酵罐的容积,在搅拌轴上配置多个搅拌器,配置的数量由罐内液位高度、发酵液的特征和搅拌器的直径等因素决定。搅拌轴一般由罐顶伸入罐内,中间用钢条固定在发酵罐的内壁上,下部固定在发酵罐的底部。罐内还有挡板、消泡器、空气分布装置、轴封和换热装置。挡板的作用是改变液流方向,将径向流动改变为轴向流动,促使液体激烈翻动,增加溶氧。消泡器的作用是利用机械力量将泡沫打破,使废气与料液分离并回收料液,以提高罐的装料量。空气分布装置的作用是向发酵液中吹入无菌空气,并使空气均匀分布。轴封的作用是使发酵罐的罐顶或罐底与搅拌轴之间的缝隙加以密封,防止泄漏和染菌。

2. 自吸式发酵罐

自吸式发酵罐是一种不需专门为发酵罐内导入压缩空气的适用于好气发酵的发酵罐,它装有一种特殊设计的机械搅拌装置,当这种搅拌桨转动时,紧密贴在桨底的导气管可借桨叶排出液体时所产生的局部真空把大气中空气经过滤后吸入罐内。醋厂、酵母厂、制药厂等均已采用这种新型设备。

自吸式发酵罐罐体的结构大致上与通用式发酵罐相同,主要区别在于搅拌器的形状和结构不同。自吸式发酵罐使用的是带中央吸气口的搅拌器。搅拌器由从罐底向上伸入的主轴带动,叶轮旋转时叶片不断排开周围的液体,当流体被甩向外缘时,在转子中心处形成负压,转子转数越大,所造成的负压越大,吸风量也越大,于是将罐外空气通过搅拌器中心的吸气管而吸入罐内,吸入的空气与发酵液充分混合后在叶轮末端排出,并立即通过导轮向罐壁分散,经挡板折流涌向液面,均匀分布。空气吸入管通常用一端面轴封与叶轮连接,确保不漏气。由于空气靠发酵液高速流动形成的真空自行吸入,气液接触良好,气泡分散较细,从而提高了氧在发酵液中的溶解速率。据报道,在相同空气流量的条件下,溶氧系数比遁用式发酵罐高。可是由于自吸式发酵罐的吸入压头和排出压头均较低,习惯用的空气过滤器因阻力较大已不适用,需采用其他结构形式的高效率、低阻力的空气除菌装置。另外,自吸式发酵罐的搅拌转速较通用式高,所以它消耗的功率比通用式大,但实际上由于节约了空气压缩机所消耗的大量动力,对于大风量的发酵,总的动力消耗还是较低的。自吸式发酵罐的缺点是进罐空气处于负压,因而增加了染菌机会;其次是这类罐搅拌转速较高,有可能使菌丝被搅拌器切断,影响菌体的正常生长,不适宜丝状真菌的发酵。机械搅拌自吸式发酵罐示意图如图 4-4-4 所示。

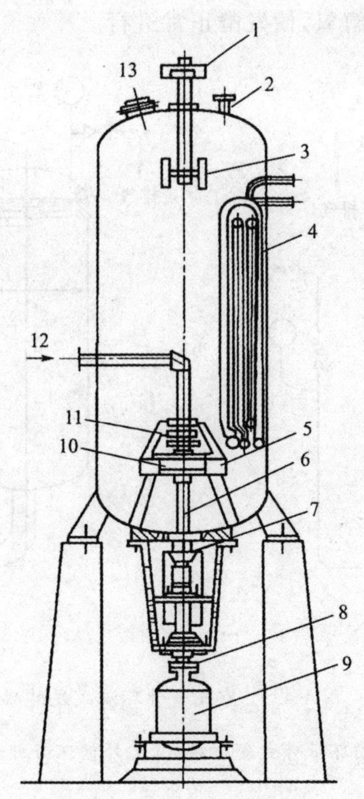

图 4-4-4　机械搅拌自吸式发酵罐结构示意图

1—消泡转轴　2—排气管　3—消泡器　4—冷却排管　5—定子　6—轴　7—双端面轴封　8—联轴节　9—电动机　10—转子　11—端面轴封　12—进风管　13—人孔

3.空气带升环流式发酵罐

该罐简称气(带)升式发酵罐(图 4-4-5),又称循环式通风发酵罐。它是利用空气的动力使液体在循环管内上升,并沿一定路线进行循环。对于糖蜜、水解糖、蔗糖等固形物含量很少的培养基,采用气升式发酵罐更为有利。

空气带升式发酵罐根据环流管安装的位置可分为内循环(图 4-3-6a)与外循环(图 4-3-6b)两种。100 m^3带升式发酵罐由 12～16 mm 厚不锈钢柱体和椭圆封头焊接而成。罐内径 3.8 m,圆柱形部分高 11.6 m,有效容积 80～85 m^3,最适径高比为(1∶4)～(1∶6),限制高度为 22～24 m。

外循环带升式发酵罐外装设上升管,上升管两端与罐底及罐的上部相连接,构成一循环系统。在上升管的下部装设空气喷嘴,空气以(250～300)m/s 的速度喷入上升管,借助喷嘴的作用将空气泡分割细泡,与上升管的发酵液密切接触。由于上升管内的发酵液的密度小,加上压缩空气的喷流动能,因此使上升管内的液体上升,罐内液体下降而进入上升管,形成反复循环,供给发酵所耗的溶解氧,使发酵正常进行。

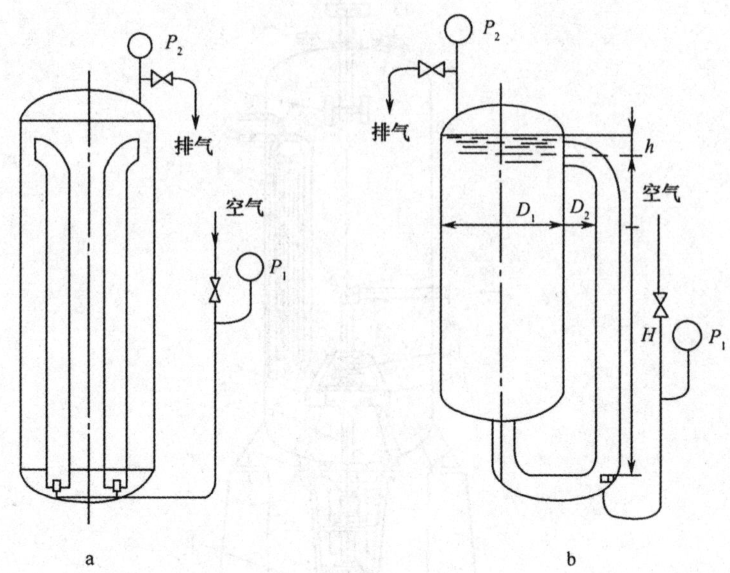

图 4-4-5　空气带升环流式发酵罐

(a)内循环带升式发酵罐　(b)外循环带升式发酵罐

4.高位塔式发酵罐

这是一种类似塔式反应器的发酵罐,其 H/D 值约为 7,罐内装有若干块筛板,压缩空气由罐底导入,经过筛板逐渐上升,气泡在上升过程中带动发酵液同时上升,上升后的发酵液又通过筛板上带有液封作用的降液管下降而形成循环。这种发酵罐的特点是省去了机械搅拌装置,如培养基浓度适宜,而且操作得当的话,在不增加空气流量的情况下,可接近标准式发酵罐的发酵水平,但由于液位较高,通入的压缩空气压力需相应提高。国内工厂曾用过容积为 40 m^2 的高位塔式发酵罐生产抗生素,该罐直径 2 m,总高为 14 m,共装有筛板 6 块,筛板间距为 1.5 m,最下面的一块筛板有直径 10 mm 的小孔 2 000 个,上面 5 块筛板各有直径 10 mm 小孔 6 300 个,每块筛板上都有一个 φ450 mm 的降液管,在降液管下端的水平面与筛板之间的空间则是气—液充分混合区。由于筛板对气泡的阻挡作用,使空气在罐内停留较长时间,同时在筛板上大气泡被重新分散,进而提高了氧的利用率。这种发酵罐由于省去了机械搅拌装置,造价比标准发酵罐要低。

(三)固态发酵生物反应器

固态发酵(solid state fermentation)是指体系在没有或几乎没有自由水存在下,微生物在固态物质上生长的过程,过程中维持微生物活性需要的水主要为结合水或与固体基质结合的状态。大部分研究者认为固态发酵和固体基质发酵(solid substrates fermentation)是

同一概念，可是 Pandey 等却认为固体基质发酵是在无自由水条件下固体基质作为碳源或氮源的发酵过程，而固态发酵是在无自由的水条件下利用天然或惰性底物（如合成泡沫）支持物的发酵过程。设计固态反应器需要考虑灭菌、接种、传质传热、取样、供气、参数的测量和控制等几个方面的问题。迄今为止已有许多类型的固态发酵反应器问世（包括实验室、中试和工业生产），如转鼓式生物反应器、压力脉动反应器、流化床反应器和圆盘式反应器等，部分用于食用菌、单细胞蛋白、生物杀虫剂、酶制剂、动物饲料和土壤修复等方面。

近几年来，随着世固态发酵技术在功能食品和酒类酿造方面得到了广泛应用，如酱油、米酒、豆豉、黄酒和白酒等，从传统固态发酵发展到现代固态发酵，该技术在生产抗生素、酶制剂、有机酸、生物活性物质等方面发挥了重大作用，并进一步扩大到生物转化、生物燃料、生物防治、垃圾处理及生物修复等领域，固态发酵作为潜在的技术引起人们的密切关注。固态发酵反应器是目前限制固态发酵用于现代生物反应工程的一个重要因素。

第五节 发酵产品的下游处理

发酵产品的下游加工是生物工程或生物化学工程的一个组成部分。从发酵液中分离、纯化目标产品的过程称为下游加工工程（downstream processing）。在发酵工程产品的整个生产过程中，产品的分离和纯化是最终获得商业产品的重要环节，其所需费用成本较高。例如，对传统发酵工业（如抗生素、乙醇、柠檬酸等），分离和纯化部分占整个工厂投资费用的60%，而对重组 DNA 发酵、纯化蛋白质的费用可占整个生产费用的80%～90%。并且这种偏向还有继续加剧的趋势。因此产品的分离纯化技术水平在生物工程产品国际经济市场竞争起重要的作用。由于所需的目标产品种类和质量要求的不同，所采用的分离纯化技术也有所不同，有时需要各种下游技术的组合。但多数微生物产品的下游加工过程，可分为4个阶段，即发酵液（或培养液）的预处理和过滤（固液分离）、提取（初步纯化）、精制（高度纯化）、成品加工。

一、发酵液的预处理

在分离纯化目标产物时，首先都要进行发酵液的预处理，并且将固、液两相分离开，才能进一步采用各种物理和化学方法分离纯化代谢产物。

1.发酵液的预处理

由于目标产品在发酵液中的浓度很低，并与大量可溶的和悬浮的杂质混合在一起，因此在进行固液分离之前，必须进行预处理。预处理的目的是改变发酵液的物理性质，加快悬浮液中固形物沉降的速度，以利于提取和精制后续工序的操作顺利进行；尽可能使产物转入便于以后处理的相中(多数是液相)；能够除去部分杂质(如蛋白质、重金属离子、色素、毒性物质等)；调节适宜 pH 和温度。

对发酵液的预处理主要是去除高价无机离子、可溶性杂蛋白质和色素及其他物质。去除 Ca^{2+}、Mg^{2+}、Fe^{2+} 这些高价无机离子分别应用草酸、三聚磷酸钠、黄血盐的方法。草酸与 Ca^{2+} 形成草酸钙沉淀，还能促进蛋白质凝固，有利于提高过滤速度；三聚磷酸钠与 Mg^{2+} 形成可溶性络合物；黄血盐与 Fe^{2+} 形成普鲁士蓝沉淀。去除可溶性杂蛋白质可采用：①调节发酵液的 pH 达到蛋白质的等电点，使蛋白质沉淀析出；②加入碱金属中性盐作为脱水剂，使蛋白质沉淀；③加热处理发酵液，使蛋白质变性沉淀；④加入使蛋白质变性的有机溶剂(如乙醇、丙酮等)或表面活性剂等；⑤加入絮凝剂，使可溶性蛋白质胶体凝聚或絮凝；⑥利用吸附作用除去蛋白质。例如，在提取四环类抗生素中，采用黄血盐和硫酸锌的协同作用生成亚铁氰化锌钾的胶状沉淀，可吸附蛋白质。在枯草芽孢杆菌发酵液中，常加入氯化钙和磷酸氢二钠，利用两者自身形成的凝胶，将蛋白质、菌体和其他不溶性粒子吸附并包裹在其中而沉淀。发酵液中的色素物质可能由微生物分泌产生，也可能来自培养基原料(如糖蜜、玉米浆等)。色素物质化学性质的多样性增加了脱色难度。脱色常用方法有离子交换树脂、离子交换纤维、活性炭等吸附法。

2.固液分离

为了进行发酵产物的有效分离、提取和精制，必须首先将菌体、同形物杂质和悬浮固体物质除去，保证处理液澄清。有一些胞外产物，如细菌产生的碱性蛋白酶、果胶酶、半纤维素酶等，以及霉菌产生的糖化酶、纤维素酶等可直接分泌到细胞外，可以方便地进行预处理和过滤，获得澄清的滤液，进行下一步的纯化。对于发酵液中的细菌和酵母的菌体一般多采用高速离心机分离，而对于细胞体形较大的霉菌和放线菌的菌体分离一般多采用过滤方法处理。由于发酵醪的黏度大，不但过滤速度慢，而且常需要花费繁重的体力劳动，因此这一步是目前发酵工业生产中的薄弱环节。微生物发酵醪属于非牛顿型液体，很难过滤，滤液要求必须澄清，否则会使以后提炼造成困难。因此，必须设法提高发酵液的过滤速度。

3.微生物细胞破碎

有些微生物的代谢产物存在于细胞内部，属于胞内产物，如青霉素酰化酶、碱性磷酸酯酶等。特别是许多基因工程菌在细胞内形成的包涵体是不分泌的。因此需先收集菌体，进行细胞破碎，让目标产物转入液相，再将细胞碎片与液相分离开。细胞碎片的分离采用两水相萃取法，选择适当的条件，使细胞碎片集中分配在固相。

细胞破碎的方法很多，根据外加作用力的方式可分为机械法和非机械法两大类。目前已有酶解法、渗透压冲击法、冻结和融化法、热处理、化学溶胞法等。人们还在寻找新的方法，如激光破碎法、高速相向流撞击法、冷冻喷射法等，以期提高产物的得率。

二、发酵产品的分离提取

1.沉淀提取法

沉淀是通过改变条件或加入某种试剂(酸、碱或盐类等),使溶液中的溶质由液相转变为固相而析出的过程。根据所加入的沉淀剂不同,可有多种方法。

(1)等电点沉淀法。等电点沉淀法是利用两性电解质在电中性时溶解度最低的原理进行分离纯化。在低离子强度下,调节 pH 至等电点(pI),可以使各种两性电解质所带净电荷为零,能极大降低其溶解度。抗生素(土霉素、四环素等)、氨基酸、核苷酸等小分子生物物质,以及蛋白质、酶、核酸等生物大分子物质都是两性电解质,均可采用该种方法提取,如酪蛋白在等电点时能够形成粗大的凝聚物。但对一些亲水性强的蛋白质如明胶,在低离子强度溶液中,调节 pH 至等电点并不产生沉淀,所以需要加上其他沉淀因素才能使之析出。

例如,等电点法提取谷氨酸,当用盐酸调节发酵液 pH 至谷氨酸等电点 pI=3.22 时,正负电荷相等,总净电荷为零,此时谷氨酸溶解度最小而呈过饱和状态结晶析出,加以分离即可得到谷氨酸。

值得注意的是,不少蛋白质或氨基酸与金属结合后 pI 会发生偏移。例如,胰岛素 pI=5.3,与 Zn^{2+} 结合后形成胰岛素锌盐,其 pI 上升为 6.2。又如,谷氨酸 pI=3.22,与 Zn^{2+} 结合后形成谷氨酸锌盐,其 pI 下降为 2.4。故加入金属离子后选择等电点沉淀时,要考虑到这一点,注意调整 pH。

(2)盐析法。盐析法又称中性盐沉淀法。它是利用中性盐破坏蛋白质、酶等胶体性质,中和微粒上的电荷,消除微粒周围的水化膜,促使蛋白质等沉淀,被广泛应用于酶制剂的提取。由于各颗粒因不规则的布朗运动互相碰撞,在分子亲和力的影响下,结合形成巨大的结合物,而后便析出了絮状沉淀,达到分离的目的。

盐析剂的种类很多,如硫酸铵、硫酸钠、硫酸镁等,最常用的盐析剂是$(NH_4)_2SO_4$,因其溶解度大,在 40℃时为 81%,即使在较低的温度下也有较大溶解度。盐析剂的用量与所沉淀的酶的种类和酶液中的杂质性质、数目有关,具体用量要通过对比实验和生产实践来摸索,才能确定。例如,目前生产的 BF7658 淀粉酶盐析剂$(NH_4)_2SO_4$的用量为 40%。一般都在常温下盐析。盐析 pH 大多选在酶稳定的 pH 范围内。

(3)有机溶剂沉淀法。有机溶剂沉淀法是利用与水可以互溶的有机溶剂使产物沉淀的方法。该法常应用于酶制剂、氨基酸、抗生素等发酵产物的提取。许多有机溶剂如丙酮、乙醇、甲醇等能使溶于水的小分子生物物质及核酸、多糖、蛋白质等生物大分子发生沉淀作用。这种沉淀作用是多种效应的结果,但其主要作用是降低水溶液的介电常数。当有机溶剂浓度增大时,水对蛋白质等分子表面上带电基团或亲水基团的水化程度降低,或者说溶剂的介电常数降低，因而使带电溶质的静电吸引力增大，互相吸引而发生凝集。对于具有表面水化层的生物分子（如蛋白质），有机溶剂与水的作用，使蛋白质颗粒表面水化层厚度不断减小，最后使脱去水化层的蛋白质胶体颗粒，因不规则的布朗运动发生相互碰撞，在分子亲和力的影响下聚集析出。不同浓度的有机溶剂可以使不同的溶质沉淀，即通过分步沉淀法，而达到分离纯化的目的。

乙醇是最常用的沉淀剂，在沉淀过程中，乙醇与水混合后.放出大量的稀释热，使溶液温度显著升高，这对不耐热的酶活力影响较大，因此生产上采取边搅拌边少量多次地加入有机溶剂，以免温度骤升。有机溶剂对酶的沉淀能力也受温度的影响，一般温度越低，沉淀越完全，所以沉淀过程必须注意冷却降温。

2.溶剂萃取法

溶剂萃取法是一个重要而有效的纯化和浓缩微生物代谢产物的方法，也是从稀溶液中提取物质的一种有效方法。萃取法由有机相和水相相互混合，水相中要分离出的物质进入有机相后，再靠两相质量密度不同将两相分开。有机相一般由三种物质组成，即萃取剂、稀释剂、溶剂。有时还要在萃取剂中加入一些调节剂，以使萃取剂的性能更好。萃取过程是一个传质过程，溶质从水相传递到有机相中，直到平衡。因此要求萃取设备能充分地使水相中的物质在较短时间内扩散到有机相中，而且要求有机相的黏度不要过大，以免被吸收物质在有机相内产生较高浓度梯度而阻碍吸收进程。为了在有限的时间内完成萃取过程，一般设多级萃取和多级反萃取，以此增加被分离物质在有机相中的富集比并提高传质速率。许多新的萃取技术，如逆胶束萃取、超临界萃取、液膜萃取、双水相萃取等。以适应分离各种酶、蛋白质、核酸、多肽、氨基酸等基因工程产物的要求。

3.吸附法

物质从流动相（气体或液体）浓缩到固体表面，从而达到分离的过程称为吸附作用。而将在表面上能发生吸附作用的固体称为吸附剂，被吸附的物质称为吸附物。吸附剂和吸附物之间的吸附作用力，本质上是范德瓦耳斯力。它是一组分子引力的总称，包括三种力，即定向力、诱导力和色散力。定向力是极性分子之间产生的作用力；诱导力是指极性分子和非极性分子之间的吸引力；色散力是非极性分子之间的引力作用。不同的固体物质的表面自由能不同，所以对其他物质的吸附能力不同，表面自由能越高，吸附能力越强。

常用的吸附剂有活性炭、硅胶、氧化铝及铝硅酸等。

4.离子交换法

离子交换树脂是人工合成的不溶于酸、碱和有机溶剂的、化学稳定性良好并具有离子交换能力的高分子聚合物。其分子可分成两部分，一部分是不能移动的多价高分子基团，构成了树脂的骨架，具有保持树脂不溶性和化学稳定性的作用；另一部分是可移动的离子，构成了树脂的活性基团，称为活性离子。离子交换的原理包括复杂的吸附、吸收、穿透、扩散、离

子交换、离子亲和力等物理化学过程综合作用的结果。离子交换法因其具有设备简单、操作方便、容易实现自动化控制及高效率等优点而广泛应用于生物物质的分离纯化、脱盐、浓缩、转化、中和及脱色等工艺操作中。

离子交换反应是指离子交换基团的可游离交换离子($-SO_3H$)中的 H^+ 与溶液中同性离子的交换反应过程。它同一般的化学反应一样,服从质量作用定律,而且是可逆的。当发酵液流过离子交换柱时,发酵液中的离子经吸附或扩散到树脂的表面;穿过树脂表面被吸收或扩散到树脂内部的活性中心;这些离子与树脂中的原有自由离子互相交换;交换出来的离子自树脂内部的活性中心扩散到树脂表面;离子从树脂表面扩散到溶液中去。经过洗脱,被交换的离子就被洗脱下来,从而获得分离。各种生物物质只要能在某种条件下形成阳离子、阴离子或偶极离子,也就是说在水中能够溶解的物质都可以采用这个方法进行分离纯化。例如,谷氨酸发酵液顺向通过阳离子交换树脂柱,发酵液中不同阳离子在柱内分层交换比较明显。按其对 732 强酸性阳离子交换树脂的亲和力大小的程度依次为:$Ca^{2+}>Mg^{2+}>K^+>NH_4^+>Na^+>$碱性 Aa>中性 Aa>谷氨酸>天门冬氨酸。因此,当发酵液(或等电母液)自柱上部流入柱内时,树脂先选择金属离子进行交换,进而与铵离子进行交换,再次与有机物质等进行交换,非电解质则透过树脂随交换后的液体排出。上面的树脂首先被金属离子、铵离子等所饱和,随着交换的进行,开始在上层被交换的谷氨酸又被新流入上清液中的铵离子及其他离子置换出来,而往下移动,最后在交换柱中大致形成若干区,自上而下为 R-金属离子层、$R-NH_4^+$ 铵离子层及谷氨酸层等。若上等柱量控制不当,使上柱量过多,将会导致谷氨酸的漏失。

5.结晶法

结晶是使溶质形成晶体从溶液中析出的过程。多数生物物质可在一定条件下,从液态形成晶体,因此它是生物大分子蛋白质和酶分离纯化的方法之一。根据制备过饱和溶液的方式不同,结晶方法大致可分为浓缩结晶、冷却结晶、化学反应结晶、盐析结晶等。所谓浓缩结晶是将含有产品的溶液减压蒸发浓缩,使溶液达到过饱和状态,结晶析出溶质。例如,灰黄霉素经丙酮萃取的萃取液,通过真空浓缩除去丙酮,即可获得结晶。冷却结晶适用于那些溶解度随温度变化很大的物质,如一水柠檬酸采用先将溶液升温浓缩,而后逐渐降温使溶液达到过饱和状态,即可自然结晶。化学反应结晶是指微生物某些代谢产物在加入反应剂或调节 pH 后,可以产生新的物质,来改变溶液的浓度,当其浓度超过它的溶解度时,就会有晶体析出。例如,将土霉素经脱色后的酸性滤液调节 pH 至 4.5,即可析出土霉素游离碱结晶。盐析结晶是因为某些物质可以使溶质的溶解度降低,形成过饱和溶液而结晶。这类物质可以是一种溶剂或盐类。例如,卡那霉素有不溶于乙醇的性质,在卡那霉素脱色液中加入 95% 的乙醇,使终浓度达到 60%~80%,经过一段时间的搅拌,卡那霉素硫酸盐即结晶出来。在普鲁卡因青霉素结晶时,加入一定量食盐,可使晶体更易析出。

6.膜分离技术

膜是具有选择性分离功能的材料，利用膜的选择性分离实现料液的不同组分的分离、纯化、浓缩的过程称为膜分离。膜的孔径一般为微米级，依据其孔径的不同(或称为截留分子质量)，可将膜分为微滤膜、超滤膜、纳滤膜和反渗透膜；根据材料的不同，可分为无机膜和有机膜，无机膜主要是陶瓷膜和金属膜，其过滤精度较低，选择性较小。有机膜是由高分子材料做成的，如醋酸纤维素、芳香族聚酰胺、聚醚砜、聚氟聚合物等。根据膜结构和推动力的不同可分为透析(dialysis，DS)、微滤(microfiltration，MF)、超滤(ultrafiltration，UF)、反渗透(reverse osmosis，RO)、电渗析(electrodialysis，ED)和渗透汽化(pervaporation，PV)等方法，其中应用最广泛的是超滤和反渗透。

(1)微滤(MF)。又称微孔过滤，它属于精密过滤，其基本原理是筛孔分离过程。微滤膜的材质分为有机和无机两大类，有机聚合物有醋酸纤维素、聚丙烯、聚碳酸酯、聚砜、聚酰胺等。无机膜材料有陶瓷和金属等。鉴于微孔滤膜的分离特征，微孔滤膜的应用范围主要是从气相和液相中截留微粒、细菌及其他污染物，以达到净化、分离、浓缩的目的。对于微滤而言，膜的截留特性以膜的孔径来表征，通常孔径为0.1～1 μm，故微滤膜能对大直径的菌体、悬浮固体等进行分离。一般情况下，微滤的纯水透过流速为1 $m^3/(m^2 \cdot min)$。近年来，以四氟乙烯和聚偏氟乙烯制成的微滤膜已商品化，它具有耐高温、耐溶剂、化学稳定性好等优点，使用温度为－100～260℃。

(2)超滤(UF)。超滤是介于微滤和纳滤之间的一种膜过程，超滤膜是一种额定孔径为0.01～0.2 μm的微孔过滤膜，大多由醋酯纤维或与其性能类似的高分子材料制得。采用超滤膜以压力差为推动力的膜过滤方法为超滤膜过滤。超滤是一种能够将溶液进行净化、分离、浓缩的膜分离技术，通常可以理解成与膜孔径大小相关的筛分过程。当含有大分子或微细粒子的溶液在0.1～1.0 MPa(外源大气压或真空泵压力)操作压力下，通过超滤膜时，溶剂和小分子的溶质可以透过，而300～1 000 kDa的可溶性大分子或微细粒子被截留。不同孔径的超滤膜可以分离不同相对分子质量和形状的大分子物质，能截留蛋白质、脂肪、葡萄糖、色素、果胶体、病毒等物质，主要用于分离大分子物质，如蛋白质分离浓缩、血浆分离、去热源等。纯水的透过速度一般为1 $m^3/(m^2 \cdot h)$。其优点是成本低，操作方便，条件温和，能较好保持生物大分子生物活性，回收率高。

(3)纳滤(NF)。纳滤是介于超滤与反渗透之间的一种新兴的膜分离技术，如无机盐或葡萄糖、蔗糖等小分子物质从溶剂中分离出来。基于纳滤分离技术的优越特性，其在制药、生物化工、食品工业等诸多领域显示出广阔的应用前景。对于纳滤而言，膜的截留特性是以对标准NaCl、$MgSO_4$、$CaCl_2$溶液的截留率来表征，通常截留率为60％～90％。

(4)反渗透(RO)。利用反渗透膜只能透过溶剂(通常是水)而截留离子物质或小分子物质的选择透过性，以膜两侧静压为推动力，而实现的对液体混合物分离的膜过程。反渗透截

留所有可溶物(包括盐、糖、离子等分子质量大于 150 Da 的物质)，对 NaCl 的截留率在 98%以上，出水为无离子水。此技术主要用于浓缩小分子物质，如浓缩乙醇、糖和氨基酸等。反渗透的操作压力高达 1.0～10 MPa。理想的反渗透膜应该是无孔的，目前常选用带皮层的不对称膜，孔径为 0.1～1.0 nm。纯水透过流速一般为 1 $m^3/(m^2 \cdot d)$。反渗透法能够去除可溶性的金属盐、有机物、细菌、胶体粒子、发热物质，也能截留所有的离子，在生产纯净水、软化水、无离子水、产品浓缩、废水处理方面反渗透膜已经应用广泛。

(5)透析(DS)。透析是利用膜两侧的浓度差为推动力，使溶质从高浓度的一侧通过膜孔扩散到的浓度一侧，从而达到分离浓缩目的。透析膜具有反渗透膜无孔的特征，也具有超滤膜极细孔径特征，一般采用对称或不对称膜，可用于分离浓缩大分子物质，去除中小分子有机物和无机盐。目前主要用于人工肾生物发酵过程，在此过程中利用透析膜的渗透作用，选择适当孔径的膜可使发酵液中的产物和有害代谢产物透过而截留菌体，从而解除发酵体系中产物和有害代谢物对菌体或关键酶的抑制。其缺点是速度慢，处理量小，透析液用量大。

(6)电渗析(ED)。电渗析是在直流电场的电位差作用下，使阴阳离子分别透过相应的离子交换膜，从而达到从溶液中分离电解质的目的。电渗析膜是一种致密的离子交换膜。阳离子交换膜是使聚合物骨架上带有负离子基团，通常是强酸性基团($—SO_3H$)，阴离子交换膜使膜骨架上带有正离子基团，通常是强碱性基团[$—N^+(CH_3)_3$]。目前主要用于水处理，如海水淡化、给水软化脱盐和工业用水的纯化处理等。发酵工业中可用于啤酒等酿造用水纯化处理、柠檬酸提取、氨基酸分离、乳清液脱盐等。

(7)渗透汽化(PV)。渗透汽化又称渗透蒸发，它是利用膜对液体混合物中组分的溶解和扩散性能的不同，由液相通过均匀的膜进入蒸汽相的物质传递过程。蒸汽态的透过物在真空条件下被吸走，并在膜装置以外冷凝。此过程中，膜起到改变蒸汽-液相平衡的作用，而这一平衡正是蒸馏分离的基本原理。因此，用本法分离工业乙醇从而制取无水乙醇的过程已经工业化。

由于膜的应用范围很广，因此要求具有较宽范围的性质和操作特性。在选择膜时，应主要考虑的几个指标是分离能力(选择性和脱除率)、分离速度(透水率)及膜材料的成本等。目前，用于制备膜的有机聚合物有各种纤维素脂、脂肪族和芳香族聚酰胺、聚砜、聚丙烯腈、聚四氯乙烯、聚偏氟乙烯、硅橡胶等。这些聚合物膜按结构和作用特点分为致密膜、微孔膜、非对称膜、复合膜和离子交换膜 5 类。

第五章 酶工程

无论是低等微生物还是高等动植物，体内成千上万个错综复杂的化学反应都在生物催化剂——酶的作用下有条不紊地进行着。生物体内庞大而有规律的酶反应体系，控制和调节着生物体复杂的新陈代谢活动。因此，酶是促进一切代谢反应的物质，没有酶，代谢就会停止，生命也就会终止。

酶工程是将酶学与微生物学的基本原理与化学工程等有机结合而产生的边缘学科，是酶学和工程学相互渗透、结合并发展起来的一门新的技术科学。酶工程是生物工程中必不可少的重要组成部分，日益受到其他各领域内研究者的广泛关注。由于微生物学、基因工程、细胞工程及固定化技术等迅猛发展，也为酶工程的进一步纵深发展带来了勃勃生机。目前，酶工程已经广泛地应用于科学研究、工农业生产、医药及环境保护等领域。同时也可以预见，蛋白质工程也将为酶的性质改造和赋予新的酶功能提供有力的工具。

第一节 酶与酶工程的基本知识

一、酶和酶工程概述

酶是生物体内进行自我复制、新陈代谢所不可缺少的生物催化剂(biocatalyst)。由于酶在常温、常压、中性 pH 等温和条件下能高度专一、有效地催化底物发生反应，因此酶的开发和利用是当代新技术革命中的一个重要课题。新陈代谢是生命活动的最重要的特征，一切生命活动都是由代谢的正常运转来维持的，而生物体代谢中的各种化学反应都是在酶的作用下进行的。没有酶，代谢就会停止，生命也即停止，失去了酶，也就失去了整个生物界。现代生命科学发展已深入到分子水平，从生物大分子的结构与功能关系来说明生命现象的本质和规律，从酶分子水平去探讨酶与生命活动、代谢调节、疾病、生长发育等的关系，无疑有重大科学意义。研究酶的理化性质及其作用机制，对于阐明生命现象的本质具有十分重要的意义。酶还是分子生物学研究的重要工具，正是由于某些专一性工具酶的出现，才使核酸一级结构测定有了重要突破。限制性内切酶的发现促进了重组 DNA 技术的诞生，推动了基因工程的发展。酶鲜明地体现了生物体系的识别、催化、调节等奇妙功能。

虽然人们很早就感觉到酶在自然界中广泛存在，但真正认识和利用它也不过只有100多年时间。早在4 000多年前的夏禹时代，古人就已知，酒是酵母体内的酶分解糖的结果；豆酱是豆类物质在霉菌蛋白酶的作用下水解所得的产品；利用麦曲所含的淀粉酶分解淀粉成麦芽糖，即制造饴糖，也是公元3 000年前的事情；而用曲治疗消化障碍症也是我国人民最早发现的。随着国内外研究者对酶本质的不断研究，酶神秘的面纱逐渐被揭开。1896年，德国学者Buchner兄弟发现了用石英砂磨碎的酵母细胞能将1分子的糖转化成2分子的乙醇和2分子CO_2，并把这种能起转化作用的物质称为酒化酶，这表明酶能够以溶解状态或有活性状态发挥作用。20世纪，酶学得到了进一步发展，更多的酶被发现，特别是核糖核酸酶，对酶的传统概念提出了严重挑战，丰富了生物催化剂的内涵。对酶的研究一直是沿着两个方向发展，即理论研究和应用研究。理论研究包括酶理化性质及催化性质的研究。Sanger等建立的蛋白质一级结构测定方法，有力地推动了酶学的发展，也为酶的分子生物学建立奠定了基础。应用研究促进了酶工程的形成。1808年，罗门等利用胰酶制皮革；1917年，法国人用枯草杆菌产生的淀粉酶作为纺织工业的退浆剂；1949年，日本采用深层培养法生产α-淀粉酶获得成功，使酶制剂生产应用进入工业化阶段；1959年，由于采用了葡萄糖淀粉酶催化淀粉生产葡萄糖新工艺研究成功，彻底废除了原来葡萄糖生产中需要高温高压的酸水解工艺，并使淀粉得糖率从80%上升为100%，致使日本在1960年葡萄糖产量猛增10倍。这项新工艺改革成功，极大地促进了酶在工业上应用的前景。

随着酶制剂的广泛应用，1971年在美国召开了第一次国际酶工程会议，报道了日本千烟一郎等将固定化氨基酰化酶(immobilized amino acylase)拆分氨基酸技术，用于工业化生产L-氨基酸(L-amino acid)，开创了固定化酶应用的局面，在1983年的酶工程会议上，千烟一郎因此而获奖。此后，固定化天冬氨酸酶(immobilized aspartase)合成L-天冬氨酸(L-aspartic acid)、固定化葡萄糖异构酶(glucose isomerase)生产高果糖浆(high fructose syrup)等的工业化生产取得成功。固定化酶较游离酶有很多优点，可以实现生产工程的连续化和自动化，因此固定化酶的应用范围越来越广，并成为酶工程研究的重点。在固定化酶的基础上又逐渐发展固定化细胞(immobilized cell)的技术，除了固定化酵母、细菌之外，丝状真菌的固定化更引起人们的广泛关注，因为许多具有工业生产价值的代谢产物(如酶、抗生素、有机酸和甾体化合物等)都是由丝状真菌生产的。

生物催化剂与化学催化剂不仅其来源和化学本质有差别，而且前者具有专一性，催化效率也比后者高10^7～10^{13}倍。因此长期以来人们认为两者之间存在着一条不可逾越的鸿沟。以上各种类似天然酶催化剂的出现不仅对酶的传统概念提出了挑战，也在生物催化剂和化学催化剂之间架起了桥梁。例如，模拟酶，它的来源和化学本质像化学催化剂，但催化行为像生物催化剂(酶)，而且随着模拟程度和水平的提高，其专一性和催化效率会越来越接近天然酶。自然界本身就是一个整体，所谓概念是人们认识问题时人为划分的，它受当时科学水平的限制，一些对应的概念间可能并没有绝对的界限。随着科学的发展，存在于生物催化剂与化学催化剂之间的鸿沟将会被填平。同时根据酶反应动力学理论，运用化学工程成果建立了多种类型的酶反应器，在这一基础上逐渐形成了酶工程。当然酶学研究和酶工程研究不是孤立的，而是相互关联、相互渗透、相互促进的。

二、酶工程研究的主要内容

酶工程(enzyme engineering)是现代生物工程的主要内容之一，是随着酶学研究迅速发展，特别是酶的应用推广使酶学和工程学相互渗透结合、发展而成的一门新的技术科学，是酶学、微生物学的基本原理与化学工程有机结合而产生的边缘科学技术。通常将酶的生产和应用的技术过程称为酶工程，它是从应用的目的出发研究酶，在一定生物反应装置中利用酶的催化性质，将相应原料转化成有用物质的技术，是生物工程的重要组成部分。

一般认为，酶工程的发展历史应从第二次世界大战后算起。从 20 世纪 50 年代开始，由微生物发酵液中分离出一些酶，制成酶制剂。60 年代后，固定化酶、固定化细胞崛起，使酶制剂的应用技术焕然一新。70 年代后期以来，由于微生物学、遗传工程及细胞工程的发展为酶工程进一步向纵深发展带来勃勃生机，使酶的制备方法、酶的应用范围以及后处理工艺都受到巨大冲击。

根据研究和解决上述问题的手段不同把酶工程分为化学酶工程和生物酶工程。前者是指自然酶、化学修饰酶、固定化酶及化学人工酶的研究和应用。后者是以酶学和以基因重组技术为主的现代分子生物学技术相结合的产物，主要包括三个方面：①用基因工程技术大量生产酶(克隆酶)，即将酶基因和合适的调节信号通过载体(质粒)导入易于大量繁殖的微生物中并使之高效表达，通过发酵的方法大量生产所需要的酶。用于医药或工业上的尿激酶原、组织纤溶酶原激活剂、凝乳酶、α-淀粉酶、青霉素 G 酰化酶等都可用此法大量获得。②修饰酶基因产生遗传修饰酶(突变酶)，即酶的遗传修饰主要是由寡核苷酸指导的点突变。通过对酶基因的定点突变可以改变酶的性质(如酶活性、底物专一性、稳定性、对辅酶的依赖性等)，从而得到具有新性状的酶。例如，将枯草杆菌蛋白酶的第 99 位门冬氨酸及第 156 位谷氨酸替换为赖氨酸后，使这个酶在 pH 值为 7 时的活力提高了 1 倍，在 pH 值为 6 时活力提高了 10 倍。利用有控制地对天然酶基因进行剪切、修饰或突变，从而改变这些酶的催化特性、底物专一性或辅酶专一性，使之更加符合人们的需要。③设计新的酶基因，合成自然界不曾有的新酶。随着对酶结构与功能关系认识的深化，可人工设计并合成基因，通过蛋白质工程技术生产出自然界不存在的、具有独特性质和重要作用的新酶，例如核酸酶、进化酶、杂合酶、抗体酶等。

基因工程表达的酶制剂及应用和经分子改造与修饰的酶制剂相结合的热潮已经出现。例如，1980 年，Wagner 等报道，将大肠杆菌 ACTT11105 的青霉素酰化酶基因克隆到质粒

上，获得产酶活力更高的大肠杆菌 5K(PHM12)杂交株，并将此大肠杆菌杂交株固定，用于生产青霉素酰化酶，这是基因工程与酶工程相结合的第一例。1984 年，瑞典 Mosbach 等曾用琼脂糖胶分别包埋杂交瘤细胞 LSP21 和淋巴细胞 MLAt44 生产单克隆抗体和白细胞介素，获得成功。抗体酶、Ribozyme、人工酶及模拟酶除了在催化功能上与传统酶极其相似外，在来源和化学本质方面又各有特点，不同于传统酶。Ribozyme 虽然来源于生物体，但它的化学本质是 RNA。抗体酶和生物酶工程生产的酶都是通过生物体产生的蛋白质属性酶，但它们的产生离不开人工的免疫过程、人为的基因克隆和寡核苷酸定点突变等技术。人工酶是具有催化功能的蛋白质或肽，但它的产生完全依赖人工的体外合成法。模拟酶和 BLM 都是非蛋白质的小分子物质，所不同的是模拟酶是人工合成的，BLM 则是来源于生物体。在化学合成工业中，酶法生产将有重大贡献，模拟酶、抗体酶、杂交酶、酶的人工设计合成将成为活跃的研究领域。

在酶工程研究中，酶生物反应器、酶抑制剂和激活剂的研究也成为研究的重点，在酶活性的控制方面将会有较大突破，并在临床及工农业生产中发挥重要作用。非水系统酶反应技术(反向胶束中的酶促反应、有机溶剂中的酶反应)也仍将是研究热点之一。酶生物反应器往往可以提高催化效率、简化工艺，从而增加经济效益。结合固定化技术，已发展成酶电极、酶膜反应器、免疫传感器及多酶反应器等新技术。这使其在化学分析、临床诊断与工业生产过程的监测方面成为很有价值的应用技术。酶抑制剂还可在代谢控制、生物农药、生物除草剂等方面发挥特殊作用，其低毒性备受欢迎。酶抑制剂的开发业已受到国际产业部门日益重视。根据 2015～2020 年中国工业酶行业市场调查研究与发展前景分析报告，全世界发现的酶类有 3 000 多种，而在工业上生产的有 60 多种，但真正工业化大规模生产的只有 20 余种。

三、酶的分类、命名与结构特点

1. 酶的分类与命名

根据反应类型，将酶分成六大类，其下再分成小类，并给每个酶以系统序号。六大类酶分别为：①氧化还原酶(oxido-reductase)，在体内参与产能、解毒和某些生理活性物质的合成。该类酶催化底物的氢原子转移、电子转移、加氧或引入羟基的反应，其包括氧化酶、脱氢酶、还原酶、过氧化物酶、加氧酶及细胞色素氧化酶等；②转移酶(transferase)，这类酶可将某些原子团由一种底物转移至另一种底物上，被转移的基团有氨基、羧基、甲基、酰基及磷酸基等，参与核酸、蛋白质、糖及脂肪的代谢与合成。其中，重要的有酰基转移酶、糖苷基转移酶、酮醛基转移酶等；③水解酶(hydrolases)，这类酶催化底物分子进行水解反应，水解的化学键有酯键、糖苷键、醚键及肽键等。在体内外均起降解作用，也是应用最广的酶类。其中重要的有各种脂肪酶、糖苷酶、肽酶等；④裂合酶(lyases)，这类酶催化底物中化学基团的移去和加入反应，包括双键形成及其加成反应；⑤异构酶(isomerases)，该类酶催化底物分子的空间异构化反应，分别进行外消旋、差向异构、顺反异构、分子内转移等；⑥连接酶(ligases)，这类酶催化ATP及其他高能磷酸键断裂的同时，使另外两种物质分子产生缩合作用，故又称合成酶。这类酶与很多生命物质的合成有关，其特点是需要三磷酸腺苷等高能磷酸酯作为合成的能源，有的需要金属离子作为辅助因子。

按习惯命名法，其中有根据其底物命名的，许多酶是由它们底物名称加上后缀"ase"命名的。因此脲酶(urease)是催化尿素(urea)水解的酶。根据催化反应性质命名，如氧化酶(oxidase)及转氨酶(transaminase)等；也有采用上述两种方法相结合的方式命名的，如胆固醇氧化酶(cholesterol oxidase)及醇脱氢酶(alcohol dehydrogenase)等；在此基础上，有的还加上其来源或其他特点命名，如心肌黄酶及含铁酶等。习惯命名较简单且沿用已久，但无系统性，常出现一酶数名或一名数酶的混乱现象。故国际生物化学联合会(International Union of Biochemistry，IUB)酶学委员会于1961年规定了酶的系统命名法及分类原则，同时将当时承认的酶列成表格，并建议各国生化工作者依此方案进行酶的命名(enzyme nomenclature)及分类。

系统命名法规定每个酶名称由底物及反应类型两部分组成，如醇脱氢酶催化的反应为：

$$CH_3CHO + NADH + H^+ \rightleftharpoons CH_3CH_2OH + NAD^+$$

底物为乙醇和NAD^+，反应类型为氧化还原类。故该酶称为醇：NAD^+氧化还原酶。若底物之一为水时，水字从略，如乙酰辅酶A水解酶等。但也有例外，有些已广泛采用且得到公认而又不致引起混乱者，仍可采用习惯名称，如肽—肽水解酶等。系统命名法很明确，既知道底物，也知其反应类型，但酶的名称复杂，不便使用。故酶学委员会对每个酶推荐一个习惯名称，置于括号内，如醇：NAD^+氧化还原酶[醇脱氢酶]。

系统命名法中每个酶分类编号由4个数字组成，其前冠为"EC"(Enzyme Commission，酶学委员会)。编号中第一个数字表示酶的类别，第二个数字表示类别中的大组，如为氧化还原酶时，该数字表示电子供体基团类型；转移酶，表示被转移基团的性质；水解酶表示被水解的化学键类型；裂解酶表示被裂解的化学键类型；异构酶表示异构作用类型；连接酶表示生成键的类型。第三个数字表示每大组中各个小组编号，每个数字于不同类别不同大组中有不同含义。第四个数字为各小组中各种酶的流水编号，如编号为EC3.4.4.4(胰蛋白酶)中"3"表示水解酶类，第二个数字"4"表示该酶作用于肽键，第三个数字"4"表示该酶作用于肽—肽键而不是肽链两端肽键。故酶学委员会规定在以酶为主的论文中，应将其编号、系统名称及来源于第一次叙述时写出，其后则按各人习惯，采用习惯名称或系统名称。

不管酶催化的是正反应还是逆反应，都用同一名称。当只有一个方向的反应能够被证实，或只有一个方向的反应有重要意义时，自然就以此方向来命名。值得注意的是来自不同物种或同一物种不同组织或不同细胞器的具有相同催化功能的酶，它们能够催化同一个生化反应,但它们本身的一级结构可能并不完全相同,有时反应机制也可能存在差别。例如,根据酶所含金属离子的不同,超氧化物歧化酶(SOD)可以分为三类:CuZn-SOD、Mn-SOD和Fe-SOD,它们不但一级结构不同,而且理化性质上也有很大差异,即使同是CuZn-SOD,来自牛红细胞和猪红细胞的SOD一级结构也是不同的。但无论是酶的系统命名法还是习惯命名法,对这些均不加以区别,而定为相同的名称,人们将这些酶称为同工酶(isoenzyme)。因此,在讨论一种酶时,通常应把它的来源与名称一并加以说明。

2.酶的组成与结构特点

酶蛋白有三种组成形式:①单体酶,仅有一个活性部位的多肽链构成的酶,分子质量为13～35 kDa,这种酶少,且都是水解酶;②寡聚酶,由若干相同或不同亚基结合而组成的酶,亚基一般无活性,必须相互结合才有活性,分子质量为35 kDa以上到数百万单位;③多酶复合体,指多种酶进行连续反应的体系,往往前一个反应产物为后一反应的底物。少部分酶是由单一蛋白质组成,而大部分酶则为复合蛋白质或称全酶,由蛋白质部分(酶蛋白)和非蛋白质部分组成,即酶蛋白本身无活性,需要在辅因子存在的情况下才有活性。辅因子可以是无机离子,也可以是有机化合物,它们都属于小分子化合物。有的酶仅需其中一种,有的酶则二者都需要。约有25%的酶含有紧密结合的金属离子或在催化过程中需要金属离子,包括铁、铜、锌、镁、钙、钾、钠等,它们在维持酶的活性和完成酶的催化过程中起作用。有机辅因子可依其与酶蛋白结合的程度分为辅酶和辅基。前者为松散结合,后者为紧密结合,但有时把它们统称为辅酶。大多数辅酶为核苷酸和维生素或它们的衍生物。在六大类酶中,除水解酶和连接酶外,其他酶在反应时都需要特定的辅酶。

虽然现在已经知道少数RNA分子具有催化活性,但大多数酶是蛋白质,因而酶必然具有蛋白质的结构特点和空间构象。具有活性的酶都是球蛋白(globulin),即被广泛折叠成紧密结构的多肽链,其氨基酸亲水基团在外表,而疏水基团向内。与所有蛋白质一样,一级结构是指具有一定氨基酸顺序(amino acid sequence)的多肽链的共价骨架;二级结构是在一级结构的基础上,由氢键的相互作用而形成的带有螺旋、折叠、转角、卷曲等的细微结构;三级结构系在二级结构基础上进一步进行分子盘曲以形成包括主侧链的专一性三维排列;四级结构是指低聚蛋白中各折叠多肽链在空间的专一性三维排列。具有低聚蛋白结构的酶(寡聚酶)必须具有正确的四级结构才有活性。有的酶蛋白分子中含有由两个半胱氨酸残基的巯基脱氢形成的二硫键,对酶蛋白的结构具有重要的影响。二硫键可在一条肽链内形成,也可以在两条不同的肽链之间形成。人表皮生长因子中有6个半胱氨酸残基形成了3个二硫键;胰岛素的A链有1个二硫键,而在A链和B链之间则形成了2个二硫键。

四、酶的活力与活力单位

酶活力测定是酶学研究、酶制剂生产和应用中必不可少的一项工作。酶制剂生产中,发酵成效的好坏、提取、纯化方法的评价，以及酶的保存与应用，都是以酶活力测定为依据的。在乙醇、白酒生产中，通过测定曲子的酶活力来确定曲子的质量和使用量。在啤酒生产中，测定麦芽的酶活力来判断麦芽的好坏。在其他发酵工业的生产过程中，也都无一不涉及酶活力的测定。这说明酶活力测定对指导生产实践具有极大的重要性。因为酶难以纯化，而且很不稳定，因此，要定量描述生物催化剂的存在数量时，不能直接用质量或体积表示，通常根据酶具有专一性催化能力的特点，用酶活力来表示酶的存在数量。所谓酶活力(enzyme activity)是指酶催化一定化学反应的能力。酶活力的大小，规定用单位酶制剂中酶活力单位数表示。对液体酶制剂，用每毫升酶液中的酶活力单位数(U/mL)表示；对固体酶制剂，用每克酶制剂中的酶活力单位数(U/g)表示。在一定的条件下，酶的活力大小表现在反应速度上。酶促反应速度越大，表明酶的活力越高；反之，酶活力就越低。所以，通过测定酶促反应速度，可以了解酶活力的大小。

酶单位(U)是人为规定的一个对酶进行定量描述的基本度量单位，其含义是在一定反应条件(酶反应最适条件)下，单位时间(1 min 或 1 h)内完成一个规定的反应量(反应量可用底物减少的量，也可用产物增加的量)所需的酶量。在规定条件下，单位时间内完成一个规定的反应量，就代表参加反应的酶制剂的实际酶量为一个单位；完成 10 个规定的反应量，酶制剂中就有 10 个单位的酶量。

为了消除酶单位混乱的现象，1961 年国际生化学会酶学委员会对酶单位做了统一的规定：在酶作用的最适条件(最适底物、最适 pH、最适缓冲液的离子强度及 25℃)下，每分钟内催化 1.0 μmol 底物转化为产物的酶量为一个酶活力国际单位(IU)。国际单位虽然可以作为统一的标准进行活力的比较，但这种单位在实际应用时，往往显得太烦琐。所以，一般都还采用各自规定的单位。例如，我国标准中关于 α-淀粉酶活力单位规定为每小时分解 1 g 可溶性淀粉的酶量为一个酶单位。也有规定每小时分解 1 mL2%可溶性淀粉溶液为无色糊精的酶量为一个酶单位，后者显然比前一个单位小。糖化酶的活力单位规定为在规定条件下，每小时转化可溶性淀粉产生 1 mg 还原糖(以葡萄糖计)所需的酶量为一个酶单位。在规定条件下，蛋白酶每分钟分解底物酪蛋白产生 1 μg 酪氨酸所需的酶量为一个酶单位等。因为一种酶往往有多种测定方法，采用的酶单位也不一样，所以，当应用任何一种酶制剂时，不能只看有多少单位，还要注意所采用的单位是怎样定义的，是在什么条件下进行反应，用什么方法测定的。

另外还有一个比活力(specific activity)的概念，指每毫克酶制剂所具有的酶活力单位数，一般用 IU/mg 酶制剂来表示。酶的比活力在酶学研究中用来衡量酶的纯度，对于同一种酶来说，比活力越大，酶的纯度越高。利用比活力的大小可以用来比较酶制剂中单位质量蛋白质的催化能力，是表示酶的纯度高低的一个重要指标。此处“酶制剂”可广义地理解为作为酶源的动植物组织匀浆、微生物材料、酶提取液或纯化制备的种种酶制品。在酶的分离

纯化过程中，需要跟踪测定比活力，对每步纯化方法做出评价。随着纯化处理、去杂蛋白，酶的比活力会逐步提高。当纯化到不再增加时的比活力，称为恒比活力。恒比活力表明酶制剂已经很纯了，此时的比活力可以认为是每毫克酶蛋白的活力单位数。

五、酶的催化机制

在任何化学反应中，反应物分子必须超过一定的能阈，成为活化的状态，才能发生变化，形成产物。这种提高低能分子达到活化状态的能量，称为活化能。催化剂的作用，主要是降低反应所需的活化能，以致相同的能量能使更多的分子活化，从而加速反应的进行。酶是一种生物催化剂，能显著地降低反应的活化能，故酶表现为高度的催化效率。

在催化某一反应时，酶的活性中心首先与底物结合形成酶—底物复合物(ES复合物)，也称中间复合物，随后再进行分解而释放出酶，同时生成一种或数种产物。酶的活性部位(active site)是酶结合底物和将底物转化为产物的区域，通常在酶分子的表面空隙或裂隙处，是酶分子中相当小的一部分。早在1894年费歇尔(E. Fischer)认为酶与底物结合方式可用锁钥结合(或多点结合)假设加以解释。根据这种假设，酶对于它所作用的底物有着严格的选择，只能催化一定结构或者一些结构近似的化合物，使这些化合物发生生物化学反应。有的科学家提出，酶和底物结合时底物的结构和酶的活动中心的结构十分吻合，就好像一把钥匙配一把锁一样。酶的这种互补形状，使酶只能与对应的化合物契合，从而排斥了那些形状、大小不适合的化合物。底物与酶的反应基团皆需有特定的空间构象，如果有关基团位置改变，则不可能有结合反应发生，因此，酶对底物有专一性，同时也可以解释为什么酶变性后就不再具有催化作用。科学家后来发现，当底物与酶结合时，酶分子上的某些基团常常发生明显的变化。另外，酶常常能够催化同一个生化反应中正逆两个方向的反应。因此，“锁和钥匙学说”把酶的结构看成是固定不变的，这是不符合实际的。1959年D. E. Koshland提出了诱导契合学说(induced-fit theory)，认为酶并不是事先就以一种与底物互补的形状存在，而是在受到诱导之后才形成互补的形状。这种方式如同一只手伸进手套之后，才诱导手套的形状发生变化一样。底物一旦结合上去，就能诱导酶蛋白的构象发生相应的变化，从而使酶和底物契合而形成酶—底物络合物。酶分子活性中心的结构原来并非和底物的结构互相吻合，但酶的活性中心是柔软的而非刚性的。当底物与酶相遇时，可诱导酶活性中心的构象发生相应的变化，使相关的各个基团达到正确的排列和定向，从而使酶和底物契合而结合成中间络合物，并引起底物发生反应。反应结束当产物从酶上脱落下来后，酶的活性中心又恢复了原来的构象。后来，科学家对羧肽酶等进行了X射线衍射研究，研究的结果有力地支持了这个学说。

大量研究表明，酶催化作用可来自以下几个方面：①趋近效应(approximation)和定向效应(orientation)。酶可以将底物结合在它的活性部位，由于化学反应速度与反应物浓度成正比，若在反应系统的某一局部区域，底物浓度增高，则反应速度也随之提高，此外，酶与底物间的靠近具有一定的取向，这样反应物分子才被作用，极大增加了ES复合物进入活化状态的概率。②张力作用(distortion orstrain)。底物的结合可诱导酶分子构象发生变化，比底物大得多的酶分子的三、四级结构的变化，也可对底物产生张力作用，使底物扭曲，敏感键断裂，促进ES进入活性状态。③酸碱催化作用(acid-basecatalysis)。酶的活性中心具有某些氨基酸残基的R基团，这些基团往往是良好的质子供体或受体，在水溶液中这些广义的酸碱基团对许多化学反应是有力的催化剂。④共价催化作用(covalent catalysis)，即底物与酶以共价方式形成极不稳定的、共价结合的ES复合物，从而催化剂已经很纯了，此时的比活力可以认为是每毫克酶蛋白的活力单位数。

酶催化反应具有专一性强、催化效率高、反应条件温和、酶活性可以调节等特点。在多酶反应体系中调控机制更为复杂，因此，工业化过程需视具体反应情况加以控制，以期获得最佳转化效果。

六、酶的来源与酶的生产方法

酶作为生物催化剂普遍存在于动物、植物和微生物细胞中。早期酶的生产多以动植物为主要来源，直接从生物体组织经过分离、纯化而获得，但必须首先获得含酶组织或细胞，而且生产周期长、来源有限，并受地理、气候和季节等因素的影响，同时，还要受到技术、经济及伦理等各方面的限制。因此，随着酶制剂应用范围日益扩大，单纯依赖于动植物来源的酶已经不能满足需要，使得许多传统的酶源已经远远不能适应当今世界对酶的需求。所以，20世纪50年代以后，随着发酵法的发展，许多酶的生产都采用微生物发酵法。然而，在动植物资源丰富的地区，从动植物组织细胞中提取所需的酶，仍有其使用价值。例如，从动物的胰脏中提取胰蛋白酶(trypsin)、胰淀粉酶、胰脂肪酶或这些酶的混合物——胰酶(pancreatin)；从动物小肠中提取碱性磷酸酶(alkaline phosphatase)；从木瓜中提取木瓜蛋白酶(papain)；从菠萝皮中提取菠萝蛋白酶(bromelin)；从柠檬酸发酵的废菌体——黑曲霉菌体中提取果胶酶(pectinase)；从颌下腺中提取激肽释放酶等。

理论上，酶和其他蛋白质一样，也可以通过化学合成法来生产，20世纪60年代中期出现酶的化学合成新技术。1964年，我国科学家率先从氨基酸出发，以化学法合成了具有生物活性的牛胰岛素，开辟了蛋白质化学合成的新纪元。1969年，美国Gutte和Merrifield也通过化学方法，首次得到含有124个氨基酸的核糖核酸酶(ribonuclease)，并发展了一整套固相合成多肽链的自动化技术，极大加快了合成速度。现在已可用肽合成仪来进行酶的化学合成。然而由于酶的化学合成要求作为单体底物的各种氨基酸达到很高的纯度；合成的成本高昂；而且只能合成那些已清楚其化学结构的酶。就经济和技术等角度而言，化学合成的反应步骤多，还受到试剂、设备和成本等多种因素的限制，一般只适用于短肽的生产，合成氨基酸残基数目高的酶蛋白还很困难。

自然界中广泛存在着各种各样的微生物，这些微生物具备分泌某种酶的能力。目前工业上酶的生产一般是以微生物通过液体深层发酵(liquid submerged fermentation)或固态发酵进行生产。根据微生物发酵的方式不同，发酵法可分为固体发酵、液体深层发酵、固定化细胞发酵和固定化原生质体发酵等。20 世纪 80 年代以来，还发展了用动植物细胞发酵产酶，但目前使用的商品酶制剂中，大多数是利用微生物发酵法生产的。利用微生物生产酶制剂的突出优点是：①微生物种类繁多，制备出的酶种类齐全，几乎所有的酶都能从微生物中得到；②微生物繁殖快、生产周期短、培养简便，并可以通过控制培养条件来提高酶的产量；③微生物具有较强的适应性和应变能力，可以通过适应、诱导、诱变及基因工程等方法培育出新的高产酶的菌株。微生物细胞产生的酶可以分为两类：结构酶和诱导酶。结构酶在细胞的生长过程中出于其自身需要就会表达，而诱导酶则需要加入相应的诱导剂后才会表达，诱导剂一般是该酶催化反应的底物或产物。一般情况下，细胞所表达的酶量受到细胞的调节和控制，合成的酶量是有限的，主要是满足细胞本身生长和代谢的需要。当酶成为最终目标产物时，野生型微生物就无法满足酶制剂生产的需要，因此，工业酶制剂生产中，所有微生物菌种都是通过遗传改造的高产酶菌株。常规的利用物理或化学诱变育种方法都可以用于产酶高产菌株的选育，并为酶制剂工业的建立和发展做出了重要贡献。

近年来，随着基因重组技术的发展和微生物基因组学的研究进展，学术界和工业界已经越来越多地采用基因工程的方法构建高效产酶菌株并已经用于大规模工业化生产。一些更加高效的新方法，如 DNA 重排(DNA shuffling)及基因组重排(genome shuffling)等也已经开始用于高产菌株的选育中。

第二节　酶的发酵生产

所有的生物在一定的条件下都能产生一定量的酶。酶在生物体内产生的过程称为酶的生物合成。而酶的发酵生产则是经过预先设计，通过人工操作控制，利用细胞(微生物细胞、动物细胞和植物细胞)的生命活动，产生人们所需要的酶的过程。

一、酶生物合成的基本理论

酶具有催化活性，但是除了“经典的酶”以外，某些生物分子，如 RNA 分子，也具有催化活性。所以酶的合成主要是 RNA 和蛋白质的生物合成过程。

酶的生物合成与蛋白质的合成一样，受许多因素的影响，也受多种调节和控制，其中转录水平的调节控制对酶的生物合成是至为重要的。如果某种生物细胞中的遗传信息的载体——DNA 分子中存在某种酶所对应的基因，那么此种细胞就能够合成该种酶分子。因为

DNA 可以通过转录生成对应的 RNA,然后再翻译成多肽链,经加工而成为具有完整空间结构的酶分子。

酶的生物合成受基因和代谢的双重调节控制。微生物酶的生物合成及其活性的调节控制机制可用图 5-2-1 表示。

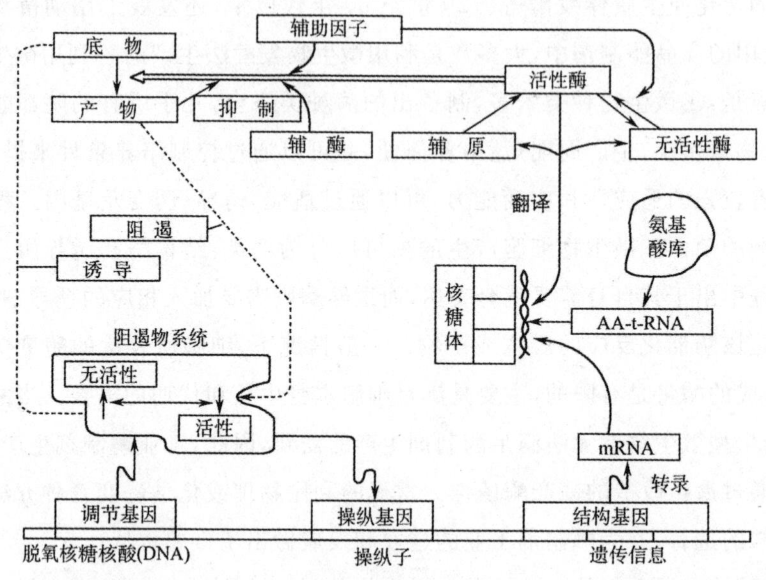

图 5-2-1 微生物酶合成的调节与控制

根据基因调节控制理论,在 DNA 分子中,与酶合成有关的基因有 4 种,其中结构基因与酶有各自的对应关系。酶的合成也受基因控制,由基因决定形成酶分子的化学结构。结构基因中的遗传信息可转录成 mRNA 上的遗传密码,经翻译成为酶蛋白多肽链。因此,酶的生物合成受基因的调节和控制,按照操纵子学说,细胞中的操纵子由操纵基因和邻近的几个结构基因组成。结构基因能转录遗传信息,合成相应的信使 RNA(mRNA),进而再翻译合成特定的酶。操纵基因能够控制结构基因的作用。细胞中还有一种调节基因,能够产生阻抑蛋白,阻抑蛋白与阻遏物结合,由于变构效应,与操纵基因的亲和力变大,使 RNA 聚合酶不能到达结构基因的位置,DNA 不能转录,mRNA 不能合成,因此,酶的合成受到阻遏。诱导物也能和阻抑蛋白结合,使其结构发生改变,减少与操纵基因的亲和力,使操纵基因恢复自由,进而结构基因进行转录,合成 mRNA,再转译合成特定的酶。

但从酶的角度来看,仅有某种基因不能保证大量产生某种酶,由于酶还受到代谢物、阻遏物、诱导物等调节和控制。当有诱导物存在时,酶的生成量可以几倍乃至几百倍地增加。相反,某些酶反应的产物,特别是终产物,又能产生阻遏作用,使酶的合成数量减少。酶生物合成调控方式有三种:①分解代谢物的阻遏作用。该作用是指容易利用碳源、氮源阻遏某些酶(主要是诱导酶)的生物合成的现象。例如,葡萄糖阻遏 β-半乳糖苷酶(β-galactosidase)的

生物合成,果糖阻遏 α-淀粉酶(α-amylase)的生物合成等。②诱导物的诱导作用。该作用是指由于某种物质加入,使酶的合成开始或加速进行的过程,起诱导作用的物质称为诱导物,如乳糖诱导 β-半乳糖苷酶的合成,淀粉诱导 α-淀粉酶的合成等。③反馈阻遏作用,指的是酶催化作用的产物或代谢途径的末端产物使该酶的生物合成受阻的过程,因此,酶合成的反馈阻遏作用又称产物的反馈阻遏作用,引起反馈阻遏的物质称为共阻遏物,如组氨酸作为组氨酸生物合成途径的终产物,它的过量积累却反过来对其合成途径中的 10 种酶的生物合成均起反馈阻遏作用。

二、酶生物合成的模式

产酶细胞在一定条件下进行培养,其生长过程同样经历调整期、对数生长期、平稳期和衰退期 4 个阶段。通过分析酶的合成与细胞生长的关系,可以把酶的生物合成模式分为以下三种类型,如图 5-2-2 所示。

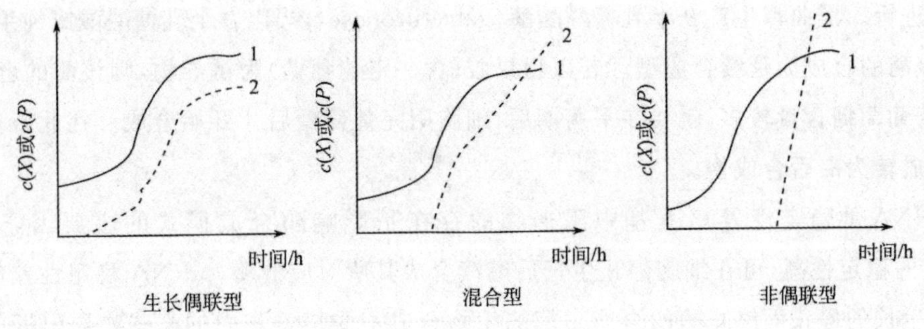

图 5-2-2　酶生物合成的模式

1—细胞浓度 $c(X)$/(mg/mL)　2—产物浓度 $c(P)$/(U/mL)

1. 生长偶联型

酶的合成与细胞生长同步进行,细胞进入对数生长期时酶大量产生,细胞生长进入平衡期后,酶的合成随着停止,因此也称同步合成型。这一类型的酶其生物合成可以诱导,但不受分解代谢物和反应产物阻遏。而且去除诱导物或细胞进入平衡期后,酶的合成立即停止,表明这类酶所对应的 mRNA 是很不稳定的。例如,米曲霉由单宁或没食子酸诱导生成鞣酸酶或单宁酶就属于同步合成型。有的酶在细胞生长一段时间以后才开始合成,而在细胞进入平衡期后酶的合成也随着停止,称为中期合成型酶,其合成受反馈阻遏,而且其所对应的 mRNA 是不稳定的,如枯草杆菌合成碱性磷酸酶(alkaline phosphate),合成反应受无机磷的阻遏,而磷又是细胞生长必不可少的物质,培养基中必然有磷存在。细胞生长到一定时间后,培养基的无机磷几乎被用完(低于 0.01 mol/mL)时,阻遏解除后,酶才开始大量合成。又由于碱性磷酸酶所对应的 mRNA 不稳定,其寿命只有 30 min 左右,因此当细胞生长进入平衡期后，酶的合成也随着停止。

2. 非偶联型

酶的合成与细胞的生长不相关，在细胞生长处于对数生长期时，酶不合成；只有当细胞生长进入平衡期后，酶才开始合成并大量积累。可能是由于受到分解代谢物的阻遏作用，当阻遏解除后，酶才开始大量合成，加上其所对应的 mRNA 稳定性高，因此能在细胞停止生长后，继续利用积累的 mRNA 进行翻译而合成酶。许多水解酶类都属于这一类型。例如，由黑曲霉（*Aspergillus niger*）产生的酸性蛋白酶（acid protease）时，细胞生长进入平衡期后，酶才开始合成大量积累。

3. 混合型

酶的合成伴随着细胞的生长而开始，但当细胞进入平衡期后，酶还可以延续合成较长的时间，细胞生长与酶的合成部分相关。该类酶可受诱导，但不受分解代谢物和产物阻遏，而且该类酶所对应的 mRNA 相对稳定，酶的合成可在细胞生长进入平衡期以后的相当长时间内继续进行。黑曲霉生产 β-半乳糖醛酸酶（galacturonase），当以 β-半乳糖醛酸或纯果胶为诱导物，该酶的合成为延续合成型。若以粗果胶（含一定葡萄糖）为诱导物，则该酶的合成推迟开始，若葡萄糖含量较多，就要在平衡期后，细胞用完葡萄糖后才开始合成。在此条件下，该酶的合成转为滞后合成型。

mRNA 的稳定性及培养基中阻遏物的存在是影响酶合成模式的主要因素。其中 mRNA 的稳定性高，可在细胞停止生长后继续合成其所对应的酶；mRNA 稳定性差的，就随着细胞生长的停止而终止酶的合成。酶的生物合成不受培养基中的某些物质阻遏的，可随细胞生长而开始酶的合成；相反，则要在细胞生长一段时间或在平衡期以后，阻遏解除，酶才开始合成。虽然微生物生长与产酶有一定的关系，但菌种变异或培养基改变，均可使酶的合成发生改变。芽孢杆菌形成胞外蛋白酶的能力比其他微生物强，而胞外蛋白酶的产生与芽孢的形成有密切关系。一般不能形成芽孢的突变株不能合成大量碱性蛋白酶，丧失了形成蛋白酶能力的突变株不能形成芽孢。淀粉酶的产生与芽孢形成无直接关系，有些菌株的产酶活性在菌体生长达最大值时最高；有些菌株（如枯草杆菌与嗜热脂肪芽孢杆菌）在对数生长期产酶活性最高；对糖的分解代谢产物阻遏很敏感的菌株，在糖未耗尽和达到生长静止期之前不会大量形成目标酶。工业上用粗原料生产淀粉酶时，酶在静止期大量形成，酶活性随菌体自溶而增加，如枯草杆菌 BF-7658 的淀粉酶活性在衰退期最高。

三、酶发酵生产工艺

酶发酵生产的前提之一就是筛选具有优良性能的产酶菌株。因此，优良的产酶菌株必须具备以下一些要求：①菌株生长繁殖快、产酶量高、酶的性质应符合使用要求，最好能产生胞外酶（exoenzyme），并且酶容易分离纯化；②菌种不易变异退化，抗噬菌体感染能力强，产酶性能稳定；③易于培养，能够利用廉价的原料进行酶的生产，并且发酵周期短；④菌种不是病原微生物，也不产生有毒有害物质，确保酶生产和使用的安全；⑤除了目标产物是酶蛋白外，其他副产物尽可能少。目前，大多数酶都可以采用发酵法生产，有不少性能优良的产酶菌株已在酶的发酵生产中广泛使用。自然界蕴藏着巨大的微生物资源，人们可以采用分子生物学方法直接从这类微生物中探索和寻找有开发价值的新菌种、新基因和新酶。目前，科学家热衷于从极端环境条件下生长的微生物内筛选新的酶，主要研究嗜热微生物、嗜冷微生物、嗜盐微生物、嗜酸微生物和嗜压微生物等，这就为新酶种和酶的新功能的开发提供了广阔的空间，如耐高温的α-淀粉酶和DNA聚合酶等已经获得了广泛的应用。

(一)酶发酵生产常用的微生物

1.细菌

枯草芽孢杆菌(Bacillus subtilis)是应用最广泛的产酶微生物之一，可用于生产α-淀粉酶、蛋白酶、β-葡聚糖酶、碱性磷酸酶等。例如，枯草杆菌BF-7658是国内用于生产α-淀粉酶的主要菌株；枯草杆菌As 1.398可用于生产中性蛋白酶和碱性磷酸酶；枯草芽孢杆菌的突变株能合成纤溶酶等。枯草杆菌生产的α-淀粉酶和蛋白酶属于胞外酶，而碱性磷酸酶存在于细胞间质之中。大肠杆菌(*Escherichia coli*)可生产多种多样的酶，大都属于胞内酶(endoenzyme)，需经过细胞破碎才能分离得到。例如，谷氨酸脱羧酶(glutamate decarboxylase)，用于测定谷氨酸含量或生产*γ*-氨基丁酸；天门冬氨酸酶催化延胡索酸加氨生成L-天门冬氨酸；氨苄西林酰化酶(ampicillin acylase)，用于生产新的半合成青霉素或头孢霉素；*β*-半乳糖苷酶用于分解乳糖；限制性内切核酸酶、DNA聚合酶、DNA连接酶、核酸外切酶等在基因工程中获得广泛应用。双歧杆菌在乳制品发酵过程中可以产生乳糖酶，帮助患者消化乳糖，对占80%乳糖不耐受的亚洲人体质有很好的改善作用。海洋细菌*Bacillu* ssp. H. TP2液态发酵生产岩藻多糖；细菌蛋白酶能用于皮革工业；从55～65℃的泉水中筛选出的细菌用于合成脂肪酶等。

2.酵母菌

酵母菌在酶的生产方面，用于转化酶、丙酮酸脱羧酶、醇脱氢酶等的生产。假丝酵母(*Candida*)可用于生产脂肪酶、尿酸氧化酶、转化酶、醇脱氢酶。假丝酵母具有分解烷类的酶系，可用于石油发酵；还具有较强的17α-羟基化酶，可用于甾体转化制造睾丸素等。据报道，一些酵母通过浓缩培养单独抵抗高浓度的H_2O_2，能产生胞内过氧化氢酶，它可将过氧化氢分解成氧和水，在食品工业中被用于除去用于制造奶酪的牛奶中的过氧化氢。从不同的海洋环境中分离到并经筛选的中国南海海泥中的海洋金黄色隐球酵母G7a能够产生大量的菊粉酶，水解菊粉成果糖和低聚果糖；酵母菌液体发酵可以生产*β*-半乳糖苷酶；基因重组的巴斯德毕赤酵母(*Pichia pastoris*)用于生产普鲁兰酶、碱性果胶酶、脂肪酶、T4溶菌酶、植酸酶、蛋白酶;重组巴斯德毕赤酵母发酵生产几丁质酶;脆壁克鲁维酵母(*Kluyevero-myces fragilis*)能生产 β-半乳糖苷酶;季也蒙假丝酵母(*Candida guilliermind*)CG108 进行 ^{60}Co-γ 射线辐照、微波诱变、紫外照射、紫外线结合 LiCl 处理等复合诱变,并结合卡那霉素抗性和耐前体突变株的理性化筛选,获得的突变株可以生产辅酶 Q10 等。

3.霉菌

黑曲霉(*Aspergillus niger*)是曲霉属黑曲霉群霉菌,可用于生产多种酶,有胞外酶也有胞内酶,如糖化酶、α-淀粉酶、酸性蛋白酶、果胶酶、葡萄糖氧化酶、过氧化氢酶、核糖核酸酶、脂肪酶、纤维素酶、橙皮苷酶、柚苷酶等。米曲霉(*Aspergillusoryzae*)可用于生产糖化酶和蛋白酶,这在我国传统的酒曲和酱油曲中得到广泛应用。此外,米曲霉还用于生产氨基酰化酶、磷酸二酯酶、果胶酶等。

青霉(*Penicillium*)中产黄青霉(*Penicilliunm chrysogenum*)用于生产葡萄糖氧化酶、苯氧甲基西林酰化酶(主要作用于青霉素 V)、果胶酶、纤维素酶 C_X 等;桔青霉(*Penicil-lium citrinum*)用于生产 5′-磷酸二酯酶、脂肪酶、葡萄糖氧化酶、凝乳蛋白酶、核酸酶 S_1、核酸酶 P_1 等。

木霉(*Trichoderma*)产生的纤维素酶中包含有 C_1 酶、C_X 酶和纤维二糖酶等。此外,木霉中含有较强的 17α-羟基化酶,常用于甾体转化。

根霉(*Rhizopus*)用于生产糖化酶(saccharifying enzyme)、α-淀粉酶、转化酶、酸性蛋白酶、脂肪酶、果胶酶、纤维素酶、半纤维素酶等。根霉有很强的 11α-羟基化酶,是甾体转化的重要菌株。

毛霉(*Mucor*)用于生产蛋白酶、糖化酶、α-淀粉酶、脂肪酶、果胶酶、凝乳酶(rennet)等。

4.放线菌

链霉菌(*Streptomyces*)是放线菌中一种重要的菌株,常用于生产青霉素酰化酶、纤维素酶、碱性蛋白酶、中性蛋白酶、木聚糖酶等。海洋放线菌 C203 能产生几丁质酶(chitinase);嗜热放线菌能生产葡糖异构酶(glucose isomerase)等。

此外,链霉菌还含有丰富的 16α-羟基化酶,可用于甾体转化。

(二)酶发酵生产工艺条件

有了优良的产酶菌株后,如何通过发酵实现微生物的大规模培养及产酶就成为生产的关键。发酵法生产酶制剂是一个十分复杂的过程,由于所用生产菌种和目的酶的不同,菌种扩培、发酵方法和条件等都不尽相同,其中影响酶生产的主要因素有培养基组成、发酵方式、发酵条件控制等。由于酶是一种具有生物活性的蛋白质,大量合成酶蛋白质需要丰富的营养物质和能源,但微生物酶生产的培养基与其他发酵产品的培养基一样,都包括碳源、氮源、无机盐和生长因子。同时,许多酶用作工业催化剂,销售价格不高,这样就需要尽可能利用那些价格便宜、来源丰富,又能满足细胞生长和酶合成需要的农副产品作为发酵原料,如淀粉、糊精、糖蜜、蔗糖、葡萄糖等碳源物质;鱼粉、豆饼粉、花生饼粉及尿素等氮源物质;Ca^{2+}等无机离子;少量的维生素、氨基酸、嘌呤碱、嘧啶碱等生长因子。

产酶微生物一般都是好氧微生物,发酵过程中需要通入一定量的无菌空气,因此一般在通风搅拌罐中进行,除了营养条件外,环境条件如溶氧浓度、温度、pH 等也对微生物生长、酶的产生具有重要影响,需要进行调节和控制。此外,在高剪切力条件下,酶蛋白质很容易失活,因此应该对发酵体系中的剪切力适当予以控制;酶蛋白质又是一种天然的表面活性剂,大量酶蛋白质积累在发酵液中使得在鼓泡条件下很容易形成泡沫,影响发酵罐的正常操作,因此在发酵罐设计中应考虑消泡装置并在发酵过程中及时添加消泡剂,在发酵罐的操作中常采用流加法提高酶的产量。

微生物发酵生产酶主要有两种方式即固体发酵和液体深层发酵。固体发酵也称表面培养(surface culture)或曲式培养,是以麸皮、米糠等为基本原料,加入适量的无机盐和水作为培养基进行微生物菌种培养的一种培养技术。常用的固体发酵培养方式有浅盘培养、转鼓培养(图 5-2-3)和多用通风式厚层培养等。

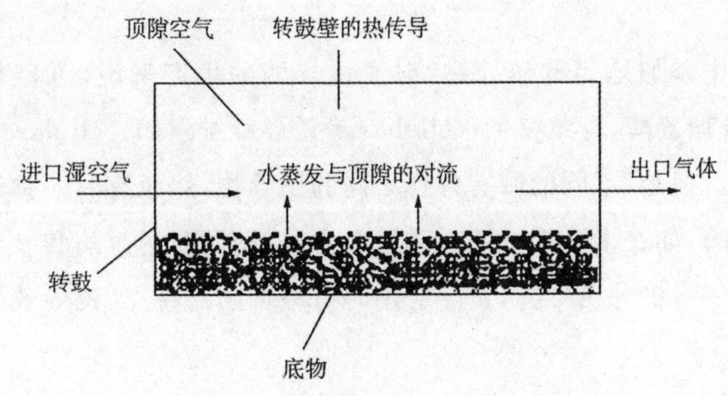

图 5-2-3 转鼓式生物反应器

固体发酵法的特点是设备简单,便于推广,特别适合于霉菌的培养和产酶,但它的缺点是发酵条件不易控制、物料利用不完全、劳动强度大、容易染菌等,该法不适于胞内酶的生产。液体深层发酵技术也称为浸没式培养(liquid submerged culture),它是利用液体培养基,在发酵罐内进行的一种搅拌通气培养方式,发酵过程需要一定的设备和技术条件,动力消耗也较大,但是原料的利用率和酶的产量都较高,培养条件容易控制。目前,工业上主要采用液体深层发酵技术生产酶,但是在酒曲(内含大量淀粉酶及糖化酶等)培养、食品工业及一些用于饲料添加剂的酶生产中,仍在应用固态发酵技术。

(三)固定化细胞发酵产酶

固定化细胞有效地利用了游离细胞完整的酶系统和细胞膜的选择通透性,又进一步利用了酶的固定化技术,兼具二者的优点,所以在工业生产和科学研究中广泛应用。细胞固定化后直接利用细胞中的酶，因此固定后酶活基本没有损失，此外，还保留了胞内原有的多酶系统，对于多步转化反应，优势更加明显。但在选用固定化细胞作为催化剂时，应考虑底物和产物是否容易通过细胞膜，胞内是否存在产物分解系统和其他副反应系统。细胞固定后，由于微环境的改变，从而使细胞的催化动力学性质发生改变，结果有可能降低酶的活性。为了长期、连续使用天然状态细胞，还可采用沉淀、透析等方法。例如，多次重复使用菌丝沉淀是最简单的细胞固定化形式之一，并已在工业上应用。影响沉淀生成的因素主要是培养基、pH、氧浓度、振荡等。微生物菌体本身可认为是天然的固定化酶，适当条件的选择，如可以经过热处理使其他酶失活，而保存所需酶活力。

四、提高酶产率的措施

酶的发酵生产是以细胞大量产酶为主要目的。除了选育优良的产酶细胞，保证适宜的发酵工艺条件并加以调节控制外，还可以采取多种措施，如添加诱导物、控制阻遏物浓度、添加表面活性剂或其他产酶促进剂等，促进细胞产酶，获得最大的产物得率。

1.添加诱导物

在产酶培养基中添加适当的诱导物，对于诱导酶的生产来说，可显著提高酶产量。例如，乳糖诱导β-半乳糖苷酶、纤维二糖（cellobiose）诱导纤维素酶（cellulase）、蔗糖甘油单棕榈酸酯诱导蔗糖酶等。但是，不同的酶有各自不同的诱导物，然而有时一种诱导物可诱导生成同一酶系的若干种酶，如β-半乳糖可同时诱导β-半乳糖苷酶、透过酶和β-半乳糖乙酰化酶三种酶。同一种酶往往有多种诱导物，实际应用时可根据酶的特点、诱导效果和诱导物的来源等方面进行选择。

一般来讲诱导物可以是：①酶的作用底物或底物诱导物。例如，在利用白腐菌生产木质素过氧化物酶时，就必须加入白藜芦醇或苯甲醇作为诱导剂。又如青霉素是青霉素酰化酶的诱导物；蔗糖甘油单棕榈酸酯是蔗糖的类似物，它对蔗糖酶的诱导效果比蔗糖高几十倍等。②酶的反应产物，如纤维二糖可诱导纤维素酶的产生。酶底物类似物是最有效的诱导物，也称安慰诱导物（gratuitous inducer），能够诱导细胞合成某种特定的酶，而它不是该酶作用真正底物，不能与酶结合。因此，安慰诱导物是一种不发生代谢变化的诱导物。例如，异丙基-β-D-硫代半乳糖苷（IPTG）对β-半乳糖苷酶的诱导效果比乳糖高几百倍。

2.控制阻遏物浓度

有些酶的生物合成受到阻遏物（repressor）的阻遏作用，要提高酶产量，必须设法解除阻遏作用。阻遏作用有产物阻遏（product repression）和分解代谢物阻遏（catabolite repression）两种。阻遏物可以是酶催化反应产物，代谢途径的末端产物及分解代谢物（葡萄糖等容易利用的碳源）。控制阻遏物浓度是解除阻遏、提高酶产量的有效措施。例如，β-半乳糖苷酶受葡萄糖分解代谢物阻遏作用。在培养基中有葡萄糖存在时，即使有诱导物存在，β-半乳糖苷酶也无法大量产生。只有在不含葡萄糖的培养基中，或在葡萄糖被细胞利用完以后，诱导物的存在才能诱导该酶大量生成。为了减少或解除分解代谢物阻遏作用，应控制培养基中葡萄糖等容易利用的碳源的浓度，也可采用其他较难利用的碳源（如淀粉等），或采用补料，分次流加碳源等方法，以利于提高产酶量。此外，在分解代谢物存在的情况下，添加一定量的环腺苷酸（cAMP），可以解除分解代谢物阻遏作用，若同时有诱导物存在，则可迅速产酶。

对于受代谢途径末端产物阻遏的酶，可以通过控制末端产物的浓度使阻遏解除和添加末端产物类似物的方法，以解除末端产物的阻遏作用。

3.添加表面活性剂和产酶促进剂

非离子型表面活性剂，如吐温（Tween）、特里顿（Triton）等，可积聚在细胞膜上，增加细胞的通透性，有利于酶的分泌，所以可增加酶的产量。例如，在霉菌发酵生产纤维素酶的培养基中，添加 1％的吐温，可使产酶量提高 1～20 倍。在使用表面活性剂时，要注意其添加量。此外，添加表面适性剂有利于提高某些酶的稳定性和催化能力。

在酶制剂的生产过程中常加入产酶促进剂（promoter），即加入少量的某种物质能显著增加酶产量，作用并未阐明清楚的物质，如常用的产酶促进剂有吐温-80、植酸钙/镁、洗净剂 LS、聚乙烯醇、乙二胺四乙酸（EDTA）等。例如，添加植酸盐（phytate）可使霉菌蛋白酶和桔青霉磷酸二酯酶的产量提高 20 倍。聚乙烯醇、乙酸钠等对提高纤维素酶的产量也有效果等。产酶促进剂对不同细胞、不同酶的作用效果各不相同，要通过实验选用适当的产酶促进剂并确定一个最适浓度。

第三节 酶分子的修饰及酶分子的定向进化

酶作为大分子生物活性物质，在应用过程中常常出现不稳定的现象，尤其在高温、强酸、强碱和高渗等极端条件下更容易失活，因此限制了酶在工业上的应用。用化学方法对酶进行修饰可以显著提高酶的使用范围和应用价值。例如，可以提高酶活力，增加酶的稳定性，消除或降低酶的抗原性等。故此，酶分子修饰成为酶工程中具有重要意义和应用前景的领域。近几十年来，随着蛋白质工程的兴起与发展，已把酶分子修饰与基因工程技术结合在一起。通过基因定位突变技术（site-directed mutant technology），可把酶分子修饰后的信息储存在 DNA 之中，经过基因克隆和表达，就可通过生物合成方法不断获得具有新的特性和功能的酶，使酶分子修饰展现出更广阔的前景。

一、酶分子的修饰

酶的结构决定了酶的性质和功能，只要使酶的结构发生某些精细的改变，就有可能使酶的某些特性和功能随着改变。通过各种方法使酶分子结构发生某些改变，从而改变酶的某些特性和功能的过程，称为酶分子修饰。酶分子的修饰有氨基酸置换修饰、酶蛋白侧链基团修饰、肽链有限水解修饰、大分子结合修饰和金属离子置换修饰等。

酶蛋白由各种氨基酸通过肽键联结而成，每种酶都有与其活性功能相对应的空间结构。如果将肽键上的一个氨基酸置换成另一个氨基酸，则会引起酶蛋白空间构象的某些改变，从而改变了酶的某些特征和功能，这种修饰方法称为氨基酸置换修饰，此法还可以用于修饰其他功能蛋白质和多肽。近年来，蓬勃发展起来的蛋白质工程为氨基酸置换修饰提供了行之有效的可靠手段。

采用各种小分子物质对酶蛋白侧链基团进行修饰称为侧链基团修饰。酶蛋白侧链的功能基团主要有氨基、羧基、巯基、咪唑基、吲哚基、酚羟基、羟基、胍基、甲硫基等。这些基团对于酶空间结构的形成和稳定起重要作用，它们组成各种副键。如果它们发生改变，会使酶分子的空间结构发生某些改变，从而引起酶的特征和功能发生改变。各种修饰剂可能修饰远离活性部位的氨基酸，也可能修饰活性部位的氨基酸，还可能发生共价改变，结果使蛋白质构象发生改变，扰乱了活性部位的精巧结构，从而造成酶活力变化。根据化学修饰剂与酶分子之间反应的性质不同，修饰反应主要分为酰化反应、烷基化反应、氧化和还原反应、芳香环取代反应等类型。

利用各种水溶性的大分子物质与酶结合使酶的空间结构发生某些精细的改变，从而改变酶的特性与功能的方法称为大分子结合修饰法。通常使用的水溶性大分子修饰剂有右旋糖酐、聚乙二醇、肝素、蔗糖聚合物等。这些大分子在使用前一般需经过活化，然后在一定条件下与酶分子以共价键结合，达到修饰酶分子的作用。大分子结合修饰是目前应用最广的酶分子修饰方法，经过此法修饰的酶可显著提高酶活力，增加稳定性或降低抗原性。

有些含有金属离子酶，可以通过改变酶分子中所含的金属离子的种类和数量，使酶的特性和功能发生改变，称为金属离子置换修饰法。在这种酶分子中，金属离子往往是酶活性中心的组成部分，若除去其所含的金属离子，酶往往会失活；若重新加入原有的金属离子，酶可以恢复活性；若加进不同的金属离子，则可使酶呈现不同的特性。根据离子种类的不同，经离子置换后的酶将会出现不同的特性。只要选择适宜的金属离子，去置换原来的金属离子，就有可能提高酶活力，增加酶稳定性。例如，将锌型蛋白酶的 Zn^{2+} 除去，然后用 Ca^{2+} 置换成钙型蛋白酶，则酶活力提高 20～30 倍。α-淀粉酶分子中大多数含有钙离子，有些则含有镁离子或锌离子等其他离子，所以一般的 α-淀粉酶是杂离子型的。若把其他离子都换成钙离子，则可提高酶活力并增加稳定性。故在 α-淀粉酶的保存和应用过程中，添加一定量的钙离子，有利于提高和稳定 α-淀粉酶的活力。

二、酶分子的定向进化

随着酶催化应用范围的不断扩大和研究的逐步深入，研究者发现，酶催化的精确性和有效性常常不能很好地满足酶学研究和工业化应用的要求，而且天然酶的稳定性差、活性低使催化效率很低，还缺乏有商业价值的催化功能等。天然酶的局限性源于酶的自然进化过程。如何利用相对简单的方法以达到对天然酶的改造或构建新的非天然酶就显得非常有研究意义和应用前景。

酶分子存在着进化的潜力，这是由于：①天然酶在生物体内存在的环境与酶的实际应用环境不同；②实际应用中希望酶的活力和稳定性越高越好，这样可以加快反应速度，提高酶的利用率，降低反应成本。生物对环境的适应性进化主要不是表现为某个酶分子的活力和稳定性的不断提高，而在于整体的适应能力和调控能力的增强；③某些酶或蛋白质待进化的性质不是其在生物体内所涉及的，这部分性质的改善有很大的进化潜力。

1993 年，美国科学家 Arnold 首先提出酶分子的定向进化的概念，并用于天然酶的改造或构建新的非天然酶。对酶分子的改造，几十年来的工作都着眼于两个方面：一是基于序列的合理化设计（sequential rational design），如化学修饰、定点突变（site-directed mutagenesis）等；二是利用基因的可操作性，模拟自然界的演化进程的非合理设计方案（irrational design），如定向进化（directed evolution）、杂和进化（hybrid evolution）。酶分子的合理化设计是指利用各种生物化学、晶体学、光谱学等方法对天然酶或其突变体进行研究，获得酶分子的特征、空间结构、结构和功能间的关系及氨基酸残基本功能等方面的信息，以此为依据对酶分子进行改造。定点突变技术是以单链的克隆基因为模板，在一段含有一个或几个错配碱基的寡核苷酸引物存在下合成双链闭环 DNA 分子。用该双链闭环 DNA 分子转入宿主细胞，可解链成两条单链，各自可进行复制，合成自己的互补链，从而可得到野生型和突变型两种环状 DNA，分离出突变型基因，并引入表达载体中就可经转化利用宿主细胞获得突变型的目的酶。突变酶是有控制性地对天然酶基因进行剪切、修饰或突变，从而改变这些酶的催化特征、底物专一性或稳定性，使之符合人们的需求。1982 年，Winter 等首次报道了通过基因定点突变获得改性的酪氨酸 tRNA 合成酶。而酶分子的非合理设计是指不需要准确的酶分子结构信息，而通过随机突变、基因重组、定向筛选等方法对其进行改造。非合理设计实用性强，往往可以通过随机产生的突变改进酶的特性。

酶分子的定向进化（directed evolution）是指人为地创造特殊的进化条件，模拟自然进化机制（随机突变、基因重组、自然选择），在体外改变酶基因，从一个或多个已经存在的亲本酶（天然的或者人为获得的）出发，经过基因的突变和重组，构建一个人工突变酶库，通过一定的筛选或选择方法最终获得预先期望的具有某些特性的进化酶。其基本路线是在待进化酶基因的 PCR 扩增反应中，利用不具有 3′→5′校对功能的 Taq DNA 多聚酶，控制突变库的大小，使其与特定的筛选容量相适应，选择适当的条件以较低的比率向目的基因中随机引入突变，进行正向突变间的随机组合以构建突变库，凭借定向选择(或筛选)方法，选出所需性质的优化酶，从而排除其他突变体，也就是说，定向进化的基本规则是“获取所选择的突变体”。

定向进化＝随机突变＋正向重组＋选择(筛选)

对酶分子进行的设计和改造是基于基因工程、蛋白质工程和计算机技术的迅猛发展和渗透的结果，人们可以按照自己的意愿和需要改造酶分子，甚至设计出自然界中原来并不存在的全新酶分子。

酶分子的进化实质上就是酶的生物法改造，属于酶的非合理性设计。在目前酶分子生物法改造还不成熟的情况下，通过定点突变技术成功改造大量的酶分子，获得比天然酶活力高、稳定性更好的工业用酶。但总体来说，目前的能力还未达到对复杂的生物体系进行有效人为改造的水平。

1. 定向进化的策略

使用易错 PCR 技术(error-prone PCR)、体外随机重组等现代生物技术，在对目的基因表型有高效检测筛选系统的条件下，建立了酶分子定向进化策略。尽管不清楚酶分子的结构，仍能获得具有预期特征的新酶，基本上实现了酶分子的人为快速进化。酶分子的定向进化的过程完全是在人为控制下进行的，使酶分子朝向人们期待的特定目标进化，相当于通过选择某一方向的进化而排除其他方向突变的作用。易错 PCR 技术是指在扩增目的基因的同时引入碱基错配，导致目的基因随机突变。在采用 Taq 酶进行 PCR 扩增目的基因时，通过调整反应条件，如提高 Mg^{2+} 浓度、加入 Mn^{2+}、改变体系中 4 种 dNTP 的浓度等，改变 Taq 酶的突变频率，从而向目的基因以一定的频率随机引入突变构建突变库，然后选择或筛选需要的突变体，其关键在于突变率需仔细调控，理论上每个靶基因导入的取代残基的个数为 1.5～5。一次突变的基因很难获得满意的结果，由此发展出连续易错 PCR(sequential error prone PCR)，即将一次 PCR 扩增得到的有用突变基因作为下一次 PCR 扩增的模板，连续反复地进行随机突变，使每一次小突变积累而产生重要的有益突变。易错 PCR 属于无性进化，其缺点是突变随机，正向突变的概率小。

体外随机重组是以单链 DNA 为模板，配合一套随机序列引物，先产生大量互补于模板不同位点的短 DNA 片段，由于碱基的错配和错误引发，这些短 DNA 片段中也会有少量的点突变，在随后的 PCR 反应中，它们互为引物进行合成，伴随组合，再组装成完整的基因长度。如果需要，可反复进行上述过程直到获得满意的结果。

2. 突变体的筛选策略

筛选的策略受酶进化方向、进化程度等因素的影响，因此，筛选的方法针对性要强，而且灵活多变，其宗旨是高灵敏度和高通量。合理的筛选方法不但能大大节约劳动强度和劳动时间，而且是决定定向进化成功与否的关键因素。基于原理的不同，目前常用的筛选方法可归纳为三种方法，即平板筛选法、荧光或显色反应法和表面展示技术。其中平板筛选方法是最为简便一种方法，它是在固体平板培养基中加入底物，根据宿主菌表达的突变酶作用于底物形成透明圈或其他特征进行筛选，或是利用有关缺陷性菌株作为宿主菌，直接将突变体与宿主菌的生长联系起来。平板筛选只局限于某些突变方向的筛选，如提高酶的活性、改变酶作用的底物等，对于改变最适 pH 和最适温度等突变方向，还是需要以可测定的酶促反应结果来筛选，即基于荧光或显色反应的方法。这种方法是根据酶作用于底物后可产生荧光基团或可以显色的产物，通过荧光信号或在特定波长下的吸收值来筛选突变体。目前，这种方法广泛结合 96 孔板、机械手臂、酶标仪等设备以提高自动化程度和工作效率。近年来，各种表面展示技术呈现出强大的发展势头，常用的方法有噬菌体表面展示技术(phage display technology)、核糖体和 mRNA 展示技术(ribosome display and mRNA display technology)、细菌表面展示技术(bacterial cell surface display technology)和酵母表面展示技术(yeast surface display technology)等。它们的共同点是利用载体表达外源蛋白(即突变酶)，表达后酶和基因并不分开，再根据酶和底物或酶作用底物形成产物和其他亲和底物基团的亲和吸附作用筛选突变体，区别是所用的载体不同。这种方法所遇到的问题是当酶的催化活性并不与吸附作用紧密联系时，亲和层析难以达到目的。

噬菌体展示技术是 Smith 博士 1985 年建立起来，至今已发展成为生物学后基因组时代一个强有力的实验技术，在生物学的许多领域得到广泛应用。人们利用这一技术可以将各种自然界或人工合成的 DNA 整合到丝状噬菌体基因中，以融合蛋白的形式表达在噬菌体表面，利用噬菌体展示库所固有的基因型和表现型之间的直接关联，可以方便检测，如抗原抗体反应、生物素结合反应等，根据反应的性质进行分离，从中筛选出人们所需的突变蛋白质。

核糖体和 mRNA 展示技术，简称 RD 技术，它是一种完全在体外合成蛋白质分子并进行选择与进化的新技术。它的基本原理是通过 PCR 扩增建立突变的 DNA 文库，置于具有偶联转录/翻译的无细胞翻译系统中孵育，使目的基因的翻译产物展示在核糖体表面，并形成“mRNA-蛋白质-核糖体”三元复合体，最后利用常规的免疫学检测技术，通过固相化的靶分子直接从三元复合体中筛选出感兴趣的核糖体复合体，再利用 RT-PCR 扩增，进行下一循环的富集和选择，最终筛选出高亲和力的目标分子。通过筛选靶蛋白-核糖体-mRNA 三元复合物或靶蛋白-mRNA 二元复合物，将基因型与表型直接偶联起来，并利用 mRNA 的可复制性，使靶基因(蛋白)得到有效富集的一项技术。

与噬菌体展示技术相比较，核糖体和 mRNA 展示技术不需要将 DNA 库转化到微生物中，因此，库容量的大小不受转化效率的限制，库容量可达到 $10^{12}\sim10^{13}$，而噬菌体展示技术构建的噬菌体库容量一般只能达到 10^{9}。核糖体和 mRNA 展示技术中 mRNA 链和其所编码的蛋白质是共价连接的，使得在极端条件下准确地筛选出有意义的突变体。另外，mRNA

展示技术具有可以自身装配成蛋白质芯片的特性。

细菌细胞表面展示技术，结合荧光激活细胞筛选仪(fluorescence activated cell sorting，FACS)或流式细胞筛选仪(flow cytometry)是非常有效的高通量筛选方法。目前已报道还有酵母表面展示系统，其基本原理是将外源靶蛋白基因(外源蛋白)与特定的载体基因序列融合后导入酵母细胞，利用酵母细胞内蛋白转运到膜表面的机制使靶蛋白固定化表达在酵母细胞表面。酿酒酵母的蛋白质折叠和分泌机制与哺乳动物细胞非常相似，因而比原核细胞更能正确表达和展示人的蛋白质。与噬菌体不同，酵母是个足够大的颗粒，可用流式细胞仪进行筛选和分离，这就使得基于特异定量亲和力改变的突变体分离成为可能。由于酵母展示的蛋白质是紧密锚定在细胞壁上，可以耐受 SDS 等的抽提，同时酵母有发酵特性且生长快，因此在工业上具有很好的应用前景。总之，近几年基于酶催化活性筛选多样性蛋白质突变体库的高通量筛选方法已经得到迅速发展。毫无疑问，这些高通量的筛选技术，无论是单个技术本身还是多个技术的融合，将会越来越广泛地应用于新性能蛋白质的分离。

第四节 酶工程研究进展

随着现代生物技术的不断发展，人们对酶的认识越来越深刻，酶是蛋白质的传统概念也被打破了，RNA 也具有催化活性，因此酶的内容更加丰富了，酶工程的研究内容不断扩大，新型酶类不断出现，同时，酶的应用范围不断扩大。当代酶工程发展的趋势之一是寻找耐极端条件的酶，如耐高温、耐酸碱、耐盐等，这些酶的研究进展迅速，也为酶工业提供源源不断的新型酶类。另外，用合成高分子来模拟酶的结构、特性、作用原理及酶在生物体内的化学反应过程，即所谓的模拟酶，也成为研究热点，它是 20 世纪 60 年代发展起来的一个新研究领域，是仿生高分子的一个重要内容。

一、核酸酶

1981 年，Thomas Cech 等研究 rRNA 前体加工成熟时就发现四膜虫(tetrahymena)的 26S rRNA 前体能在没有蛋白质的情况下进行内含子(intron)的自我拼接。因为当时只发现它有这种自我催化的活性，所以并未把它与酶等同，随即将具有酶活性的 RNA 称为 ribozyme，即具有催化功能的 RNA，直至 1985 年后 ribozyme 才逐渐为人们所接受。enzyme 是具有催化功能的蛋白质，与 ribozyme 是两个很好的对应名词。1983 年底耶鲁大学 Sidney Atman 和 Pace 在从事蛋白质-RNA 复合酶(RNase P，由 20%蛋白质和 80% RNA 组成)的研究中也发现细菌和高等生物细胞里都有的一种 tRNA 加工酶，它能在特定的位点上切开 tRNA 前体。实验证明，在较高 Mg^{2+} 浓度下，RNase P 中的 RNA 具有催化 tRNA 前体成熟的功能，而其蛋白质组分却不具备此种催化功能。鉴于美国科学家 Thomas Cech 和 Sidney

Altman 各自独立发现了 RNA 分子也能自身拼接和装配，才推翻这一长达半个多世纪以来认为酶的化学本质只是蛋白质的传统观念，从而荣获了 1989 年的诺贝尔化学奖。大约在 1995 年人工制造出具有催化功能的 DNA，称为“deoxyribozyme”，于是，ribozyme 与 deoxyribozyme 一起统称为 nucleozyme(核酶)。

核酶的发现，揭开了人类起源的奥秘，开辟了基因研究的新纪元。在细胞里 DNA 和 RNA 是信息分子，包含着细胞代谢和繁殖所必需的信息；蛋白质是功能分子，起着酶的作用，催化细胞内生物化学反应。然而核酶的发现使细胞内信息分子和催化分子之间的分工被打破。第一，人们从此不再认为生物化学反应都是由蛋白质催化的。许多复杂的由 RNA 和蛋白质构成的颗粒具有特别重要的生物学功能，如核糖体(ribosome)、剪接体(splicesome)、编辑体(editosome)、加工体(processome)和信号识别蛋白(SRP)等。RNA 具有催化功能使人们必须重视 RNA 分子在这些颗粒中的地位和作用。第二，核酶的底物是 RNA，其作用位点有着高度的特异性，可以用来切割特定的转录产物。有人将这种切割作用称为抗基因活性，因此切割的结果破坏了 RNA，也就抑制了基因的表达。核酶的这种特性为人们进行基因治疗和抗病毒提供了一个新的依据。当然，核酶催化作用的底物也不仅仅局限于 RNA 分子，还可以催化糖类等多种底物。此外，相关的研究还证实，在蛋白质生物合成中起重要作用的肽基转移酶的活性是由其中的 RNA 催化的，也有实验证实核酶能催化氨基酸与 tRNA 连接的脂键，这些均表明氨基酸也可以作为核酶的底物。核酶具有氨基酸酯酶和肽基转移酶等活性，而这些反应均与蛋白质生物合成有关。由此可见，具有催化功能的核酶在翻译过程中和核糖体功能中起着十分重要的作用。第三，RNA 既是信息分子又是催化剂，这启示我们生命起源时先有 RNA，而后才有蛋白质和 DNA。RNA 不但具有携带和传递信息的功能(基因型，genotype)，本身还可直接催化生物反应(表现型，phenotype)，从而集 DNA、RNA、蛋白质功能于一身，这有力地支持了生命起源的裸基因学说：先有 RNA，后有蛋白质，原始世界是一个 RNA 的世界，RNA 可以进行为生命所需的所有功能活动。RNA 结构分析显示，一类内含子与某些植物病毒的卫星 RNA 具有同源性，甚至与人的丁型肝类病毒(HDV)具有同源序列，提示它们可能都来源于同一祖先，只有随着进化而分布不同。模拟达尔文的“增殖→选择→增殖”的生物进化理论，人们已可在试管中进行核酶的进化反应，筛选具有高 DNA 酶活性的核酸，从而将自然进化过程中可能需要几千万年的过程缩短在几天以至几小时内完成。另外，对核酶生物学的研究，包括核酶的结构、功能、作用机制等，也促进了人们对真核基因的结构、复制、转录后加工及基因表达调控等过程的认识。

现在已经知道具有催化活性的 RNA 分子广泛存在于从低等生物到高等生物的细胞中，参与细胞内多种 RNA 前体的加工和成熟等重要的生物学过程，涉及基因的正确表达。随着对核酶功能研究的不断深入，越来越多的发现表明核酶的催化功能并不仅局限于简单的裂解活性，它还具有核苷酸转移酶、RNA 限制性内切核酸酶及连接酶等多种酶活性。

近几年来，人们利用核酶可以特异性地切割靶 RNA 序列的特点，设计适合的核酶阻断特定基因的表达，如肝病、艾滋病、恶性黑色素瘤、神经细胞瘤、白血病、肾癌、卵巢癌和脑癌等癌症，血友病等遗传病，泌尿系统疾病，基因紊乱，如腺苷脱氨酶（ADA）缺乏症、膀胱纤维症和家族性血胆脂醇过多症（血清胆固醇高），以及肝衰竭、移植排斥等。自从 20 世纪 90 年代美国国立卫生研究院（NIH）批准美国第一例临床基因治疗申请以来，基因治疗已从单基因遗传病扩展到多个病种范围，主要有恶性肿瘤、心血管疾病、遗传病、AIDS、类风湿等。专家认为，基因治疗是一个生物医学高技术密集的领域，它综合应用分子生物学、分子遗传学、分子病毒学、细胞生物学等学科的最新研究成果，来治疗那些目前尚无好的治疗方法的顽疾。截至目前，全世界已获准的基因治疗临床实验方案达 1 000 项以上，其中，60%以上是针对癌症的治疗。经过十多年的发展，基因治疗的研究已经取得了不少进展。但是，如今都还处于初期临床试验阶段，还不能保证稳定的疗效和安全性。

二、极端酶

酶作为大分子生物活性物质，在应用过程中常常会出现不稳定的现象，尤其是在高温、强酸、强碱和高渗等极端条件下更容易失活，因此在一定程度上限制了酶在工业和其他领域中的应用。但在长期的生产实践中，人们逐渐认识到在自然界中存在一类能在超常生态环境下生存的微生物，即通常所说的嗜极微生物，有可能产生极端酶，从而满足人类的使用。大量的研究结果表明，正是因为嗜极微生物体内存在大量适应极端条件的酶，才使它们能在超常生态环境条件下生存。与嗜极微生物的分类相对应，极端酶可分为嗜热酶、嗜冷酶、嗜盐酶、嗜酸酶、嗜碱酶、嗜压酶等多种类型。来自极端微生物的极端酶，可在苛刻条件下行使功能，它的应用可改变整个生物催化剂的面貌。极端微生物能产生极端酶，能在极端环境下行使功能，将极大地拓展酶的应用空间。

在热泉中人们就发现了大量的嗜热古菌生存，比如一种“耐热嗜酸古细菌”是科学家从美国黄石国家公园的温泉中分离而来的，它在 80℃的热酸性环境最宜生长；而一种独特的骑行纳古菌是在冰岛的热泉口发现的；一种称为热网菌的古菌，在海洋火山中较为常见，生长最适温度为 105℃，最高在 113℃的温度下能生长，这是迄今为止发现的最高生物生长温度。而在海底，这些热泉就是所谓的“黑烟囱”——含有矿物质的地热流，通常从因板块推挤而隆起的海底山脊上喷出，有的达到 400℃，刚喷出时为澄清液体状，与周围的冷海水混合后，很快产生沉淀，形成烟囱状水柱，这些海底黑烟囱附近广泛存在着古菌，它们极端嗜热，直接生存于 80～120℃的环境中。有科学家通过对太平洋海水中古菌含量进行测定和估算，预计古菌和细菌在现代海洋中的比例是 1∶2。其他如在格陵兰岛地下冰芯中发现了产甲烷古菌生存。在许多高盐环境如死海、天然盐湖存在一些嗜盐古菌。我国大陆科学钻探工程从钻孔

中获取岩心及地下物质样品，发现地下 529～2 026 m 的 6 处岩石中存在古菌，在 3 910 m 左右高温、高压、缺氧、贫营养的极端条件下也发现了大量微生物。深海微生物资源是一座名副其实的“宝库”，工业生产常常要求一些特殊的反应温度、酸碱度并加入一些有机溶剂，在这种条件下，普通酶无法保持活性，而极端酶却仍然能保持较高的活性。例如，PCR 技术中的 Taq DNA 聚合酶、洗涤剂中的碱性蛋白酶、淀粉工业加工中选用超嗜热的葡萄糖异构酶等，都是几种极端酶应用。海产品和空气中的甲醛超标、水产养殖中的孔雀石绿残留、农产品中的农药残留等系列典型问题，都可以通过极端酶的开发和研究，获得解决。深海微生物酶或许它们将成为改善环境、治理污染的重要酶类中一环，有的还将成为改进工业生产技术的关键。利用我国多样的地域环境及生物资源优势，从资源发掘、机制研究到应用开发，系统地进行极端微生物这一重要遗传资源的认识、保护、开发和持续利用，是我国生物技术实现跨越发展的一次难得的机会。

三、抗体酶

抗体是动物为抵御外来物质入侵而合成的一种蛋白质。抗体酶是指通过一系列化学与生物方法制备的具有催化活性的抗体。受 Pauling 过渡态理论和预言的启发，Jencks 于 1969 年提出抗体若能与化学反应的过渡态产物结合，则这样的抗体必然具有催化性能的观点。1986 年，Lerner 和 Schultz 分别成功地获得了催化抗体。近年来，通过人工合成出能表达催化抗体的基因，然后将编码的基因转入细菌或酵母的表达系统，表达产物经筛选和纯化后就能制备出催化抗体。也可以通过对抗体进行化学修饰，引入酶的催化基团，从而把抗体改造成为催化抗体。至今，已有数百种催化抗体问世，所获得的抗体酶已成功地催化了所有 6 类酶催化反应。目前研究较多的催化抗体所催化的化学反应主要有：酯水解反应、酰胺水解反应、环合反应、形成酰胺键的反应、脱羧反应、三苯基水解反应、过氧化反应、烯烃的异构化反应、氧化还原反应等。催化抗体的研究是当今科学前沿的多学科交汇点之一，吸引着合成化学家、生物学家、免疫学家等的格外关注，短短的十几年时间里，研究的范围不断拓宽，研究成果层出不穷，采用的技术日益先进。它集生物学、免疫学和化学于一身，采用单克隆、多克隆、基因工程、蛋白质工程等高新技术，突破了传统的大分子、配位化合物等模拟酶研究的框架，开创了生物催化剂研究和制备的崭新领域，使模拟酶的研究水平发生了质的飞跃，并预示着在催化化学、反应动力学、医学、制药学等诸多领域的应用前景。

四、人工合成酶和模拟酶

近些年来，酶工程又出现了一个新的热门课题，那就是人工合成新酶和模拟酶。这是因为，人们发现仅用微生物法生产酶仍不能满足日益增长的对酶的需求，需要另辟新路。

人工酶是化学合成的具有与天然酶相似功能的催化物质。酶的人工合成首先要弄清楚酶是如何进行催化作用的？起关键作用的部位在哪里？这些关键部位有什么特点？另外，还要求合成过程简单、经济。20 世纪末，斯图尔德（Steward）等使用胰凝乳蛋白酶底物酪氨酸乙酯作为模板，用计算机模拟胰凝乳蛋白酶的活性位点，构建出一种由 73 个氨基酸残基组成的多肽，其活性部位由组氨酸、天冬氨酸和丝氨酸组成。此肽对烷基酯底物的活力为天然胰凝乳蛋白酶的 1%，并显示了底物特异性及对胰凝乳蛋白酶抑制剂的敏感性等。之后，科学家又合成了一个由 34 个氨基酸组成的、具有核糖核酸酶催化作用的蛋白质，尽管人工酶的效益尚不明显，但从事人工酶研究的队伍却日益壮大。也许，在不久的将来，人工酶在酶工程的生产领域里将正式取得一席之地，而且地位不断上升，甚至压倒天然酶。

所谓模拟酶就是利用有机化学的方法合成一些比酶简单的非蛋白质分子，它们可以模拟酶对底物的络合和催化过程，既可达到酶催化的高效性，又可以克服酶的不稳定性。酶的模拟工作可分为三个层次：①合成有类似酶活性的简单络合物；②酶活性中心模拟；③整体模拟，即包括微环境在内的整个酶活性部位的化学模拟。目前模拟酶的工作主要集中在第二层次，如可以通过对某些天然或人工合成的化合物引入某些活性基因，使其具有酶的行为。目前用于构建模拟酶的这类酶模型分子有环糊精、冠醚、穴醚、笼醚、卟啉、大环番等。利用环糊精已成功地模拟了胰凝乳蛋白酶、核糖核酸酶、转氨酶、碳酸酐酶等。

人工酶或模拟酶一般具有结构简单、高效、高适应性、高选择性和高稳定性等特点，在结构上与天然酶相比要简单得多，通常具有两个特殊部位，一个是底物结合位点，另一个是催化位点。相比而言，构建底物结合位点比较容易，而构建催化位点则比较困难。在实践中，通常是将两个位点分开设计。同时，研究发现，如果人工合成酶有一个反应过渡态的结合位点，那么该位点也就常常会同时具有结合位点和催化位点的功能。因此，构建模拟酶时，一般都要以高分子聚合物或络合了金属的高分子聚合物为母体，并在适宜的部位引入相应的疏水基，作为一个能容纳底物、适于和底物结合的空穴，同时在合适的位置引入有催化功能的催化基团。由于模拟酶不含氨基酸，其热稳定性与 pH 稳定性都大大优于天然酶。最简单的模拟酶无疑是利用现有的酶或蛋白质为母体，并在此基础上再引入相应的催化基团，但这类模拟酶在某种意义上更被看作酶的修饰，也可以参照酶的活性结构合成一些简单的小肽作为模拟酶。更多的模拟酶则是以合成高分子聚合物为母体，目前主要有环糊精及通过分子印迹制备出的人工酶。

分子印迹技术（molecular imprint technique）是近年来发展起来的一门高分子化学、材料科学、化学工程及生物化学的交叉学科技术，它利用分子印迹聚合物（molecular imprintpolymers，MIPs）模拟酶与底物或抗体与抗原之间的相互作用，对印迹分子（也称模板分子）进行专一性识别。这类聚合物是具有分子识别功能的新型仿生试剂，其通常含有一定的空间性状、不同大小的化学官能团。生物印迹是指以天然生物材料（如蛋白质、糖类）为骨架，在其上进行分子印迹而产生印迹分子具有特异性识别空腔的过程。由于天然生物材

料蛋白质含有丰富的氨基酸残基及侧链基团，它们与模板分子会有很好的识别作用。用这种方法制备的印迹酶就称为生物印迹酶，其原理是利用酶在水溶液中的柔性，加入手性竞争性抑制剂，然后将这种酶-抑制剂复合物转入亲脂性溶剂，使酶的三维结构以一种改性的状态被“冻结”，除去抑制剂的改性酶凭借其“记忆”功能就具有了对底物的立体选择性，通过酶与配体间的相互作用、诱导，从而改变酶的构象。尽管目前分子印迹技术发展的速度比较快，而且也得到比较广泛的应用，但仍然存在许多问题。首先，分子印迹过程和分子识别过程的机制和表征问题、结合位点的作用机制、聚合物的形态和传质机制仍然是研究者所关注的问题。如何从分子水平上更好地理解分子印迹过程和识别过程，仍需努力。其次，目前使用的功能单体、交联剂和聚合方法都有较大的局限性。尤其是功能单体的种类太少，以至于不能满足某些分子识别的要求，这就使得分子印迹技术远远不能满足实际应用的需要。展望未来，印迹技术的发展趋势可能有以下几点，一是要加强印迹基础理论研究，分子水平上更好地理解分子印迹过程和识别过程，对其机制的描述向定量化发展。二是寻求更多更实用的功能单体和交联剂，拓宽分子印迹聚合物的应用领域，同时降低成本。三是根据分子印迹聚合物的特征，将其制备成纳米级的分子探针，用于环境污染物的监控检测，食品、农副产品、中药材和农药残留检测及生物样品中药物及其代谢产物的分离和分析方面。

第六章　蛋白质工程

第一节　蛋白质工程概述

一、蛋白质及其功能

1.蛋白质简介

蛋白质是一切生命的物质基础，广泛存在于各种生物组织细胞之中，是生物细胞最重要的组成物质，也是含量最丰富的高分子物质，约占人体固体成分的45%。

蛋白质的基本组成单位是α-氨基酸，构成天然蛋白质的20种氨基酸中除甘氨酸外，蛋白质中的氨基酸均属L-α-氨基酸(图6-1-1)。蛋白质分子的物理、化学特性由氨基酸种类及排列顺序决定。蛋白质分子中的氨基酸之间通过肽键相连。

$$
\begin{array}{c}
\quad COO^- \\
\quad | \\
H_3\overset{+}{N}—C—H \\
\quad | \\
\quad R
\end{array}
$$

图6-1-1　氨基酸结构通式

蛋白质是具有特定构象的大分子，为研究方便，将蛋白质结构分为四个结构水平，包括一级结构、二级结构、三级结构和四级结构。一般将二级结构、三级结构和四级结构称为三维构象或高级结构。

2.蛋白质功能的多样性

蛋白质在生物体的生命活动中起着重要的作用。生物体内的蛋白质种类繁多，分布广泛，担负着多种多样的任务。据人类基因组的研究估计，人类共有10万个基因，这些基因能编码10万种蛋白质。蛋白质在生物过程中所起的作用可以简略概括如下。

(1)作为有机体新陈代谢的催化剂——酶。这是最重要的生物学功能，几乎所有的酶都是蛋白质。生物体内的各种化学反应几乎都是在相应的酶参与下进行的。例如，淀粉酶催化淀粉的水解，脲酶催化尿素分解为二氧化碳和氨等。

(2)作为有机体的结构成分。在高等动物里，胶原纤维是主要的细胞外结构蛋白，参与结缔组织和骨骼作为身体的支架。细胞里的片层结构，如细胞膜、线粒体、叶绿体和内质网

等都是由不溶性蛋白质与脂质组成的。

(3)贮存氨基酸。贮存的氨基酸用作有机体及其胚胎或幼体生长发育的原料。这类蛋白质有蛋类中的卵清蛋白、乳中的酪蛋白、小麦种子中的麦醇溶蛋白等。

(4)运输的功能。脊椎动物红细胞里的血红蛋白和无脊椎动物中的血蓝蛋白在呼吸过程中起着输送氧气的作用。血液中的脂蛋白随着血流输送脂质。生物氧化过程中某些色素蛋白如细胞色素 c 等起电子传递体的作用等。

(5)协调动作的功能。如肌肉的收缩是通过两种蛋白微丝(肌动蛋白的细丝和肌球蛋白的粗丝)的滑动来完成的。此外,有丝分裂中染色体的运动以及精子鞭毛的运动等,也是由蛋白质组成的微管的运动产生的。

(6)激素的功能。对生物体内的新陈代谢起调节作用。例如胰脏兰氏小岛细胞分泌的胰岛素参与血糖的代谢调节,能降低血液中葡萄糖的含量。

(7)免疫保护机能。高等动物的免疫反应主要是通过蛋白质来实现的。这类蛋白质称为抗体或免疫球蛋白。抗体是在外来的蛋白质或其他的高分子化合物即所谓抗原的影响下产生的,并能与相应的抗原结合而排除外来物质对有机体的干扰。

此外,还有接受和传递信息受体的蛋白质,例如接受各种激素的受体蛋白,接受外界刺激的感觉蛋白(如视网膜上的视色素),味蕾上的味觉蛋白都属于这一类。蛋白质的另一功能是调节或控制细胞的生长、分化和遗传信息的表达。例如组蛋白、阻遏蛋白等就属于这类蛋白质。

二、蛋白质工程的定义

蛋白质工程是根据蛋白质的结构和生物活力之间的关系,利用基因工程的手段,按照人类需要定向地改造天然蛋白质或设计制造新的蛋白质,是以蛋白质结构功能关系的知识为基础,通过周密的分子设计,把蛋白质改造为合乎人类需要的新的突变蛋白质。1983 年,美国生物学家额尔默首先提出了“蛋白质工程”的概念。蛋白质工程的实践是依据 DNA 信息指导合成蛋白质。因此,人们可以根据需要对负责编码某种蛋白质的基因进行重新设计,使合成出来的蛋白质的结构变得符合人们的要求。由于蛋白质工程是在基因工程的基础上发展起来的,在技术方面有诸多同基因工程技术相似的地方,因此蛋白质工程也被称为第二代基因工程。

蛋白质工程与基因工程密不可分。基因工程是通过基因操作把外源基因转入适当的生物体内,并在其中进行表达,它的产品还是该基因编码的天然存在的蛋白质。蛋白质工程则更进一步根据分子设计的方案,通过对天然蛋白质的基因进行改造,来实现对其所编码的蛋白质的改造,它的产品已不再是天然的蛋白质,而是经过改造的具有人类需要的优点的蛋白质。天然蛋白质都是通过漫长的进化过程自然选择而来的,而蛋白质工程对天然蛋白质的改造则是加快了进化过程，能够更快、更有效地为人类的需要服务。

三、蛋白质工程研究的基本原理

蛋白质工程是研究蛋白质的结构及结构与功能的关系，然后人为地设计一个新蛋白质，并按这个设计的蛋白质结构去改变其基因结构，从而产生新的蛋白质。或者从蛋白质结构与功能的关系出发，定向地改造天然蛋白质的结构，特别是对功能基因的修饰，也可以制造新型的蛋白质。蛋白质工程是在重组DNA方法用于“操纵”蛋白质结构之后发展起来的分子生物学分支。例如将蜘蛛丝、昆虫节肢弹性蛋白等天然蛋白质的基因进行改造，前者可制造高强度的纤维或塑料；后者与胶原蛋白结合可作为新型血管的原料。

基因工程通过分离目的基因重组DNA分子，使目的基因更换宿主得以异体表达，从而创造生物新类型，但这只能合成自然界固有的蛋白质。蛋白质工程则是运用基因工程的DNA重组技术，将克隆后的基因编码序列加以改造，或者人工合成新的基因，再将上述基因通过载体引入适宜的宿主系统内加以表达，从而产生数量几乎不受限制、有特定性能的“突变型”蛋白质分子，甚至全新的蛋白质分子。

四、蛋白质工程的研究内容

蛋白质工程的研究内容包括任何旨在将蛋白质知识转变为实践应用的理论研究和操作技术研究。近年来，蛋白质工程主要包括4大类研究：第一，利用已知的蛋白质一级结构的信息开发应用研究，这是迄今蛋白质工程研究中最成功的领域。例如，有人利用原核细胞的信号肽直接指导牛胰蛋白酶抑制剂的分泌及加工处理过程。第二，定量确定蛋白质结构-功能关系。这是目前蛋白质工程研究的主体，它包括蛋白质三维结构模型的建立，酶催化的性质、蛋白质折叠和稳定性研究、蛋白质变异的探讨等。第三，从混杂变异体库中筛选出具有特定结构-功能关系的蛋白质。有目的地在特定位点上使蛋白质产生变异，然后研究其结构-功能关系，如果有了混杂的变异体库，则可筛选出具有特定结构-功能关系的蛋白质。例如将对热不稳定的酶的基因转移至嗜热生物体内，再利用酶的某种标志（如对卡那霉素的抗性等）选择出对热稳定的酶，既保持酶的固有性质，又增强了热稳定性。第四，根据已知结构-功能关系的蛋白质，用人工方法合成它及其变异体，完全人为控制蛋白质的性质，目前还仅限于小分子质量的肽链。

蛋白质工程研究的具体内容很多，主要如下：①通过改变蛋白质的活性部位，提高其生物功效。②通过改变蛋白质的组成和空间结构，提高其在极端条件下的稳定性，如对酸、碱、酶的稳定性。③通过改变蛋白质的遗传信息，提高其独立工作能力，不再需要辅助因子。④通过改变蛋白质的特性，使其便于分离纯化，如融合蛋白β-半乳糖苷酶（抗体）。⑤通过改

变蛋白质的调控位点，使其与抑制剂脱离，解除反馈抑制作用等。

五、蛋白质工程的研究意义

人们早就知道，在催化化学方面，就其经济性、效率以及用途的多样性而言，很难有其他的化学物质能超过生物酶，而酶绝大多数是蛋白质。天然的生物酶虽然能在生物体内发挥各种功能，但在生物体外，特别是在工业条件（如高温、高压、机械力、重金属离子、有机溶剂、氧化剂、极端 pH 等）下，则常易遭到破坏。所以人们需要改造天然酶，使其能够适应特殊的工业过程；或者设计制造出全新的人工酶或人工蛋白，以生产全新的医用药品、农业药物、工业用酶和一些天然酶不能催化的化学催化剂。这一设想现在已有重大进展，最突出的实例是枯草杆菌碱性蛋白酶的蛋白质工程。目前，已成功地制备出具有耐碱、耐热以及抗氧化的各种新特性的蛋白酶。这些酶除了用作洗涤剂的添加剂外，还能有效地降低工业生产成本、扩大产品使用范围。

第二节　蛋白质工程的研究方法

蛋白质工程的内容包括基因操作、蛋白质结构分析、结构与功能关系的研究以及新蛋白质的分子设计，这是紧密相连的几个环节，其目的是以蛋白质分子的结构规律及其生物学功能为基础，通过有控制的基因修饰和基因合成，对现有蛋白质加以改造、设计、构建并最终产生出性能比自然界存在的蛋白质更加优良、更符合人类社会需要的新型蛋白质。

一、蛋白质工程的研究程序

蛋白质工程的基本任务是研究蛋白质分子规律与生物学功能的关系，对现有蛋白质加以定向修饰改造、设计与剪切，构建生物学功能比天然蛋白质更加优良的新型蛋白质。由此可见，蛋白质工程的基本途径是从预期功能出发，设计期望的结构，合成目的基因且有效克隆表达或通过诱变、定向修饰和改造等一系列工序，合成新型优良蛋白质。图 6-2-1 所示的是蛋白质工程的基本途径及其现有天然蛋白质的生物学功能形成过程的比较。蛋白质工程的主要研究手段是利用反向生物学技术，其基本思路是按期望的结构寻找最合适的氨基酸序列，通过计算机设计，进而模拟特定的氨基酸序列在细胞内或在体内环境中进行多肽折叠而成三维结构的全过程，并预测蛋白质的空间结构和表达出生物学功能的可能性及其高低程度。

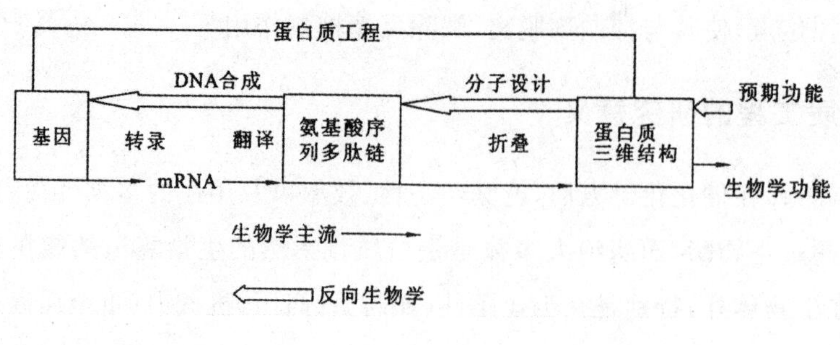

图 6-2-1　蛋白质工程的基本途径

二、蛋白质的分离、纯化、鉴定

蛋白质的分离、纯化、鉴定是在蛋白质本身理化性质的基础上发展而来的。这些理化性质有以下几点：蛋白质的分子大小、蛋白质的带电特性、蛋白质的溶解特性、蛋白质的变性与复性、蛋白质的结晶、蛋白质分子表面特性、蛋白质的分子形状、蛋白质的紫外线吸收及蛋白质的颜色反应。

1.分离纯化的方法

分离纯化的方法可按照大小、形状、带电性质及溶解度等主要因素进行分类。按分子和形态，分为差速离心、超滤、分子筛及透析等方法；按溶解度，分为盐析、溶剂抽提、分配色谱、疏水色谱、逆流离子交换色谱及吸附色谱等；按生物功能专一性，有亲和色谱法等。另外，还有一些近些年发展起来的新技术，如置换色谱、浊点萃取法、反相高效液相色谱、大空吸附树脂法、分子印迹技术等。

2.分离、纯化与鉴定的一般程序

蛋白质的分离、纯化与鉴定一般包含以下主要步骤：选择实验材料→实验材料预处理→蛋白质的提取→蛋白质的粗分级→蛋白质的细分级→蛋白质的鉴定。

(1)选择实验材料。实验材料的选择通常要定位于目标蛋白质含量高、杂质少、容易获得、成本低的实验材料。对于给定的生物材料，要考虑从该生物体的哪个部分进行纯化，如植物的不同器官（如根、茎、叶、花、果实、种子），或者不同的组织（如植物茎的形成层、种子的胚或胚乳等）。

(2)实验材料预处理。根据实验材料的不同，选择合适的预处理方法。如果是液体材料，通常采用过滤或离心的方法除去杂质获得粗制品；如果是固体材料，则要经过洗涤、材料破碎等处理。根据实验材料大小、形状等的差异，还要选择适当的方法将组织和细胞破碎，使其内容物释放出来。常用的破碎细胞的方法有机械法和非机械法。

(3)蛋白质的提取。通常选择适当的缓冲液把蛋白质提取出来。缓冲液对蛋白质的溶解、活性的保持及部分除杂具有重要意义，它不仅要控制溶液的 pH 值和离子强度，还要根

据不同蛋白质的需要，加入氧化还原物质、表面活性剂、防腐剂等。在提取过程中，应注意温度，避免剧烈搅拌等，以防止蛋白质的变性。

(4)蛋白质的粗分级。选用适当的方法将所要的蛋白质与其他杂蛋白分离开来。比较有效的方法是根据蛋白质的溶解度的差异进行分离，常用的方法包括等电点沉淀法、盐析法、有机溶剂沉淀法等。

(5)蛋白质的细分级。采用分子筛层析、离子交换层析、亲和层析等手段结合多种电泳技术，包括聚丙烯酰胺凝胶电泳、等电聚焦电泳等进一步对蛋白质粗制品分离纯化，以获得高纯度的蛋白质样品。

(6)蛋白质的鉴定。蛋白质的鉴定包括对蛋白质分子质量、等电点、氨基酸组成及其顺序、免疫特性、结晶特性、生物学功能等进行测定，以确定纯化蛋白质的种类、结构和功能以及用途。

3.蛋白质的提取

大部分蛋白质都可溶于水、稀盐溶液、稀酸或碱溶液，少数与脂类结合的蛋白质溶于乙醇、丙醇、丁醇等有机溶剂。因此，可采用不同的溶剂提取、分离和纯化蛋白质及酶。

(1)水溶液提取法。稀盐溶液和缓冲系统的水溶液对蛋白质稳定性好、溶解度大，是提取蛋白质最常用的溶剂。低浓度可促进蛋白质的溶解，称为盐溶作用。同时稀盐溶液因盐离子与蛋白质部分结合，具有保护蛋白质不易变性的优点，因此在提取液中加入少量 NaCl 等中性盐，浓度一般以 0.15 mol/L 为宜。另外，因蛋白质具有等电点，提取液的 pH 值选择在偏离等电点的一定 pH 值范围内。一般来说，碱性蛋白质用偏酸性的提取液提取，而酸性蛋白质用偏碱性的提取液提取。

(2)有机溶剂提取法。一些和脂质结合比较牢固或者分子中非极性侧链较多的蛋白质和酶，不溶于水、稀盐溶液、稀酸或者稀碱溶液，可用乙醇、丙醇和丁醇等有机溶剂，它们具有一定的亲水性，还有较强的亲脂性，是理想的提取脂蛋白的提取液，但必须在低温下操作。丁醇提取法对提取一些与脂质结合紧密的蛋白质和酶特别适合，另外，丁醇提取法的 pH 值及温度选择范围较广，也适用于动植物及微生物材料。

(3)表面活性剂的利用。对于某些与脂质结合的蛋白质和酶，也可采用表面活性剂处理。表面活性剂有阴离子型(如脂肪酸盐、烷基苯磺酸盐等)、阳离子型(如氧化苄烷基二甲基铵等)及非离子型(TritonX-100、吐温-60 等)等。非离子型表面活性剂比离子型温和，不易引起酶失活，使用较多。

4.蛋白质的粗分级

蛋白质的粗分级采用的方法有沉淀法、透析法、超滤法等。

(1)沉淀法。

①盐析沉淀法。当盐浓度继续升高时，蛋白质的溶解度随着盐浓度升高而下降并析出

的现象称为盐析。蛋白质在水溶液中的溶解度由蛋白质周围亲水基团与水形成的水化膜程度,以及蛋白质分子带有电荷的情况决定。当中性盐加入蛋白质溶液中,中性盐对水分子的亲和力大于蛋白质,于是蛋白质分子周围的水化膜层变薄乃至消失。同时,中性盐中加入蛋白质溶液后,由于离子强度发生改变,蛋白质表面电荷大量被中和,导致蛋白质溶解度更加降低,使蛋白质分子间聚集而沉淀,其原理可见图 6-2-2。

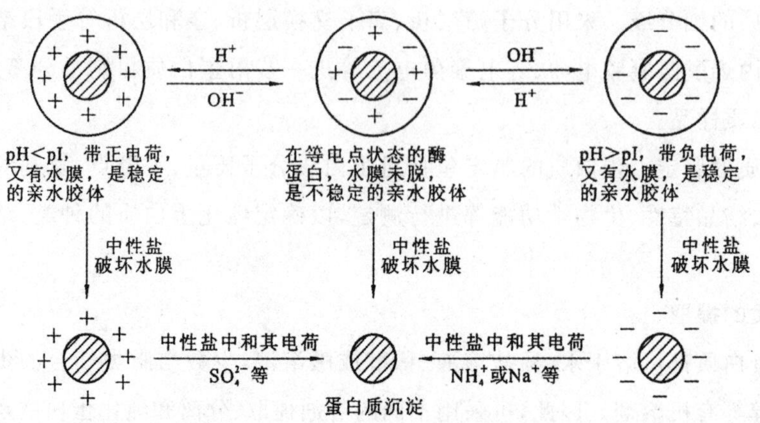

图 6-2-2 盐析原理示意图

盐析法是根据不同蛋白质在一定浓度盐溶液中溶解度降低程度的不同达到彼此分离目的的方法。盐析时若溶液 pH 值在蛋白质等电点则效果更好。

②有机溶剂沉淀法。利用蛋白质在一定浓度的有机溶剂中的溶解度差异而分离的方法,称为有机溶剂沉淀法。有机溶剂能降低溶液的解离常数,从而增加蛋白质分子上不同电荷的引力,导致溶解度的降低;另外,有机溶剂与水作用,能破坏蛋白质分子的水化膜,导致蛋白质相互聚集沉淀析出(图 6-2-3)。

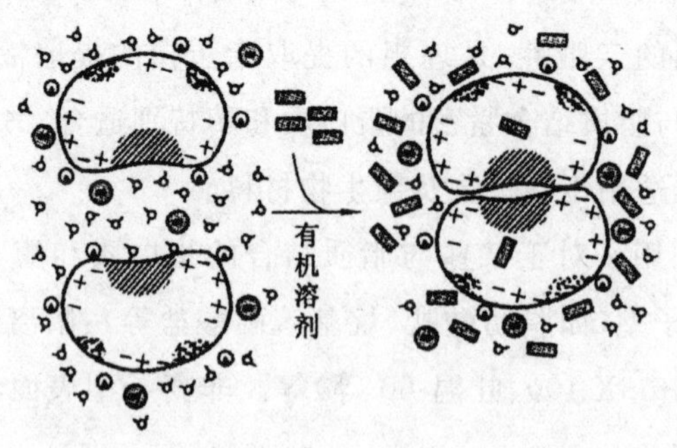

图 6-2-3 有机溶剂沉淀原理示意图

③等电点沉淀法。等电点沉淀法是利用具有不同等电点的两性电解质,在达到电中性时溶解度最低,易发生沉淀,从而实现分离的方法。许多蛋白质的等电点十分接近,而且带有水膜的蛋白质等生物大分子仍有一定的溶解度,不能完全沉淀析出。因此,单独使用此法

分辨率较低，效果不理想，此法常与盐析法、有机溶剂沉淀法或其他沉淀剂一起配合使用，以提高沉淀能力和分离效果。此法主要用于在分离纯化流程中去除杂蛋白，而不用于沉淀目的物。

④有机聚合物沉淀法。应用最多的是聚乙二醇(PEG)，它的亲水性强，溶于水和许多有机溶剂，对热稳定，相对分子质量范围较广，在生物大分子制备中，用得较多的是相对分子质量为 6 000～20 000 的 PEG。

(2)透析法。利用半透膜对溶液中不同分子的选择性透过作用，可以将蛋白质与其他小分子物质分开。通常是将半透膜制成袋状，将蛋白质样品溶液置于袋内，将此透析袋浸入水或缓冲液中，样品溶液中的蛋白质分子被截留在袋内，而盐和小分子物质不断扩散到袋外，直到袋内、外两边的浓度达到平衡为止。保留在透析袋内未透析出的样品溶液称为保留液，袋(膜)外的溶液称为渗出液或透析液。

透析的动力是扩散压，扩散压是由横跨膜两边的浓度梯度形成的。透析的速度反比于膜的厚度，正比于欲透析的小分子溶质在膜内、外两边的浓度梯度，还正比于膜的面积和温度，通常是在 4℃透析，升高温度可加快透析速度。

透析膜可用动物膜、玻璃纸等，但用得最多的还是用纤维素制成的透析膜，目前常用的是美国联合碳化物公司和美国光谱医学公司生产的各种尺寸的透析管。

除小体积样品之外，根据扩散原理进行的透析方法非常耗时，因此蛋白质的浓缩和交换缓冲液常采用超滤法。

(3)超滤法。超滤即超过滤，利用压力或离心力使溶液中的小分子物质通过超滤膜，而大分子则被截留，从而把蛋白质混合物分为大小不同的两个部分。超滤工作原理可参见图 6-2-4。

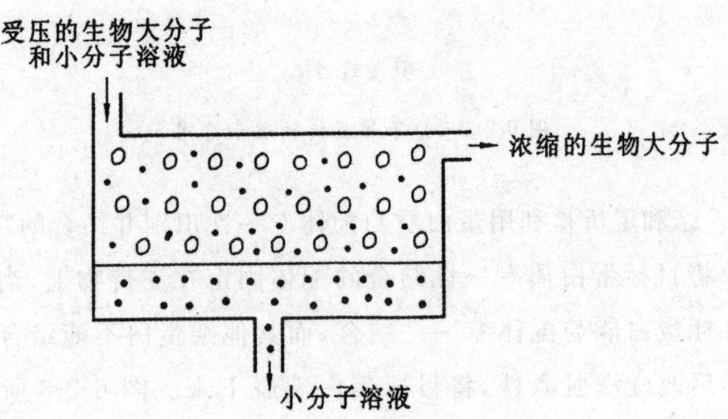

图 6-2-4　超滤工作原理示意图

超滤膜通常被固定在一个支持物上，制成超滤装置，可以用加压、减压或离心等方法使溶剂分子及小分子物质透过超滤膜，然后用溶剂溶解大分子物质。

5.蛋白质的细分级

根据蛋白质分子大小、分子形状、分子表面特征或分子带电状况进一步纯化，这是蛋白质细分级，常用的实验技术主要有多种层析方法、电泳等。

(1)分子筛层析。分子筛层析又称为凝胶层析或凝胶过滤，它是以多孔性凝胶材料为支持物，当蛋白质溶液流经此支持物时，分子大小不同的蛋白质因所受到的阻滞作用不同而先后流出，从而达到分离纯化的目的。采用的凝胶材料主要有葡聚糖、琼脂糖、聚丙烯酰胺、多孔玻璃珠等，凝胶内部呈网孔状结构，分子量大的蛋白质难以进入凝胶内部，因此主要从凝胶颗粒间隙通过，在凝胶间几乎是垂直地向下运动，而分子量小的蛋白质则进入凝胶孔内进行“绕道”运行，因此大分子蛋白质先流出凝胶，而小分子蛋白质后流出凝胶，从而将分子量大小不同的蛋白质分开。分子筛层析的原理见图 6-2-5。

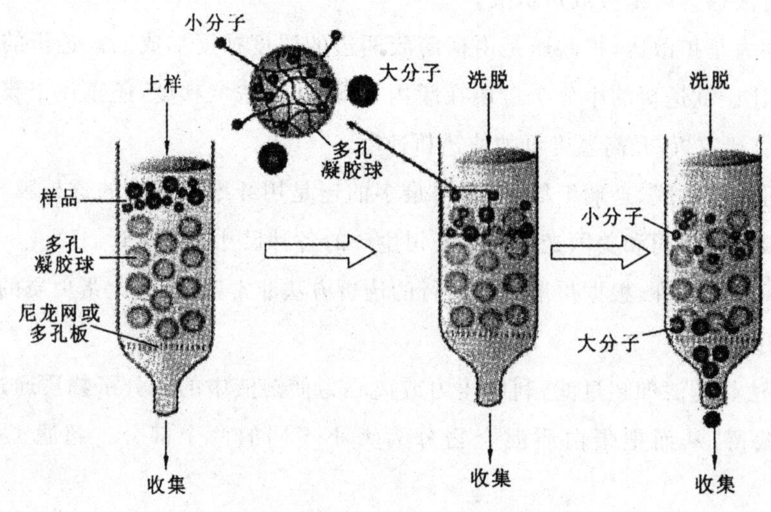

图 6-2-5 分子筛层析原理示意图

(2)亲和层析。亲和层析是利用蛋白质与配体专一性识别并结合的特性而分离蛋白质的一种层析方法。将目标蛋白质专一性结合的配体固定在支持物上，当混合样品流过此支持物时，只有目标蛋白能与配体专一性结合，而其他杂蛋白不能结合。先用起始缓冲液洗脱杂蛋白，然后改变洗脱条件，将目标蛋白洗脱下来。图 6-2-6 所示为亲和层析的基本过程。

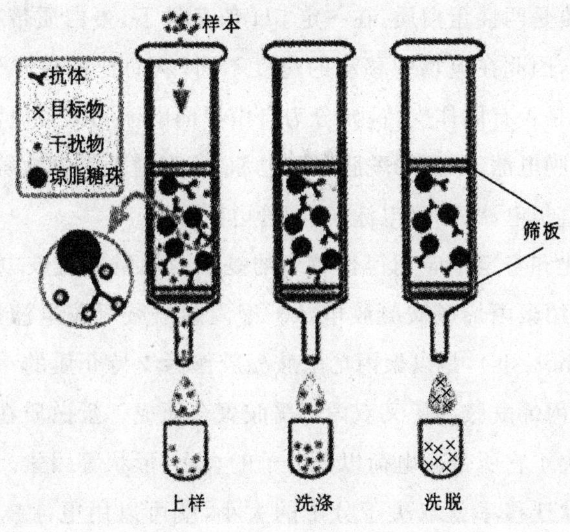

图 6-2-6　亲和层析的基本过程

(3)离子交换层析。蛋白质是两性分子,在一定的 pH 值条件下带电荷,不同的蛋白质所带电荷的种类和数量不同,因此它们与带电的凝胶颗粒间的电荷相互作用不同。这样,当蛋白质混合物流经带电凝胶时,电荷吸引作用小的蛋白质先流过,而电荷吸引作用大的蛋白质后流过,从而把不同的蛋白质分开,这种层析方法即为离子交换层析。如果凝胶本身带正电荷,则带负电荷越多的蛋白质与凝胶的电荷相互作用越大,越难以被洗脱,此为阴离子交换层析。相反,如果凝胶本身带负电荷,则带正电荷越多的蛋白质与凝胶的电荷相互作用越大,越难以被洗脱,此为阳离子交换层析。当蛋白质与凝胶以电荷相互作用结合后,可以通过改变溶液的离子强度,通过离子间的竞争作用而把蛋白质洗脱下来,也可以改变溶液的 pH 值,从而改变凝胶和蛋白质的带电情况而把蛋白质洗脱下来。与凝胶电荷作用力弱的蛋白质先被洗脱,而作用力强的蛋白质后被洗脱,从而把带电不同的蛋白质分开。图 6-2-7 为阴离子交换层析原理示意图。

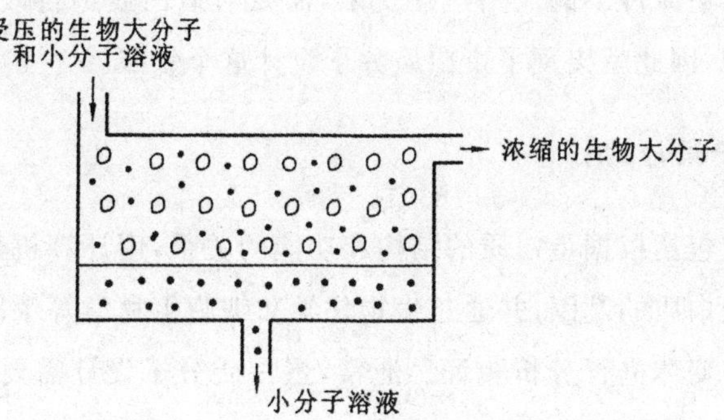

图 6-2-7　阴离子交换层析原理示意图

(4)电泳。蛋白质是两性蛋白质,在一定 pH 值条件下,蛋白质带有电荷,不同的蛋白质所带电荷和数目不同,因此在电场中移动的速度不同,从而把蛋白质分开,这种实验技术即是电泳。根据电场中是否有固体支持物,分为自由界面电泳和区带电泳;根据固体支持物的不同,分为纸电泳、薄膜电泳、聚丙烯酰胺凝胶电泳、琼脂糖凝胶电泳等;根据电泳装置不同,分为水平板电泳、垂直板电泳、圆盘电泳、毛细管电泳等。

蛋白质分离、纯化和鉴定中应用得比较多的是聚丙烯酰胺凝胶电泳、等电聚焦电泳、双向电泳。下面简要介绍聚丙烯酰胺凝胶电泳。聚丙烯酰胺凝胶电泳简称 PAGE(Polyacryl Am-ide Gel Electrophoresis),是以聚丙烯酰胺凝胶作为支持介质的一种常用电泳技术。聚丙烯酰胺凝胶由单体丙烯酰胺和甲叉双丙烯酰胺聚合而成。蛋白质在聚丙烯酰胺凝胶中电泳时,它的迁移率取决于它所带净电荷以及分子的大小、形状等因素。如果加入一种试剂使电荷因素消除,那电泳迁移率就取决于分子的大小,就可以用电泳技术测定蛋白质的分子量。1967 年,Shapiro 等发现阴离子去污剂十二烷基硫酸钠(SDS)具有这种作用。当向蛋白质溶液中加入足够量 SDS 和巯基乙醇,SDS 可使蛋白质分子中的二硫键还原。十二烷基硫酸根带负电,使各种蛋白质-SDS 复合物都带上相同密度的负电荷,它的量大大超过了蛋白质分子的电荷量,因而掩盖了不同种蛋白质间原有的电荷差别,SDS 与蛋白质结合后,还可引起构象改变,蛋白质-SDS 复合物形成近似雪茄烟形的长椭圆棒状,这样的蛋白质-SDS 复合物在凝胶中的迁移率不再受蛋白质的电荷和形状的影响,而取决于分子量的大小。因为蛋白质-SDS 复合物在单位长度上带有相等的电荷,所以它们以相等的迁移速度从浓缩胶进入分离胶,进入分离胶后,由于聚丙烯酰胺的分子筛作用,小分子的蛋白质容易通过凝胶孔径,阻力小,迁移速度快;大分子蛋白质则受到较大的阻力而被滞后。这样蛋白质在电泳过程中就会根据其各自分子量的大小而被分离。

三、蛋白质的分子设计

天然蛋白质在人造条件下的应用往往受限,需要对蛋白质进行改造才能使其在特定条件下起到特定的作用,因此就出现了蛋白质分子设计这个领域。

(一)蛋白质分子设计的程序

蛋白质分子设计包括根据蛋白质的结构和功能的关系,用计算机建立模型,然后通过分子生物学手段改造蛋白质的基因,并通过生物化学和细胞生物学等手段得到突变的基因,最后对得到的蛋白质突变体进行分析验证。通常,蛋白质分子设计需要几次循环才能达到目的。其设计流程如图 6-2-8 所示。

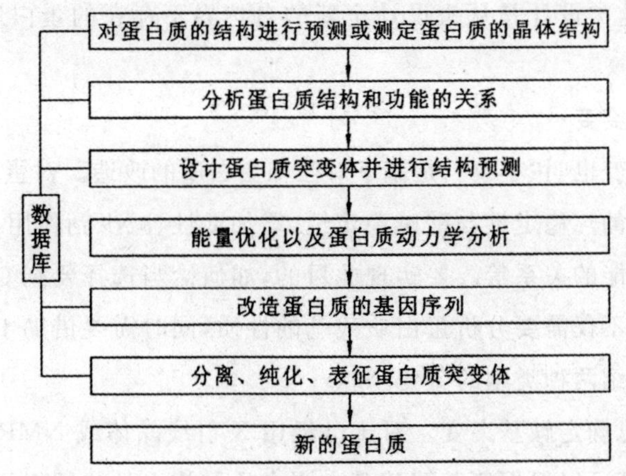

图 6-2-8　蛋白质分子设计流程图

1.构建模型,设计蛋白质突变体

构建模型的素材是蛋白质的一级结构、高级结构、功能域,蛋白质的理化性质,蛋白质结构和功能的关系以及其同源蛋白相关信息。这需要查阅大量文献和相关数据库。对于别人已经做了相关工作的蛋白质,这些数据可以直接拿来作为构建模型的依据。但对于未知结构的蛋白质,则要么先解析其晶体结构,要么根据已知的氨基酸序列进行结构预测。

2.能量优化以及蛋白质动力学分析

利用能量优化以及蛋白质动力学方法预测修饰后的蛋白质的结构,并将预测的结构与原始蛋白质的结构比较,利用蛋白质结构-功能或结构-稳定性相关知识预测新蛋白质可能具有的性质。

3.获得蛋白质突变体

根据前面的设计,合成蛋白质或改造蛋白质突变体的基因序列,然后分离、纯化得到所要求的蛋白质。

4.结构和功能分析

对纯化的蛋白质突变体进行结构和功能分析,并与原来的蛋白质比较,判断是否达到所要改造的目的。若得到的蛋白质突变体没有实现预期的功能,则需要重新设计;反之,则作为一种具有特定功能的新蛋白质出现。

(二)蛋白质分子设计的分类

在蛋白质的设计实践中,常根据改造的程度将蛋白质分子设计分为三类:①定位突变或化学修饰法,这种设计是对蛋白质的小范围改造,进行一个或几个氨基酸的改变或进行化学修饰,来研究和改善蛋白质的性质和功能,也称“小改”;②拼接组装设计,这种方法是对蛋白质结构域进行拼接组装而改变蛋白质的功能,获取具有新特点的蛋白质分子,也称“中改”;

③全新设计蛋白质，这类设计是从头设计全新的自然界不存在的蛋白质，使之具有特定功能，也称“大改”。

1.部分氨基酸的突变

部分氨基酸的突变也叫“小改”，是基于对已知蛋白质的改造。对蛋白质进行定点突变，其目的是提高蛋白质的热稳定性与酸碱稳定性、增加活性、减少副作用、提高专一性以及研究蛋白质的结果和功能的关系等。要实现此目的，如何恰当选择要突变的残基则是在小改中最关键的问题。这不仅需要分析蛋白质残基的性质，同时需要借助于已有的三维结构或分子模型。现简要介绍两种类型的突变。

(1)根据结构信息确定碱基突变。对于已经用X射线晶体或NMR谱高分辨率测定出三级结构的蛋白质，就可以根据氨基酸残基在蛋白质结构上的位置来推测功能。如果已知蛋白质和其配基(包括受体、底物、辅酶和抑制剂)的复合体，那么这种方法很有效。对于那些与配基形成氢键、离子键或疏水键作用的氨基酸残基，可以根据其与配基上受体基团的距离和取向而确定。用定点突变的方式替换这样的残基就可以验证这些确定的残基是否参与结合，并确认每一种作用在要评估的复合体中的结合能的作用。这种方法是理解酶专一性和催化性的基础。

(2)随机突变。随机突变一般在体外用照射、化学剂诱导，体内利用 *E. coli* 的突变株等方法。但是，通常出现非保守残基的突变或者小的氨基酸残基被大的氨基酸残基替换，这两种类型的突变体都可能破坏蛋白质的构象，并造成功能非特异性丧失。所以在研究中，应对每个位置上的氨基酸残基的几种不同的替换进行分析，以便比较非特异性的替换和特异性的替换对蛋白质功能的影响。

2.天然蛋白质的裁剪

天然蛋白质的裁剪又称“中改”，是指在蛋白质中替换1个肽段或者1个结构域。蛋白质的立体结构可以看作由结构元件组装而成，因此可以在不同的蛋白质之间成段地替换结构元件，期望能够转移相应的功能。中改在新型抗体的开发中有着广泛的应用。

(1)抗体剪裁。英国剑桥大学的Winter等利用分子剪裁技术成功地在抗体分子上进行了实验。抗体分子由2条重链(H链)、2条轻链(L链)组成，两条重链通过二硫键连接起来，呈Y形，而两条轻链通过二硫键连接在重链近氨基端的两侧。重链有4个结构域，轻链有2个结构域；抗原的识别部分位于由轻、重二链的处于分子顶部的各1个结构域的高度可变区。抗体分子与抗原分子互补的决定子是由可变区的一些环状肽段组成的。Winter等将小鼠单抗体分子重链的互补决定子基因操纵办法换到人的抗体分子的相应部位上，使得小鼠单抗体分子所具备的抗原结合专一性转移到人的抗体分子上。这个实验具有重大的医学价值，因为小鼠单抗比人的单抗容易做，而在医学上使用的是人的单抗。采用分子剪裁法可以先制备小鼠的单抗，然后将互补决定子转移到人的抗体上，达到与人单抗分子同样的

效果。

(2)蛋白质关键残基嫁接。两种蛋白质结合时,往往会有少数几个非常关键的残基,对结合起到主要作用。基于这种情况,最近我国科学家来鲁华教授课题组发展了一种“蛋白质关键残基嫁接”的方法,用于将一个蛋白质的关键功能性残基“嫁接”到另一个不同结构的蛋白质上,并将这种方法应用到实际体系研究中。促红细胞生成素(EPO)通过和它的受体(EPOR)相互作用,促进红细胞的分化和成熟。而将EPO上的关键功能性残基“嫁接”到一个结构完全不同的PH结构域蛋白上后,PH蛋白便具有了和EPOR结合的功能,而这种功能在自然界是不存在的。这种方法有可能得到广泛应用,实现蛋白质功能的自由设计。

3.全新蛋白质分子设计

全新蛋白质分子设计也称为蛋白质分子从头设计,是指基于对蛋白质折叠规律的认识,从氨基酸的序列出发,设计改造自然界中不存在的全新蛋白质,使之具有特定的空间结构和预期的功能。

(1)全新蛋白质分子设计的程序。全新蛋白质分子设计的一般过程可用图6-2-9表示。

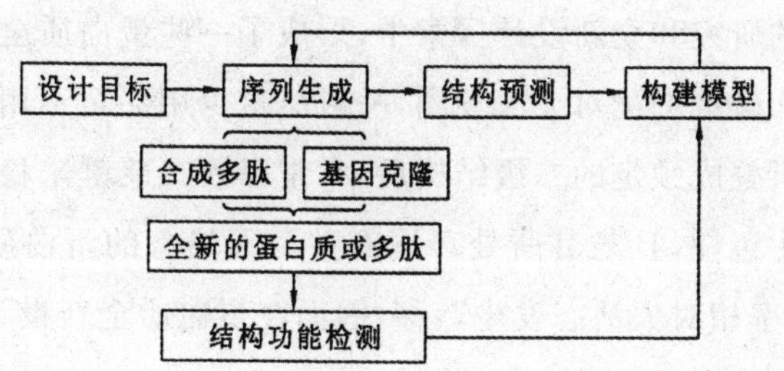

图6-2-9　蛋白质全新设计流程

确定设计目标后,先根据一定的规则生成初始序列,经过结构预测和构建模型对序列进行初步的修改,然后进行多肽合成或基因表达,经结构检测确定是否与目标相符,并根据检测结构指导进一步的设计。蛋白质设计一般要经过反复多次设计→检测→再设计的过程。

设计目标选择:蛋白质全新设计可分为功能设计和结构设计两个方面,结构设计是目前的重点和难点。结构设计是从最简单的二级结构开始,以摸索蛋白质结构稳定的规律,在超二级结构和三级结构设计中,一般选择天然蛋白质结构中一些比较稳定的模块作为设计目标,如四螺旋束和锌指结构等。在蛋白质功能设计方面主要进行天然蛋白质功能的模拟,如金属结合蛋白、离子通道等。

设计方法:最早的设计方法是序列最简化方法,其特点是尽量使设计序列的复杂性最小,一般仅用很少几种氨基酸,设计的序列往往具有一定的对称性或周期性。这种方法使设计的复杂性减少,并能检验一些蛋白质的折叠规律(如HP模型),现在很多设计仍然采用这一方法。1988年Mutter首先提出模板组装合成法,其思路是将各种二级结构片段通过共价键连接到一个刚性的模板分子上,形成一定的三级结构。模板组装合成法绕过了蛋白质三级结构设计的困难,通过改变二级结构中氨基酸残基来研究蛋白质中的长程作用力,是研究蛋白质折叠规律和运行蛋白质全新设计规律探索的有效手段。

结构检测:设计的蛋白质序列只有合成并检测结构后才能判断设计是否与预想结构相符合。一般从三个方面来检测:设计的蛋白质是否为多聚体,二级结构含量是否与目标符合,是否具有预定的三级结构。通过测定分子体积大小可以判断分子以几聚体形式存在,同时可以初步判断蛋白质结构是无规则卷曲还是有一定的三级结构。检测蛋白质浓度对圆二色谱(CD)和 NMR 谱的影响也可以判断蛋白质是否以单分子形式存在。CD 是检测设计蛋白质二级结构最常用的方法,根据远紫外 CD 谱可以计算蛋白质中各二级结构的大致含量。三级结构测定目前主要依靠核磁共振技术和荧光分析,也可以使用 X 射线晶体衍射技术分析。

(2)蛋白质结构的全新设计。设计一个新奇的蛋白质结构的中心问题是如何设计一段能够形成稳定、独特三维结构的序列,也就是如何克服线性聚合链构象熵的问题。为达到这个目的,可以考虑使相互作用和数目达到最大,并且通过共价交叉连接减少折叠的构象熵。

在对蛋白质折叠的研究和全新设计探索中,形成了一些蛋白质全新设计的原则和经验,如由于半胱氨酸形成二硫键的配对无法预测,一般尽量少用甚至不用,特别是在自动设计方法中。但当序列能够折叠成预定的二级结构后,常常引入二硫键来稳定蛋白质的三级结构。色氨酸的吲哚环具有生色性,且与其所处环境有关。天然态的蛋白质中色氨酸常常埋藏在蛋白质内部,其荧光频率相对失活态发生蓝移,因而在蛋白质全新设计中常引入色氨酸作为荧光探针以及检验设计蛋白质的三级结构。

(3)蛋白质功能的全新设计。除了努力达到设计出具有目标结构的蛋白质外,人们更希望设计出具有目标功能的蛋白质。蛋白质功能设计主要涉及键合和催化,为达到这些目的,可以采用两条不同的途径:一是反向实现蛋白质与工程底物的契合,改变功能;二是从头设计功能蛋白质。蛋白质功能的设计离不开蛋白质的结构特点,它是以由特殊结构决定的特定功能的结构域为基础。目前这方面的工作主要是通过一些特定的结构域模拟天然蛋白质。

对于蛋白质分子设计,目前逐步开始走自动化设计,已有很多现成的蛋白质分子设计软件。国外的大型软件包主要有 SYBYL、BIOSYM 等。国内的有北京大学化学系 PEPMODS 蛋白质分子设计系统,以及中国科学院生物物理研究所和中国科学院上海生物化学研究所等设计的 PMODELING 程序包。

(4)蛋白质全新设计的现状和前景。蛋白质全新设计不仅使我们有可能得到自然界不存在的具有全新结构和功能的蛋白质,并且已经成为检验蛋白质折叠理论和研究蛋白质折叠规律的重要手段。由于对蛋白质折叠理论的认识还不够,蛋白质全新设计还处于探索阶段。在设计思路上,目前往往偏重考虑某一蛋白质结构稳定因素,而不是平衡考虑各种因素,如在超二级结构和三级结构的设计中,常常力求使各二级结构片段都具有最大的稳定

性，这与天然蛋白质中三级结构的形成是二级结构形成和稳定的重要因素刚好相反。从设计的结果看，目前还只能设计较小蛋白质，其水溶性也差，而且大多不具备确定的三级结构；对是否及何时能够从蛋白质的氨基酸序列准确地预测其三级结构也存在不同的看法。但即使无法准确地从蛋白质序列预测蛋白质结构，对蛋白质折叠规律的不断了解及蛋白质设计经验的不断积累也将使蛋白质全新设计的成功率不断提高。另外，组合化学方法应用到蛋白质全新设计中必然大大地缩短设计的周期，并将彻底改变蛋白质全新设计的面貌。

第三节　蛋白质工程的应用

蛋白质工程的出现为研究蛋白质的结构与功能的关系提供了一种新的、有力的工具，目前已经在蛋白质药物、工业酶制剂、农业生物技术、生物代谢途径等领域取得了广泛的应用。

一、蛋白质工程在工业酶方面的应用

（一）枯草杆菌蛋白酶的改造

枯草杆菌蛋白酶是一种在工业上广泛应用的蛋白酶。例如，在用作洗涤剂的添加剂时，抗氧化的蛋白酶可以和增白剂一起使用，耐碱的蛋白酶能省去酶的保护剂，耐热的蛋白酶使洗涤剂能在较热的水中使用，增强去垢能力等。此外，蛋白酶稳定性的提高，还能减少生产、运输和保存过程中酶活力的损耗，从而降低生产成本，提高经济效益。

1.对热稳定性的改造

热稳定性是蛋白质分子的整体性质，是蛋白质分子内所有共价和非共价结合力的一个复杂的综合效应，一般从以下几个方面进行改造：构建或增强分子内氢键或（和）离子键等次级键，改进分子内部的相互疏水作用；在分子内或分子表面引入二硫键；稳定有利于加强内聚的螺旋结构；引入新的钙离子结合位点等。在可能的情况下，可采用随机诱变目的基因的方法来筛选热稳定性得到改进的突变型蛋白质。这样得到的耐热蛋白质不仅在实际应用方面很有价值，而且通过对它的空间结构的分析，还可为提高蛋白质热稳定性的理论研究提供重要的信息。

2.对氧化稳定性的改造

对氧化的敏感性常常是造成蛋白质不稳定的因素，尤其是在酶的活性中心或者活性中心的附近存在甲硫氨酸、半胱氨酸或色氨酸等易被氧化的氨基酸残基时。酶在体外的氧化失活会严重影响酶的功能。

在枯草杆菌蛋白酶 BPN 分子上有一个 Met-222 与催化位点 Ser-221 相连，恰好位于一

个 α-螺旋的氨基端。从空间位置看，它是处于 Tyr-217、His-64 和 His-67 的侧链以及 217-218主链原子中间。D. A. Estell 等采用“盒式突变”的方法对 Met-222 进行全面的替换，然后在一定条件下筛选符合要求的突变型蛋白酶。结果表明，改造后的蛋白酶在浓度为 1 mol/L的双氧水中可保存 1 h 以上，且酶活性没有明显的降低。而野生型酶在 1 mol/L 双氧水中的半衰期仅为 2.5 min。

3. 对最适 pH 值的改造

酶的最适 pH 值范围与酶的应用范围息息相关。它一般是由其活性部位的静电环境或者总的表面电荷所决定的。因此，可以考虑通过改变静电环境来改变有关催化基团的 pK_a 值，从而改变其催化活性对 pH 值的依赖性。1987 年英国学者 A. Fersht 依据这一原理，以枯草杆菌蛋白酶为模型，对定向改变酶的最适 pH 值问题进行了研究。

枯草杆菌蛋白酶的 BPN 活性中心有一个 His-64，它在酶的催化过程中作为一个广义碱来传递质子，其 pK_a 值接近于 7。在低 pH 值下，它的侧链咪唑环会发生质子化，使酶失去活性。A. Fersht 等人通过将枯草杆菌蛋白酶分子表面的 Asp(99) 和 Glu(156) 改成 Lys，使分子表面的负电荷转为正电荷，从而使得活性中心 His(64) 质子易于丢失。这一改造使突变酶的 pK_a 值从 7 下降到 6，使酶在 pH 值为 6 时的活性提高 10 倍。

（二）葡萄糖异构酶的改造

葡萄糖异构酶（glucose isomerase，GI）又称 D-木糖异构酶（D-xylose isomerase），能催化 D-葡萄糖至 D-果糖的异构反应，是工业上从淀粉制备高果糖浆的关键酶，而且可将木聚糖异构化为木酮糖，再经微生物发酵生产乙醇。目前，葡萄糖异构酶是国际公认的研究蛋白质结构与功能关系、建立完整的蛋白质技术最好的模型之一。

1. 对 GI 热稳定性的改造

7 号淀粉酶链霉菌 M_{1033} 菌株所产葡萄糖异构酶 SM33GI 是工业上大规模以淀粉制备高果糖浆的关键酶，但用于工业生产其热稳定性还不够理想。朱国萍等学者通过分子结构模拟，设计将 Gly-138 改为 Pro，以提高 SM33GI 的热稳定性。他们用寡核苷酸定点诱变方法对 SM33GI 的基因进行体外定点突变，将 Gly-138 替换成 Pro，构建了 GI 突变体 G138P。含突变体的重组质粒 pTKD-GIG138 在 *E. coli* K_{38} 菌株中表达获得突变型 GIG138P。实验表明：与野生型 GI 相比，GIG138P 的热失活半衰期约是它的 2 倍；最适反应温度提高了 10～12℃；比活性相当。

2. 对 GI 最适 pH 值的改造

大规模由淀粉制备高果糖浆生产中，降低反应 pH 值可增加果糖产率。利用定点诱变技术改造 GI 基因已获得多种突变株，使突变 GI 的最适 pH 值降低。

二、蛋白质工程在农业方面的应用

目前已发现并分离了多种有用的杀虫蛋白，它们都具有良好的杀虫活性。但天然杀虫蛋白往往具有杀虫活性低、杀虫范围窄，在转基因作物中表达量低、不稳定等问题，造成抗虫效果不理想。因此，通过蛋白质工程对现有杀虫蛋白进行特异性修饰或定向改造，甚至设计新的杀虫蛋白，再通过转基因技术，使这些改造后的杀虫蛋白在农作物中高效表达，从而获得抗虫活性优异、使用安全的农作物新品种，成为现今农业发展的新趋势。

(一)杀虫结晶蛋白(Bt 毒蛋白)

Bt 毒蛋白是一种分子结构复杂的蛋白质毒素，在伴孢晶体内以毒素原的形式存在，在昆虫肠道内可被蛋白酶水解而被活化；活化的 Bt 毒蛋白不能被肠道内胰蛋白酶等水解，它可与昆虫肠道上皮细胞表面的特异受体相互作用，诱导细胞膜产生一些特异性小孔，扰乱细胞内的渗透平衡，并引起细胞膨胀甚至破裂，从而导致昆虫停止进食而死亡。人、畜等不能使毒素原活化，因此对人畜没有毒性。

根据杀虫晶体蛋白的大小及基因特点，将其主要分为 Cry 和 Cyt 两类，目前应用最广泛的是 Cry 类 Bt 毒蛋白。未经改造的 Bt 基因在转基因植物中表达水平很低，含量仅是植株内全部可溶性蛋白的 0.001%以下，不能直接毒杀害虫。因此，必须对 Bt 基因进行修饰改造，以提高其在植株中的表达量及稳定性。

1.去除非活性区域

Bt 毒蛋白原是由 1 100～1 200 个氨基酸残基组成的多肽，其中有杀毒活性的区域为氨基端 500～600 个氨基酸残基，分子量为 60～70 kD，只需将编码毒性核心片段的基因转入植株，就可以达到抗虫目的。

2.更换密码子

Bt 基因来源于原核生物，其密码子与真核生物的密码子偏好性有较大差别。在保证氨基酸序列不变的前提下，根据待转基因植物的密码子偏好性对 Bt 基因进行改造，全部更换为植物所喜好的密码子，可以大大提高翻译效率。

3.消除不稳定元件

Bt 基因中密码子以碱基 A 和 T 结尾的比例较高，而植物基因中密码子以碱基 G 和 C 结尾的比例高，这样有可能导致 Bt 基因转录提前终止及 mRNA 错误切割，因此去除或更换部分富含 AT 的序列，消除基因中的不稳定元件，可以提高其表达量。经过上述基因改造与修饰后，目前获得的转基因植株中，Bt 毒蛋白的表达量可以达到 0.1%以上，从而达到较好的杀虫效果。

（二）蛋白酶抑制剂

蛋白酶抑制剂是抑制蛋白水解酶活性的分子，它最终导致害虫生长发育不正常直至死亡。植物、动物及微生物体内广泛存在的蛋白酶抑制剂多为小肽或小分子蛋白，它可与蛋白酶特定位点的必需基团相互作用，使蛋白酶活性下降或完全被抑制。植物体内的蛋白酶抑制剂不仅具有调节蛋白酶活性和蛋白质代谢等重要生理功能，还具有自身防御作用。

通常情况下，植物体内的蛋白酶抑制剂含量很低，不足以杀死害虫。近年来，利用蛋白质工程手段，将外源蛋白酶抑制剂基因转入植株，使得转基因植株中蛋白酶抑制剂的表达量达到可溶性蛋白的1.1％以上，从而达到杀死害虫的效果。

三、蛋白质工程在医药方面的应用

（一）组织血纤维蛋白溶酶原激活因子的改造

组织血纤维蛋白溶酶原激活因子（t-PA）是一种血浆糖蛋白，被用作急性心血管栓塞的溶栓制剂。实验表明，利用蛋白质工程的方法对t-PA进行改造可以改善t-PA的性质，如溶血活性、血纤维结合和血纤维特异性、与血浆抑制因子的相互作用和半衰期等。

1.对t-PA清除速率的改造

因为t-PA在血循环中快速清除，所以在治疗中需要大剂量连续几小时的静脉注射以保持t-PA在血中的适当浓度。通过改变t-PA在血浆中清除的速率来产生具有更长半衰期的治疗药剂，是t-PA蛋白质工程的一个方向。

（1）t-PA结构域缺失的突变体。通过基因上的方法将t-PA的一个或多个结构域从其基因序列中切除，来改善t-PA的清除速率。研究结果表明，t-PA主要的清除决定因子位于F、G、K_1结构域，去除其中的任何结构域都可引起清除速率的改变。但这种清除速率的减小，伴随着t-PA水解血纤维的活性降低。

（2）t-PA的糖基化突变体。在Asn-117位是高甘露糖的结合位点，而在Asn-184和Asn-448位是复杂糖类的结合位点，t-PA分子50％以上在Asn-184位糖基化。在Asn-184存在糖基化可以抑制溶纤酶催化的t-PA从单链向双链的转化，从而减小清除速率。目前已有很多与糖基化位点相关的突变体被构建，对这些突变体溶纤功能、血纤维亲和性、血纤维特异性等的综合评估，为产生低清除速率而又不影响其功能活性的t-PA突变体开辟了一条新的途径。

2.血纤维特异性

t-PA对纤维蛋白溶酶原的活性受纤维蛋白原和纤维蛋白等生理辅助因子所调节。在存在纤维蛋白的情况下，t-PA对纤维蛋白溶酶原的活性要远远超过存在纤维蛋白原时的活性，这就是 t-PA 的纤维蛋白特异性。

非特异性的纤维蛋白溶酶原的激活引起纤维蛋白原降解，在严重的情况下就引起出血。为增加溶栓治疗的安全性，通过 t-PA 特定位点的丙氨酸取代来改进 t-PA 的纤维蛋白特异性成为一种有效手段。从各种突变中得到一个 Lys 296 Ala、His 297 Ala、Arg 298 Ala 和 Arg299 Ala 的突变体，即将在 P 结构域中相连(296～299)的 4 个碱性氨基酸残基变成丙氨酸。这个突变体与野生型 t-PA 相比，纤维蛋白的特异性增加。

(二)抗体融合蛋白

抗体分子呈 Y 形(图 6-3-1)，由二条重链和二条轻链通过二硫键连接而成。每条链均由可变区(N 端)和恒定区(C 端)组成，抗原的吸附位点在可变区，细胞毒素或其他功能因子的吸附位点在恒定区。每个可变区中有三个部分在氨基酸序列上高度变化，在三维结构上处在 β 折叠端头的松散结构互补决定区(CDR)是抗原的结合位点，其余部分为 CDR 的支持结构。不同种属的 CDR 结构是保守的，这样就可以通过蛋白质工程对抗体进行改造。

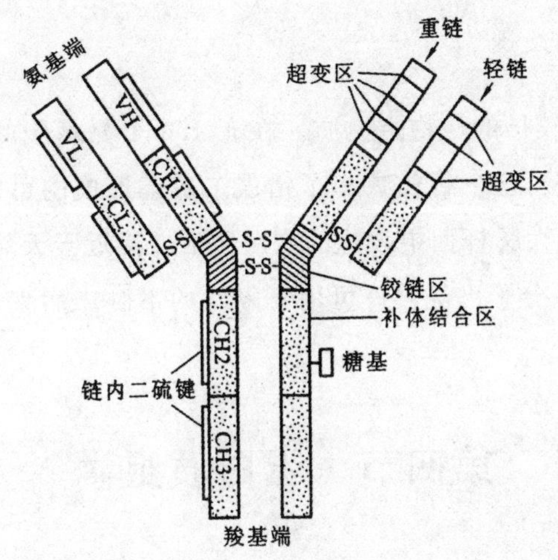

图 6-3-1　抗体结构图

将抗体分子片段与其他蛋白融合，可得到具有多种生物学功能的融合蛋白。这些融合蛋白能利用抗体的特异性识别功能导向某些生物活性的特定部位。抗体融合蛋白有多种不同的方式，如将 Fv 或 Fab 段与其他生物活性蛋白融合可将特定的生物学活性导向靶部位；在融合时可根据需要保留某些恒定区使其具备一定的抗体生物学功能；将非 Ig 蛋白与抗体分子的 Fc 段融合，可改善其药物动力学特性；将 Fv 段与其他细胞膜蛋白融合可得到嵌合受体，赋予特定的细胞以抗原结合能力。

1. 免疫导向

将毒素、酶、细胞因子等生物活性物质的基因与抗体融合，可将这些生物活性物质导向特定的靶部位,更有效地发挥其生物学功能。

导向治疗是这类融合蛋白的主要应用领域,尤其是肿瘤治疗。将抗肿瘤相关抗原的抗体与毒性蛋白融合形成的重组毒素或免疫毒素可将细胞杀伤效应引导到肿瘤部位,其抗体部分多使用 ScFv,常用抗体融合毒素有绿脓杆菌外毒素、蓖麻毒素及白喉毒素等。抗体与细胞因子融合也可用于肿瘤的导向治疗,常用的细胞因子有干扰素(INF)、白介素 2(IL-2)及肿瘤坏死因子(TNF)等。

免疫导向治疗并不局限于肿瘤,可能对多种疾病起到治疗作用,如将抗纤维蛋白的 ScFv 与纤维蛋白溶酶原激活物基因拼接所表达的融合蛋白可促进血栓的溶解。

2. 含 Fc 的抗体融合蛋白

构建抗体融合蛋白时不仅可以利用抗体分子 Fv 段特异性结合抗原的特性,也可利用 Fc 段所特有的生物学效应功能。将某些蛋白分子与抗体 Fc 段融合可产生两种效果:一是通过该蛋白分子与其配体的相互作用将 Fc 的生物学效应引导到特定目标,二是增加该蛋白分子在血液中的半衰期。

(三)干扰素 β-1b 的改造

干扰素 β-1b 是生产较早的药物蛋白质。在有 154 个氨基酸的干扰素蛋白质中的残基 17,用半胱氨酸替代丝氨酸,这个替代减小了错误二硫键形成的可能性,同时也去除了一个转录后氧化的可能位点。大肠杆菌中表达的蛋白质活性接近于天然形成的纤维细胞获得的干扰素 β。自 1993 年起该分子已经被许可用于复发的不卧床病人,减少复发的频率和严重程度,减缓多发硬化症。

第四节　蛋白质组学

随着人类基因组计划的完成,科学家们又提出了后基因组计划。蛋白质组学就是在后基因组时代出现的一个新的研究领域。2001 年《科学》杂志已经把蛋白质组学列为六大研究热点之一,蛋白质组学研究已成为 21 世纪生命科学的重要战略前沿。

一、蛋白质组学的概念

蛋白质组(proteome)源于“protein”与“genome”两个词,指的是由一个细胞、一个组织或一种生物的基因组所表达的全部相应的蛋白质。

蛋白质组学(proteomics)是从整体角度分析细胞内动态变化的蛋白质组成、表达水平与修饰状态,了解蛋白质之间的相互作用与联系,提示蛋白质的功能与细胞的活动规律。目前,蛋白质组学尚无明确的定义,一般认为它是研究蛋白质组或应用大规模蛋白质分离和识别技术研究蛋白质组的一门学科，是对基因组所表达的整套蛋白质的分析。作为一门学科，蛋白质组研究并非从零开始，它是已有20多年历史的蛋白质(多肽)谱和基因产物图谱技术的延伸。

二、蛋白质组学的研究内容

蛋白质组学研究的内容主要有结构蛋白质组学和功能蛋白质组学两方面。

1.结构蛋白质组学

结构蛋白质组学主要研究蛋白质的表达模式，包括蛋白质氨基酸序列分析及空间结构的解析。蛋白质表达模式的研究是蛋白质组学研究的基础内容，主要研究特定条件下某一细胞或组织的所有蛋白质的表征问题。常规的方法是提取蛋白质，经双向电泳分离形成一个蛋白质组的二维图谱，通过计算机图像分析得到各蛋白质的等电点、分子量、表达量等，再结合以质谱分析为主要手段的蛋白质鉴定，建立起细胞、组织或机体在正常生理条件下的蛋白质图谱和数据库。在此基础上，可以比较分析在变化条件下，蛋白质组所发生的变化，如蛋白质表达量的变化、翻译后的加工修饰、蛋白质在亚细胞水平上的改变等，从而发现和鉴定出特定功能的蛋白质及其基因。结构蛋白质组学所得到的信息可以帮助我们很好地理解细胞的整体结构，并且有助于解释某一特定蛋白质的表达对细胞产生的特定作用。

2.功能蛋白质组学

功能蛋白质组学主要研究蛋白质的功能模式，包括蛋白质的功能和蛋白质间的相互作用。蛋白质功能模式的研究是蛋白质组学研究的最终目标，目前主要集中于研究蛋白质相互作用和蛋白质结构与功能的关系，以及基因的结构与蛋白质的结构功能的关系。对蛋白质组成的分析鉴定是蛋白质组学中与基因组学相对应的主要部分，它要求对蛋白质进行表征，即对所有蛋白质进行分离、鉴定及图谱化。蛋白质间的相互作用主要包括以下几类：分子和亚基的聚合、分子杂交、分子识别、分子自组装、多酶复合体。而分析一个蛋白质和已知功能的蛋白质的相互作用是研究其功能的重要方法。功能蛋白质组学的方法可以更好地分析、阐明被选择的蛋白质组分的特征与功能，还可以提供有关蛋白质信号、疾病机制或蛋白质类药物相互作用的重要信息。

目前蛋白质组学又出现了新的研究趋势。

(1)亚细胞蛋白质组学。分离、鉴定不同生理状态下亚细胞蛋白质的表达，这对全面了解细胞功能有重要意义。

(2)定量蛋白质组学。精确定量分析和鉴定一个基因组表达的所有蛋白质已成为当前研究的热点。

(3)磷酸化蛋白质组学。蛋白质磷酸化和去磷酸化过程用来调节几乎所有的生命活动过程。蛋白质组学的方法可以从整体上观察细胞或组织中蛋白质磷酸化的状态及其变化。

(4)糖基化蛋白质组学。可用于确定糖蛋白特异性结合位点中多糖所处的不同位置。近年来在蛋白质组学背景下进行的糖生物学研究已取得了可喜的进展。

(5)相互作用蛋白质组学。通过各种先进技术研究蛋白质之间的相互作用,绘制某个体系蛋白质作用的图谱。

三、蛋白质组学的研究技术

当前国际蛋白质组研究技术主要有以下几个方面。

1.蛋白质的制备技术

蛋白质样品制备是蛋白质组学研究的关键步骤。蛋白质样品制备的一般过程是:对细胞、组织等样品进行破碎、溶解、失活和还原,断开蛋白质之间的连接键,提取全部蛋白质,除去非蛋白质部分。通常可采用细胞或组织中的全蛋白质组分进行蛋白质组分析。也可以进行样品预分级,即采用各种方法将细胞或组织中的蛋白质分成几部分,分别进行蛋白质组学研究。样品预分级的主要方法包括根据蛋白质溶解性和蛋白质在细胞中不同的细胞器定位进行分级,如专门分离出细胞核、线粒体或高尔基体等细胞器的蛋白质成分。样品预分级不仅可以提高低丰度蛋白质的上样量和检测灵敏度,还可以针对某一细胞器的蛋白质组进行研究。

激光捕获显微切割技术是20世纪末期发展起来的新技术。利用激光切割组织,能高效地从复合组织中特异性地分离出单个细胞或单一类型细胞群,显著提高样本的均一性。

2.蛋白质的分离技术

蛋白质分离技术是蛋白质组学研究的核心,利用蛋白质的等电点和分子量差异通过双向凝胶电泳的方法将各种蛋白质区分开来的一种很有效的手段,它在蛋白质组分离技术中起到了关键作用。目前的蛋白质分离技术主要有双向凝胶电泳技术、噬菌体展示技术、串联亲和纯化技术和表面等离子共振技术等。

(1)双向凝胶电泳技术。双向凝胶电泳依据蛋白质分子对静电荷或等电电子具有不同的敏感度从而将蛋白质分子分离开来。以双向聚丙烯酰胺凝胶电泳(two dimensional polyacrylamide gel electrophore-SIS,2D-PAGE)为例,第一向为等电聚焦(IEF),是基于等电点不同将蛋白质分离;第二向为SDS-聚丙烯酰胺凝胶电泳(SDS-PAGE),是基于分子量不同而将蛋白质分离。首先将制备好的样品进行等电聚焦电泳,在这个过程中需要使用固定pH梯度的干胶条。当电场作用于胶条上时,存在于胶条内的带电蛋白质便根据其所带电荷的正负而反向移动,在移动中蛋白的带电量逐渐减小,直到移动到该蛋白质不带电时为止,这时蛋白质便迁移到了它的等电点处。然后将第一向电泳后的胶条经2次平衡后转移到第二向电泳(SDS-PAGE),将蛋白质按照分子量的不同而分开。双向凝胶电泳技术间可能的相互作用信息,还需通过进一步的生物化学实验确定和排除。

(2)噬菌体展示技术。噬菌体展示技术主要是在编码噬菌体外壳蛋白质基因上连接一单克隆抗体基因序列。噬菌体生长时表面会表达出相应单克隆抗体,噬菌体过柱时,如柱上含有目的蛋白质,则可特异性地结合相应抗体。该技术具有高通量及简便的特点,与酵母双杂交技术互为补充,弥补了酵母双杂交技术的一些不足。缺陷是噬菌体文库中的编码蛋白质均为融合蛋白质,可能改变天然蛋白质的结构和功能,体外检测的相互作用可能与体内不符。

(3)串联亲和纯化技术。串联亲和纯化技术(tandem affinity purification,TAP)是利用一种经过特殊设计的蛋白质标签,经过两步连续亲和纯化,获得更接近自然状态的特定蛋白质复合物。TAP技术可在低浓度下富集目的蛋白质,得到的产物可用于活性检测及结构分析。因其具有高特异性和选择性,可减小复杂蛋白质组分离的复杂性。

(4)表面等离子共振技术。表面等离子共振技术(surface plasma resonance technology,SPR)是一种研究蛋白质之间相互作用的全新手段。典型代表是瑞典BIACORE的单元蛋白质芯片。SPR除用于检测蛋白质之间的相互作用外,还可用于检测蛋白质与核酸及其他生物大分子之间的相互作用,并且能实时监测整个反应过程。

四、蛋白质组学的应用

蛋白质组学研究技术已经应用于生命科学的各个领域,研究对象覆盖了原核生物、真核微生物、动植物等多个范畴,涉及多种重要的生物学现象,并已成为寻找疾病分子标记和发现药物靶标的有效方法之一。此外,在司法鉴定、环境和食品检测等方面,蛋白质组学也有着广泛的应用。

1.在基础研究中的应用

近年来蛋白质组学研究技术已应用于生命科学基础研究的各个领域,如细胞生物学、神经生物学等。在研究对象上,覆盖了原核生物、真核微生物、动物和植物等范围,涉及各种重要的生物学现象,如细胞分化、信号转导、蛋白质折叠等。这些基础性研究为后续应用性研究奠定了坚实的基础。

目前,信号传导途径、蛋白质相互作用已成为日益重要的研究领域之一。对于细胞内蛋白质的相互作用以及信号传导机制的研究,可使人们逐步从分子水平了解生物体是如何运作的。

2.在农业中的应用

蛋白质组学的研究虽起步较晚,但进展迅速,在农业科学研究中得到了广泛的应用。如核不育和细胞质雄性研究,病虫害等生物胁迫蛋白质组学研究,缺氧胁迫、热胁迫、损伤胁迫等非生物胁迫研究,各种突变体的研究等。

3.在疾病研究中的应用

蛋白质组学在疾病研究中的应用主要是发现新的疾病标志物,以鉴定疾病相关蛋白质作为早期临床诊断的工具,以及探索人类疾病的发病机制与治疗途径。对于人类许多疾病如肿瘤、神经系统疾病、心脑血管疾病、感染性疾病等,均已从蛋白质组学角度展开了深入研究,并取得了一定的进展。目前对疾病特别是肿瘤的早期标志蛋白质分子的筛选,已经在世界范围内形成热潮。

4.在药物开发方面的应用

蛋白质组学最大的应用前景是在药物开发领域,不但能证实已有的药物靶点,进一步阐明药物作用的机制,发现新的药物作用位点和受体,还可用来进行药物毒理学分析及药物代谢产物的研究。

第七章 生物分离工程

自 1980 年前后世界主要发达国家先后实施生物技术发展计划以来，基因工程、转基因、细胞融合等现代生物技术得到长足进步，使得天然存在的微量有用生物活性物质可通过大量细胞（微生物、动物和植物细胞）培养进行商业规模的生产，尤其是在与医药、食品、食品添加剂、化妆品等相关产品生产方面，不仅种类繁多，产品数量也不断增长。

生物产品可以通过微生物发酵过程、酶促反应过程，或动植物细胞大量培养过程获得，包括传统的生物技术产品（氨基酸、有机酸、抗生素、维生素等）和现代生物技术产品（如 DNA 重组技术生产的医用多肽或蛋白、单克隆抗体）。生物反应的产物通常由细胞、游离的细胞外代谢产物、细胞内代谢产物、残存的培养基成分和其他一些惰性成分组成的混合物。这些产物并不能直接应用，必须通过一系列提取、分离和纯化等后续加工才能得到可用的最终产品。生物分离工程（bio-separation engineering）就是从微生物发酵液，或酶促反应液，或动植物细胞培养液中将需要的目标产物进行提取（isolation）、浓缩（concentration）、纯化（purification）及成品化（product polishing）的一门工程学科。在生物技术领域，人们常将生物产品的生产过程称为生物加工过程（bio-processing），将生物分离过程称之为生物下游加工过程（downstream processing）。

对现代生物技术产品分离、回收，既要考虑选择性高的分离、纯化技术，又要考虑不影响产品的生物活性，并形成现代生物技术产业；同时，多数产品与人类生活、健康密切相关，在最终产品中往往不允许极其微量的有害杂质存在，使得生物产品生物分离过程在整个生产过程中显得极为重要。由于生物产物的特殊性（如具有生物活性、不稳定、发酵液中目标产物含量低）、复杂性（从小分子到大分子）和产品（如纯度、杂质含量）要求严格性，导致生物分离过程的成本占整个产品生产成本的大部分（70％～90％，甚至更高）。例如，大部分工业用酶的分离成本占生产总成本的 50％，纯度要求较高的医用酶分离成本高达生产成本的 85％以上，基因工程医用产品甚至超过 85％～90％。相对而言，小分子生物物质（如青霉素、氨基酸）分离成本较低，但也占生产成本的 50％左右。因此，生物分离过程的质量往往决定整个生物加工过程的成败，设计合理的下游加工过程可大大降低产品的生产成本，实现产品商业化生产。正因如此，其进步程度对于保持和提高各国在生物技术领域内的经济竞争力至关重要。

第一节　生物分离工程的基本技术路线与特点

一、生物分离工程的基本技术路线

生物分离工程由生物反应(酶促反应、微生物发酵、动植物细胞培养等)生产的原料液开始。一个行之有效的生物分离过程设计需要考虑目标产物在细胞中所处的位置(细胞内或细胞外)、分子大小、电荷形式、疏水性、产品溶解度等各种理化性质,产品本身的商业价值与生产规模以及产品类型、用途、质量要求等多种因素。因此,分离、纯化步骤有许多不同的组合,所用技术方法有多种不同的选择;但多数生物分离过程都有一个基本的技术路线(图7-1-1)。

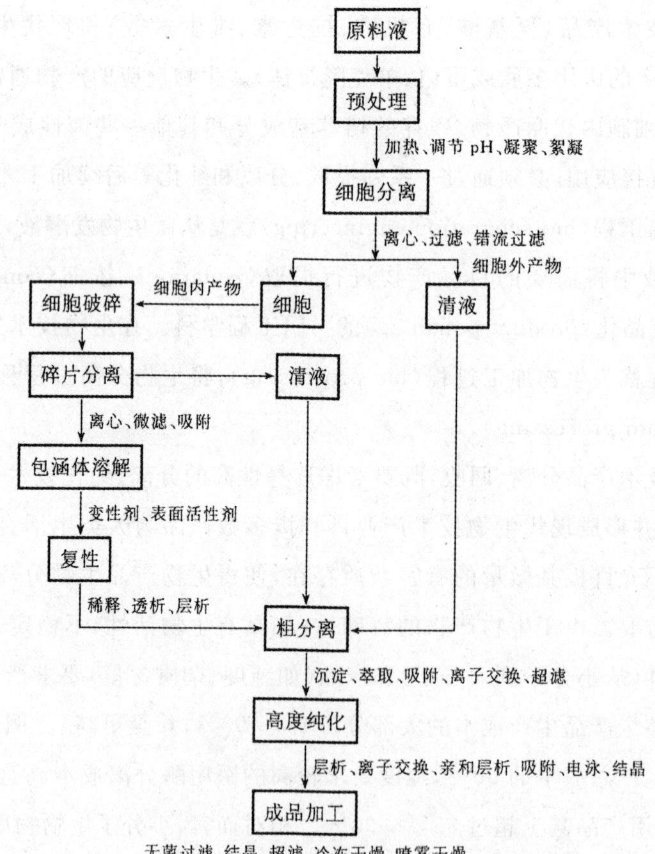

图 7-1-1　生物分离过程基本技术路线

按生产顺序,生物分离过程大致可分为 4 个阶段:①培养液(发酵液)的预处理和细胞(细胞碎片)分离;②粗分离;③高度纯化;④成品加工。

从发酵液中分出细胞(或不溶物)是分离加工的第一步操作。出于技术和经济方面的考虑,这个阶段可供选择的操作单元非常有限,最基本的操作单元通常是离心和过滤。为了加速固—液分离,人们采用了一些辅助技术,如絮凝和凝聚技术、调节 pH、加热等。为了减少过滤介质的阻力,错流过滤是一个值得选择的方法。因为这个阶段的操作对产物浓缩和改善产品质量的意义不是很大,人们通常希望以比较低的投资和成本来获得高回收率和去除杂质,但这些希望与要求之间往往相互矛盾。在工业生产中,这个阶段常采用(自动)板框加压过滤机、鼓式真空过滤机等传统工艺设备。

如果产物存在于细胞外,除去细胞等不溶物后,清液可直接进行下一步分离。当产物存在于细胞内,如很多细胞内蛋白酶,通过分离收集细胞后,还需要进行细胞破碎,将目标产物释放到液相,除去细胞碎片后进行一系列分离纯化操作。如细胞内目标产物是以包涵体形式存在,多数基因工程蛋白则需要用盐酸胍等变性剂溶解包涵体,然后进行体外折叠复性,获得具有活性的目标蛋白质,再进行后续分离操作。细胞破碎的方法有很多种类,包括机械法、生物法和化学法等类别。机械破碎法处理量大、破碎效率高、速度快,是工业生产常用的主要方法。大规模生产中常用的机械破碎设备主要有高压匀浆机(high pressure homogenizer)和球磨机(ball mill),主要利用液相剪切力和挤压作用来破碎细胞。细胞碎片的分离通常用离心分离的方法。有时也可以利用双水相萃取法,选择适当的条件,使细胞碎片集中分配在下相。

经细胞分离或细胞破碎及碎片分离后,如果产物存在于滤液中,人们希望通过粗分离加工阶段除去大部分与目标产物差异较大的杂质,使产物的浓度和质量得到一个显著的提高。为了达到这个目的,单靠某一个单元操作是难以胜任的,一般需要经过一系列加工程序才能完成。这个阶段可供选择的操作单元范围较广,可以根据目标产物与杂质的性质差异来进行选择。

高度纯化阶段同样需要经过一个复杂的多级加工程序,但要求这些技术对产物具有高度的选择性,以能够除去与目标产物有类似化学性质与物理性质的杂质。因此,可以用于高度纯化的操作单元种类比较有限,典型的操作单元有离子交换、层析、电泳、沉淀、结晶等。

成品化加工方法的选择取决于产品的最终用途和要求,浓缩与结晶常常是这个阶段操作的关键。对大多数产品而言,还必须经过干燥处理才能完成成品加工过程。有些产品则需要无菌过滤除去细菌。

由上可见,每一阶段都有若干单元操作可以选择。在生物物质分离与纯化技术中,一部分是常用的化工单元操作,还有一部分则是因为生物技术产品加工需要而发展起来的技术。在进行生物分离过程设计时,应根据加工原料的具体情况和产品的最终要求合理选择相关技术单元。

二、生物分离过程的主要特点

由于生物物质，特别是蛋白质类大分子具有一定的生理或药理活性，且稳定性较差，必须要根据目标产物的特点，在保证产物活性的前提下进行分离、纯化的操作。因此，生物分离过程有着自身的特点：

(1)生物物质的生理或药理活性通常是在体内温和条件下维持并发挥作用的，当遇到高温、pH 改变或某些化学药物存在时很不稳定，容易导致产物活性降低甚至丧失。这就要求采用温和的生物分离过程生产条件，以保证产物的生物活性。

(2)原料液中常常存在降解目标产物的杂质，如宿主细胞中的蛋白酶会分解目标蛋白，从而引起活性分子被破坏或失活，并且温度升高会加速酶降解作用。因此，在制备蛋白质、酶或相似产品时，应在尽可能低的温度下进行快速操作，以避免发酵产物染菌和降解酶对产物的降解。

(3)发酵液中目标产物的浓度往往很低，有时甚至是极其微量的，如氨基酸＜8%，抗生素＜5%，酶＜1%，胰岛素＜0.01%，动物细胞培养液中目标产物含量为(5～50)μg/mL。因此，必须对原料液进行高度浓缩，从而加大了生物分离过程的成本。

(4)原料液(尤其是基因工程微生物表达的产物)中存在与目标产物分子结构、组成成分、理化性质极其相似的杂质分子或分子异构体，并且这些杂质常会与目标分子形成难以分离的复合体。这就需要采用高效技术来分离目标产物。

(5)许多生物产品用于医疗、生物试剂或食品，对最终产品质量要求很高。如蛋白类药物一般规定杂蛋白应少于 2%，而重组胰岛素等基因工程蛋白中杂蛋白含量应少于 0.01%。一些对人体有害的微量杂质如致热源(pyrogen)、具有免疫原性的异体蛋白或过敏原等必须彻底清除；同时，还要防止这些物质在分离过程中从外界混入。因此，生物分离过程往往需要利用多种分离机制、并实施多步分离操作的串联。

(6)由于生物反应多采用分批操作，有时还会由于外界微生物污染而提早终止发酵，使各批生物反应液的性质有所差异，因此要求生物分离技术具有一定的弹性。

可见，生物技术产品通常都是从各种杂质总量远远多于目标产物的悬浮液中开始进行制备，经过一系列分离、纯化等下游加工过程才能得到符合要求的高纯度的产品。由于高纯度产品和特别低浓度的原料液间的巨大差异，加上产物的不稳定性导致回收率不高，以及分离、纯化方法本身的复杂和昂贵，生物分离过程的实施十分艰难且代价巨大。

三、生物分离技术原理与常用的单元操作

生物物质(以下统称为溶质)分离的本质是有效识别混合物中不同溶质之间的物理、化学或生物学性质的差别，利用能够有效识别这些差别的分离介质和扩大这些差别的设备来

实现不同溶质之间的分离或目标产物的纯化。性质不同的溶质在分离操作中具有不同的传质速率和平衡状态，从而可实现彼此分离。这些性质主要包括以下方面：

(一)物理学性质

1.力学性质

利用不同溶质间的密度、分子大小、形状等力学性质差别，可进行颗粒(如细胞、细胞碎片、包涵体)的重力沉降、离心分离、膜分离(筛分)。

2.热力学性质

利用溶质的溶解度、挥发度、表面活性、相间分配平衡等热力学性质差别，可采用蒸馏、蒸发、萃取、结晶(沉淀)、吸附、离子交换等多种方法进行分离。

3.传质性质

黏度、扩散系数(热扩散系数或分子扩散系数)等性质也常为分离操作所采用，而传质过程理论也是生物分离工程重要的理论基础。

4.电磁性质

根据溶质的电荷特性、电荷分布、等电点和磁性等性质，可采用离子交换、电泳、电渗析、磁性分离等方法分离不同溶质。

(二)化学性质

分离操作中可供利用的化学性质主要包括溶质的化学平衡(化学热力学)、反应速率(反应动力学)、光化学性质(光学拆分、激光激发作用)等。

(三)生物学性质

溶质的生物学性质是生物物质分离所独有的。利用生物分子之间的相互识别，如抗原—抗体、激素—受体、葡萄球菌 A 蛋白-IgG、酶—底物(或抑制剂、激活剂)等，可进生物分子的亲和分离，如亲和层析、亲和膜分离、亲和膜过滤就是亲和分离的典型代表。

利用目标产物与杂质间的性质差异进行的分离过程，可以是某个因素单一作用的结果，但更多情况下是多种因素共同发挥作用。在分离操作中，为了达到要求的纯度，通常都需要采用基于不同机制的多种分离技术，进行多步骤串联的分离操作(图 7-1-1)。

(四)生物分离工程常用的单元操作

目前，常用的生物分离过程主要单元操作及其主要应用见表 7-1-1。

表 7-1-1 生物分离加工过程常用单元操作

技术类型	操作	分离机制	选择性	生产能力	分离应用举例
离心	离心过滤	离心场力，筛分	中一高	高	菌体、菌体碎片
	离心沉降	离心场力	低一中	高	菌体、细胞、血球
	超离心	离心场力	中一高	低	蛋白质、核酸、多糖
过滤	常规过滤	压力差、筛分	低	高	真菌、放线菌
	微滤	压力差、筛分	中	中	菌体、细胞
细胞破碎	机械法	产物释放	低	中	细胞内产物
	酶法	产物释放	低	中	细胞内产物
	化学法	产物释放	低	中	细胞内产物
蒸馏/蒸发	加热	沸点差异	中一高	高	乙醇和溶剂回收
萃取	有机溶剂萃取	液—液相平衡	中	高	抗生素、有机酸
	双水相萃取	液—液相平衡	中一高	高	蛋白质、抗生素
	超临界萃取	相平衡	中一高	中	香料、脂质
	液膜萃取	液—液相平衡	中一高	中一高	氨基酸、抗生素、有机酸
	反胶束萃取	液—液相平衡	中一高	中	氨基酸、蛋白质
沉淀与结晶	盐析沉淀	溶解度	低一中	高	蛋白质、酶
	有机溶剂沉淀	溶解度	低一中	高	蛋白质、酶
	金属络合物沉淀	溶解度	中一高	高	
	结晶	溶解度	高	高	氨基酸、抗生素、有机酸
吸附	非活性基质	物理吸附	中一高	高	氨基酸、抗生素、有机酸
	特殊活性基质	离子交换、生物亲和等	中一高	中一高	氨基酸、抗生素、有机酸、蛋白质
	混合活性基质		中一高	高	氨基酸、抗生素、有机酸、蛋白质
膜分离	超滤/透析过滤	压力差，筛分	中	高	蛋白质、多糖、抗生素、脱盐
	反渗透	压力差，筛分	中一高	中一高	水、多糖、抗生素、脱盐
	透析	浓度差，筛分	中一高	中一高	蛋白质、脱盐
	电渗析	电荷，筛分	中一高	中一高	氨基酸、有机酸、抗生素
液相层析	凝胶过滤层析	浓度差，筛分	高	低一中	脱盐、分子分级
	离子交换层析	电荷，浓度差	高	低一中	氨基酸、有机酸、抗生素、蛋白质、核酸
	亲和层析	生物亲和	高	低	蛋白质、酶、核酸
	疏水作用层析	疏水作用	高	低一中	蛋白质
	层析聚焦	电荷，浓度差	高	低	蛋白质
电泳	凝胶电泳	筛分，电荷，浓度差	高	低	蛋白质、核酸
	等电点电泳	筛分，电荷，浓度差	高	低	蛋白质、氨基酸
	等速电泳	筛分，电荷，浓度差	高	低	蛋白质、氨基酸
	区带电泳	筛分，电荷，浓度差	高	低	蛋白质、核酸
干燥	冷冻干燥	热能		低	多数药品、热敏蛋白质
	喷雾干燥	热能		高	单细胞蛋白、抗生素、酶

第二节　生物分离工程的设计原则

当人们进行一个特定的目标生物产品分离工程设计时，要根据目标产物与共存杂质的特性，选择适当的方法，以达到最佳分离效果。换句话说，就是在保证目标产物的生物活性不受（或少受）损伤的同时，达到所需要的纯度和对回收率的要求，并使得过程成本最低，以适应大规模工业生产需要。因此，在进行设计时，以下几个方面的因素应该考虑到：

（一）在达到生产目标要求的前提下，采用的操作步骤尽可能最少

为了达到一定的纯度要求，所有的生物分离过程都需要采用多种方法、实行多步骤的分离操作。由于每一个步骤的收率都不可能达到100%（通常为70%～90%），因而整个生物分离过程的总收率为：

$$Y_R = \Pi_i Y_i$$

式中，Y_R 为总收率，为 Y_i 第 i 步回收率。所以，多步骤操作产品的总回收率通常是很低的，这样非常不利于生产。为了提高最终产品的收率，一是提高每个操作步骤的回收率，二是减少操作步骤。为了实现这些目的，就要对分离技术和设备进行系统工程研究，并努力开发新型、高效的分离方法。

（二）采取的生产步骤次序要相对合理

在生物下游加工过程的4个阶段中，细胞分离、高度纯化、成品加工可供选择的操作单元技术范围不是太广，因而次序问题不是太突出。然而在进行粗分离时，根据目标产物特性具有很多种不同的分离纯化步骤组合。这时可以通过每种方法在分离纯化阶段中所发挥的作用来确定先后次序。如在细胞内蛋白质或酶分离时，操作顺序可设计为细胞破碎、沉淀、离子交换、亲和层析、凝胶过滤。这是因为沉淀可以处理大量的原料，并且它受到干扰物质的影响程度较小；离子交换用于除去对后续分离操作产生影响的物质；亲和层析通常设计在流程的后阶段，以免由于非专一性作用造成亲和系统性能下降；凝胶过滤用来分离蛋白质聚集体和脱盐，因为凝胶过滤处理量小，所以通常在纯化的最后一道工序中采用。

（三）符合产品规格（或质量）要求

产品的规格（或质量）包括产品的纯度、各类杂质的最低含量等要求，是设计下游加工过程的主要依据。如果产品纯度要求相对较低，或允许杂质含量较高，一个简单的分离流程就可以达到目的。如果产品纯度要求很高（如注射类药品），而原料中杂质数量和种类很多，某些特定杂质如热源、外源DNA等不允许在产品中存在，则需要一个复杂的工艺流程和最佳

的方法组合来达到目的。产品的规格还包括最终产品微生物污染问题,因此,医用产品在冷冻干燥前还需要进行无菌过滤。

(四)生物分离过程应与生产规模相适应

物料的生产规模在某种程度上决定被采用的过程。如下游加工过程中使用的离心、过滤等操作单元能适应很宽的规模范围,这些方法的选择依据可以是独立的,与生产规模无关。然而在后续的步骤中,技术方法的选择与生产规模有关。如高速珠磨机或高压匀浆机在生产能力上要比细胞分离方法的生产能力小几个数量级。当物料的生产规模超过了细胞破碎机械设备生产能力时,则需要采用多台设备或考虑采用其他细胞破碎方法予以解决。又如,层析、凝胶过滤方法处理物料量是很小的,并且只能放大到一定规模,此时就需要在物料处理前进行高度浓缩以减少物料量。还有一种情况是产品需要干燥时,冷冻干燥是分批进行的且生产周期较长,不太适应大规模生产;而采用喷雾干燥或真空干燥等方法又不适应热敏物质。可见,生产规模对一些操作单元的影响是非常重要的,特定产品生产工艺设计时应综合考虑规模效应。

(五)分离过程应充分考虑产品的物性和稳定性,尽可能避免产品失活,减少损失

产品的物理性质对分离过程的合理设计是必需的。主要物理性质包括以下几点:

1.溶解度

了解产品溶解度如何受 pH 和无机盐等因素的影响,可指导沉淀或吸附分离过程如何进行控制最好。

2.分子电荷形式

分子电荷随 pH 变化而改变,可指示如何有效控制离子交换条件及选择阴离子交换树脂或阳离子交换树脂,指示萃取操作参数控制等。

3.分子大小

对于蛋白质类产物,分子大小可提示凝胶过滤操作或膜过滤操作哪种更为可行。

4.功能基团

可为稳定工艺条件、萃取剂、亲和吸附等的选择提供依据。对于小分子物质,挥发性是选择分离技术的重要依据之一。

产品稳定性(适宜的 pH 范围、温度范围、半衰期)也是分离过程设计所必须考虑的。采用的工艺操作条件应使由于热、pH、氧化等造成的产品损失降到最低水平。为得到一个适宜的分离工艺,对于稳定性较高的产物,可在短期内采用较为剧烈的条件。

（六）分离过程应尽可能与发酵或生物反应过程相适应

发酵或生物反应过程可以是连续操作或分批操作，分离过程的选择受到它们的限制。一些单元操作如层析分离只能采用分批操作方式，如希望与连续发酵过程相适应，则必须进行技术改进、配置缓冲设备或设计加倍处理能力。一些单元操作如连续超滤常被认为是连续操作的，但考虑到滤过膜需要清洗，设计时应做好过程循环准备及配备缓冲容器或增加膜分离处理能力等。

此外，废水/气排放、处理用化学物品、应用的微生物细胞（特别是重组微生物细胞）可能存在的潜在危害等因素在分离设计时都应该考虑在内。

第三节　主要生物物质及常用分离纯化手段

不论是天然存在的还是通过生物反应过程获得的生物物质，在分子大小、形态和理化性质上具有非常广泛的分布。以下简要介绍几种主要的生物物质及其常用的分离纯化手段。

氨基酸（amino acid）是构成蛋白质的主要成分与基本结构单位。从各种生物体内发现的氨基酸已有180多种，但参与蛋白质组成的氨基酸（又称基本氨基酸、蛋白质氨基酸）只有20种，许多氨基酸（如亮氨酸、异亮氨酸、缬氨酸、丝氨酸等）为人体所必需的氨基酸，具有重要的营养与医用价值，常作为食品添加剂和临床输液的重要成分。

氨基酸分子中含有不对称碳原子，具有光学活性（旋光性不同）。其分子空间排列有两种不同方式（L型和D型），通常两种异构体生物活性不同，因此氨基酸光学拆分具有重要意义。氨基酸是两性电解质，具有等电点（一定pH条件下分子净电荷为零）。溶解度受溶液pH影响明显，因此常利用氨基酸溶解度和电荷性质来实现氨基酸的分离纯化，如采用离子交换、结晶等分离技术。

氨基酸之间经过肽键结合构成蛋白质（protein）或多肽（peptide）。与氨基酸类似，蛋白质和多肽也是两性电解质，每个分子中含有多个负电荷与正电荷，同样具有等电点。其带电性质常被用来进行蛋白质/多肽分离纯化，如离子交换层析、电泳等技术。

通常蛋白质的相对分子质量很大，各种不同的蛋白质具有不同的立体结构和分子大小。根据不同种类蛋白质分子大小的差异，可采用透析、超滤、凝胶过滤层析等方法分离不同的蛋白。

影响蛋白质溶解度的因素很多，如溶液的pH、离子强度、介电常数、温度等。在同一特定条件下，不同蛋白质具有不同的溶解度，利用蛋白质溶解度的差别来分离蛋白质也是实践中常用的方法，如盐析沉淀、有机溶剂沉淀、等电点沉淀等。

不同的蛋白质分子电荷分布、疏水基分布等特性与某些相对应的分子可发生分子亲和作用(如抗体—抗原特异结合、葡萄球菌A蛋白-抗体结合等)。利用这种生物分子亲和作用开发的亲和层析等方法已经成为蛋白质分离纯化的重要手段。

蛋白质种类繁多,生物功能各异。如具有免疫作用的抗体、生物催化作用的酶、多种生理药理活性细胞因子(如干扰素、白介素、红细胞生成素等)、多肽类激素(如胰岛素、生长素等)。酶制剂已广泛应用于工业生产和人们的日常生活,各种天然的和基因重组生产的医用生理活性蛋白(如疫苗、抗体、医用酶制剂)在保障和维持人类健康方面已经不可或缺,成为现代生物技术的主要研究与开发对象。

多糖(polysaccharide)是自然界中分子结构复杂且庞大的糖类物质,广泛存在于各种微生物和动植物中,其中重要的有淀粉(starch)、纤维素(cellulose)、壳多糖(chitin,chitosan)等。纤维素是自然界最为丰富的有机化合物,具有非常广泛的用途;壳多糖为含氮多糖,大量存在于虾、蟹等甲壳动物外骨骼中,也可利用微生物发酵进行生产。多糖类物质的开发利用已经引起高度重视。目前多糖分离纯化以吸附层析等方法为主。

脂质(lipid)是构成生物膜的主要成分,在生物体内发挥重要作用。脂质包括的范围很广,如脂肪酸类(花生四烯酸、前列腺素等)、萜类与类固醇类、中性脂质(维生素A、D、E)、结合脂类(卵磷脂、神经节苷脂)等,其化学组成与化学结构都有较大的差异。所有脂质都有一个共同的特性,即不溶于水或水溶性很小,易溶于乙醚、氯仿、苯等有机溶剂中。脂质的分离纯化主要采用有机溶剂萃取、超临界流体萃取、层析等方法。

抗生素(antibiotic)是微生物代谢过程中产生的,在低浓度下就能抑制它种微生物生命活动或杀灭它种微生物的化学物质。20世纪40年代以青霉素(penicillin)为代表的抗生素大规模商业化生产技术的研发开拓了生化工程发展的先河,在生物技术发展中占有重要地位。时至今日,抗生素仍然被作为极为重要的医药用品而广泛应用于治疗多种病原微生物引起的传染性疾病,并且不断有新型高效抗生素的出现,如具有抗肿瘤作用的阿霉索(adriamycin)、道诺霉索(daunomycin)、光神霉素(mithramycin)、丝裂霉素(mitomycin)、博莱霉素(bleomycin),具有免疫调节作用的环孢菌素(cyclosporin),以及防治植物病虫害的奥弗麦菌(avermectin)、春雷霉素(kasugamycin)等。抗生素的分离纯化主要采用有机溶剂萃取、离子交换、结晶、吸附层析等技术进行。

植物生物碱(alkaloid)、皂苷(saponin)、植物黄酮等生物物质各具有不同的生物活性和医用价值。这些物质一般采用萃取、吸附层析等方法进行分离纯化。

第四节　分离效率评价

一个生物分离过程的优劣需要进行有效评价。生物物质分离效率的评价可从两个角度进行,一是分离设备性能与分离方法的评价,二是分离过程和产品质量评价。

对于特定的分离方法或分离设备(如离心、萃取、膜分离、层析等),主要评价指标包括处理容量、分离速度、分辨率。处理容量是指单台设备或单位体积的分离介质处理料液或目标产物的体积或质量;分离速度是指每次/批分离操作所需要的时间,或连续进料的速度;分辨率是指去除杂质的能力或产品纯化的效果。具体设备的选择应尽可能满足高容量、高速率、高分辨率的要求。新技术、新设备的开发研究同样也是以此为目标。

对于一个特定的产品,在采用已有的或新开发的设备或技术时,分离效率的评价主要有3个指标:目标产物浓缩程度、分离纯化程度和产物回收率。

目标产物浓缩程度一般采用浓缩率(concentration rate,M)来表达,在以浓缩为目的的分离过程中是一个非常重要的指标。在一个连续稳态的分离过程中(图 7-4-1),F 表示流速,C 表示浓度,下标 C、P、W 分别表示原料、产物和废料,下标 T、X 分别表示目标产物和杂质。这时浓缩率为:

$$M_{\mathrm{T}}=C_{\mathrm{TP}}/C_{\mathrm{TC}}$$

$$M_{\mathrm{X}}=C_{\mathrm{XP}}/C_{\mathrm{XC}}$$

如果$M_{\mathrm{X}}=M_{\mathrm{T}}$,则目标产物没有得到任何程度的分离纯化。

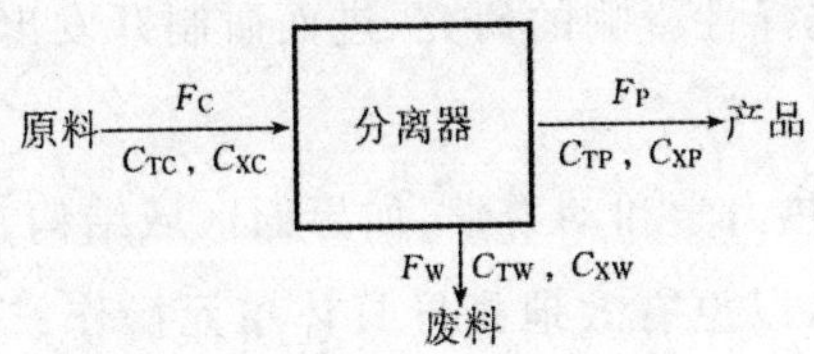

图 7-4-1　分离过程示意图

分离纯化程度采用分离因子(separation factor,a)表示,又称为分离系数,即:

$$a=M_{\mathrm{T}}/M_{\mathrm{X}}$$

分离因子越大,说明产品中目标产物浓度越高,杂质浓度越低,分离效果越好。当$a=1$时,没有产生分离。因此,以分离为目的时分离因子应尽可能大,以达到高效分离目的。此外,对于具有生物活性的蛋白类产物,人们还常采用分离前后目标产物的比活(A)之比来表示目标产物的纯化程度:

$$a=A_{\mathrm{T}}/A_{\mathrm{C}}$$

比活 A 的单位一般为 U/mg(U 为生物活性单位),此时 a 通常称为纯化因子(purification factor)。

不论是以浓缩或以分离为目的,目标产物都应该有较大的回收比例,即产物回收率(recovery,R)要高。

R=产品中目标产物总量(活性)/原料中目标产物总量(活性)

第五节 生物分离工程的发展

20世纪80年代以来，人们将物理和化学的分离、纯化机制与生物技术产品的物性相结合，进行了大量的研究，开发了许多新技术、新材料与新设备，解决了不少生产实际问题。然而，不论是高价值现代生物技术产品，还是批量生产的传统生物技术产品，随着商业竞争的加剧和生产规模的扩大，产品的竞争优势最终还是归结为要求低的生产成本和高纯度、高质量产品，所以成本控制和质量控制始终是生物分离过程发展的动力和方向。

由于现代生物技术是一个年轻的科学，许多过程的理论问题目前还没有完全清楚，不少实验室技术在逐步走向产业化，许多新型、高效分离技术还有待进一步探索。生物分离过程的研究与开发正在不断发展，近期内的发展主要表现在以下方面。

一、基础理论研究

生物发酵液是非理想溶液。通过对非理想溶液中溶质与添加物料之间选择性反应机制、系统外各种物化因素对选择性影响的研究，进而研制开发出高选择性分离介质，提高分离过程的选择性。

对生物分离过程的基础热力学和动力学，如界面区域结构、界面区域的传质规律、界面现象的控制等进行深入研究，以更有效地指导具体单元操作或过程速度的改善，如改善萃取、结晶和膜分离操作速度等。目前，作为生物分离工程设计基础的热力学、动力学等基础理论还非常薄弱，甚至是处于空白状态，工程设计常常依赖于中式方式解决，因此必须大力加强研究。

深入研究并建立下游加工过程的数学模型。在化学工业中，数学模拟技术已使用多年，但在生物分离工程上，数学模拟技术尚处于刚刚起步阶段，需要大力发展与完善，获得适当的过程模拟模型，以便对生物分离过程进行科学分析、设计和经济技术评价等。

二、新型高效生物分离工程技术研究开发

生物分离工程技术既包括历时一个多世纪的传统化工操作单元，如精馏、干燥、吸收等，同时也包括一些较新的操作单元，如膜分离、超临界流体萃取、亲和分离等。各种操作单元的技术成熟程度与工业应用基本呈正比关系。其中一些操作单元如精馏技术非常成熟，但因为它们在生产领域中应用很广，进一步提高与完善的这些操作单元技术程度将会给生产带来可观的经济效益，应该对这类技术进行深入研究，使之更加完善。一些操作单元是在生物分离工程技术发展过程中基于不同应用场合建立和发展起来的新型分离技术，如沉淀、结晶、吸附、萃取、离子交换、层析等，这类技术需要进一步提高它们的理论研究深度并拓展应

用范围。

目前，生物分离过程技术发展的一个倾向，也是近年来研究较多并具有较大使用价值的过程，就是将多种技术相互结合、相互交叉、渗透与融合，形成新一代高效分离的融合技术。如膜分离与亲和技术结合形成了亲和膜分离过程，离心技术与膜分离结合形成膜离心分离，溶剂萃取与离子交换技术结合形成的萃淋树脂等。这些子代技术具有选择性好、分离效率高、生物分离过程简单、能耗小、过程水平高等诸多优点。因此，这些研究也是近期主要的发展方向之一。

当今生物化学工程领域的另一个研究热点是下游加工过程与上游加工过程相结合，即发酵—分离耦合过程。发酵—分离耦合过程可以解除发酵终产物的反馈抑制作用，从而可以提高生物转化效率，简化生物分离过程，增加生产率等。

努力改进上游加工过程，如改进生物催化剂（如细胞、酶）生产性能、改进培养基配方和发酵条件，同时简化生物分离过程，使之更为经济方便，同样是近年来研究较多，也是近期内需要重点研究的工作。

此外，生物分离过程必须采用对环境污染小的清洁生产工艺，也是近年来的热点之一。如何使生物工厂排污更加符合环保标准，提高原材料和能源利用效率，尽可能提高未反应原材料和水的循环利用等都值得深入研究。

三、工程放大研究

生物技术产品的工业化生产需要将实验室工艺进行放大，这就需要将化学工程基本理论与生物学过程相互结合，研究大型生物分离工程设备中的流体力学特征、传热与传质规律，探索设备中溶质浓度、酸度、固含量、温度等分布状况，制定合理的工艺操作规程，同时改进设备结构，掌握放大方法，以达到减少放大效应、增强分离效果的目的。从而解决分离加工设备的设计与放大问题，经济高效地实现生物分离过程产业化，使现代生物技术为人类做出更大的贡献。

第八章　生物工程技术与食品工业

第一节　食品生物技术概述

一、食品生物技术的基本概念

纵观生物技术的发展史，它起源于传统的食品发酵，并首先在食品加工中得到应用。例如，造酒、制酱、制作面包、奶酪、酸乳等，至今这类产品的产量和产值仍占生物技术产品的首要位置，由此可见，生物技术在食品领域中应用源远流长。而自20世纪70年代末至80年代初发展起来的现代生物技术更是渗透至食品行业的方方面面，从加工原料的改良，到生产工艺的改进；从分析检测技术的扩展，到食品保鲜技术的开发，都离不开基因工程技术、蛋白质工程技术、酶工程技术、发酵工程技术等现代生物技术。

食品生物技术是现代生物技术在食品领域中的应用，是指以现代生命科学的研究成果为基础，结合现代工程技术手段和其他学科的研究成果，用全新的方法和手段设计新型的食品和食品原料。它已成为现代生物技术的重要组成部分。

二、食品生物技术研究的内容

食品生物技术是生物技术在食品原料生产、加工和制造中应用的一个学科。它包括食品发酵和酿造等最古老的生物技术加工过程，也包括应用现代生物技术来改良食品原料的加工品质的基因、生产高质量的农产品、制造食品添加剂以及与食品加工和制造相关的其他生物技术，如酶工程、蛋白质工程和酶分子的进化工程等。

第二节　基因工程在食品工业中的应用

一、改良食品加工原料的性状

随着科学的进步以及生物技术的广泛应用，食品原料的改进已取得了丰硕的成果。应用转基因技术将有特殊经济价值的基因引入动植物体内，对家畜、家禽及农作物进行品种改

良，从而获得高产、优质抗病害的转基因动、植物新品种，这对于促进现代食品工业的发展、提高食品的品质均起到了积极的推动作用。

1. 利用基因工程改良动物性食品性状

利用基因工程生产的动物生长激素（PST）已投入批量生产，可以加速动物的生长、提高饲养动物的效率、改善畜产动物及鱼类的营养价值，进而提高动物性食品原料的品质。例如，将采用基因工程技术生产的牛生长激素（BST）给母牛注射，在不增加饲料消耗的情况下，可提高奶牛产奶量15%～20%，同时还可保证乳的质量。再如，很多人都喜爱吃瘦肉，不仅有利于健康且能满足口感的需求，将采用基因重组的猪生长激素注射到猪身上，便可改良猪肉的品质，使其瘦肉型化。通过基因工程还可在肉的嫩化方面取得良好的效果。

2. 利用基因工程改良植物性食品性状

（1）改良植物食品蛋白质的品质。大部分作物中的蛋白质由于氨基酸数量有限，相互之间比例不符合人体需要，大多不属于完全蛋白质，即蛋白质品质不高，这影响了植物性食品的营养价值。采用基因工程首先可以使植物性食品原料中氨基酸的含量得以提高。例如，某些谷物赖氨酸含量偏低，主要原因是在其代谢过程中两种起重要作用的酶——天冬氨酸激酶、二氢吡啶二羧酸合成酶受到它们所催化的反应终产物——赖氨酸产物的抑制，因此可对天冬氨酸激酶、二氢吡啶二羧酸合成酶进行修饰或加工，可使谷物细胞积累较高含量的赖氨酸。目前利用基因工程已经从玉米等植物中克隆到了对赖氨酸抑制作用不敏感的二氢吡啶二羧酸合成酶的基因。还可有针对性地将富含某种特异性氨基酸的蛋白质利用基因工程转入目的植物，提高特定氨基酸的含量。例如，甲硫氨酸是豆类植物种子中缺乏的，通过将富含甲硫氨酸的玉米β-phaseolin蛋白基因转入豆类种子中，即可弥补这一缺陷，进一步提高豆类植物种子的品质。

通过基因工程还可提高蛋白质的含量和质量，起到改良植物性食品蛋白质品质的作用。例如，秘鲁“国际马铃薯培育中心”培育出的一种薯类，其蛋白质含量与肉类相当。我国在此方面也有不小的突破，如山东农业大学将小牛胸腺DNA导入小麦系814527，在第二代出现了蛋白质含量高达16.51%的小麦变异株等。

（2）改良油料作物的品质。食品加工离不开油脂，植物性食用油脂由于较动物性脂肪含有更丰富的不饱和脂肪酸而具有较高的营养价值。因此，利用基因工程改善植物脂质的品质具有较大的经济效益和社会效益。在大豆、向日葵、油菜、油棕榈四大油料作物中，对油菜进行的基因转化技术已较为成熟。目前，在世界范围内，种植的良种油菜有31%以上是经基因转化技术改造的品种。这些转基因油菜种子在食品、化工、医药等领域均有重要的用途。利用基因工程改造的大豆，可使植物油组成中含有较高的不饱和脂肪酸，提高了油品的品质。采用反义基因技术构建的芥花菜种子油中油酸含量已达80%，这项技术已完成大田实验。利用反义基因技术或共抑制技术能很好地解决植物油脂在生物体内或体外的氧化稳定性，延长产品的货架期。例如，普通大豆油的稳定时间为10～20 h，而高油酸含量的转基因大豆油稳定时间为140 h，目前这种转基因大豆在美国已种植80千万平方米以上，这种转基因大豆将成为一种重要的大豆油来源。

(3)改良果蔬采摘后的品质。果蔬成熟采摘后的品质直接影响食品的保藏性、加工性以及感官性。利用转基因技术在延缓果蔬产品后熟与老化、改良产品风味与品质、延长储藏期与货架期方面已取得了良好的成效。

多聚半乳糖醛酸酶(简称PG)是一种在果实成熟过程中合成的酶，在果实的软化中起着重要作用。美国Colgene公司研制的转基因PG番茄，采收时果色已转红，但果实保持坚硬，并可维持2周，在储运过程中也无须冷藏，解决了通常果蔬采摘后的问题。1994年经美国FDA批准上市，成为第一个商业化的转基因食品。目前，已从桃、苹果、黄瓜、马铃薯、玉米、水稻、大豆、油菜等多种植物中克隆到PG的编码基因。

此外，乙烯生物合成也直接影响着果实采摘后的品质。利用转基因技术，如导入反义ACC合成酶基因、导入反义ACC氧化酶基因等手段可以控制果实中乙烯合成，进而调控果实的成熟性状及采摘后的品质。中国农业大学罗云波、生吉萍等人于1995年在国内首次培育出反义ACC合成酶的转基因番茄，果实在室温下储藏3个月仍具有商品价值。总之，利用基因工程改善、调控果蔬采摘后的品质会带来巨大的经济效益，因此具有广阔的应用前景。

(4)改良植物性食品原料的加工品质。目前，世界各国的科学家利用现代生物技术培育出了自身带有咸味和奶味的且适于膨化加工的玉米新品种；开发不含无脂氧化酶的大豆，使大豆的豆腥味减轻或不带豆腥味；Reter. R shewry等通过转基因小麦控制一种谷蛋白亚基的数量和合成，大大改善了面粉的黏弹性；日本大内成志教授还应用转基因技术培育出新品种的香瓜，其根部与果实一样有香味，这为提取香料开辟了一条新途径；中国农业大学的科研人员，经过十几年的探索，利用转基因手段培育出SOD新品番茄，从而改变了从牦牛血液中提取SOD的传统方法，大大降低了生产成本。

(5)利用基因工程生产带疫苗的食品。利用基因工程使食品转变成疫苗方面也取得了可喜的成果。如已研发出含乙肝疫苗的转基因马铃薯；含霍乱疫苗的香蕉；含麻疹疫苗的莴苣等。最近，德国吉森大学的研究人员成功培植出一种可释放出大量乙肝疫苗成分的转基因胡萝卜，该方法简单，且成本低廉。

二、改造食品微生物菌种

1.改善微生物菌种性能

在生产发酵食品时，微生物菌种的性能对产品的质量、工艺流程、生产效率等方面均有较大影响。采用普通微生物菌种进行加工生产，可能存在生产工艺复杂、生产周期较长、产

品质量难以保证等问题。利用基因工程可改善微生物菌种性能，从而解决上述问题，提高产品质量，满足消费者需求。例如，将具有优良特性的酶基因转移至面包酵母中，可提高其麦芽糖透性酶及麦芽糖酶含量，用这种经基因工程改良的面包酵母菌焙烤出的面包膨发性能好、口感松软，同时由于在焙烤过程中该菌在高温条件下被杀死，所以食用也很安全。再如，运用基因工程技术可将大麦中的α-淀粉酶基因转入啤酒酵母中并实现高速表达，这种啤酒酵母可直接利用淀粉进行发酵，而无须传统啤酒生产工艺中的制麦芽工序，实现了缩短生产周期、简化工序的目的。此外，用基因工程技术把糖化酶引入啤酒酵母中还可生产干啤酒和染色啤酒。目前，利用基因工程技术在改造其他微生物菌种方面，也取得了较大进展。表8-2-1中列举了部分基因工程改良的微生物菌种——基因工程菌。

表 8-2-1　基因工程改良的基因工程菌

产物/产品	宿主菌	菌体密度/(gDCW/L)	培养基	产物产量
β-半乳糖苷酶	JM103	84	合成	4 600 U/OD
人α-干扰素	AM-7	68	合成	5.6 g/L
蛋白A-β-半乳糖苷酶	KA197	77	合成	19.2 g/L
Mini-抗体	RV308	50	合成	1.04 g/L
蛋白A-β-半乳糖苷酶	TC1	95.5	合成	2.85×10^{6} U/L
β-异丙基果酸脱氢酶	C600	63	合成	16 U/g
聚羟基丁酸	XL1-Blue	101.4	复合	81.2 g/L
聚羟基丁酸	XL1-Blue	175.4	半合成	65.5 g/L
聚羟基丁酸	W	124.6	合成	34.3 g/L
苯基丙氨酸	AT2471	36	合成	46 g/L
大肠杆菌氨酸合成酶	LF03301	102	合成	1.6×10^{5} U/g
人骨形成蛋白-2A	YK537	$OD_{600}=53$	半合成	2.78 g/L
人白介素-3	YK537	$OD_{600}=53$	半合成	3.3 g/L
人肿瘤坏死因子	YK537	$OD_{600}=120$	半合成	6 g/L
人肿瘤坏死因子	YK537	$OD_{600}=60$	半合成	5.12 g/L
γ干扰素	DH5α	10	合成	1.1×10^{10} U/L

2. 改善乳酸菌遗传特性

食品工业中，利用乳酸菌生产的发酵制品可谓种类繁多，如酸奶、干酪、酸奶油、乳酸酒等，广受消费者青睐，尤其适宜作婴幼儿辅助食品以及老年食品。乳酸菌是一类对人体健康非常有益的微生物，很有必要通过食品途径补充。但是目前应用的乳酸菌基本上为野生菌株，有的携带抗药因子，有的本身就能抗药，从食品安全角度出发，作为发酵食品的菌株应选择没有或含有尽可能少的可转移耐药因子的乳酸菌。通过基因工程技术可选育无耐药基因的菌株,也可去除已应用菌株中含有的耐药质粒,从而保证乳酸菌的安全性。此外,利用基因技术还可选育风味物质产量高的乳酸菌菌株,从而改良产品的感官特性。

3.利用基因工程菌生产酶制剂

酶制剂在食品工业中的地位举足轻重。近年来,在利用基因工程技术改造的基因工程菌发酵生产的食品酶制剂方面取得了显著的成效。例如,凝乳酶是第一个利用基因工程技术把小牛胃中的凝乳酶基因转移至细菌或真核微生物生产的一种酶。在奶酪生产中,需要大量凝乳酶,传统来源是从小牛的雏胃液中提取,全世界每年大约要宰杀 5 000 万头小牛,致使凝乳酶成本不断升高。而利用基因工程技术生产的凝乳酶,不但降低了成本,而且由于这种酶生产寄主基因工程菌不会残留在最终产物上,被认定是安全的,早在 1990 年美国 FDA 已批准使用这种酶生产奶酪。

另有报道:利用基因工程将生产高果葡糖浆的葡萄糖异构酶的基因导入大肠杆菌后,获得了比原菌高数倍的酶产率。此外,利用基因工程菌发酵生产的 α-淀粉酶、葡萄糖氧化酶、脂肪酶、溶菌酶以及碱性蛋白酶分别在酿造业、葡萄糖酸生产、特种脂肪生产、食品保藏以及大豆制品加工等方面有着广泛的用途。

三、利用基因工程改进食品生产工艺

1.改善牛奶加工特性

牛奶由于其营养丰富早已成为饮食中的重要一员。而清毒奶和灭菌奶因其食用方便更受消费者喜爱。但是在生产过程中,其蛋白质易出现受热沉淀的现象,这是因为牛奶中的酪蛋白分子含有丝氨酸磷酸,它能结合钙离子而使酪蛋白沉淀。因此在牛奶加工过程中,如何提高其热稳定性已成为核心问题。采用基因操作增加 *K*-酪蛋白编码基因的拷贝数和置换,*K*-酪蛋白分子中 Ala^{53} 被丝氨酸所置换,便可提高其磷酸化,使 *K*-酪蛋白分子间斥力增加,提高牛奶的热稳定性,从而起到防止消毒奶沉淀和炼乳凝结的作用,改善牛奶的加工特性。

2.改善啤酒大麦的加工特性

大麦是啤酒酿制过程中的主要原料。在啤酒酿制过程中对大麦醇溶蛋白含量有一定的要求,若其含量过高会影响发酵,使啤酒浑浊。采用基因工程技术,使另一蛋白基因克隆至大麦中,便可相应地降低醇溶蛋白含量,提高啤酒澄清度,适应产品的质量要求。

3.改进果糖和乙醇生产方法

乙醇和果糖的生产通常以谷物为原料,这需要使用淀粉酶等分解原料中糖类物质。但是传统的酶造价高,而且只能使用一次,生产成本较高。利用基因工程技术对这些酶进行改造,例如,改变编码 α-淀粉酶和葡萄糖淀粉酶的基因,使其具有相同的最适温度和最适 pH,即可减少生产步骤;再如,利用 DNA 重组技术可获得直接分解粗淀粉的酶,可节省明胶化过

程中所需的大量能量，从而降低成本。

4.改进酒精生产工艺

利用基因工程技术将霉菌的淀粉酶基因转入大肠杆菌，并将此基因进一步转入单细胞酵母中，使之直接利用淀粉生产酒精。这样可以简化酒精生产工艺中的高压蒸煮工序，从而达到节省能源的目的，据统计，可节约60%的能源。

四、生产食品添加剂及功能性食品的有效成分

1.生产氨基酸

氨基酸作为增味剂、抗氧化剂、营养补充剂，在人们的日常生活以及食品加工行业中起着重要作用。采用传统工艺制备氨基酸效率低、费时费工。利用基因工程，用DNA重组技术调控某一个特定代谢途径中的某一个特定的成分，可提高氨基酸产量。迄今为止，世界上已克隆和表达了十几种氨基酸的基因，已有五种用重组技术生产的氨基酸达到工业化水平，它们是苏氨酸、组氨酸、脯氨酸、丝氨酸和苯丙氨酸。我国谷氨酸等氨基酸已投入工业化生产。

2.生产黄原胶

黄原胶是一种高分子的胞外多糖，在食品工业中常作为稳定剂、乳化剂、加浓剂、悬浮剂使用。运用基因工程以奶酪生产过程中产生的副产品乳清为原料，就可以高水平地生产黄原胶。

3.生产功能性食品的有效成分

功能性食品是指除能满足人体营养与感官需求外，还能调节人体生理机理，预防疾病促进康复的加工食品。其发展有赖于基因工程这门新技术。采用转基因手段，在动植物或其细胞中使目的基因得到表达而制造有益于人类健康的功能因子或功效成分。Shara. M. T等利用细菌载体以口服的方式使目的基因在体内的靶细胞中得到表达并被检出。总之，随着基因工程技术的深化和发展，含有具有各种治疗、免疫作用基因的功能性食品也将陆续问世。

第三节　酶工程在食品工业中的应用

酶的应用可以说是生物技术在食品工业中应用的典型代表。酶制剂为食品工业带来了新的活力，开辟了新的发展途径，极大地推动了食品工业的发展。目前有多达几十种酶被广泛地应用于食品加工过程中，达到工业生产规模的有二十多种。主要有淀粉酶、糖化糖、蛋白酶、葡萄糖异构酶、果胶酶、脂肪酶、纤维素酶、葡萄糖氧化酶等。其应用领域包括淀粉糖类的生产，蛋白质制品的加工、果蔬加工、食品保鲜以及改善食品品质等。酶的应用不仅改

善了食品的色、香、味，还可提供一些富有营养的新产品。

一、酶在制糖工业中的应用

淀粉糖种类繁多，有葡萄糖、饴糖、高麦芽糖、超高麦芽糖、果葡糖、麦芽糊精、低聚糖、全糖、糖醇等。

1.酶法生产葡萄糖

葡萄糖的制造方法很多，以前惯用酸水解法生产葡萄糖浆。20 世纪 50 年代末，国内外开始使用酶法生产葡萄糖，并迅速推广普及。

该方法是以淀粉为原料，先经 α-淀粉酶的作用将淀粉液化成糊精，再经糖化酶催化生成葡萄糖。

2.果葡糖浆的生产

果葡糖浆是一种以果糖和葡萄糖为主要成分的混合糖浆。国际上按果糖含量将果葡糖浆分为三类，目前已发展至果糖含量在 90%以上、浓度为 79%～80%的第三代果葡糖浆，其甜度高，是蔗糖的 1.4 倍。不仅如此，它还具有甜而不腻、纯正爽口等独特口感，吸湿吸潮性能好等加工特性。此外，果糖在人体糖代谢过程中不需要胰岛素辅助，摄入后血糖不易升高。因具有糖尿病患者可食用的特殊功用，广受人们喜爱。果葡糖浆可代替蔗糖用作饮料和食品的甜味剂，仅美国的可口可乐和百事可乐两个饮料公司，每年就消耗果葡糖浆 500～600万吨。目前我国已有 20 多家果葡糖浆厂，年生产力逐步提高。果葡糖浆在饮料、焙烤制品、糖果制品中广泛应用。

酶法生产果葡糖浆的工艺流程包括淀粉液化、糖化、葡萄糖异构、果糖与葡萄糖的分离等工序，图 8-3-1 是酶法生产果葡糖浆的工艺流程。淀粉液化是利用 α-淀粉酶将玉米中淀粉浆水解成糊精和低聚糖液化液，后采用葡萄糖淀粉酶将其进一步水解成葡萄糖，经处理得到的精制葡萄糖液，再利用葡萄糖异构酶进行异构化处理，最后通过分离技术得到含果糖 90%以上的果葡糖浆。

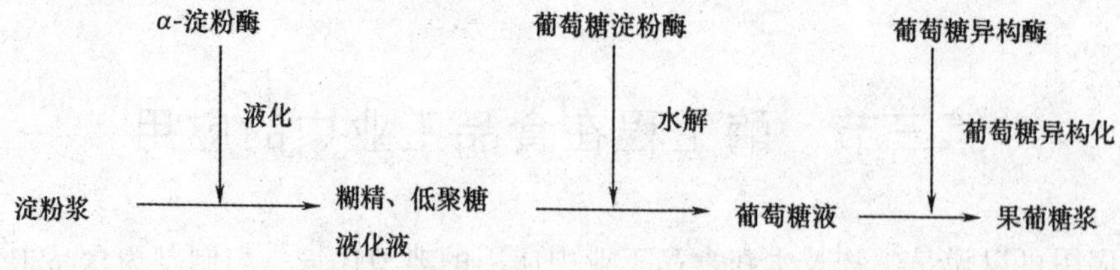

图 8-3-1　酶法生产果葡糖浆的工艺流程

1966 年日本首先用游离的葡萄糖异构酶工业化生产果葡糖浆，随后国内外纷纷采用固定化葡萄糖异构酶进行连续生产。

3.超高麦芽糖浆的生产

以淀粉为原料经 α-淀粉酶和 β-淀粉酶作用形成麦芽糖，按制法和麦芽糖含量的不同得到不同的产品，如饴糖、麦芽糖浆、高麦芽糖浆及超高麦芽糖。表 8-3-1 为各种麦芽糖浆的麦芽糖含量及糖化方法。

表 8-3-1　各种麦芽糖浆的麦芽糖含量及糖化方法

糖浆名称	麦芽糖含量/%	糖化方法
饴糖	45～50	麦芽
酶法饴糖(高麦芽糖浆)	50～60	细菌 α-淀粉酶＋细菌 β-淀粉酶
超高麦芽糖浆	75～85	细菌 α-淀粉酶＋脱支酶＋β-淀粉酶

麦芽糖是由两分子葡萄糖通过 α-1,4 糖苷键构成的双糖，其甜度为蔗糖的 30%～40%，在人体内不参与胰岛素调节的糖代谢，同时具有热稳定性好、防腐性强以及吸湿性低等特点，在食品行业的需求量日益增加。例如，糖果制造业中添加高麦芽糖浆制作的硬糖，不仅甜度适中，且硬糖透明度好，还具有抗砂和抗烊性，可延长产品保质期。利用高麦芽糖浆的抗结晶性，可用于生产果酱、果冻等产品；利用其良好的发酵性，可应用于面包、糕点及啤酒制造。全酶法生产超高麦芽糖浆的工艺流程如图 8-3-2 所示。

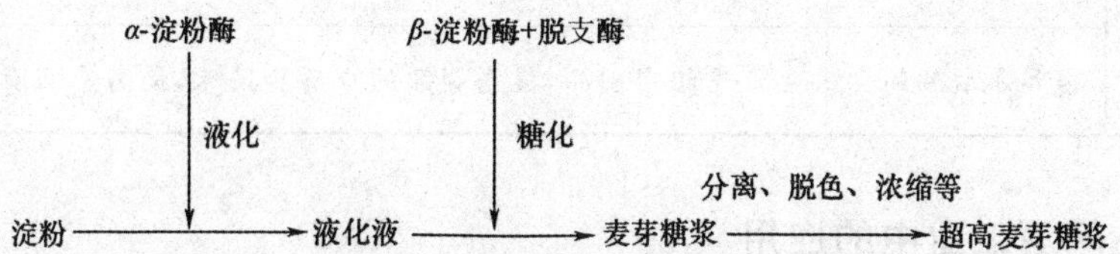

图 8-3-2　全酶法生产超高麦芽糖浆的工艺流程

此外，酶法在生产低聚果糖、帕拉金糖、异麦芽寡糖、低聚半乳糖、大豆低聚糖等新型低聚糖方面，起着重要作用。

二、酶法应用于蛋白制品的生产

蛋白质是一类人体所需的重要营养素，以蛋白质为主要成分的制品称为蛋白制品，主要有蛋制品、鱼制品和乳制品等。酶在蛋白制品加工中能起到改善组织、嫩化肉类的作用，还能变废为宝，转化废弃蛋白质成为供人类使用或作为饲料的蛋白浓缩液。在蛋白制品生产中应用的酶包括动植物以及微生物来源的蛋白酶，除蛋白酶外，溶菌酶、乳糖酶、葡萄糖氧化酶等也有广泛的用途。酶在蛋白制品生产中的应用见表 8-3-2。

表 8-3-2 酶在蛋白制品生产中的应用

蛋白制品种类	应用的酶	酶的用途
乳制品	凝乳蛋白酶	制奶酪
	乳糖酶	水解乳中乳糖，生产低乳糖奶，防止乳糖不耐症；其在炼乳、冰激凌中呈砂样结晶析出
	过氧化氢酶	去除杀菌时残留在牛奶或奶酪中的过氧化氢
	脂肪酶	干酪、黄油增香
	溶菌酶	添加于婴儿奶粉，防止肠道感染
蛋制品	葡萄糖氧化酶	去除全蛋粉、蛋黄粉中存在的少量葡萄糖，防止产品褐变或产生异味，保持产品色、香、味
鱼制品	蛋白酶	生产与蛋白粉等
	三甲基胺氧化酶	脱腥除味
肉制品	木瓜蛋白酶	生产嫩肉粉
	蛋白酶	生产明胶、制造肉类蛋白水解物（蛋白胨、氨基酸等）
	溶菌酶	肉类制品保鲜、防腐
	转谷氨酰胺酶	生产重组肉制品，提高制品的口感和风味，提高产品附加值

三、酶在啤酒工业中的应用

啤酒是为大众所喜爱的一种酒精饮料，它不仅能够满足人的感官需求，同时它还含有丰富的氨基酸和维生素，具有一定的营养价值，因此被誉为“液体面包”。传统的啤酒生产工序繁多、工艺较复杂、流程较长、效率较低，难以适应现代化生产的要求。因此，啤酒的生产需要发展新技术、引进新工艺。外加酶制剂的应用为啤酒工业的革新提供了条件。各种酶制剂的使用贯穿了啤酒生产的全过程。现在啤酒生产已实现了无麦芽糊化，成为现代啤酒技术进步的一个显著标志。

将耐高温 α-淀粉酶应用于糊化，可实现无麦芽糊化、节粮、节能等目的。利用固定化酶与固定化细胞结合起来，研制的新型固定化生物催化剂用于啤酒酿制，改进啤酒酿造工艺，缩短发酵时间。发酵完毕后在啤酒中添加木瓜蛋白酶等蛋白酶，水解其中蛋白类物质，防止出现浑浊，可使啤酒保持澄清。表 8-3-3 列举了在啤酒酿制过程中使用的主要

酶制剂及其作用。

表 8-3-3　啤酒酿制过程中使用的主要酶制剂及其作用

酶制剂种类	主要作用
耐高温 α-淀粉酶	辅料液化，达到无麦芽糊化
蛋白酶	啤酒澄清；提高啤酒稳定性；增加 α-氨基氮
葡萄糖氧化酶	防止氧化变质；防止老化；保持原风味；延长保质期，提高稳定性
β-葡聚糖酶	提高啤酒的持泡性；加快过滤速度
α-乙酰乳酸脱酸酶	降低双乙酰含量，加快啤酒成熟
糖化酶	增加可发酵性糖，用于生产干啤

四、酶在果蔬加工中的应用

在果蔬加工过程中，也经常需要借助酶制剂的处理，以提高产品的产率，保证产品的质量。主要应用于生产加工果蔬汁、果蔬汁饮料、果蔬罐头、干燥果蔬制品等过程中。

果汁加工中最常用也是最重要的酶是果胶酶。水果中常含有一定量的果胶类物质，如苹果、山楂、葡萄、草莓、樱桃、柑橘、树莓等。因果胶在酸性或高浓度糖存在下可形成凝胶，给压榨、澄清果汁带来困难。在取汁过程中利用果胶酶可降低汁液黏度，提高出汁率；新压榨出的果汁，黏度大且浑浊，加入果胶酶处理后，可加速浑浊颗粒凝聚，促进果汁澄清。果酒经果胶酶澄清处理可保持其稳定性，在红酒中加入果胶酶还可增加良好的色泽。

葡萄糖氧化酶可除去果汁、饮料、罐头食品和干燥果蔬制品中的氧气。防止产品氧化变质，防止微生物滋生，延长食品保质期。

黑曲霉能生产一种具有脱苦作用的诱导酶，称为柚苷酶，用这种酶可分解柑橘类果肉和果汁中的柚皮苷，从而脱除苦味，改善产品感官性能。

纤维素酶可将传统加工中果皮渣等废弃物综合利用，促进果汁的提取与澄清，提高可溶性固形物含量。另外纤维素酶在制备脱水蔬菜，如马铃薯、胡萝卜时，可改善其烧煮性和复原性。

五、酶在焙烤食品加工中的应用

酶制剂在焙烤食品中的应用，主要用于改良淀粉和蛋白质。制作面包时，向面粉中添加 α-淀粉酶，可调节麦芽糖生成量，使 CO_2 产生与面团气体保持力相平衡，面团发酵更丰满、气孔细而均匀、发酵效果更好。添加蛋白酶可改善面筋的特性，促进其软化，增加延伸性，减少揉面时间与动力，改善发酵效果。

在美国、加拿大等国家制作白面包时，还广泛使用脂肪氧化酶。目的是使面粉中不饱和脂肪同胡萝卜素等发生共轭氧化作用而使面粉漂白，同时伴随该酶的氧化，不饱和酸会生成芳香的羰基化合物增加面包风味。此外，乳糖酶可分解乳糖生成发酵性糖，促进酵母发酵，改善面包色泽，可用于脱脂乳粉的面包制造。

在饼干和薄饼的生产中，添加蛋白酶，可弥补面粉中谷蛋白含量低的不足。在糕点制作中，添加β-淀粉酶可强化面粉，防止糕点老化。若用淀粉做糕点馅心的填料，还可改善馅心的风味。

六、酶法用于食品保鲜

食品保鲜是广大食品生产企业及相关研究人员十分关注的一个问题，也是直接关系到消费者健康的重要问题。随着生产技术的发展，酶法保鲜正在崛起。由于酶具有专一性强、催化效率高、作用条件温和、在较长时间内保持食品原有品质与风味等特点，保鲜效果好，是传统保鲜方法无法比拟的。目前在酶法保鲜中应用较多的酶制剂是葡萄糖氧化酶和溶菌酶。

（一）利用葡萄糖氧化酶保鲜

葡萄糖氧化酶是一种氧化还原酶，在 pH3.5～6.5 条件下，稳定性好，在低温条件下也具有很好的稳定性。

储藏过程中食品变质的主要原因是氧化和褐变，以及微生物繁殖导致的食品腐败，这些都与氧的存在有关。因此去除氧是防止食品变质的关键。葡萄糖氧化酶可催化葡萄糖与氧反应，生成葡萄糖酸和过氧化氢，从而有效防止食品中成分氧化褐变，同时减少微生物的繁殖，起到保鲜作用。葡萄糖氧化酶的保鲜作用可应用于啤酒、果汁、罐头、茶叶、乳制品、蛋制品、焙烤制品、油炸食品等多种食品。

目前，有各种各样的片剂、涂层、吸氧袋等用于不同的产品中除氧。例如，将葡萄糖氧化酶、过氧化氢酶和葡萄糖中和剂、琼脂等制成凝胶，封入聚乙烯膜小袋，放入包装中吸除容器中残氧，对于饮料直接加入其中，可吸去瓶颈空隙的残氧。

（二）利用溶菌酶保鲜

溶菌酶对人体无害，可有效防止细菌对食品的污染。目前已应用于水产品、干酪、鲜奶、奶粉等乳制品，以及香肠等肉制品和清酒的保鲜。但是溶菌酶只对革兰氏阳性菌有溶菌作用，而对革兰氏阴性菌无杀菌作用。人们正致力于研究溶解革兰氏阴性菌及真菌细胞壁的微生物酶。

第四节　发酵工程在食品工业中的应用

数千年前，人类在没有亲眼见到微生物的情况下，就开始凭借智慧和经验，巧妙地利用自然发酵来获得食品及饮料，在西方有啤酒、葡萄酒、面包及干酪，在东方有酱油、酱及清酒，在中东和近东有乳酸等发酵产品。自然发酵时代使用的微生物往往是混合菌种，而目前，人们已从自然发酵步入纯种液体深层发酵技术新阶段，将单一的微生物菌种用于各种发酵工业，对提高产品生产效率、稳定产品质量及防腐等方面均起到了重要作用。发酵工程在食品领域中的应用主要在以下几个方面。

一、发酵工程在单细胞蛋白生产中的应用

(一)单细胞蛋白的概念

目前世界上面临的主要问题之一是人口爆炸，传统农业将不能提供足够的食物来满足人类的需求，尤其是蛋白质短缺。因此人们不懈地寻求新的蛋白质资源，研究开发和应用推广微生物生产单细胞蛋白成为一条重要的途径，日益受到普遍关注。单细胞蛋白(SCP)也称微生物蛋白，是指用细菌、真菌和某些低等藻类生物发酵生产的高营养价值的单细胞或丝状微生物个体而获得的菌体蛋白。目前生产出的单细胞蛋白既可供人类食用，也可作为动物饲料。

(二)发酵工程生产单细胞蛋白的优势

与传统动植物蛋白质生产相比，发酵技术生产的单细胞蛋白有以下优点：①生产效率高，一些微生物的生产量每隔0.5～1 h便增加一倍。②微生物中的蛋白质含量极为丰富，一般细菌含蛋白质60%～80%，酵母为45%～65%，霉菌为35%～50%，藻类为60%～70%等，且还含有丰富的维生素和矿物质。③微生物在相对小的连续发酵反应中大量培养，占地小，不受季节气候及耕地的影响和制约。④微生物的培养基来源广泛且价格低廉，可利用农业废料、工业废料做原料，变废为宝。⑤微生物比动植物更容易进行遗传操作，它们更适宜于大规模筛选高生长率的个体，更容易实施转基因技术。

(三)生产单细胞蛋白的菌种

酵母菌是进行商业化生产单细胞蛋白最好的材料。苏联利用发酵法大量生产酵母，最高产量曾达到每年60万吨，成为世界上最大的单细胞蛋白生产大国。用于生产SCP的微生物还有微型藻类，藻体所含主要营养成分明显优于人类主要食物如稻谷、小麦等，现在许多

国家都在积极开发球藻及螺旋藻的单细胞蛋白，如 20 g 小球藻所含维生素、必需氨基酸和矿质元素相当于约 1 kg 的普通蔬菜，成年人每天食用 20 g 小球藻干粉就可满足正常需要。螺旋藻含有极为丰富全面的营养成分，蛋白质含量高达 59%～71%，并且含有多种生理活性物质，是目前所知食物营养成分最全面、最充分、最均衡的食品，因而被联合国世界食品协会誉为"明天最理想的食品"，联合国粮农组织(FAO)已将螺旋藻正式列为 21 世纪人类食品资源开发计划。

二、发酵工程在食品添加剂生产中的应用

食品添加剂过去采用从动植物中提取或化学合成法生产，从动植物中萃取食品添加剂的成本较高，且来源有限，化学合成法生产食品添加剂虽成本较低，但化学合成率较低，周期长，且有可能危害人体健康。因此，生物技术，尤其是发酵工程技术成为生产食品添加剂的首选方法，首先可采用基因工程及细胞融合技术生产出工程菌，继而进行发酵工艺，可使其生产成本下降、污染减少，产量成倍增加。

利用发酵工程可以生产多种甜味剂。目前国内外重点研究开发的微生物发酵法生产的食品添加剂有甜味剂中的木糖醇、甘露醇、阿拉伯糖醇、甜味多肽等；酸味剂中的苹果酸、乳酸、柠檬酸等；增稠剂中的黄原胶、热凝性多糖等；鲜味剂中的氨基酸和核苷酸；食用色素中的红曲色素和 β-胡萝卜素；风味添加剂中的脂肪酸酯、异丁醇；维生素中的维生素 C、B 族维生素等；防腐剂中的乳酸链球菌素。

(一)发酵工程在氨基酸生产中的应用

作为鲜味剂或营养添加剂的氨基酸主要用于食品调味和营养强化，如谷氨酸及天冬氨酸的钠盐是烹调所必备的鲜味剂，甲硫氨酸、赖氨酸、色氨酸、半胱氨酸及苯丙氨酸等是重要的营养添加剂。目前，除甘氨酸及蛋氨酸由化学合成外，氨基酸主要由发酵法生产。氨基酸发酵所用的菌种主要是谷氨酸棒状杆菌及黄短杆菌或类似菌株。谷氨酸(钠)即味精，是世界上生产量最大的商品氨基酸，使用双酶法糖化发酵工艺取代传统的酸法水解工艺生产味精，可提高原料的利用率 10%左右。

(二)发酵工程在黄原胶生产中的应用

黄原胶是食品工业中的稳定剂、乳化剂及增稠剂，是用黄单胞杆菌发酵生产的细胞外杂多糖。生物技术的发展使黄原胶的发酵产率、糖转化率、发酵液浓度等指标大大提高，发酵周期大大缩短，生产成本降低，生产日趋大型化。江南大学和山东食品发酵所协作，开发了适应于黄单胞杆菌多糖发酵的新型反应器，即外循环气升式发酵罐，使发酵效率比传统发酵罐提高了近 30%，能耗大大降低。

三、发酵工程在调味品生产中的应用

调味品的种类很多，发酵性调味品中产量最大的是酱油和食醋。酸味剂食醋是利用米、麦、高粱和酒糟等发酵酿造而成的含有乙酸、乳酸、柠檬酸、氨基酸、微量酒精及多种营养元素的一种水溶性液体。发酵菌通常是醋酸菌。国内中小型食醋企业大多采用传统的固态发酵法酿造食醋，此法简便易行，但具有发酵时间长，淀粉利用率及食醋生产率低等缺点。近年来，一种新型的制醋法——固定化醋酸菌发酵法可有效缩短发酵延缓期，醋化能力提高9～25倍。利用优选的微生物菌群发酵，可缩短发酵周期，提高原料利用率，改良风味及品质。利用纯种曲霉酿造酱油，原料中蛋白质的利用率高达85%。

四、发酵工程在功能性食品工业中的应用

功能性食品是指其在某些食品中含有某些有效成分，它们具有对人体生理作用产生功能性影响及调节的功效，实现医食同源，具有良好的营养性、保健性和治疗性，达到保持健康的目的。

(一)应用发酵工程生产大型食用或药用真菌

灵芝、冬虫夏草、银耳、香菇等大型食用或药用真菌含有提高人体免疫功能、抗癌或抗肿瘤、防衰老的有效成分，因此真菌是功能性食品主要原料来源之一。一方面可通过传统农业栽培真菌实体然后提取其有效成分，另一方面可通过发酵途径实现工业化生产，在短时间内得到大量的真菌菌丝体，经分析表明，这些菌丝体的化学组成或生理功能与农业栽培得到的真菌实体是很相似的。因此从发酵菌丝体中提取的真菌多糖、真菌蛋白质及其他活性物质，可用来生产功能性食品。发酵法生产真菌的最大优点是易于实现工业化连续生产、规模大、产量高、周期短和效益高等。如河北省科学院微生物研究所等筛选出繁殖快、生物量高的优良灵芝菌株，应用于深层液体发酵研究取得成功，建立了一整套发酵和提取新工艺，为研制功能性食品提供更为广阔的药材原料源。

(二)应用发酵工程生产功能性油脂

功能性油脂的主要代表是γ-亚麻酸油脂。γ-亚麻酸是人体不能合成而必须从食物中摄取的一种人体必需的不饱和脂肪酸，它对人体的许多组织特别是脑组织的生长发育至关重要，具有降血压、降低胆固醇、改善糖尿病并发症、抑制癌细胞繁殖等功效。过去γ-亚麻酸是从月见草的种子中提取，此法生产效率低，周期长，成本高，且原料受到气候、产地等条件的影响，不能满足日益增长的市场需要。利用微生物发酵法生产γ-亚麻酸油脂是20世纪80年代发展起来的一项先进的生物技术。此技术利用蓄积油脂较高的鲁氏毛霉及少根根

霉等菌株为发酵剂，以豆粕、玉米粉、麸皮等为培养基，经液体深层发酵法制备 γ-亚麻酸，干燥菌体中 γ-亚麻酸含量为12%～15%，与植物源相比具有产量稳定、生产周期短、成本低、工艺简单等优越性。

(三)应用发酵工程生产超氧化物歧化酶

超氧化物歧化酶，简称SOD，能清除人体内过多的氧自由基，延缓衰老，提高人体免疫能力。利用SOD制品或富含SOD原料可加工出富含SOD的功能性食品，目前上市的SOD功能性食品有SOD泡泡糖、SOD饮料、SOD啤酒等。国内SOD的制品主要是从动物血液(如猪血、牛血、马血等)的红细胞中提取的，受到了血源和得率的限制。微生物具有可以大规模培养的优势，故利用微生物发酵法制备SOD具有更大的实际意义，能制备SOD的菌株有酵母、细菌和霉菌。日、美等国家现今已能生产SOD基因工程菌发酵产品，中国也已进行了构建SOD基因工程菌的研究，但这方面的工作有待进一步深入和加强。

五、发酵工程在饮料生产中的应用

近年来发酵饮料日益受到消费者的青睐，发酵饮料主要包含两大类，一类是酒精饮料如啤酒、葡萄酒、白兰地、威士忌等，另一类是非酒精饮料如乳制品及植物蛋白饮料等。

(一)酒精饮料的生产

酿酒工业是当前商业中最具稳定经济效益的行业。酒精饮料的原材料主要包括两种：糖类物质(果汁、蜂蜜等)和淀粉类物质(谷类等)，后者需在发酵前水解成单糖。原材料与适当的微生物混合后，提供发酵条件，最终会得到含有不同酒精含量的饮料，还可通过进一步蒸馏来提高酒精的浓度，酒精含量最终可高达70%。最常用的发酵微生物是酵母菌，它可吸收并利用单糖，如葡萄糖或果糖，将它们代谢成乙醇。目前，现代的原生质体融合和重组DNA技术被用来改进发酵中所使用的酵母菌品系，如将枯草芽孢杆菌淀粉水解酶的基因克隆到酒精酵母中，使原来只能依赖其他微生物水解淀粉而获取碳源的酵母，变成能分解淀粉进行酒精发酵的酵母。

啤酒主要是以淀粉类物质为原料发酵制成的，需要经历制麦芽、制浆、发酵、加工和成熟五个主要步骤。在啤酒生产中，国外采用固定化酵母的连续发酵工艺进行酿造，可明显缩短发酵时间，且酵母连续发酵3个月，活力不降低。

(二)乳制品的生产

发酵乳制品是以哺乳动物的乳液为原料，通过接种特定的微生物进行发酵作用，生产出具有特殊风味的乳制品。从世界范围看，发酵乳制品占所有发酵食品的10%。发酵乳的产

品品种非常多，常见的有酸乳、发酵酪乳、双歧杆菌乳、酸牛乳酒、酸马奶酒等。发酵乳制品通常具有良好的风味和较高的营养价值，其营养成分对维持肠道内菌群平衡、调节胃肠功能、促进人体健康具有十分重要的作用，因而深受广大消费者的欢迎。发酵乳制品所用的乳酸菌品种繁多，主要有乳酸链球菌、乳脂链球菌、双歧杆菌、保加利亚乳杆菌、乳酸杆菌等数十种。

(三)发酵型植物蛋白饮料的生产

植物蛋白饮料是利用蛋白质含量较高的植物种子和各种核果类为主要原料，经加工制成的乳状饮料。目前，植物蛋白饮料主要有调制型及发酵型两大类，前者是将原料经预处理后制浆，再经适当调制而成，后者是在原料制浆后，加入少量的奶粉或某些可供乳酸菌利用的糖类作为发酵促进剂，经乳酸菌发酵而成，乳酸菌可对植物蛋白进行适度降解，提高植物蛋白的营养价值，因此发酵型植物蛋白饮料兼有植物蛋白饮料和乳酸菌饮料的双重优点。大豆含有较高的蛋白质、维生素、矿物质和大量的亚油酸、亚麻酸等营养成分，且不含胆固醇，长期食用不会造成血管壁胆固醇的沉积，因此以豆乳为主的植物蛋白饮料，近年来得到了较快的发展，制备的方法是将乳酸菌在脱脂乳与豆奶组成的混合培养基中进行传代培养，在培养过程中，逐步降低培养基中脱脂乳的用量比例，使乳酸菌逐渐适应豆奶的营养环境。

第五节　生物技术促进食品工业进入证券市场

我国已有8家食品行业上市公司公开宣称涉足生物工程领域，其方式主要有三种。第一种是主业经营与生物技术有关的，从事螺旋藻饮料生产的道博股份和梅雁股份属于这一类。第二种是主业转型，即在原来的主业基础上同时投资生物医药或其他生物工程，这些公司有重庆啤酒、拉萨啤酒、古越龙山、广东甘化等。第三种是在主业的基础上自然地延伸到生物工程领域，其对生物工程的投资与原来的主业有一定的联系，这样的公司有青岛啤酒、燕京啤酒等。

古越龙山公司确定“以黄酒主业为基础，积极发展黄酒相关产业，开发黄酒延伸产品，涉足高新技术，重点培育生物化工工程”的发展规划，青岛啤酒与中国科学院微生物研究所合作研究“利用基因克隆技术构建青岛啤酒酵母工程菌”项目，该项目的开发研究，将填补我国啤酒行业在分子生物学上的空白，开创啤酒酵母生产的新天地。啤酒酵母是啤酒质量高低的关键所在，其优劣直接影响到啤酒的口味、质量。传统的酵母优选方法大多数采用分离复壮的手段来防止酵母退化，保持其优良品质。但是，随着啤酒生产规模的扩大、啤酒品种的增多，传统方法优选酵母已逐渐适应不了生产的需要。近年来，国外大型啤酒生产企业已开始着手研究新的菌种培育方法，其中克隆技术在分子生物学水平上构建适用的工程菌，被认为是最理想、最能够保证酵母优良品质的方法。

第九章　生物技术与化学工业

第一节　生物化工发展概述

随着生物技术的不断发展，人们逐渐认识到生物技术的发展离不开化学工程，如生物反应器以及目的产物的分离、提纯技术和设备都要靠化学工程来解决，因此，生物化工应运而生。生物化工是以应用基础研究为主，将生物技术与化学工程相结合的学科。作为生物技术下游过程的支撑学科，生物化工对生物技术的发展和产业的建立起着十分重要的作用，它是基因工程、细胞工程、发酵工程和酶工程走向产业化的必由之路。生物化工的发展，无可置疑地将会推动生物技术和化工生产技术的变革和进步，从而带来巨大的经济效益和社会效益。

一、生物化工的特点

传统的化学工业是以化学理论为基础进行工业生产，在生物化工产生以后，传统的化学工业正在受到生物化工的挑战，与传统化学工业相比，生物化工具有以下几个突出的优点。

(1)原料可再生。生物化工以生物物质作为生产原料，不再依赖于地球上的有限资源，为经济的可持续发展提供了可能性。

(2)反应条件温和。利用生物体而进行的生物加工过程一般都是在常温、常压下进行，不需要剧烈的反应条件，而传统化工过程往往需要高温、高压以及强酸、强碱的剧烈条件才能进行生产，因此，生物化工提高了生产过程的安全性。

(3)反应专一性强，副反应少。生物化工过程是由生物催化剂催化反应发生的，对底物有很强的专一性，生产过程中副反应极少。

(4)生产工艺简单，可实现连续化操作，可节省能源，并且可以减少环境污染。

(5)可解决传统生产方法和技术中难以解决的问题。

(6)可以按照需要利用现代生物技术手段创造新物种、新产品以及其他有经济价值的生命类型。

二、生物化工发展现状

1.世界生物化工发展现状

生物化工自出现起,世界各国就竞相开展相关的研究。西方国家许多较大的化工企业,如美国杜邦、道化学、孟山都公司,英国的ICI,德国的拜尔、赫斯特公司等都投入了巨大的财力和人力进行生物化工技术的研究,并且取得了显著的成就。能源方面,纤维素发酵连续制乙醇已开发成功;农药方面,许多新型的生物农药不断问世;环保方面,固定化酶处理氯化物已达实用化水平;生物技术支撑产业中的生物反应器已经进入第二代、第三代生物反应器的研究;高分子高性能膜、生物可降解塑料等技术不断成熟;高纯度生物化学品制造技术不断完善;反应器向多样化、大型化、高度自动化方面发展。生物技术已成为化工领域战略转移的目标,并掀起了新世纪生物化工产业发展的新浪潮。

2.国内生物化工发展现状

我国生物技术的研究开发起步较晚,但在传统工业发酵方面有一定的基础。随着现代生物技术的不断发展,20世纪80年代以后,我国生物化工产品得到了大力发展。目前,生物化学法生产的产品品种主要有酒精、丙酮、丁醇、柠檬酸、乳酸、苹果酸、氨基酸、酶制剂、生物农药、微生物多糖、丙烯酰胺、甘油、黄原胶、单细胞蛋白、纤维素酶、胡萝卜素等。为了推动我国生物化工产业的发展,近年来,国家投入了大量的人力、物力,在传统产业技术改造、生物化工新产品开发、生物反应器、分离技术的设备、生物传感器、计算机在线控制等方面取得了一系列成果,如纤维素原料水解、柠檬酸新型反应器、L-乳酸研制、固定化生物催化剂载体等,不少已在工业生产中产生了很大的经济效益,推进了生物化工技术的发展。

三、生物化工的应用前景

根据生物化工的特点以及其目前的发展状况,今后生物化工发展的主要方向可以概括为以下几个方面。

1.生物高技术医药产品

生物医药产品是新世纪最重要的生产产业,第二代生物技术医药产品需要大规模生产,放大技术至关重要,因而生物化工的发展是生物技术产品大规模生产的必要条件。

2.农产品及天然生物工程制品

用生物化工技术通过大规模过程集成,使农业、林业及其他可再生资源得以充分利用,该领域涉及食品、饲料、农药、保健品、食品添加剂等。天然产物的全价综合利用已成为生化工程的热点问题,以玉米综合利用加工业为突破口,生产无水酒精、木糖醇、甘油、乳酸、苹果酸、单细胞蛋白等衍生物。

3.能源、燃料及溶剂产品

目前,能源日趋减少,且燃烧生成的气体严重污染环境,二次能源的研制开发已成为能源开发热点。研究表明,氢因其储量丰富及分布广泛而成为未来最佳的二次能源,利用生物体特有的可再生性,通过光合作用进行能量转换,为简便有效地制取氢提供了崭新的途径。

4.环境生物技术可再生资源生物加工工程

生物技术在环境治理上可发挥其不可替代的作用。我国21世纪初确定的环境生物技术重点开展的方向:利用酶制剂和固定化菌体处理废水、利用基因工程和细胞融合技术对微生物进行变异处理、利用工程微生物处理原煤脱硫的工业化工艺、无污染能大量生产的生物能源的开拓性研究、高效多抗转基因微生物农药的研制以及生物来源的可降解的透明膜材料等。

5.动植物细胞培养的工艺与工程

动植物细胞培养工程是通过连续培养和细胞固定化技术,改变物理化学因素调节细胞产物的合成,通过诱变产生高产细胞株,使动植物细胞加速生长。其材料来源日趋扩大,培养技术逐渐完善。

第二节　发酵工程与化学工业

发酵工程是生物技术的重要组成部分,是目前生物技术产业化的主要形式。目前能够通过发酵法生产的化工产品主要有有机酸、氨基酸、生物可降解塑料等。

一、发酵法生产有机酸

有机酸发酵工业是生物工程领域中的一个重要且较为成熟的分支,在世界经济发展中,占有一定的地位。有机酸在传统发酵食品中早已得到广泛应用,以微生物发酵法生产并且达到工业生产规模的产品已达十几种。由于食品、医药、化学合成等工业的发展,有机酸需求骤增,发酵生产有机酸逐渐发展成为近代重要的工业领域。

我国是世界上最早利用和发酵生产有机酸的国家之一,近40年来,有机酸工业从无到有,尤其是近20年出现了蓬勃发展的趋势。柠檬酸和乳酸系列产品已进入国际市场,从质量及产量两方面皆具有较强的市场竞争能力;苹果酸和衣康酸已进入市场开发和大规模生产;葡萄糖酸的发酵生产已进入成熟阶段;其他新型有机酸产品的研究开发正受到国家和相关企业的高度重视,新产品和新用途将会不断出现。

1.发酵法生产柠檬酸

(1)柠檬酸的应用。柠檬酸无毒性,水溶性好,酸味适度,容易被吸收,并且价格低廉,因

此，在食品、医药、化工、化妆品行业及其他工业部门有着广泛的应用（图 9-2-1）。其中应用最广的是食品和饮料行业，其次是医药行业和化学工业。

柠檬酸试剂

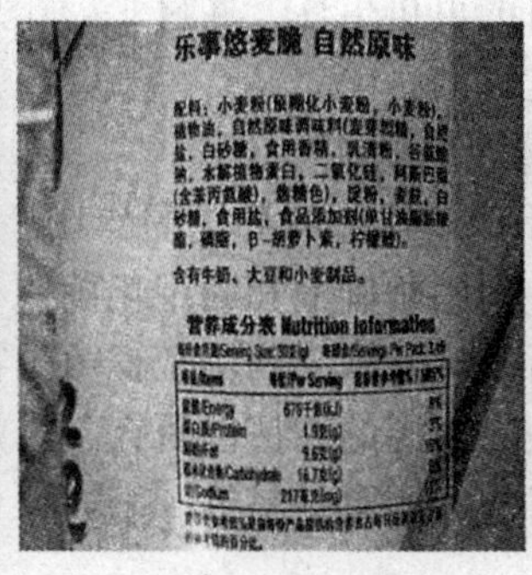

食品中的柠檬酸

柠檬酸除垢剂

图 9-2-1　柠檬酸的用途

在食品工业中，柠檬酸由于其适度的酸味可增进食品味道，并能抑制微生物生长而使食品保鲜，是常用的一种酸味剂。同时柠檬酸还是一种螯合剂，能够螯合钙、镁、铁等微量元素，从而防止饮料的浑浊。在医药工业中，作为抗凝血剂，柠檬酸可以防止血液中凝血酶的生成。柠檬酸还可用于生产柠檬酸钠作输血剂，生产柠檬酸铁铵作补血药。在化学工业中，柠檬酸三乙酯、柠檬酸三丁酯可作无毒增塑剂，用于制作食品包装塑料薄膜，还可作肥皂或香皂的添加剂；柠檬酸锌可作为微量元素肥料及复合肥料使用；另外柠檬酸还可用于制造表面活性剂、皮革加脂剂等。在洗涤剂工业中，柠檬酸在无磷酸盐洗衣粉、液体洗涤剂等配方中使用，可代替三聚磷酸钠，增强洗涤剂的去污能力。在建筑工业中，可作混凝土缓凝剂，提高工程抗拉、抗压、抗冻性能，防治龟裂。在化妆品业中，可作抗氧剂和发泡剂（图 9-2-1）。

（2）柠檬酸的生产。柠檬酸最初是由瑞典化学家 scheere 于 1784 年从柠檬果汁中提取制成的。1891 年德国微生物学家 Wehmer 发现青霉菌能生产柠檬酸，其中以黑曲霉产量最高。1923 年美国弗兹公司研制成功，以废糖蜜为原料浅盘发酵生产柠檬酸，柠檬酸开始进入工业生产新时期。1952 年美国迈尔斯公司首先采用深层发酵法大规模生产柠檬酸，此后深层发酵生产工艺得到迅速发展。目前，柠檬酸生产主要有固体发酵法、浅盘发酵法和深层发酵法三种。

①固体发酵法。固体发酵法又称曲法，我国及日本的部分柠檬酸是以薯渣为原料，采用固体发酵法生产的，其工艺流程如图 9-2-2 所示。

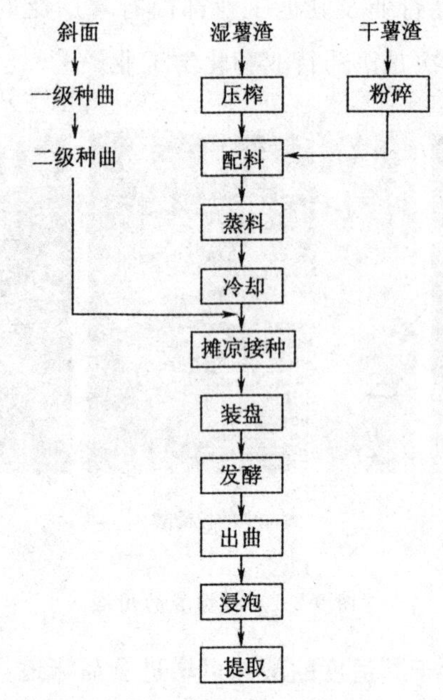

图 9-2-2　固体发酵法生产柠檬酸的工艺流程

②浅盘发酵法。浅盘发酵法又称表面发酵法，是将培养基盛于浅盘中接种，再进行发酵。浅盘置于发酵室的固定架上。浅盘法土建投资大，劳动生产率低，但设备投资小、耗电少，因而其总的生产费用仍低于深层发酵法，目前，德国、俄罗斯仍有部分工厂采用浅盘法大规模生产柠檬酸，我国已很少采用。

③深层发酵法。深层发酵是在发酵罐（一般为搅拌式）内进行接种、培养和发酵，过程需通气，搅拌式发酵罐容积一般为 50～150 m^3，大的可到 200 m^3，也有采用发酵塔生产。常用的原料为玉米淀粉，用酸法或酶法使之变为碳源——糖，糖蜜也可用作原料。我国以薯干为原料深层发酵柠檬酸的菌种都是黑曲霉，是从土壤中分离得到的野生菌经过诱变处理得到的产酸高的纯种，生产菌种的制备要经历斜面、麸曲和摇瓶试验。发酵过程一般包括原料（薯干）粉碎处理、种子罐培养及发酵罐培养，其工艺过程如图 9-2-3 所示。

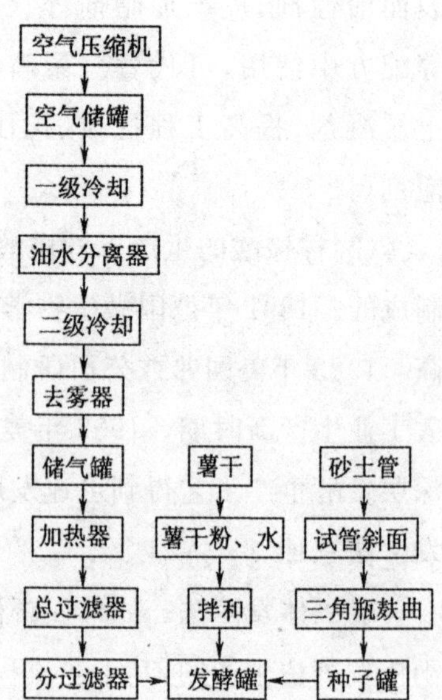

图 9-2-3　柠檬酸深层发酵法工艺示意图

从柠檬酸发酵液制备结晶一般包括三个步骤：①去除菌丝体和其他固形物得到滤液；②用各种物理和化学方法处理滤液，得到初步纯化的柠檬酸溶液；③初步纯化的柠檬酸溶液经精制后浓缩得到结晶。

目前，国内主要采用钙盐方法提取柠檬酸，其工艺路线：

发酵液→发酵滤液→中和→酸解→脱色、离子交换→浓缩→结晶→干燥

对不易达到的两项质量标准——硫酸盐和易碳化合物应重点检查。

2.发酵法生产苹果酸

(1)苹果酸的应用。苹果酸是细胞内最重要的代谢途径——三羧酸循环中的中间产物，人体、动物、植物和微生物细胞中均存在苹果酸，其存在形式均为L-苹果酸。L-苹果酸在人体内容易被代谢，对人体无毒性，因此L-苹果酸具有较好的应用前景。

L-苹果酸主要应用于食品工业，它是一种优良的酸味剂和保鲜剂，用L-苹果酸配制的饮料更加酸甜可口，接近天然果汁的风味，其在食品工业上的应用已逐渐取代柠檬酸。在临床上，L-苹果酸可用于治疗贫血、肝功能不全和肝衰竭等疾病。此外，L-苹果酸在日化保健业和建筑业上也有广泛的应用前景(图9-2-4)。因此，国际市场上对L-苹果酸的需求量与日俱增。

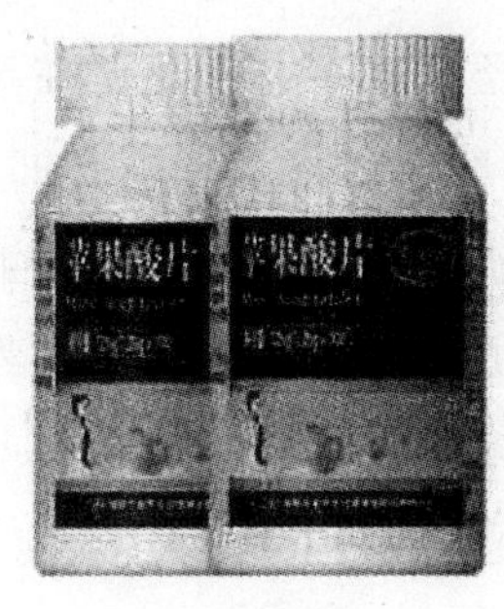

苹果酸片

苹果酸减肥产品

苹果酸泡腾片

图9-2-4　苹果酸的应用

(2)L-苹果酸生产。工艺微生物法生产苹果酸经历了直接发酵法、混合发酵法和酶合成法。

①直接发酵法。能同化碳水化合物直接发酵产生L-苹果酸的微生物主要有根霉，此外，黄曲霉、寄生曲霉、米曲霉、顶青霉、普通裂褶霉和出芽短梗霉也能同化碳水化合物直接发酵合成L-苹果酸。我国收藏的产酸菌株有黑根霉、日本根霉等。能同化正烷烃直接发酵产生L-苹果酸的微生物主要是假丝酵母。用直接发酵法虽可制备苹果酸，但由于产酸水平不高，未能实现工业生产。

②混合发酵法。采用两种具有不同功能的微生物，一种同化葡萄糖或正烷烃等合成反丁烯二酸；另一种将反丁烯二酸进一步转化为L-苹果酸。产反丁烯二酸的微生物有各种根霉，如少根根霉和华根霉。能转化反丁烯二酸为L-苹果酸的微生物有膜醭毕赤酵母、普通变形菌、芽孢杆菌和掷孢酵母等。此法比用少根根霉直接发酵法的苹果酸转化率有较大提高。

③酶合成法。此法以化学合成的反丁烯二酸为原料，以反丁烯二酸酶或富含该酶的微生物细胞作为催化剂，将反丁烯二酸专一地转化为L-苹果酸。由于固定化技术的发展，这一方法已实现了工业化生产，该法工艺简单，转化率高。

游离的反丁烯二酸酶、含反丁烯二酸酶的细胞器及含反丁烯二酸酶的完整微生物细胞，均可作为固定化的酶原。国内外普遍采用完整的微生物细胞作为酶原。反丁烯二酸酶活力高，被用于固定化的微生物主要有产氨短杆菌、黄色短杆菌、假单胞菌、膜醭毕赤酵母、皱褶假丝酵母、马棒杆菌、大肠杆菌、普通变形杆菌、荧光假单胞菌、枯草芽孢杆菌和八叠球菌等。

通过超声破碎及丙酮处理等方法得到的无细胞制备物及部分提纯的反丁烯二酸酶，也可作为制备L-苹果酸的酶原。固定化一般采用包埋法，所用载体有聚丙烯酰胺、角叉菜胶、海藻酸钙、三醋酸纤维素、光敏交联预聚物，其中研究最多、效果较好的是角叉菜胶。

固定化全细胞合成L-苹果酸的主要技术障碍是细胞透性差，已发现先用表面活性剂处理细胞可以消除透性障碍，从而提高固定化细胞合成苹果酸能力。

3.发酵法生产乳酸

(1)乳酸的应用。乳酸是一种常见的结构简单的羟基羧酸，广泛存在于自然界。1881年Avery在美国马萨诸塞州的Littleton进行乳酸发酵生产性试验。1895年德国的Ingelheim建立了第一家乳酸生产工厂，并将此技术传至欧洲其他国家。美国每年消费乳酸2.3万吨，日本每年需乳酸约4 500吨，一半用于食品，其他用于塑料、乳化剂、医药和化妆品等行业。

(2)乳酸的生产工艺。生产乳酸的主要原料是淀粉质原料，如玉米、大米、淀粉等，辅料为硫酸、盐酸、活性炭等。其简要生产流程如下：

原料→处理→发酵→过滤→除杂→酸解→脱色→过滤→浓缩→脱色→离子交换→浓缩→成品

4.发酵法生产衣康酸

(1)衣康酸的应用。衣康酸是目前化工行业的一种紧缺物资，是化学合成工业的重要原辅材料，是化工原料生产中的重要中间体，具有十分广泛的用途。它是制造合成纤维、合成树脂、橡胶、塑料、润滑油添加剂、锅炉除垢剂等产品的原料。还可用于生产洗涤剂、除草剂、造纸工业用胶剂等。也可用于特种玻璃钢、特种透镜、人造宝石等制造行业。衣康酸在化学合成新材料、造纸、食品等领域应用范围不断扩大，世界各国对衣康酸的需求量也在迅速增长，目前，国际上呈现产品供不应求的状况，据预测，世界衣康酸的需求量每年将增长12%。

(2)衣康酸的工业制法。衣康酸的工业制法有合成法和发酵法，工业上目前采用发酵生产的较多。衣康酸发酵是以蔗糖或淀粉等农副产品为原料，一般是用糖类(葡萄糖或砂糖)作培养基，加氮源和无机盐，以土曲霉为菌种，在38℃条件下发酵2 d，发酵后过滤、浓缩、脱色、结晶、干燥即得成品。目前国内的衣康酸生产主要集中在云南、四川、江苏、山东等省。

衣康酸生产的主要工艺流程如下：

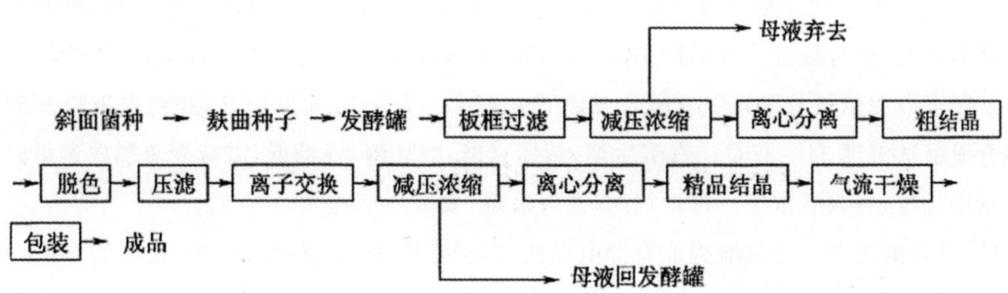

二、发酵法生产氨基酸

氨基酸是构成蛋白质的基本单位，是人体及动物的重要营养物质，氨基酸产品广泛应用于食品、饲料、医药、化学、农业等领域。以前氨基酸主要是用酸水解蛋白质来制得，现在氨基酸生产方法有发酵法、提取法、合成法、酶法等，其中最主要的是发酵法生产，用发酵法生产的氨基酸已有 20 多种。

1.谷氨酸发酵生产

谷氨酸是一种重要的氨基酸，味精的主要成分即是谷氨酸，除此以外谷氨酸还可以制成对皮肤无刺激性的洗涤剂——十二烷基谷氨酸钠肥皂，能保持皮肤湿润的润肤剂——焦谷氨酸钠，质量接近天然皮革的聚谷氨酸人造革以及人造纤维和涂料等。谷氨酸是目前氨基酸生产中产量较大的一种。谷氨酸发酵生产工艺是氨基酸发酵生产中最典型、最成熟的。

(1)谷氨酸发酵生产的菌种。谷氨酸发酵生产菌种主要有棒状杆菌属、短杆菌属、小杆菌属以及节杆菌属的细菌。除节杆菌外，其他三属中有许多菌种适用于糖质原料的谷氨酸发酵。这些菌都是需氧微生物，都需要以生物素为生长因子。我国谷氨酸发酵生产所用菌种有北京棒杆菌 AS1299、钝齿棒杆菌 AS1542、HU7251 及 7338、B9 等。

(2)谷氨酸发酵生产的原料制备。谷氨酸发酵生产以淀粉水解糖为原料。淀粉水解糖的制备一般有酸水解法和酶水解法及酸酶结合法三种。

(3)种子扩大培养。种子扩大培养的工艺流程如下：

斜面培养 → 一级种子培养 → 二级种子培养 → 发酵

一级种子培养一般采用液体培养基摇瓶培养，培养基由葡萄糖、玉米浆、尿素、磷酸氢二钾、硫酸镁、硫酸铁以及硫酸锰等组成，pH 为 6.5～6.8；培养时间在 12 h 左右。

二级种子培养使用种子罐，培养基除用水解糖代替葡萄糖外，其他与一级种子培养基基本相同。制得的种子要求无杂菌及噬菌体感染，菌体大小均匀，二级种子培养结束时要求活菌数为(10^8～10^9)个细胞/mL。

(4)谷氨酸发酵生产过程。发酵初期，菌体生长迟滞，2～4 h 后即进入对数期，代谢旺盛，糖耗快，这时必须流加尿素以供给氮源，并调节培养液的 pH 至 7.5～8.0，同时保持温度在 32℃。对数期阶段主要是菌体的生长，几乎不产酸，随后转入谷氨酸合成阶段，此时菌体浓度基本不变，糖与尿素分解后产生的 α-酮戊二酸和氨主要用来合成谷氨酸，这一阶段应及时流加尿素以提供氨及维持谷氨酸合成最适 pH7.2～7.4，需大量通气，并将温度提高到谷氨酸合成最适温度 34～37℃。发酵后期，菌体衰老，糖耗慢，残糖低，需减少流加尿素量。当营养物质耗尽、谷氨酸浓度不再增加时，及时放罐，发酵周期在 30 h 左右。

(5)谷氨酸提取。谷氨酸提取有等电点法、离子交换法、金属盐沉淀法、盐析法和电渗析法，以及将上述方法结合使用的方法。国内多采用的是等电点—离子交换法。谷氨酸的等电点是 pH＝3.22，这时它的溶解度最小，所以将发酵液用盐酸调节到 pH3.22，谷氨酸就可结晶析出。通过等电点法可提取发酵液中的大部分谷氨酸，剩余的谷氨酸可用离子交换法，进一步进行分离提纯和浓缩回收。

2.L-赖氨酸生产

L-赖氨酸是人和动物生长发育所必需的一种氨基酸。动物体内不能合成，必须从外界获取，在蛋白质营养中起着举足轻重的作用，若缺乏会引起蛋白质代谢障碍及功能障碍，导致生长障碍。在医药工业方面可做复合氨基酸输液用，也可作治疗用氨基酸，在食品工业方面可用作食品强化剂、增香剂、调味剂。

目前，赖氨酸的工业生产以直接发酵法为主，其次是酶法。

(1)直接发酵法。直接发酵法是利用微生物的代谢调节突变株、营养要求性突变株，以淀粉水解糖、糖蜜、乙酸、乙醇等原料直接发酵生成 L-赖氨酸。

(2)酶法。酶法是日本东丽公司发展起来的，他们在高分子化学产品的生产中有大量副产品环己烯生成，利用化学方法以环己烯合成外消旋 D、L-氨基酸己内酰胺，再由微生物产生的 D-氨基酸己内酰胺外消旋酶和水解酶的联合作用生成 L-赖氨酸。

目前世界赖氨酸的消费量以每年 10%左右的速度增长，生产技术和菌种主要被日本味之素集团和协和发酵集团所垄断。我国赖氨酸工业起步较晚，但发展较快，目前已在广西、福建、吉林、武汉等地建立了多家赖氨酸生产厂，赖氨酸应用前景十分广阔。

3.L-苯丙氨酸的生产

L-苯丙氨酸是人体的一种必需氨基酸，可作为营养补充剂，同时它也是重要的医药和食品中间体。由于抗癌药物制剂和氨基酸输液的发展以及低热量甜味二肽产量的迅速增加，促进了 L-苯丙氨酸生产的发展。

L-苯丙氨酸的制备方法主要有三种：直接发酵法、化学合成法和酶法。三种方法中化学合成法生产线路长、成本高而且副产物多，得到的产物是光学消旋体，需再进行光学拆分，因而生产方法多以苯丙酮酸或反式肉桂酸为原料，通过生物转化法生产，或者用直接发酵法生产。以苯丙酮酸为原料生产时，使用固定化细胞可提高产率，直接发酵法可通过基因工程改

造生产菌种，使其可以利用更廉价的原料，降低生产成本。

自20世纪70年代以来，几乎所有氨基酸的发酵法生产都进行了开发、改进，已经获得工业化生产的除上述3种氨基酸外，还有精氨酸、谷氨酰胺、亮氨酸、异亮氨酸、脯氨酸、丝氨酸、苏氨酸及缬氨酸。

获得高产菌种始终是发酵法生产氨基酸的关键。除了从野生型菌株出发，通过筛选、诱变等方法获得营养缺陷型或调节突变型菌株的传统方法外，利用基因重组技术获得氨基酸高产菌种已经成为新的发展方向。生产氨基酸的基因工程菌的研究还在深入进行，这必将为提高氨基酸的发酵水平做出贡献。

三、发酵法生产可生物降解塑料

生物可降解塑料是指能够被自然界存在的微生物如细菌、真菌和藻类等作用而引起降解的一类塑料。根据降解机理和破坏形式，可分为生物破坏性塑料和完全生物降解塑料两种。

生物破坏性塑料是一种不能完全生物降解的塑料，它是在通用塑料中混入具有生物降解特性的组分，其制品消费后可部分降解，以很小的粒子或碎片分散在自然界，避免了宏观污染，但微观影响依然存在。这类塑料主要有淀粉基塑料、纤维基塑料、蛋白质基塑料等。

完全生物降解塑料是能够完全生物降解的塑料，包括：①人工合成的完全生物降解塑料，即使用合适的单体和催化体系，经化学合成法制得的可生物降解塑料，如聚乳酸；②天然的完全可生物降解的高分子，即利用动植物体内的多糖类物质制造的生物降解塑料，最典型的例子是牌号为Novon的热塑性淀粉；③微生物合成的完全生物降解塑料，利用微生物体内的新陈代谢过程，产生可生物降解的高分子材料，典型例子如聚β-羟丁酸(PHB)。

目前，国外已商品化的完全生物降解塑料主要有脂肪族聚酯(如Biopol)、热塑性淀粉(如Novon)、聚乳酸和聚己内酯(PCL)等，其生产能力从几千到几万吨不等。其中采用发酵法生产脂肪族聚酯(PHAs)，除了具有高分子化合物的基本特征外，还具有生物可降解性及生物可相容性，可用于各种容器、袋、薄膜以及医药方面，受到国内外重视。目前，PHAs中具工业化前景的是聚β-羟丁酸(PHB)，聚羟基戊酸酯(PHV)以及两者的共聚物(PHBV)。

1. 脂肪族聚酯

英国Zeneca公司和奥地利的林茨化学集团是生产PHB和PHBV的两个大公司，生产牌号为Biopol的PHB产品是生产规模国际领先的。目前世界各国所用的PHB生产菌种主要是真养产碱杆菌、固氮菌和假单胞菌。不同的微生物合成PHB的途径不同，基质不同，其合成途径也有差异，用于PHB生物合成的碳源有糖类、有机酸(乙酸、丁酸等)、甲醇、二氧化碳等多种含碳化合物，这些碳源在细胞内通过各种代谢途径转化为乙酰辅酶

A($CH_3\overset{\overset{O}{\|}}{C}\sim SCoA$)，在微生物细胞内乙酰辅酶A积累过剩时将转变成PHB。

PHB生产现已工业化，它是一种热塑性塑料，其某些力学性质与聚丙烯相似。PHB可用注塑或吹塑的方法制造洗头膏瓶等化妆品容器以及外科手术用针、缝线等医用材料，还可用于包裹医药、杀虫剂和除草剂等缓释体系药剂，以及开发一次性使用的盘子、尿布和薄膜等产品。

目前，对发酵生产PHB的研究已成为热门课题，一些国家进行了细菌发酵的工业化生产。我国PHB的研究工作起步较晚，但很受国家重视，目前也取得了突破性的进展，已有不少单位完成了小试生产。有些单位，如中科院微生物所、清华大学生物系和化工系均已有批量生产技术。但在PHB的提纯方面，目前尚未达到应用水平。而微生物制备PHB或PHBV的价格偏高，是限制其大量应用的一个主要原因。重组DNA技术将对PHB生产的进一步研究工作产生较大的影响，通过基因改造，有望使PHB的生产有更大改善。

2.聚乳酸

聚乳酸(PLA)是一种性能极佳的生物降解材料。以聚乳酸为原料可生产全降解塑料，其在环保、医疗、日常包装等领域具有广阔的应用前景，是一种新型可循环再生材料，符合现代环保趋势。

聚乳酸在自然环境中首先发生水解，然后，微生物进入组织内，将其分解成二氧化碳及水。在堆肥的条件下(高温和高湿度)，水解反应可轻易完成，分解的速度也较快。在不容易产生水解反应的环境中，分解过程是循序渐进的。传统石化原料会增加二氧化碳的释放，但聚乳酸不会有此现象，在分解过程中产生的二氧化碳，可再次被使用成为植物进行光合作用所需的碳分子。

聚乳酸的合成主要有三种方法：直接法、间接法以及共聚法。

(1)直接法。利用乳酸直接脱水缩合反应合成聚乳酸，主要特点是合成的聚乳酸不含催化剂，但反应条件相对苛刻。

(2)间接法。乳酸脱水缩合后将得到的低聚物在三氧化锑、三氟化锑、四氯化锡等催化剂作用下解聚制得丙交酯，然后再加入催化剂使其发生环聚反应而制得相对分子质量更高的聚乳酸。相对分子质量可由催化剂浓度及聚合体系的真空度来控制。但因有些催化剂有毒，影响其应用范围。

(3)共聚法。由于聚乳酸的降解速度很快，本体侵蚀后强度下降很快，影响了其应用。共聚改性是通过调节乳酸和其他单体的比例来改变聚合物的性质，或由各种第二单体提供聚乳酸以得到特殊性能。

近年来，国外聚乳酸技术开发和工业化生产取得了突破性进展。美国、日本都有大规模的化工企业投资生产聚乳酸，如美国的卡吉尔公司与陶氏化学公司、日本的三井化学品公

司。随着聚乳酸生产成本逼近传统塑料成本、市场应用的大力拓展，普及使用将进入高峰期，聚乳酸建设热潮将在全球展开。

四、发酵法生产其他化工产品

除前述几种化工产品外，目前还可以通过发酵法生产功能性食品添加剂，如功能性低聚糖、多元不饱和脂肪酸、抗自由基添加剂、L-肉碱、核酸、黄原胶等；生产生物农药、生物肥料、生物药物及其他生物产品，如甘油、壳聚糖等。

第三节　酶工程与化学工业

一、酶制剂现状

酶工程是基于生物技术学科的发展而开发的应用技术，利用生物催化剂——酶的催化特性，解决酶在医药、化工、轻工、食品、能源和环境工程方面的应用技术。目前，酶催化在精细化学品、药物及食品工业中都已有较多应用。

我国酶制剂工业起步于1965年，当时在无锡建立了第一个专业化酶制剂厂，总产量只有10吨，而品种只有普通淀粉酶。经过多年的发展，我国酶制剂已形成一定规模，但与世界发达国家相比，还存在着较大差距，主要表现如下。

(1)剂型少、品种少，产品结构不合理。国内外酶制剂产品结构对比详见表9-3-1。

表9-3-1　国内外酶制剂产品结构对比

酶制剂品种	国外/%	国内/%	酶制剂品种	国外/%	国内/%
蛋白酶	37	11	果胶酶	9	少量
糖化酶	11	68	葡萄糖异构酶	11	少量
淀粉酶	15	18	其他	8	3
凝乳酶	9	0			

(2)总体技术水平比较低。我国酶制剂生产从总体上看提取手段落后，造成产品粗糙、杂质多、质量差，影响了下游过程产品质量的提高及产品用途的扩大，同时也不利于环境保护。虽然在逐渐改善，但从行业总体水平看，还有较大差距，发展不平衡。

(3)应用的深度和广度不够，新产品开发能力差。国外酶制剂公司的研究、开发经费一般占产品销售额的10%以上，我国在这方面的投入不够，研究、开发的全部经费不到产品销售额的1%，因此新产品的开发受到很大制约，新酶种和新用途的研制开发速度缓慢，跟不上工业发展的需要,某些酶种还需依靠进口。

二、商品化的酶制剂

酶的催化作用,自古以来就被人类应用于日常生活。19 世纪前后,建立了酶的概念,1897 年,发现了酶不仅由活细胞产生,而且从细胞分离以后仍可以继续发生作用,促进了酶的商品化生产。1949 年日本开始采用深层培养法生产细菌 α-淀粉酶,微生物酶制剂的生产进入了大规模工业化的阶段。1959 年酶法生产葡萄糖成功,带来了酶制剂工业的新发展。

1. 淀粉酶

淀粉酶是水解淀粉和糖原的酶类的统称,是最早实现工业生产,并且是迄今为止用途最广、产量最大的一个酶制剂品种。由于酶法生产葡萄糖,以及用葡萄糖生产异构糖浆的大规模工业化,淀粉酶的需要量不断增大,其产量在酶制剂总产量中所占的比例不断提高。

目前,淀粉酶主要可分为四大类:α-淀粉酶、β-淀粉酶、葡萄糖淀粉酶以及解支酶(异淀粉酶),除此之外,还有一些与工业有关的环式糊精生成酶,如 G_4、G_6生成酶,α-葡萄糖苷酶等。α-淀粉酶最早发现产生于枯草芽孢杆菌,它可从淀粉分子内部切开 α-1,4 糖苷键而将淀粉降解成糊精和还原糖,目前主要用于食品、酿造、制药、纺织以及石油开采等领域;葡萄糖淀粉酶即糖化酶,主要来源于根霉、红曲酶、黑曲霉,目前大量用于淀粉糖化剂;异淀粉酶能分解 α-1,6 糖苷键,主要用于分解支链淀粉。

2. 蛋白酶

蛋白酶是催化肽键水解的一种酶类,是研究得比较深入的一种酶。按酶的来源可分为动物蛋白酶、植物蛋白酶和微生物蛋白酶。蛋白酶在工业上有不同的用途,如丝绸脱胶、皮革工业中脱毛和软化皮板、水解蛋白注射液的生产及啤酒澄清等。按蛋白酶作用的最适 pH,可分为酸性、中性和碱性蛋白酶。

蛋白酶商品化生产开始于 20 世纪初,1908 年德国 Rohm 等人开始用胰酶鞣革;1911 年美国华勒斯坦公司生产木瓜酶作为啤酒澄清剂;20 世纪 30 年代微生物蛋白酶开始用于食品和制革工业。到目前为止,国际市场上商品蛋白酶在 80～100 种。我国已陆续选育了一批优良产酶菌株,包括中性蛋白酶生产菌如枯草杆菌、放线菌、栖土曲霉和碱性蛋白酶生产菌株地衣芽孢杆菌、短小芽孢杆菌等,以及酸性蛋白酶生产菌黑曲霉、宇佐美曲霉变异株、肉桂色曲霉和酱油工业用的米曲霉等。

3. 葡萄糖异构酶

葡萄糖异构酶能够催化 D-木糖、D-葡萄糖等醛糖转化为相应的酮糖,是工业上大规模以淀粉制备高果糖浆的关键酶。葡萄糖异构酶工业化生产的早期是利用热处理细胞直接作为酶进行生产,随后固定化葡萄糖异构酶工业化生产成功,现在异构糖全部使用固定化酶生产。

由于异构糖浆制造方便，生产成本和设备投资远比甜菜制糖低（约50%），各国竞相生产。我国是食糖缺乏的国家，发展异构糖意义重大，自1965年以来，对各种产葡萄糖异构酶的菌种进行了研究，目前已有利用固定化异构酶细胞进行果糖浆生产的技术。

4. 纤维素酶

纤维素酶是降解纤维素生成葡萄糖的一组酶的总称，它不是单种酶，而是起协同作用的多组分酶系。大多数由微生物产生的纤维素酶至少包括三类性质不同的酶：一是C_1酶，它是纤维素酶系中的重要组分，它在天然纤维素的降解过程中起主导作用；二是β-1,4-葡聚糖酶，也称C_X酶，它是水解酶，能水解溶解的纤维素衍生物或膨胀和部分降解的纤维素，但不能作用于结晶的纤维素；三是β-葡萄糖苷酶，它能水解纤维二糖和短链的纤维寡糖生成葡萄糖，又称为纤维二糖酶，实际上它能作用于所有的β-葡萄糖二聚物。

20世纪60年代后，由于分离技术的发展，推动了纤维素酶的分离纯化工作，对于纤维素酶的组分、作用方式以及诱导作用等方面的研究进展比较快，并且实现了纤维素酶制剂的工业生产，在应用上也取得一定成绩。目前已有许多国家在进行纤维酶的研究，以纤维素转化成糖作为主要目标，纤维素酶制剂的产量逐年增加。用于食品、饲料加工、酿造的纤维素酶来源于木霉和青霉。纤维素酶在食品加工、制酒、饲料、培养菌体蛋白和纤维素糖化等方面的应用取得了一定成绩。

5. 其他酶制剂

除前述几种酶制剂外，常见的酶制剂还有果胶酶、脂肪酶、葡萄糖氧化酶、L-天冬酰胺酶、天冬氨酸酶、5′-磷酸二酯酶、多核苷酸磷酸化酶、青霉素酰化酶、α-半乳糖苷酶、右旋糖苷酶、细胞壁溶解酶、链激酶、氨基酸脱羧酶等。世界各国对各种酶制剂的生产与应用仍在不断地研究和开发，技术进步及投入力度的加大将会推进酶制剂行业的进一步发展。

三、酶制剂在化工领域中的应用

随着新酶种的发现和对已知酶的催化功能的发掘以及酶固定化技术的进步，近年来生物催化技术在化工行业的多方面得到了应用。

1. 酶在大宗化学品方面的应用

虽然酶目前主要是用于医药和精细化学品的制造，但已出现应用于大宗化学品生产的趋势。例如，杜邦公司和国际公司联合开发利用微生物进行生物催化生产1,3-丙二醇，并进一步生产PTT树脂。美国能源部研究成功利用遗传修饰大肠杆菌突变种，使玉米葡萄糖发酵生产丁二酸，以丁二酸为原料可加工成1,4-丁二醇、四氢呋喃和N-甲基吡咯烷酮等工业产品，成本比其他方法低20%～50%。

日本研究者发现红球菌产生的腈水解酶可将丙烯腈水解成丙烯酰胺，而在此之前使用化学催化法需要昂贵的铜催化剂，反应温度为100℃，产生大量废物会使产品发生聚合。日本已建成采用此酶法每年生产丙烯酰胺 1 万吨的大型装置，俄罗斯也建成了酶法生产丙烯酰胺 2.4 万吨/年的大型生产装置。

美国明尼苏达大学化学家鉴定出一种甲烷单加氧酶，它是能生物氧化甲烷成甲醇的“反应性中间体 Q”，基于这一发现可能设计成功烷烃氧化的生物催化剂供化学工业使用。

酶在轻工业中的用途广泛，主要表现在：用于洗涤剂制造以增强去垢力；用于制革工业原料皮的脱毛、裘皮的软化；用于明胶制造以代替原料皮的浸灰减少污水；用于造纸工业作用于淀粉以制黏合剂；用于化妆品生产用于去除肤屑洁净体肤；用于感光片生产以回收银粒与片基；用于处理废水废物，作为饲料添加剂等。

此外，酶能在有机溶剂中进行催化反应，从而开辟了非水酶学这一崭新的研究领域，大大扩展了酶的应用范围，也为酶学研究注入了新的生机和活力。近年来，非水酶学研究取得了不少令人可喜的成果，为酶在精细化工、材料科学、医药等方面的应用展示了广阔的前景。

2. 酶在氨基酸生产上的应用

酶在氨基酸生产上的用途主要有两种，一是用于 D、L-氨基酸的光学拆分，合成法生产的氨基酸都是消旋体，其中只有 L-型氨基酸具有生理活性，可用酶法拆分将 D、L-氨基酸转化为 L-型氨基酸；另一种用途是合成氨基酸，首先利用化学方法合成分子结构简单的化合物作为前体，通过酶反应合成所需要的氨基酸，这是结合化学合成与酶反应的长处而建立的一种有效的生产手段，能够廉价、高效地生产氨基酸。

不少氨基酸可用酶法合成，如 L-天冬氨酸、L-赖氨酸、L-色氨酸、5-羟基色氨酸、D-对羟基苯酚甘氨酸、L-异亮氨酸及 L-酪氨酸，此外还可生产一些天然不存在的氨基酸，如构成β-内酰胺抗生素侧链的一些 D-氨基酸以及作为医药的 D-苯丙氨酸、D-天冬氨酸等。L-天冬氨酸、L-赖氨酸、L-丙氨酸等都可用酶法合成且已实现大规模工业化。

酶法拆分是利用酰化酶（主要来自曲霉、青霉、假单胞杆菌、酵母以及动物肾脏等）只作用于酰化 DL-氨基酸的 L-体而对 D-体无作用的原理，先将 DL-氨基酸进行酰化，然后用酶水解，经结晶而将 L-氨基酸同酰化 D-氨基酸分开，余下的酰化 D-氨基酸可用化学或酶法消旋化后，继续拆分，直到几乎全部 DL-氨基酸转变成 L-型。这种方法在丙氨酸、甲硫氨酸、色氨酸、缬氨酸的生产上已广泛使用。

3. 酶在有机酸合成中的应用

（1）酶法合成 L-酒石酸。L-酒石酸在医药和化工上用途广，为食用酸，化学法只能生产 D、L-型，水溶性差，用酶法可生产光学活性的 L-酒石酸，以顺丁烯二酸产生的环氧琥珀酸为原料，用环氧琥珀酸水解酶开环而成 L-酒石酸，环氧琥珀酸水解酶为胞内酶，可由假单胞杆菌、产碱杆菌、根瘤菌、诺卡氏菌等产生。

（2）酶法合成 L-苹果酸。L-苹果酸在食品工业为优良的酸味剂，在化工、印染，医药品生产上也有不少用途，可用发酵法和酶法生产，工业上以富马酸为原料，通过微生物富马酸酶

合成。富马酸酶来自产氨短杆菌(用聚丙烯酰胺包埋)。

(3)酶法生产长链二羧酸。长链二羧酸是树脂、香料、合成纤维的原料,由正烷烃 $C_{9\sim18}$ 经加氧酶和脱氢酶来生产。

(4)酶法水解腈生产有机酸。例如,用腈水解酶将乳腈(2-羟基丙腈)水解,最后生产的乳酸可用于食品、医药。腈水解酶可由芽孢杆菌、短杆菌、无芽孢杆菌、小球菌等产生。

用酶法或微生物法合成的有机酸还有光学活性的 α-羟基羧酸及 β-羟基羧酸及其衍生物,它是重要的手性化合物原料。如 D-(－)-β-羟基异丁酸的 L-(＋)对映体,可合成维生素 E(生育酚)、麝香酮、拉沙里菌素 A 等药物,D-对映体用于合成血管紧张素转化酶抑制剂。又如,D-泛解酸内酯是一种重要的合成维生素——D-泛酸的手性原料。用化学法生产过程繁杂冗长,而用假丝酵母及红球菌以葡萄糖作为 NADPH 再生能源及酮解酸内酯作底物则可得到纯度高、产量高的泛解酸内酯。

4. 有机溶剂中酶催化的应用

有机溶剂中的酶由于能催化各种各样的反应,特别是水溶液中不能进行的反应,因而极大地扩展了酶的适用范围。

(1)外消旋拆分和不对称合成。现已发现有机溶剂中酶可催化酯基转移作用(用来拆分外消旋醇)、酯化作用(用于拆分外消旋酸)。具有工业意义的非水催化工艺的例子是通过立体选择性酯化来拆分手性 2-卤丙酸。

(2)内酯和聚酯的合成。大环内酯是抗生素的中间体,其衍生物是香味添加剂,用于香料及食品工业,有机相中的脂肪酶可催 w-羟基羧酸的甲酯分子内缩合,形成大环内酯,产率可高达 80%。

脂肪酶催化反丁烯二酸酯与 1,4-丁二醇在四氢呋喃和乙腈中缩合,形成全反式构象的聚酯,具有可生物降解性,可生物降解聚酯,可用于控制药物释放体系,用作包装材料可消除白色污染,用于农用地膜及肥料、杀虫剂、除草剂的释放控制材料等。

(3)油脂水解、脂合成和酯交换。脂肪酶可水解天然油脂,产生脂肪酸、甘油和甘油单酯,利用这些反应可把廉价的油脂改造成具有食用和医用价值的特殊油脂。例如,利用脂肪酶在微水溶剂系统中催化的酯交换反应,可制备类似可可脂的油脂;日本人用脂肪酶选择性地水解鱼油,使其中的高不饱和脂肪酸含量由原来的 15%～30%提高到 50%;脂肪酶催化人造奶油与不饱和脂肪酸的酯交换反应降低了人造奶油的熔点,从而改善人造奶油的质量。

第四节　细胞工程与化学工业

随着生物技术的不断进步,细胞工程已不断向产业化方向发展,利用动植物组织培养或细胞培养技术已能生产多种产品。在化工领域,细胞工程的应用一方面体现在应用固定化细胞技术生产某些化工产品，另一方面体现在通过植物组织培养获得次级代谢产物以获得某些化工产品。

一、固定化细胞技术的应用

固定化细胞技术是在固定化酶技术的基础上发展起来的，虽然起步较晚，但应用范围较固定化酶技术要广泛。作为细胞工程的一个重要组成部分，近几十年来固定化细胞技术发展十分迅猛，其应用涉及各个技术领域。

目前，尽管大量的固定化细胞工作还局限在固定化技术和应用的研究阶段，但世界各国都把固定化细胞研究的成果很快运用到工业生产过程中，其在化工领域的应用主要体现在以下几个方面。

1. 固定化细胞技术用于氨基酸生产

L-天冬氨酸是最早用固定化细胞在工业上大规模生产的氨基酸，用于固定化的细胞是大肠杆菌，载体是聚丙烯酰胺，使用此种方法使生产成本降低了40%。日本田边制药厂用κ-角叉菜糖凝胶包埋菌体，并用戊二醛、己二胺进行硬化处理，制得的固定化菌体半衰期达630天，生产能力比聚丙烯酰胺凝胶包埋的菌体提高了14倍。我国上海工业微生物研究所应用固定化细胞生产的L-天冬氨酸产品已有出口。除L-天冬氨酸外，目前许多氨基酸都能利用固定化细胞技术进行生产，见表9-4-1。

表 9-4-1　可利用固定化细胞技术生产的氨基酸

氨基酸	底物	微生物细胞	载体
L-天冬氨酸	反丁烯二酸 葡萄糖 反式肉桂酸	大肠杆菌、德阿昆哈假单胞菌 棒杆菌 深红酵母	卡拉胶 聚丙烯酰胺 卡拉胶
L-苯丙氨酸	乙酰胺肉桂	棒杆菌	海藻酸钙
L-丝氨酸	甘氨酸	大肠杆菌	海藻酸钙
L-色氨酸	吲哚＋丙酮酸 吲哚＋L-丝氨酸	大肠杆菌 大肠杆菌	聚丙烯酰胺 聚丙烯酰胺
L-赖氨酸	葡萄糖	枯草芽孢杆菌	海藻酸钙
L-异亮氨酸	葡萄糖	粘质沙雷氏菌	卡拉胶
L-精氨酸	葡萄糖	粘质沙雷氏菌	卡拉胶

2. 固定化细胞技术用于高果糖浆的生产

高果糖浆可作为蔗糖的替代糖原满足人类对糖类物质的需要。1966年日本在工业规模上利用微生物菌体生产高果糖浆获得成功并投入生产。1969年又采用菌体热固法制成固定化细胞，实现了生产的连续化，产品达11万吨，1978年产量达到100万吨以上。目前我国也已具有了利用固定化异构酶细胞进行高果糖浆生产的技术。

3.固定化细胞技术用于L-苹果酸的生产

从1972年起，千畑一郎等就利用聚丙烯酰胺凝胶包埋含有延胡索酸酶的产氨杆菌，制成固定化细胞反应器，实现了L-苹果酸的连续、高效、大量、廉价的工业化生产。目前认为黄色短杆菌用角叉菜凝胶包埋效果比较好，固定化时加入添加剂还可提高其稳定性、延长半衰期。中科院微生物研究所和黑龙江省应用微生物研究所也用聚丙烯酰胺包埋法固定了L-苹果酸生产菌，实现了L-苹果酸的固定化细胞生产。

二、植物组织培养技术的应用

1.次生物质与植物细胞的大量培养

人类的衣食住行处处离不开植物。在化学工业兴起之前，所有植物性药物、食用香料或化妆用品都是直接从植物中取得的。这些来源于植物的有效成分，乃是它们体内积累的一些代谢中间分子。由于这些分子不参与植物的基本生命过程，常被称为次生代谢物或天然产物。植物天然产物对于人类的健康有着重大意义。据资料统计，现用的药品中有四分之一来自植物，而且绝大多数仍是化学合成所不可代替的。为了战胜危及人类生命的癌症、艾滋病、心脏病等严重疾病，人们正在不断地从植物中寻找新的药源。探索利用植物组织培养的方法来生产人类所需的植物产品，近十年来已受到各国政府和科学工作者的极大重视。

2.植物细胞能够产生的次级代谢产物

植物细胞能够产生的次级代谢产物主要包括：①酚类化合物，包括黄酮类、单酚类、醌类等；②萜类化合物，包括三萜皂苷、甾体皂苷等；③含氮化合物，包括生物碱、胺类、非蛋白质氨基酸等；④多烃类、有机酸。

植物组织全能性的证实为植物组织培养工作奠定了理论基础，1956年首次提出用植物组织培养生产有用次级代谢产物，以后的几十年间，研究工作得到迅速发展。1983年日本培养硬紫草细胞获得紫草宁及其衍生物产品。人参根的培养在日本也已商业化，一些植物组织培养已逐步走向中试和工业化规模，如长春碱、洋地黄等。

3.通过植物组织培养获得次级代谢产物的应用

近年来通过植物组织培养获得次级代谢产物主要应用在医药、食品和轻化工等领域，尤其集中在制药工业中一些价格高、产量低、需求量大的化合物上，如紫杉醇、长春碱、人参、三七、紫草、黄连等化合物的生产。其中，从红豆杉树皮中提取的紫杉醇对治疗卵巢癌和乳腺癌有特效。因此，在国外，植物细胞培养用的反应器已从实验室规模放大到工业性试验规模。目前植物组织培养技术还在进一步的发展过程中，技术问题的解决将使植物组织培养大规模生产有用产品成为可能。

生物化工是将生物技术与化学工程相结合的学科，是基因工程、细胞工程、发酵工程和酶工程走向产业化的必由之路，对生物技术的发展和产业的建立起着十分重要的作用。生物化工与传统化学工业相比具有其突出的优点，生物化工的发展，必将在医药、农副业产品、能源、细胞培养以及环境的可持续发展方面做出较大的贡献。

目前可通过发酵法生产有机酸、氨基酸、可生物降解塑料等化工产品，有机酸如柠檬酸、苹果酸、乳酸等，氨基酸如谷氨酸、赖氨酸等。生物技术应用于传统发酵过程，可提高其产量、提高产品质量，同时可简化生产过程、降低生产成本，有助于实现传统化工向绿色化工的转变。

生物技术的发展可推动酶制剂工业的前进，目前商业化生产的酶制剂有淀粉酶、蛋白酶、葡萄糖异构酶、纤维素酶等。酶制剂在化工领域广泛应用，如化学品的生产、氨基酸生产以及有机酸合成等。

细胞工程在化工领域的应用，一方面是应用固定化细胞技术生产某些化工产品；另一方面是通过植物组织培养获得次级代谢产物以得到某些化工产品。

第十章　人类疾病的基因治疗

很多的人类疾病都是由遗传缺陷引起的，这些疾病包括了大约25%的生理缺陷、30%的儿童死亡和60%的成年人疾病。随着分子生物学、分子遗传学等学科发展，人们对遗传性疾病的分子机制的了解也日益深入。研究人员已经知道，人体的基因缺失、重复或突变、基因异常表达等原因都会造成遗传疾病，科学家们还建立了许多遗传疾病的分子机制模型。

由于每个基因对人体正常功能与结构的影响都非常复杂，因此任何一种基因改变都可能会引起多种症状。如果基因突变造成机体某种酶活性变化，可能会导致某种有毒物质的堆积，也可能造成某种正常细胞生活所必需的某种产物缺乏；如果结构基因发生了突变，还可能会导致细胞、组织、器官的结构发生异常。尤为重要的是当某一组织中表达基因缺乏时，其后果不仅仅是导致这一组织或器官的功能异常，并且可能会对其他多种组织、器官产生严重的影响。如苯丙酮尿症(phenylketonuria，PKU)，患者肝脏表达苯丙氨酸羧化酶的基因发生突变，苯丙氨酸(Phe)很难转化为酪氨酸(Tyr)，血液中Phe过量积累，使中枢神经系统中轴突周围的髓鞘发生异常，从而造成严重思维障碍。

除了研究遗传疾病的致病机制外，人们研究的另一个重点是各种遗传病的治疗方法。由于遗传性疾病的病因非常复杂，对于遗传病的传统治疗方法主要是药物和手术方法；一些代谢性紊乱的遗传病患者还需控制患者的饮食来减少有毒物质在体内的堆积。如PKU病人一出生就可以被检测出来，他们从出生开始就必须禁食含有苯丙氨酸的食物。另一种治疗遗传病的方法是替代疗法，也就是将具有正常功能的蛋白静脉注射到患者体内以达到缓解症状的目的，如血友病(haemophilia)、严重综合性免疫缺陷症(severe combined immunodeficiency，SCID)、糖尿病(diabetes)等都可以用这种方法进行治疗。还可以通过骨髓或器官移植使一些危重患者获得具有正常功能的器官而缓解致命的症状。但是，大多数遗传病基本都是渐进式发病，这就使得治疗起来非常困难。总体而言，传统的治疗方法是治标不治本，病情易复发、价格昂贵、周期很长。此外，迄今为止还没有遗传疾病患者经过传统方法治疗后能过上正常人的生活的案例，并且他们的后代同样会难逃厄运。所以，研究人员一直在致力寻找一类更好的、能根治遗传病的方法。

第一节　基因治疗的发展

随着分子生物学研究的进展和人们对遗传性疾病致病机制研究的不断深入，科学家们设想，如果将变异基因和异常表达的基因转变为正常的基因和正常表达的基因，就可以从根本上治愈遗传性疾病，这就是基因治疗(gene therapy)的基本思想。当细菌转化的分子机制被阐明后，科学家们就一直想用同样的方法对人类遗传病进行治疗，把正常的基因转入患者体内以达到治疗目的。20 世纪 80 年代，随着 DNA 重组技术和人类基因分离技术的逐渐成熟，人的体细胞基因治疗才变得较为现实，于是科学家们提出了基因治疗的概念。在以后的十几年中，学者们在理论和实践中不断地探索，相应的技术得到长足发展，基因治疗的概念不断得到补充和完善。目前基因治疗的概念是：向靶细胞或组织引入外源性基因 DNA 或 RAN 片段来纠正或补偿基因缺陷，关闭或抑制异常表达的基因，从而达到治疗遗传病的目的。

世界上第一例基因治疗试验(1973)是一名美国研究人员和几位医生在德国进行的。接受治疗的患者为两姐妹，她们体内缺乏一种稀有酶，因而表现出明显的精神痴呆，当时她们的年龄分别为 2 岁和 7 岁。研究人员将肖普乳头瘤病毒(这种病毒携带有一种酶基因可能会使病人本身的酶分泌正常)注射到患者体内，结果是既没有产生疗效，也没有出现不良反应。1980 年，美国的另一名医生对 2 名地中海贫血患者进行了第二例基因治疗，结果同样没有取得成功。由于这两位研究人员的试验没有得到美国国立卫生院(NIH)批准，因而遭到社会广泛而猛烈的抨击。虽然如此，基因治疗的步伐仍然在继续向前迈进。

20 世纪 80 年代初，美国科学家 Anderson 首先阐明了基因治疗的前景和发展方向。此后的几年之中，科学家们在动物身体上进行了大量的基因转移(geng transfer)和基因标记(gene marking)试验，为以后基因治疗的临床应用奠定了理论基础和积累了经验。1984 年，Joyner 等科学家采用反转录病毒载体率先在体外成功地把细菌新霉素磷酸转移酶基因(neo^R)转入到人的造血干细胞内，结果有 0.3%的粒细胞—巨噬细胞集落形成单位(CFU-GM)具有对 G418 的耐受性。接着，Williams 等把经过以上处理的细胞输入到受致死量照射小鼠体内，在小鼠脾细胞的集落形成单位(CFU-S)中有 20%具有 neo^R；将这种表达了 neo^R的细胞再转入另外一只受到照射的小鼠体内，在其身上分离的 CFU-S 细胞中同样发现有 neo^R的存在。随后不久，Kohn 等学者将携带有 *ada*(人腺苷酸脱氨酶基因)的反转录病毒载体成功地转入到非灵长目动物体内，ada 在动物体内表达时间达数月之久，表达水平为正常水平的 0.5%。此后，许多科学家成功地将多种不同基因导入动物细胞内，在动物身上进行了大量实验，使基因转移技术取得长足进展。

随着动物试验的不断进行，临床试验开始起步并迅猛发展。1990 年，美国科学家

Rosenberg 利用反转录病毒载体将基因导入肿瘤浸润淋巴细胞(TIL),然后将这些转染 *neo*^{R} 基因的细胞输回体内进行跟踪研究;结果显示,转染 *neo*^{R} 基因的 TIL 集中在肿瘤部位,并且在 6 个月后还可发现 *neo*^{R} 基因的表达。经过长期而严格的审查,美国 NIH 和重组 DNA 顾问委员会(recombinant DNA advisory committee,RAC)批准了世界上第一例临床基因治疗的申请,1990 年 9 月 14 日,由美国 Gcnetic Therapy 公司和 NIH 进行的第一例临床试验正式开始。接受治疗的对象是一名 SCID 患者,这个 4 岁的小姑娘从她的双亲处各继承了一个缺失 *ada* 的基因,造成体内腺苷酸脱氨酶(ADA)缺乏;而 ADA 是免疫系统完成正常功能所必需的,因此 ADA 缺乏的患者完全丧失免疫功能。科学家们把克隆到的 *ada* 导入患者淋巴细胞中,经过培养、转化后的淋巴细胞可以产生 ADA;然后再将这种转化后的淋巴细胞回输到患者体内,治疗取得了成功。转入这种可以产生 ADA 的淋巴细胞后,患者症状得到明显缓解。第二例接受同样方法治疗的 SCID 患者是一名 9 岁的小女孩,治疗也同样取得了成功。1991 年,Rosenberg 小组对 50 名黑色素瘤晚期患者进行了基因治疗,将外源性肿瘤坏死因子基因转入 TIL,结果这种转化的 TIL 能集中在肿瘤所在部位,并杀伤肿瘤细胞,治疗也取得了一定效果。1991 年 7 月,复旦大学与第二军医大学附属长海医院合作,从一批自愿接受基因治疗的凝血因子Ⅸ(FⅨ)基因缺陷性血友病 B(HEMB)患者中选择了两兄弟开始进行基因治疗临床研究。研究人员将 FⅨ基因导入患者皮肤成纤维细胞,再将转化的皮肤成纤维细胞回输到患者体内。经过几次转化细胞的回输治疗,两名患者血液中凝血因子明显增加,而且没有发现不良反应。1994 年 8 月,中国卫计委批准了这种基因治疗方案。此后,许多科学家对多种疾病进行了临床基因治疗试验,各种临床治疗方案提出的速度非常惊人。其中的一些临床试验获得成功,也有一些是失败的,但都对基因治疗的发展与完善起到了推动作用。目前已经进行过的基因治疗动物试验和临床试验的疾病主要有:

严重综合性免疫缺陷症(SCID,ADA 缺乏症):将 *ada* 基因导入到白细胞或骨髓干细胞内。研究单位主要有美国 GcneticTherapy 公司和 NIH、英国基因治疗伦理委员会、德国 Necker 医院、意大利的 H San Raffaele 研究所、美国 CellPro 公司和洛杉矶医院、日本北海道大学等。

人类获得性免疫缺陷症(AIDS):将 HIV 无害蛋白结构基因、*gp*160 和 *rev*、ⅢB 外壳蛋白基因、自杀基因、核酶基因等基因的 DNA 片段导入到 $CD4^+$、$CD8^+$ 细胞内。主要研究单位包括美国 Viagene 公司、美国 NIH 和 RAC、美国加州大学、美国 Targeted Genetics 公司、美国 Fred Hutchinson 癌症研究中心、日本绿十字、瑞士 Sandoz Pharma 公司等。

癌症治疗:利用胸苷激酶(*tk*)基因进行治疗的研究单位主要有美国 Genetic Therapy 公司、德国 French Lingue 国家癌症研究中心等;采用细胞因子基因(IL-2、IL-4、IL-7、IL-12、ILFr、TNF、GM-CSF)的研究单位主要有美国国立癌症研究所、Cetus 公司、美国 Genetic Therapy 公司、美国 NIH 和 RAC、美国加州大学、美国 Viagene 公司、美国 Chiron 公司、美国密歇根大学医学研究中心、德国 Gustave Roussy 研究所、日本东京大学医学科学所等；导入抗癌基因或耐药基因的研究单位主要有美国 NIH 和 RAC、Vanderbilt 大学、美国国立癌症研究所、Genetic Therapy 公司、Ingenex 公司、Anderson 癌症研究中心、得克萨斯大学、日本的新潟大学医学部等；进行 DNA 免疫治疗研究的单位主要有 NIH 和 RAC、Vical 公司、阿拉巴马大学等。

囊性纤维化：导入跨膜因子调节基因(*CFTR*)到患者支气管上皮细胞或鼻黏膜上皮细胞。主要研究单位有美国 NIH 和 RAC、美国 Genzyme 公司和 Iowa 公司、英国 Glaxo 公司、美国 MEGABIOS 公司等。

此外，研究人员还对高胆固醇血症、血友病、肌营养不良症、地中海贫血、镰状细胞贫血症、岩藻糖苷代谢病等遗传病进行了大量的基因治疗研究。

美国是世界上开展基因治疗最早的国家，也是基因治疗研究最多的国家。中国、英国、日本、意大利、荷兰等国也都是世界上开展基因治疗较早的国家。早在 1991 年 7 月，中国就开展了“成纤维细胞治疗血友病 B”基因治疗的临床研究，此外还开展了针对肿瘤和血液病的基因治疗研究。1993 年 5 月 5 日，中国卫计委药政局颁布了《人体细胞及基因治疗临床研究质控要点》作为基因治疗的管理依据。在美国，基因治疗进入临床应用之前必须经过长期细致的审查。一个基因治疗项目要进入大规模临床试验必须经过下列 4 个阶段：①体外实验和转基因动物实验；②Ⅰ期临床试验，6～10 名患者，主要考察治疗的安全性；③Ⅱ期临床试验，考察治疗的安全性和治疗效果，人数略多于Ⅰ期临床；④Ⅲ期临床试验，充分分析该种疗法的治疗效果和安全性，为大规模临床应用提供足够的数据。目前，世界上已有几百个基因治疗方案在进行实验室研究和临床试验研究，但只有少量的十几个基因治疗方案进入临床应用阶段，多数方案还没有被批准进入临床应用，仍然停留在实验室研究和临床试验阶段。

根据发病机制，遗传性疾病可分为染色体病、单基因病、多基因病、腺粒体基因病、体细胞遗传病等。要成功地进行遗传疾病的基因治疗，首先要选择合适的疾病种类，并且要深入了解该疾病的基因缺陷和致病机制；用于治疗的目标基因已经被克隆出来并且能有效表达；选定并获得基因治疗的目的细胞；此外还必须具备可用于临床前实验的动物模型等条件。然而，人类基因组含有约 3.16×10^{9} bp，3 万～4 万个结构基因；科学家们虽然已经克隆出数千个疾病相关基因，但对自身的绝大多数基因仍然不太了解，基因的生物学功能和遗传性疾病之间的关系也不清楚，这就严重地制约了遗传病基因治疗的发展。从广义角度而言，人类细胞基因治疗就是向靶细胞引入正常的可表达基因，从而达到修正基因缺陷、治疗遗传疾病的目的。但是这种简单地描述掩盖了许多十分重要的技术与理论问题，例如怎样选择并获得适合用于进行基因治疗的目的细胞？如何将经过基因修正的细胞重新引入患者体内？转基因的细胞是否能在体内增殖？如果转入的正常基因在体内过量表达是否会引起新的疾

病？等等。

目前，基因治疗还只处于起步阶段，存在的问题还很多。2001 年 9 月，一名因患有鸟氨酸转氨甲酰酶缺陷症的 18 岁美国青年，在美国宾夕法尼亚州立大学基因治疗中心接受基因治疗时不幸死亡。这是世界上第一例死于基因治疗的患者。2002 年，法国科学家 A. Fischer 报道，采用基因治愈的 3 名 SCID 儿童中，有一人体内出现白细胞水平异常增高而类似于白血病的现象，这种现象在以前进行的其他有关的基因治疗中从来没有出现过。这些实例使科学家们深刻地认识到，基因治疗在治愈人类遗传性疾病的同时也同样存在风险。由于人体内基因调控非常复杂，外源性基因的多层次、多途径表达调控对基因治疗更是一个严峻的挑战。当然，任何一种新的治疗方法在其诞生过程中意外事件的发生是不可避免的，但是科学界必须从意外事件中吸取教训，恰当处理这类事件。科学的发展就是依靠科学本身的自我纠错机制在不断进步，无论面临何种困难和挑战，基因治疗的道路一定会越来越宽。

1990 年 10 月 1 日，HGP 开始实施，2003 年 4 月 14 日人类基因组序列图绘制成功，使人们对自身各种基因的生物学功能、基因与遗传病之间的关联、遗传病的分子机制有了更为深刻的认识，为基因治疗奠定了基础。然而人们还必须认识到，HGP 的终极目标是阐明全部人类基因的位置、功能、结构、表达调控方式和与疾病有关的变异。因此，HGP 的研究成果对生命科学基础研究的影响是长远而深刻的，对人类疾病的基因治疗发展和进步的影响也是如此。

第二节　基因治疗的方式与操作对象

根据患者发病机制的不同，基因治疗所采用的治疗策略也不相同，大致可分为基因置换、基因修正、基因修饰、基因失活等。基因置换是指用正常的基因整个取代变异基因，使变异基因得到永久的更正；基因修正是将变异基因中发生异常碱基用正常的碱基序列进行纠正，而没有变异的正常部分予以保留；基因修饰则是将目标基因导入宿主细胞以改变宿主细胞的生物学功能或使原有的功能得到加强；基因失活就是利用目标基因的反义 DNA 或 RAN 片段导入细胞来封闭某些异常表达的基因，从而达到抑制有害基因表达的目的。由于遗传病的种类非常多，致病机制各不相同，科学家们首先要对大量的基因治疗策略进行试验。虽然基因治疗目前还处于起步的初级阶段，但是进行基因治疗的方法已有很多，并且新的方法正在不断出现。

一、基因治疗的操作对象

理论上，基因治疗的操作对象或靶细胞可以是针对体细胞，也可以是针对生殖细胞（精子、卵子或受精卵）。将遗传基因导入人的体细胞进行基因治疗的方法称为体细胞基因疗法

(somatic cell gene therapy);以生殖细胞为操作对象,将遗传基因导入人的生殖细胞进行基因治疗的方法称为生殖细胞基因疗法(germ cell gene therapy)。生殖细胞基因治疗可以使生殖细胞中的缺陷基因得到校正,使遗传病不但能在当代得到治疗,并且能将校正的基因传给下一代从而最终根治遗传病。但是,由于对生殖细胞进行基因治疗涉及很多的伦理问题,人们难以接受;同时,生殖细胞系统发育非常复杂,一旦发生错误将会给后代造成严重后果。由于以上原因,出于安全和技术角度等考虑,美国政府在 1985 年就已经规定,基因治疗的研究仅限于体细胞。迄今为止,生殖细胞的基因治疗尚没有被列入研究日程,所有基因治疗的操作对象和治疗方法都是针对体细胞的。

二、基因治疗的基本方式

基因治疗的对象虽然只能是体细胞,人们还是要选择最适当的体细胞用于基因治疗。基因治疗的对象是发生了基因变异或基因缺失的细胞,因此一般应以这些病变细胞作为操作对象。对不同的遗传疾病,应选择相应的靶细胞。靶细胞的选择还与基因治疗的方式有关,对不同的遗传疾病需要采用不同的治疗方式,不同的治疗方式采用的靶细胞也有所不同。从广义角度来看,基因治疗的基本方式大体可分为下列 4 大类:体外—原位基因治疗、体内基因治疗、反义基因治疗和核酶基因治疗。

(一)体外—原位基因治疗

典型的体外—原位基因治疗(in vitro gene therapy)方法一般包括以下 4 步(图 10-2-1):

(1)从患者体内取出有基因缺陷的细胞并进行体外培养(Ⅰ、Ⅱ)。

(2)通过转基因方法将目标基因导入培养的目标细胞,对靶细胞的基因进行遗传修正(Ⅲ)。

(3)将经过基因修正的细胞进行体外培养,筛选出能够有效表达目标基因的靶细胞(Ⅳ)。

(4)将通过基因修正后的靶细胞再通过移植或细胞融合的方法再回输到患者体内(Ⅴ)。

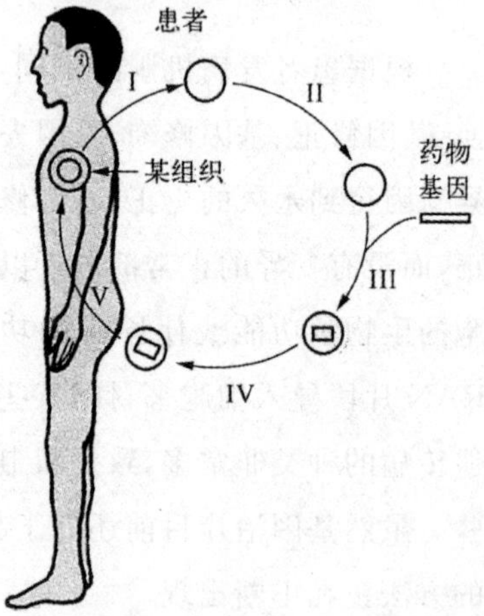

图 10-2-1 体外—原位基因治疗示意图

治疗时使用来自患者体内的细胞(自体细胞,autologous cell)是为了避免进行细胞移植或细胞融合后可能发生有害的免疫排斥反应。因此,这种方法需要对每一位患者的基因缺陷细胞进行细胞培养,获得适合该患者个体治疗的自体细胞或完全相容的供体细胞。这使得体外—原位基因治疗既费时又费钱。为了解决这一问题,科学家们正在致力寻找一种广谱供体细胞(universal doner cell),

这种广谱细胞外的表面抗原大多数已经被除掉,因而转入到不同的患者体内而不会发生免疫排斥反应。这种方法目前已经在动物试验系统中得到应用,并且已经开始进行小规模人体临床试验。

体外—原位基因治疗方法之一是利用基因工程方法获得多能干细胞,通过移植或细胞融合的方法将这些基因工程多能干细胞再回输到患者体内,以弥补由于基因变异造成的某些细胞的功能缺陷。例如,人体如果缺失 ADA 就会造成腺苷酸和脱氧腺苷酸在血液中大量积累;这两种物质对 T 细胞、B 细胞具有致命的毒性作用,从而导致 SCID。由于 T 细胞、B 细胞都来自骨髓多能干细胞,所以将编码 ADA 的基因转入患者的多能干细胞,然后再把这些经过转基因的细胞回输到患者体内,患者就可以产生 ADA,从而避免腺苷酸和脱氧腺苷酸在血液中大量积累。一般情况下,利用患者自身的多能性干细胞进行基因治疗成功的可能性更大些,因为不需要去寻找与患者主要组织相容性抗原(MHC)完全吻合的多能干细胞的供体,而这种 MHC 完全相匹配的概率在无血缘关系的人中非常低。

然而从人类骨髓中分离、培养多能干细胞依然非常困难,所以科学家们现在致力于获得带有反转录病毒载体的基因工程 T 细胞,以缓解由于缺失 ADA 而导致 SCID。由于 T 细胞寿命较短,所以必须对患者进行反复的细胞融合。例如,世界上第一例接受基因治疗的 SCID 患者,那位 4 岁的小姑娘在 10 个半月时间内进行了 7 次细胞融合。以后又有许多 SCID 患者接受了这种治疗,这些患者的临床症状都得到了缓解。从此迈出了大规模体外基因治疗的第一步。

血管平滑肌细胞是体外—原位基因治疗的另一种较为理想的靶细胞。因为血管平滑肌与人的血液直接接触,带有正常基因的平滑肌细胞能产生体内缺乏的蛋白质,并将它们直接释放到血液中。这种治疗方法具体如下:首先在体外培养血管平滑肌细胞,将外源性基因转入到培养的血管平滑肌细胞中;接着通过外科手术将转化的血管平滑肌细胞植入已被预先除去内皮表面细胞的颈动脉血管壁中;在伤口愈合的过程中,移植的细胞与其他细胞一起存活下来而成为血管壁的一部分。动物实验结果显示,转入的基因表达时间持续了 6 个月以上,没有发现明显不良反应。目前科学家们正在对这种方法进行深入研究,如果能获得成功,就不必在体外培养多能干细胞了。

还有些科学家在动物系统中试验体外—原位基因治疗是否适合用来治疗肝脏疾病。例如,低密度脂蛋白受体(LDL-R)基因突变会导致血液中胆固醇含量过高(家族性高胆固醇血症),研究人员利用反转录病毒载体,将 LDL-R 基因转入患低密度脂蛋白受体缺乏症的家兔体外培养的肝细胞中,再把转化的肝细胞移植到患病的家兔体内,结果受试家兔的症状得到了缓解,血清中胆固醇浓度明显降低。如果能在肝脏中建立起转化的肝细胞系,就可以使遗传病得到根治。

骨髓移植对多种遗传性疾病具有一定的疗效,其原因是骨髓中存在有少数的多能干细胞($10^{-5} \sim 10^{-4}$)可以分化为多种重要功能的细胞,如T细胞、B细胞、巨噬细胞、成骨细胞、红细胞、血小板等。那些对骨髓产生过敏反应的遗传病患者,可以采用体外—原位基因治疗法进行治疗。

在体外—原位基因治疗中,转基因技术是否成熟、转入的正常基因能否在转化后的靶细胞内稳定存在和有效表达,对治疗效果的影响非常大。使导入基因正常表达最理想的方法是导入基因与靶细胞染色体进行定点整合,并且整合的部位恰好是靶细胞基因突变或缺失的部位,这样纠正后的基因与正常基因一样,位置也与正常的基因一样,纠正后的基因就可以在细胞基因组调控系统下正常表达了。这种方法称为基因寻靶技术(gene targeting)。然而,基因定点重组的概率非常低,这种方法目前还难以在临床治疗中实际应用。此外,体外—原位基因治疗中常用反转录病毒载体,由于反转录病毒有可能将正常细胞转化为癌细胞,因此使用前必须使其失去致癌性。

(二)体内基因治疗

体内基因治疗(in vivo gene therapy)是将有治疗功能的基因直接转入患者的某一特定组织中进行遗传病治疗(图10-2-2)。

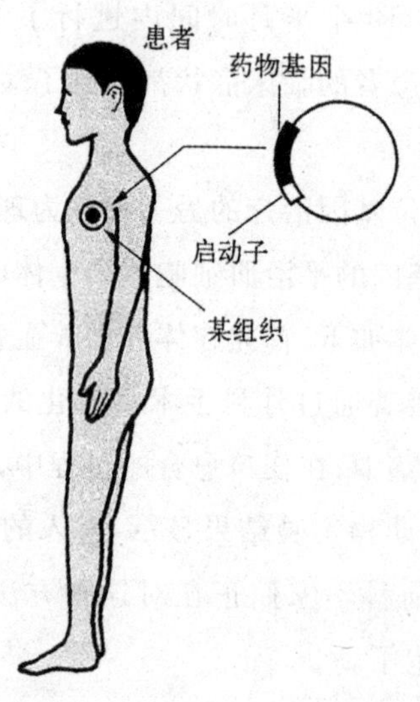

图10-2-2　体内基因治疗示意图

目前,科学家们已经利用反转录病毒载体成功地将真核基因转入动物细胞。但是,利用反转录病毒载体进行基因治疗时,要求靶细胞处于分裂期,而体内许多需要进行基因治疗的组织中多数细胞都处于静止期状态。因此,研究人员着手研究利用温和病毒载体(如腺病毒、单纯疱疹病毒等)将目标基因直接输送到体内的基因治疗方法。将带有矫正基因的载体直接注射到需要这些基因的组织中,对一些只需要局部治疗的疾病效果很好。

(三)反义疗法

有些遗传病和肿瘤的致病基因会由于失去控制而过量表达,造成基因产物的大量积累,导致细胞功能紊乱。在这些情况下,仅靠提供正常的基因不足以治愈疾病。如果应用抑制蛋白质合成的药物,又会影响细胞的正常功能。对这些疾病采用反义疗法是较为合适的。所谓反义疗法(antisense gene therapy)就是通过向靶细胞内引入目标基因 mRNA 的反义序列,以阻遏或降低目标基因的表达,从而达到治疗目的。当引入的反义 RNA 与 mRNA 相配对后,可用于进行翻译的 mRNA 数量大为减少,蛋白的合成量也相应大量减少。引入细胞的反义序列也可能与基因组 DNA 杂交而阻遏 mRNA 的产生。不论哪种情况,都会使细胞中目标基因编码的蛋白合成量大量减少(图 10-2-3)。

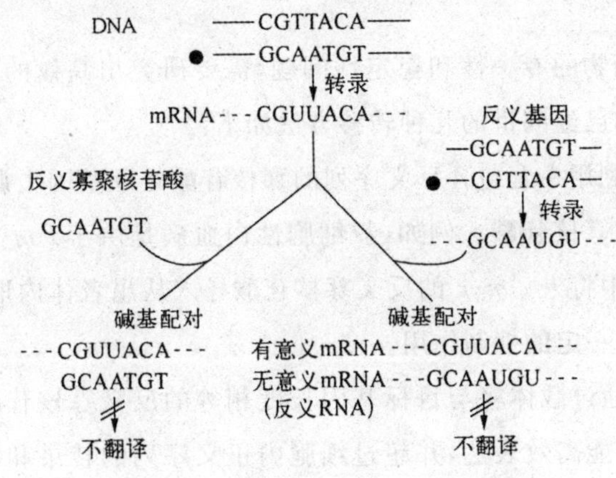

图 10-2-3　反义基因治疗的两种策略

20 世纪 80 年代初,科学家们发明了反义 RNA 技术,并且已经在原核细胞、体外培养细胞和植物个体水平上证实了应用反义 RNA 技术可以对特定基因的表达进行调控。但是,在动物整体水平上应用这种技术进行基因治疗时,却面临着极大的困难。因为采用反义疗法真正能进入大规模临床应用,首先必须解决以下 3 个问题:

1. 反义疗法的安全性问题

安全性问题是所有新药、新治疗方法必须首先考虑并予以解决的问题。动物实验结果显示,将合成的寡聚核苷酸反义序列注射到动物体内后,都会引起不同程度的不良反应。硫代磷酸寡核苷酸是目前比较常用的一种反义药物,然而研究发现,有几种硫代磷酸寡核苷酸大剂量、一次性给药时会造成受试动物死亡。注射寡核苷酸后引起受试动物白细胞总数暂时降低、血压和心率的改变;引入的寡核苷酸可能会与蛋白质具有亲和作用而影响蛋白质的正常功能;反义药物容易在肝、肾、骨髓等器官中沉积(长期效应暂时还不能确定)。虽然临床应用时可以采用低剂量长期给药的办法来减少部分不良反应,但要完全解决反义疗法的安全性问题，还需要在反义药物作用机制、代谢过程等多方面进行深入研究。

2.反义药物的专一性问题

一般情况下，过量表达的失控基因仅存在于一些特定的组织或器官中，其他部位的基因仍能正常表达。这就要求反义药物只针对病变的组织或器官发生作用，而不能干扰其他正常组织和器官基因表达的调控。但目前还没有一种有效方法来获得专一性很好的反义药物。

3.反义药物的稳定性问题

反义药物一般都是DNA或RNA，当外源性DNA或RNA进入人体后，可能被体内的DNA酶或RNA酶降解。反义药物经过降解后有效成分会大大减少，并且很难集中到靶器官上。为解决这一问题，研究人员进行了大量的工作，但是目前尚没有找到行之有效的办法。

要有效解决反义药物的专一性和稳定性问题，需要研究出高效的基因转移系统来把反义药物导入细胞。目前已经问世的几种转移方法如下：

(1)直接注射法。利用一套包含反义序列的寡核苷酸处理基因失调的靶细胞，每隔一段时间向靶细胞注射一次寡核苷酸。例如，粒细胞性白血病是由于*c-myc*基因过量表达而造成的，研究人员在实验中将人*c-myc*的反义寡核苷酸导入从患者体内取得的细胞系中，发现对该细胞系的癌变具有一定的抑制作用。

(2)载体导入法。通过载体将与目标基因长度相等的反义寡核苷酸导入细胞。这种方法要求引入的反义序列能高效表达，并超过细胞内正义序列的转录和翻译。为达到这一目的，科学家们选择了附加体载体(episome vector)系统。研究人员利用反义序列已经成功的证明了恶性神经胶质细胞瘤(人类最常见的脑瘤)是由于编码胰岛素生长因子Ⅰ的基因过量表达引起。使用该载体系统治疗恶性神经胶质细胞瘤过程如下：构建含有胰岛素生长因子Ⅰ基因的附加体载体，在动物细胞内该载体在EB病毒启动子的复制起始位点作用下开始复制；胰岛素生长因子ⅠDNA则在金属硫蛋白基因启动子(需要$ZnSO_4$诱导才能表达)控制下合成反义mRNA。培养的恶性神经胶质细胞瘤用含有反义序列的附加载体转染后，在没有$ZnSO_4$存在的情况下瘤细胞生长正常；当在培养基中加入$ZnSO_4$后，肿瘤细胞的特性逐渐丧失。

(3)受体介导法。这种方法借鉴了受体介导的细胞吞噬作用，通过受体的介导作用来提高反义药物的专一性。科学家们已经成功地利用能与肝细胞表面受体特异结合的配基—脱唾液酸糖蛋白(asialoglycoprotein，ASGP)作为载体，成功地将外源DNA导入到小鼠的肝细胞中。这种转移系统的基本方法是(图10-2-4)：

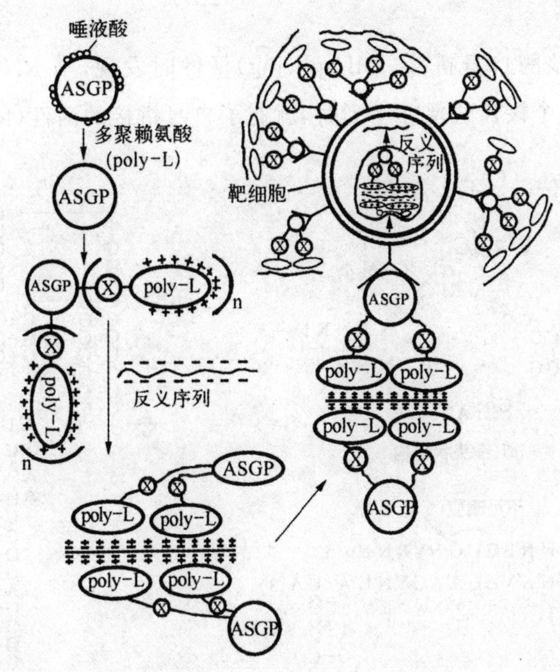

图10-2-4　受体介导的反义药物转移系统基因治疗示意图

先除去糖蛋白上的唾液酸分子得到ASGP；将ASGP与多聚赖氨酸(poly-L)通过中间连接物X共价结合得到ASGP-poly-L复合体；在中性pH条件下poly-L(带正电荷)与反义RNA或DNA(带负电荷)混合形成ASGP-poly-L-反义RNA(或DNA)复合体；这种复合体被肝细胞表面脱唾液酸糖蛋白受体(ASGP-R)特异性识别后被肝细胞吞入，使反义药物能特异性地进入肝细胞。与直接注射法和载体导入法相比，受体介导法具有以下优越性：受体介导的DNA(RNA)转移的专一性强；DNA(RNA)转移效率高；poly-L具有保护作用，使反义药物对环境中的核酸酶抵抗性得到增强。因此，这种转移系统具有很好的应用前景。

(四)通过核酶基因治疗

核酶(ribozymc)是指具有催化裂解活性的RNA分子，分别由Altman和Cetch两个独立的研究小组(1982)在不同的实验室发现。Altman和Cetch也因此而获得1989年诺贝尔化学奖。现在人们已经知道，核酶广泛存在于多种生物体中，参与细胞内多种RNA及其前体的加工和成熟过程。

目前，科学家们已经发现了多种核酶。研究表明，它们主要具有以下功能：①催化RNA分子裂解；②催化RNA分子之间的转核苷酰反应(核苷酸转移酶活性)；③催化RNA分子水解反应(RNA限制性内切酶活性)；④催化RNA分子连接反应(RNA聚合酶活性)；⑤催化淀粉的分支反应(分支酶活性)；⑥多种肽转移酶活性；⑦催化氨基酸与tRNA之间的酯键水解反应。

科学家们在研究核酶自身拼接(self-splicing)活性时发现，当 RNA 在其切割部位附近形成锤头状结构和 13 个核苷酸保守序列时，就有了自身拼接的活性(图 10-2-5a)。

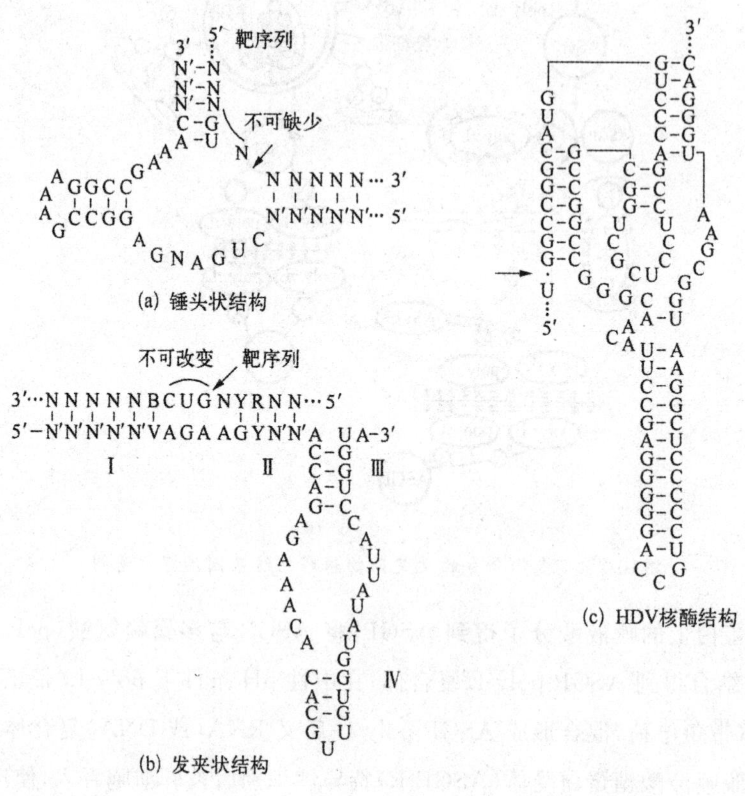

图 10-2-5　核酶结构示意图

从底物的 GUN 3′端进行切割。有些核酶则具有发夹状结构，在发夹状结构中含有Ⅰ、Ⅱ、Ⅲ、Ⅳ四个碱基配对区域(图 10-2-5b)，并且其中的任何一个碱基错配都会引起切割活性的丧失，尤其是底物识别区域的 GUC 序列更是如此。发夹状结构的核酶从靶序列的 GUC5′端进行切割。还有一些核酶催化活性区域的结构与上述二者不同(图 10-2-5c)，这种核酶的结构是研究人员在丁型肝炎病毒(HDV)中发现的。

随着核酶催化中心二级结构的明了，研究人员设想可以用人工合成的核酶进行基因治疗。在以上三种结构中，锤头状结构相对比较简单，设计出来的分子小、易于应用，因此锤头状结构的应用也最为广泛。第一个具有特异性切割活性的人工核酶是由 Haseloff 和 Gerlach(1988)根据锤头状结构设计出来的，并且它的特异性切割活性在体外实验中得到证实。此后，科学家们利用锤头状结构的核酶在基因治疗方面进行了大量研究工作，其中利用核酶抗 HIV 感染的研究工作更是得到重视(表 10-2-1)。

表 10-2-1　在体外能抑制 HIV 感染的核酶

核酶结构	HIV 靶基因	载体	细胞类型
锤头状	*gag*	质粒	HeLa 细胞
锤头状	*LTR*	反转录病毒	T 细胞系
锤头状	*Y-site*	质粒	T 细胞系
锤头状	*tat*	反转录病毒	外周血白细胞
锤头状	*tat*,*tat/rev*	反转录病毒	细胞毒 T 细胞系
锤头状	*LTR*	反转录病毒	T 细胞系
锤头状	*env*	质粒	HeLa 细胞
锤头状	*tat*	反转录病毒	T 细胞系
锤头状	*gag*	反转录病毒	T 细胞系
发夹状	*LTR*	质粒	HeLa 细胞
发夹状	*LTR*	反转录病毒	外周血白细胞
发夹状	*LTR*	反转录病毒	造血干细胞
发夹状	*rev/enu*	反转录病毒	T 细胞系
发夹状	*LTR*	反转录病毒	HeLa 细胞

体外细胞实验证明，核酶具有切割 HIV 基因组 RNA 并阻断病毒 RNA 复制的效果。美国 FDA 已经批准将根据锤头状结构或发夹状结构设计的核酶导入细胞的实验研究，研究人员预测这种结构的核酶不久就可能在临床上得到应用。

由于核酶本身是一个 RNA 分子，很容易被体内 Rnase 所破坏，所以核酶不能直接作为药物使用，必须通过转基因技术将其转入细胞；并且在多数情况下要求将核酶转入到特定的细胞，因而需要一类高效、特异的核酶转运系统。科学家已经发现一种伴随肝炎病毒存在的肝的 δ 类病毒中携带的核酶，并且 δ 类病毒对肝细胞具有高度亲和性，因此有希望成为一种核酶运载工具。核酶还可与反义基因治疗联合应用。如上所述，反义基因治疗中的一个难以解决的问题是治疗时必须加入大量的反义药物，而大剂量的反义药物又会带来许多难以预料的不良反应。核酶可以特异性切割失控基因的 mRNA、并且半衰期长，一个核酶分子可以连续切割 mRNA，有效阻止失控基因 mRNA 产生。

设计基因治疗的核酶时，必须保证设计合成的核酶具有的活性中心所必需的结构和碱基，核酶的引导序列则随目标序列的碱基组成而改变。从理论上来看，核酶的靶序列是普遍存在的，但是在活体细胞中靶序列是否被核酶作用，除了与靶序列的碱基组成有关外，还与靶序列的空间结构有关。这一点在治疗时也必须加以考虑。此外，在利用核酶进行基因治疗过程中选择被核酶攻击的靶序列时，还要仔细考虑靶序列的功能。如在对病毒感染进行基因治疗时，靶序列应选择病毒基因组中功能必需区。

因为核酶是 RNA 分子，它的表达过程只涉及转录过程而不涉及蛋白质翻译，所以常规的基因表达载体不适用于利用核酶进行的基因治疗。那么应该选用什么样的载体来表达核酶呢？一般来说，用于构建核酶表达载体中的转录单位应该包括以下功能：①能够使核酶在细胞质和细胞核中大量转录和积累；②载体所表达的核酶与靶序列具有同样的加工和转录途径，以达到最好的作用效果。早期使用的核酶表达载体中的转录单位是从 tRNA 转录单位中衍生出来的，具体构建过程如下：将核酶或反义序列插入 tRNA 启动子下游，然后删除 tRNA 转录单位中的 3′端加工信号；这样就能在细胞中高效表达核酶或反义序列。然而，这种从 tRNA 转录单位中衍生出来的核酶表达载体并不能对核酶或反义序列进行高效表达。因此，研究人员在这种载体中加入了与二级结构形成有关的因子，结果载体中核酶表达效率和活性都大为提高。在核酶表达的载体中，使用较多的是利用细胞核内小 RNA(snRNA)的转录单位来启动核酶的转录，利用其他 snRNA 启动子的载体也在不断被开发出来。

除了应用于 HIV 感染等病毒性疾病的治疗外，理论上，核酶可以区别正常基因和肿瘤基因之间小到一个核苷酸的差异；并且有证据表明，核酶可以抑制突变的癌基因 *ras* 的转录，因而有希望成为治疗肿瘤的一类新药。此外，核酶还可以作用于过量表达的抗药性基因，使患者恢复对药物的敏感性。

三、基因治疗中的基因转移载体

要将目标基因导入受体细胞，就必须有适当的基因转移载体。目前采用过的基因转移载体有：①病毒类载体(包括反转录病毒载体、基因重组病毒载体等)；②染色体外自主复制载体(包括哺乳动物人工染色体载体、来源于 EBV 的染色体外自主复制载体)等。

(一)病毒类基因转移载体

1. 反转录病毒载体

反转录病毒(retrovirus)为正链单链 RNA，具有二倍体基因组；两个相同的 RNA 分子在 5′端附近由氢键连接成 70S 的 RNA(这种结构在反转录过程中起调节作用)；病毒颗粒由类脂包膜和 20 面体对称的核衣壳组成(图 10-2-6)。

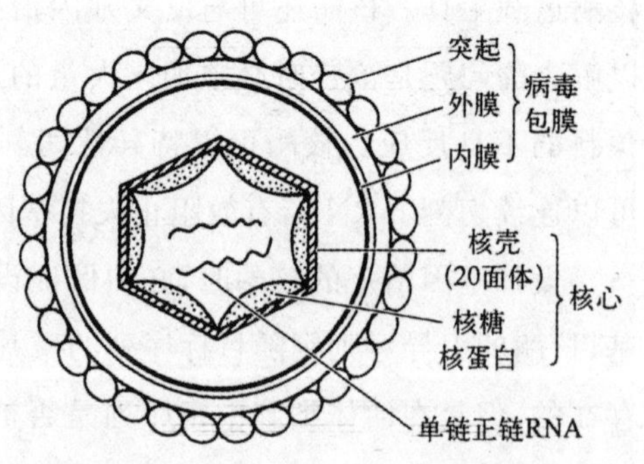

图 10-2-6　反转录病毒结构示意图

病毒基因组的正链单链 RNA 具有与真核细胞 mRNA 类似的结构，即 5′端的帽子结构和 3′端的 poly(A)尾结构；每个单链从 5′端开始依次可分

为 6 个功能区：5′长末端重复序列（5′-*LTR*），组装时所必需的非编码序列（$\psi+$），编码衣壳内部结构蛋白的基因（*gag*），编码反转录酶和整合酶的基因（*pol*），编码外壳蛋白的基因（*env*）和 3′长末端重复序列（3′-*LTR*）。

反转录病毒的生活周期如下：感染细胞；利用自身的反转录酶，以自身的 RNA 为模板合成 DNA；将病毒 DNA 转运到细胞核；病毒 DNA 整合到宿主染色体中；以病毒 DNA 为模板，转录 RNA（病毒 DNA 由 5′端 5′-LTR 区域中的强启动子启动）；在细胞质中翻译 Gag、Pol、Env 蛋白；形成衣壳，将两条 RNA 单链和反转录酶一起包进衣壳内；形成病毒颗粒并分泌到细胞外。

以病毒 RNA 为模板合成的 dsDNA 比原基因组 RNA 多了 500～600 bp，在两端加上了 *LTR*[LTR 序列为 5′-U5-R-U3-3′，其中含有加帽信号、TATA 转录盒起始位点和 poly（A）加尾信号]。研究人员已经发现，在反转录病毒 RNA 整合到宿主细胞染色体基因过程中，LTR 的作用非常关键；整合时病毒的整合酶在 U5-U3 连接处切开双链，病毒 DNA 由切口插入；修复后的病毒 DNA 比原来的减少了 4 bp。反转录病毒的整合效率非常的高，这就使得反转录病毒较为适合作为基因治疗的基因转运载体。

除了具有高效整合外，采用反转录病毒作为基因转移载体还有以下优越性：

（1）反转录病毒侵染范围非常之广，可侵染不同生物物种和细胞类型。

（2）能高效地感染细胞（细胞感染率达 100%），因而可以将遗传信息传递给大量的受体细胞。

（3）能稳定地将已知结构的 DNA 插入宿主基因的随机位点上；整合的原病毒 DNA 在宿主基因组中非常稳定、拷贝数较低。

（4）反转录病毒载体最大可容纳 10 kb 左右的外源性 DNA 片段。

（5）反转录病毒感染哺乳动物细胞，对受体细胞没有毒性作用。

用作基因转移载体的反转录病毒必须至少具备两个条件：能携带特定的基因（选择性和非选择性基因）和没有致癌性。因此，要利用它作为将正常基因导入靶细胞的载体，就必须对病毒进行改造，构建重组反转录病毒载体。载体构建的基本原理是利用限制性内切酶和外切酶部分酶解病毒 RNA，将病毒整个的 *pol*、*env* 和 *gag* 基因的 3′端删除（用于治疗的正常基因克隆到 5′-*LTR* 强启动子和 ψ^+ 区域之后）；克隆的同时引入带有自身诱导表达启动子的选择性标记基因。这两个外源性基因都可在这一载体上表达。

反转录病毒容易感染快速生长的细胞，因此可以利用反转录病毒直接感染细胞，或将载体包装细胞系与快速生长的细胞共养来感染目标细胞。由于野生型反转录病毒有可能将正常细胞转化为癌细胞，所以利用反转录病毒载体进行基因治疗时，必须保证包装细胞系中不会产生野生型病毒。同时还要做到载体确实能表达修正基因的产物，载体 DNA 插入人的细胞染色体后不改变目标细胞的生长特性和正常功能。经过以上严格的检测后，收集转化细

胞注射到患者体内进行基因治疗。

2.腺病毒载体

腺病毒(adenovirus,AV)为线状双链 DNA 病毒,基因组含有 14 个基因,病毒颗粒为无包膜的 20 面体结构(图 10-2-7)。

基因表达产物Ⅱ是六邻体、Ⅲ是五邻体、Ⅲa 为五邻体周围蛋白、Ⅳ为纤维蛋白、Ⅴ为核心蛋白Ⅰ、Ⅵ为六邻体相关蛋白、Ⅶ核心蛋白Ⅱ、Ⅷ为六邻体相关蛋白、Ⅸ九个六邻体组特异蛋白。病毒 DNA 具有倒置末端重复序列(*ITR*)。虽然腺病毒种类很多,但都具有 *ITR*,*ITR* 在病毒复制过程中起着极为重要的作用。腺病毒基因组每一条链的 5′端都与末端结合蛋白(TP)结合,这种末端结合蛋白相对分子质量为 5.5×10^4。TP 中丝氨酸残基的羟基与 DNA 两条互补链末端 5′磷酸之间形成磷酸二酯键,帮助腺病毒复制的起始。腺病毒 DNA 的转录和转录的 RNA 加工过程都在细胞核中进行,成熟的 mRNA 在细胞质中进行蛋白质翻译。这种情况与真核细胞非常类似。在腺病毒生活史中,早期(病毒 DNA 复制之前的时期)翻译的蛋白主要为调节蛋白,调节基因表达和 DNA 复制;晚期(病毒 DNA 复制后的时期)表达的蛋白主要是病毒颗粒结构蛋白和包装蛋白。采用密度梯度离心方法可将腺病毒双链 DNA 分为轻链(L 链)和重链(H 链);重链从左向右进行转录,晚期转录都在 H 链上;轻链从右向左进行转录,中期转录都在 L 链上;早期转录分布于 L、H 两条链上。

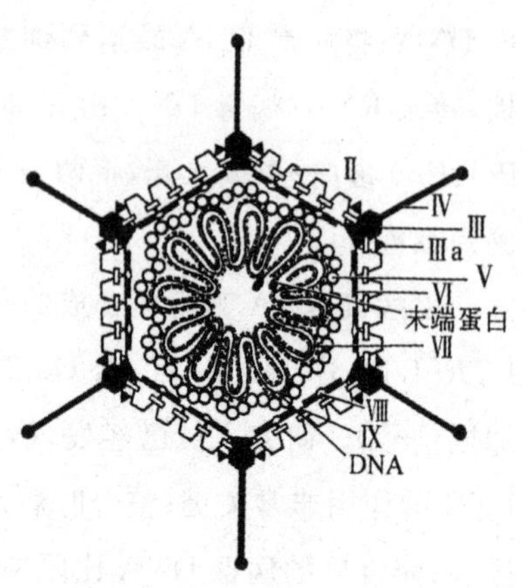

图 10-2-7 腺病毒架构示意图

腺病毒也是目前常用的基因治疗载体之一,在临床研究中广为应用。腺病毒载体具有以下优点:

(1)对腺病毒基因结构与功能了解较为清楚,用其作为载体在基因治疗时容易控制,并且安全性较高。用腺病毒制备的疫苗在美国已经使用了 20 多年,证明无致病、致畸、致癌作用。

(2)腺病毒宿主范围广,即可感染具有分裂、复制能力的细胞,又可感染不再分裂、复制的细胞,因此,能用于多种细胞(包括不再分裂的神经细胞)的基因治疗。

(3)腺病毒制备、纯化、浓缩比较容易。

(4)腺病毒可以在呼吸道、肠道中繁殖,因而除了可以通过静脉注射途径外,还可以通过口服、喷雾、气管内滴注等简单方式进行基因治疗。

(5)载体中可插入的外源性基因大,可达到 7.5 kb。

由于重组病毒 DNA 以游离附加体方式存在于细胞中而没有整合到细胞染色体中,基因表达时间较短,如需长期表达则需要反复注射;重组病毒载体反复使用可能会诱发机体免疫

反应，从而影响外源基因表达。这是腺病毒载体存在的不足之处。

3.腺病毒相关病毒载体

腺病毒相关病毒（adeno associated virus，AAV）的成熟病毒颗粒中含有正链或负链DNA，来自不同病毒颗粒的正链和负链DNA在试管内混合可以形成双链DNA结构。AAV的繁殖需要有辅助病毒（腺病毒和疱疹病毒等）的存在。腺病毒相关病毒基因组长度约5 kb；含有两个ORF，左侧的ORF编码一个与病毒复制有关的调节蛋白（REP），右侧的ORF编码与包装有关的结构蛋白（LIP、CAP）；基因组中含有一个内含子，其转录产物存在不同程度的拼接。转录产物mRNA分子5′端有帽子结构，3′端有poly（A）尾；腺病毒相关病毒基因组中，DNA 5′端和3′端各有一个长度为145个核苷酸构成的反向末端重复序列（*ITR*），*ITR*可形成对称的发夹状结构。*ITR*序列对AAV复制、基因整合、病毒颗粒包装和病毒DNA从宿主细胞中初出等过程具有调节功能。腺病毒的EIA对AAV转录是必需的，E2A对腺病毒相关病毒的DNA复制、mRNA从细胞核中转移到细胞质中、病毒蛋白合成等具有重要作用。

当AAV单独感染细胞而没有辅助病毒帮助时，病毒DNA可以整合到宿主基因组中，形成前病毒与宿主细胞长期共存；整合部位常常是在19号染色体长臂。当含有前病毒的细胞被辅助病毒感染后，整合的前病毒DNA从细胞基因组中被初出，在调节蛋白（REP）控制下，完成复制周期。

在构建AAV载体时，先将病毒基因组克隆到质粒载体中，删除*rep*、*lip*、*cap*三个基因，在这三个基因的位置上插入外源基因和调控元件；同时构建含有*rep*、*lip*、*cap*三个基因的包装载体。将构建的AAV载体和包装载体共同转染已经被腺病毒感染的细胞，AAV载体被包装形成重组病毒载体。然而，这种载体有可能与辅助质粒重组而产生野生型病毒。为了防止野生型病毒的产生，科学家们对辅助质粒进行改造，将AAV的全部基因都置于*ITR*驱动之下，这样就只会产生重组AAV而不会产生野生型病毒了。

目前，科学家们已经利用AAV载体将囊性纤维化跨膜传导调节蛋白（CFTR）基因成功地转入到兔肺组织。将人的β-γ球蛋白基因转入人血白细胞和红细胞、将*ada*基因导入到骨髓中等也都获得成功。

研究表明，利用AAV作为基因载体有以下优点：

（1）AAV本身不具有致病性，安全性较高。同时，由于AAV载体中的*ITR*序列中没有转录调节单元，使得利用这种载体进行基因治疗时激活原癌基因的可能性大为减少。

（2）AAV宿主范围广，能形成慢病毒感染。能在宿主染色体中特异性整合，因而能为外源性基因提供稳定的染色体环境，有利于外源性基因的表达。

（3）AAV热稳定性好，但其辅助病毒（如腺病毒）在60℃时可被灭活。

4.重组痘苗病毒载体

痘苗病毒(vaccina virus)为双链DNA病毒，基因组大小为187 kb；它的基因组中含有大量的可被外源基因替代的非必需区域；用外源基因替代这些非必需区域就可构建成重组痘苗病毒载体(recombinant vaccina virus vector)。痘苗病毒宿主广泛，既能感染分裂的细胞，又能感染非分裂细胞，因而在临床治疗中得到广泛使用。目前，重组痘苗病毒载体已被用于治疗肿瘤、预防乙型肝炎、AIDS等疾病的临床治疗。

5.单纯疱疹病毒载体

单纯疱疹病毒(herpes simplex virus，HSV)基因组为双链DNA，大小152 kb，含有3个复制起始位点和3个包装信号位点。HSV基因组可以缺失多个基因而仍然保持有复制能力；只要有正确的包装信号，外源DNA就可被包装到病毒颗粒中去。研究人员已经得到的HSV载体有以下两种类型：

(1)重组病毒型载体。在病毒基因组的非必需区域中插入外源DNA，再与侵染性病毒共同转染细胞，在宿主细胞中两种病毒发生同源重组，然后利用标记基因筛选得到的重组病毒。

(2)重组质粒型载体。将HSV-1复制起点和包装信号序列克隆到质粒中，再将这种质粒与辅助病毒共同转染细胞，质粒DNA就会串联在一起被包装到病毒颗粒中，所产生的病毒颗粒具有侵染其他细胞的能力。

单纯疱疹病毒用作基因治疗载体有其特有的优势，但也存在一些有待改良之处。

(二)染色体外自主复制载体

来源于动物病毒的载体多数需要整合到宿主细胞染色体中才能发挥作用。由于多数病毒载体都是随机整合到宿主细胞染色体中，进行基因治疗时外源基因可能插入不同位置，因而可能造成不同的插入突变，如重要基因失活、沉默基因意外激活等。这些都有可能给接受治疗的患者造成严重后果。同时，在多数情况下，需要进行基因治疗的目标细胞是那些快速增殖的细胞，但病毒性基因载体整合效率一般都比较低，不能进行整合的载体又会很快丢失，因而难以用于快速增殖的细胞(如干细胞、具有增殖能力的分化细胞、再生细胞、肿瘤细胞等)的基因治疗。为了解决上述问题，科学家们正致力于研究能在染色体外自主复制的载体。

1.哺乳动物人工染色体载体

哺乳动物染色体中有3个特征性结构是染色体所不可缺少的，即自主复制序列、端粒和着丝粒。理论上，用于基因治疗的哺乳动物人工染色体(MAC)应该具有哺乳动物染色体的全部特征，即具有自主复制序列、端粒和着丝粒。端粒结构将染色体末端封闭，可使人工染色体保持线状而不被环化，并可能与真核生物染色体线型DNA末端复制有关；一般人类染

色体端粒都含有多个 TTAGGG 的六碱基重复序列。目前，研究人员已经获得了端粒的克隆。着丝粒是染色体上的一段特殊序列，能够促进与纺锤体的相互作用。研究人员找到了酵母菌 3 号染色体着丝粒 CEN3 的核苷酸序列，将 CEN3 插入到酵母菌质粒中，结果质粒在细胞有丝分裂和减数分裂过程中，表现出有规则地向子代细胞中分配的行为。所有的酵母菌着丝粒序列都是含有大约 130 bp 长的序列，其中部序列富含 AT，两端为两段高度保守的序列。哺乳动物和人类着丝粒长度则有几个 Mb，人类着丝粒由多个 171 kb 的序列串联重复组成的。因为在人工染色体中加入如此巨大的着丝粒非常困难，至今为止，科学家们还没有克隆到可用于基因治疗的，含有哺乳动物自主复制序列、端粒和着丝粒的人工染色体。

有些研究人员试图通过将哺乳动物染色体不断缩短的方法来获得 MAC。构建过程如下：将含有端粒的 DNA 片段结合到天然染色体的随机断裂处，筛选除去那些不含着丝粒的染色体片段从而得到较短的含有端粒的人工染色体。研究人员已经用这种方法将长度为 164 Mb 的人的 X 染色体缩短到 8 Mb，并且能在细胞中自主复制。与天然染色体相比，这种人工染色体缩短了很多，但比病毒载体还是大了很多，实际操作非常困难。目前，研究人员正在致力对这种载体进行改进。

2. 来源于 EBV 的染色体外自主复制载体

EB 病毒基因组长度为 172 kb，含有 84 个 ORF 和反向末端重复序列，其中一部分编码 EBV 膜抗原(EBMA)蛋白(EBMA 蛋白是含 EB 的 B 细胞系的经典诊断的抗原)。EBV 可侵染 B 细胞，在被侵染的细胞中，病毒基因组以环状游离状态存在。EBV 核心抗原 1 (EBNA 1)对病毒在细胞中维持质粒状态是必需的，并对 *orip* 基因转录具有反式激活作用；*ori p* 是 EBV 的复制起点，是 EBV 复制不可缺少的结构。换而言之，EBV 复制起始序列(*ori p*)与 EBNA 1 蛋白结合就可以使 EBV 在细胞中保留和复制。因此，可以构建仅含有 *ori p*、EBNA 1 编码基因的 EBV 载体。目前，研究人员已经获得了含有 EBV 复制起始位点 *ori p*、EBNA 1 编码基因和其他相关必需基因的载体，其大小约为 6 kb，外源基因可以插入到载体中。这种由 EBV 制成的载体可以在连续分裂的细胞中稳定存在，因此可用于快速增长的目标细胞的基因治疗。

由 EBV 衍生而来的载体虽然很少产生重组或其他突变，但它的安全性和稳定性仍有待进一步检测；同时，这种载体具有宿主特异性，不能侵染家兔细胞，因此限制了用家兔作为模型动物的实验研究。目前，科学家们以 EBV 的反向末端重复序列和 EBNA 1 编码基因 DNA 为探针，已经从人的基因文库中筛选到了一些具有相似功能的同源序列，并着手利用这些同源序列构建新的基因治疗载体。

四、基因治疗中外源基因导入细胞的其他方法

构建好了基因治疗的载体，就需要将这些带有外源基因的载体有效导入人体细胞。在

前面已经讨论了利用病毒载体、细胞表面受体的相互识别等生物学方法将外源基因导入细胞。此外,还可以利用一些物理或化学的方法将外源基因导入细胞。

基因转移的物理方法主要有显微注射法、电穿透法、基因枪法(gene gun)等。显微注射法是直接把基因注射到细胞中,操作难度大,只能用于个体较大且容易固定的细胞上。科学家们研究比较多的是小鼠受精卵细胞,但成功率比较低,并且,因为涉及生殖细胞,所以难以在实际临床基因治疗中应用。电穿透法则是借助电流使DNA直接穿过细胞膜从而将基因导入细胞。这种方法暂时还没有在基因治疗试验中得到实际应用。基因枪法是在个体水平上进行基因转移的一种有效方法,采用高速微弹发射装置(high-velocity microprojectiles bambaardment),利用直径为1 μm左右的惰性重金属粉末(如金粉、钨粉等)与DNA混合作为微弹置于挡板的凹穴中,然后用火药或高压气体发射弹头撞击挡板使微弹以极高的速度射向靶目标。这种方法在植物基因转移中应用很多,应用于动物表皮、肌肉、乳房等成功进行基因转移的例子也有报道。

利用化学方法进行的基因转移又可分为DNA介导的基因转移、染色体介导的基因转移、脂质体(liposome)介导基因转移和脂质体转染(lipoinfecting)等。DNA介导的基因转移是指利用磷酸钙(或DEAE-葡聚糖、聚阳离子等)微量沉淀DNA后再与靶细胞混合,通过靶细胞摄入作用将外源基因转移到细胞核内,与染色体发生整合;然后根据外源基因中的标记基因特性,对转化细胞进行筛选的方法。染色体介导的基因转移是先用秋水仙素处理供体细胞,使之染色体固缩、破碎,再利用差速离心分离染色体;然后将染色体与细胞混合,其中部分染色体被细胞吞噬而进入细胞质,染色体断裂成小片后一部分可以进入细胞核与染色体发生整合。脂质体介导基因转移就是利用类脂经过超声波、机械搅拌等处理,形成双层小囊泡,将DNA包裹在囊泡内,通过囊泡类脂与细胞膜融合使DNA进入细胞。利用人工合成的阳离子类脂与DNA形成复合物,借助类脂穿过细胞膜将DNA导入细胞的方法就称之为脂质体转染。利用化学方法进行基因转移的效率同样也比较低。

第三节　肿瘤的基因治疗

恶性肿瘤对人类健康造成了巨大的威胁,是迄今为止摆在科学家面前的一座顽固堡垒。传统的手术疗法、化学疗法和放射疗法等方法虽然对恶性肿瘤具有一定的治疗效果,但是都存在严重的不良反应,并且多数仅适合某一类型的肿瘤。鉴此,科学家们一直在致力寻求新的治疗肿瘤的有效方法,基因治疗就是其中之一。目前,国际上已经批准的基因治疗方案中,超过70%的方案都是用于肿瘤治疗。在肿瘤基因治疗中,常用的治疗性基因主要包括直接杀伤或抑制肿瘤细胞生长的基因(如细胞凋亡基因、抑癌基因、癌基因反义序列等)、能提高机体免疫系统功能的基因(如多种细胞因子基因等)和多种药物的耐药性基因等。

在肿瘤基因治疗中，基因载体的构建、基因的导入方法与其他疾病的基因治疗方法相同，可以通过病毒载体导入基因，或采用物理、化学方法将基因导入细胞。

一、针对癌细胞本身的基因治疗

1.导入抑癌基因进行基因治疗

细胞癌变是由于一系列正常基因突变或表达异常或异常失活所致。在人类基因组中有两个抑癌基因的等位基因；这两个等位基因中只要有一个具有正常功能，就可以抑制正常细胞的癌变。然而，癌症患者体内往往是两个抑癌基因同时缺失或突变。抑癌基因包括 *Rb*、*P*53、*Dcc*、*P*16、*P*21 等，将正常的抑癌基因导入肿瘤细胞可以抑制肿瘤的发生和生长，有时甚至可以使肿瘤细胞逆转。但是目前仍然不能使肿瘤细胞完全回复到来转化的状态。

2.针对癌基因的基因治疗

正常细胞中都有原癌基因，在正常情况下原癌基因受到精确而严格的调控；如果两个等位基因中的一个发生变异就可能会导致癌症发生。在反义疗法中常常选择癌基因作为目标基因，通过适当的方法将癌基因的反义 DNA 或 RNA 序列导入肿瘤细胞，使之与癌基因结合，从而阻断癌基因的转录和翻译，使癌基因表达产物大大减少而抑制肿瘤细胞生长。如将 *k-ras* 基因的反义序列导入非小细胞肺癌肿瘤细胞的反义疗法方案已经被批准临床试验。近年来针对癌基因设计的反义 RNA 有几十种，主要针对的癌基因有 *myc*、*myb*、*ras*、*bcr*、*bcl-*2、*cde*、*fos*、*erb-B*2、*bFGF*、*IGF-IR*、*PKA*、*TGF*2 等。

大量实验证据表明，将正常的抑癌基因导入肿瘤细胞进行基因治疗，效果优于针对原癌基因的反义疗法。然而，肿瘤的形成是一个非常复杂的过程，影响因素很多，原癌基因和抑癌基因的异常表达仅仅是众多因素中的一个，对绝大多数肿瘤而言，仅靠纠正单一基因缺陷是难以获得理想治疗效果的。

3.导入“自杀”基因进行基因治疗

将一种基因导入肿瘤细胞，这种基因编码的蛋白能将无害的药物前体(prodrug)转变成为有毒物质，从而将癌变的细胞杀死。某些病毒中含有编码能将无害的药物前体转变成为有毒物质的酶，因而研究人员将这类基因称为自杀基因(suicide gene)或药物敏感基因(drug sensitivity gene)。胸苷激酶基因(*tk*)是自杀基因中应用最为广泛的一类。将 *tk* 基因导入肿瘤细胞，并辅以抗肿瘤药物进行治疗的方法是近年来肿瘤治疗中研究非常活跃的领域。

肿瘤基因治疗中常用的 *tk* 多来自单纯疱疹病毒 1 型(HSV-1-*tk*)或水痘带状疱疹病毒(VZV-*tk*)，这些 *tk* 特异性较差。HSV-1-*tk* 产物除可以催化胸苷(thymidine)磷酸化转化为磷酸胸苷(dTMP)外，还可以催化阿昔洛韦(ACV)和 9-鸟嘌呤(GCV)等核苷类似物的磷酸化产生磷酸化产物，这些磷酸化产物可由细胞内的磷酸激酶催化生成三磷酸化合物，并可渗入新合成的 DNA 链。由于异常碱基的渗入，干扰了 DNA 链的复制而造成细胞死亡。

VZV-*tk* 产物能特异性催化6-甲氧基嘌呤阿拉伯糖苷(6-methoxy purine arabino nucleoside，araM)的磷酸化，形成的araM被细胞中的酶转化成araATP，araATP抑制DNA聚合酶活性从而抑制DNA复制造成细胞死亡。

由于反转录病毒只感染处于分裂状态的细胞，而肿瘤细胞又处于高度活跃的分裂状态，因此，利用*tk*基因肿瘤基因治疗时多采用反转录病毒载体。尤其是进行脑部肿瘤基因治疗时，特异性强、疗效好、不良反应小，因为脑肿瘤患者的人脑中，肿瘤细胞是唯一的分裂细胞。当利用反转录病毒载体将*tk*基因导入肿瘤细胞后，可使用GCV、ACV、araATP等作为药物进行治疗。研究表明，HSV-1-*tk*、VZV-*tk*、ACV、GCV、araM对正常细胞都没有毒性作用。近年来，临床上多采用体内基因疗法，利用*tk*进行肿瘤基因治疗。研究显示，只要有10%的细胞导入*tk*基因，就能杀伤90%的肿瘤细胞。这就意味着虽然目前外源性基因的转导效率还很低(10%～70%)，但转入*tk*基因仍能取得良好的治疗效果。产生这种效应的机制还不十分清楚。有资料报道，转导*tk*的细胞产生的毒性代谢产物可通过细胞之间的缝隙连接(gap junction)进入没有被转导的细胞从而杀伤周边的肿瘤细胞。

1992年，美国FDA批准*tk*基因对脑肿瘤的基因治疗用于临床试验，取得了良好的治疗效果。研究表明，*tk*基因对肝癌、肺癌、黑色素瘤、结肠癌等多种肿瘤也具有较好的疗效。

二、提高机体免疫系统功能的基因治疗

1.导入细胞因子基因进行基因治疗

细胞因子是重要的免疫分子。将细胞因子基因导入肿瘤细胞进行表达，可以提高机体的免疫功能。导入细胞因子基因后，机体不仅能产生针对原发性肿瘤的特异性免疫应答，并且能诱导产生针对转移肿瘤细胞的免疫应答。近年来，已经投入使用的细胞因子基因主要有*IL*-2、*IL*-4、*IL*-6、*IL*-7、*TWF*、*INF*-γ、*GM-CSF*等；其中应用最为广泛的是*IL*-2和LAK细胞联合应用，在治疗人黑色素瘤、肾肿瘤等肿瘤疾病中具有一定疗效。

2.导入*MHCv*Ⅰ抗原基因进行基因治疗

肿瘤细胞大多不表达*MHC*Ⅰ抗原，因而能逃脱免疫系统的攻击。将*MHC*Ⅰ基因导入肿瘤细胞，可以提高免疫系统对肿瘤细胞的识别能力，从而可诱导产生针对肿瘤细胞的免疫应答杀伤肿瘤细胞。有研究人员将*MHC HLAB*-27基因导入黑色素瘤细胞已经取得了一定的治疗效果。

3.导入*MDR*Ⅰ基因进行基因治疗

*MDR*Ⅰ基因编码产物为P-跨膜糖蛋白，这种蛋白能将对正常细胞内有毒害作用的药物泵出细胞，从而保护正常细胞免受化学抗肿瘤药物的毒害。于是，科学家们将*MDR*Ⅰ基因导入骨髓前体细胞或造血干细胞以减少化学治疗的不良反应。这种方法在动物实验中已经取得了良好的效果。

4.细胞融合法基因治疗

肿瘤细胞逃脱机体免疫系统攻击的机制之一是不具备有效的抗原提呈效应,因而不能提供足够的免疫信号。科学家们设想,如果将肿瘤细胞与免疫细胞进行融合,肿瘤细胞就可以有效呈递抗原了。于是,研究人员将取自小鼠脾脏的活化B细胞与BERH-2肝癌细胞融合,再将融合细胞注射到小鼠体内,接受治疗的小鼠肿瘤生长受到抑制;但B细胞或BERH-2单独注射则没有效果。这说明细胞融合法基因治疗具有一定效果。

以上讨论的肿瘤基因治疗方法多少都具有一定的疗效;国际上已经批准的肿瘤基因治疗方案中有些疗效明显,有些疗效较差。由于人类肿瘤种类多样、致病机制复杂,要找到能对各种肿瘤都有效的基因尚存在很多的困难。

第四节　基因治疗的前景

基因治疗自提出以来的二十多年来,已经有了长足的发展,并取得了巨大的成果。临床治疗方案层出不穷,其中有些治疗方案临床疗效显著,但也有很多的基因治疗仍处于不成熟的阶段,在理论与实践方面都存在诸多问题亟待解决。

一、基因治疗存在的技术问题

如前所述,目前基因治疗的对象都是单基因缺陷,然而人类非常多的疾病大多涉及多个基因之间复杂的调控与表达关系。对这些涉及多基因的疾病治疗起来十分困难,因为如果向细胞中导入多个基因后,要使得几个基因在细胞内能保持正常的调控关系的可能性极小。此外,即使是单个基因缺陷,要使导入的基因能正常表达同样是非常复杂的问题,导入的基因在细胞内表达量对能否达到治疗目的和是否产生不良反应具有关键作用。只有了解了人类基因之间复杂的调控关系,基因治疗才能真正做到使导入基因处于正确的调控之下,从而取得好的治疗效果,避免不良反应的发生。

基因治疗中所用的病毒载体也会带来一些问题。如使用反转录病毒载体把外源性基因导入细胞的过程中,有可能会产生具有复制能力的反转录病毒颗粒;虽然发生概率低,并且构建载体时可以设法避免,但仍然是最大的潜在危险之一。另外一个问题是那些携带有外源基因的与宿主细胞基因组整合的载体,特别是发生随机整合的载体,同样有可能带来很多的后果。如可能破坏靶细胞正常生长的基因,或破坏抑癌基因;反转录病毒启动子可能启动靶细胞内的原癌基因;或外源基因的整合造成染色体重排而激活原癌基因等。虽然这些情况的发生率可能非常小,但也不容忽视。科学家们目前正在致力研究定点整合技术以解决这一问题。此外,使导入的基因独立存在而不与细胞基因组整合也是可能办法之一。

基因治疗中存在的技术性问题的最终解决有赖于人类基因组学研究与蛋白组学研究的

发展。

二、基因治疗的近期发展趋势

在目前的技术水平下，以基因转移为基础的基因治疗要在临床上自由地应用，还有赖于各种相关技术与理论研究的发展；明确人类基因组中复杂的调控机制、解决基因转移中的调控问题是基因治疗得以广泛应用的基础。而反义疗法、核酶疗法中，则需要解决如何使得反义 DNA 或 RNA 能有效地导入靶细胞，并且不被细胞内核酸酶降解的问题。如果在这些问题上取得突破，这些方法可能会在临床上得到广泛应用。

在未来的 5～10 年内，将会有大量的人类基因治疗方案进入大规模临床试验阶段。目前，全球有 20 多家公司正在研究基因转移方法。在所有的研究与临床试验工作中，安全性是最为至关重要的问题，必须建立一套有关人类体细胞基因治疗的法律法规。基因治疗方案在进入Ⅰ期临床试验前，必须对现有的治疗方法进行深入的研究，遵守现行法律法规，并努力将受试者的风险降到最低限度。

总体而言，基因治疗正在不断向前发展，并随着分子生物学、分子遗传学、临床医学等相关学科的发展日臻走向成熟，目前存在的许多问题将会得到解决。根据乐观的估计，在今后的 15～20 年时间内基因治疗将会有重大的突破，并能够在临床实际中得到广泛应用。

第十一章　生物技术与环境保护

现代生物技术是以DNA分子技术为基础，包括微生物工程、细胞工程、酶工程、基因工程等一系列生物高新技术的总称。现代生物技术不仅在农作物改良、医药研究、食品工程方面发挥着重要作用，而且也随着日益突出的环境问题在治理污染、环境生物监测等方面发挥着重要的作用。自20世纪80年代以来，生物技术作为一种高新技术，已普遍受到世界各国和民间研究机构的高度重视，发展十分迅猛。与传统方法比较，生物治理方法具有许多优点。

生物技术处理垃圾废弃物是降解破坏污染物的分子结构，降解的产物以及副产物大都是可以被生物重新利用的，有助于把人类活动产生的环境污染减轻到最低程度，这样既做到一劳永逸，不留下长期污染问题，同时也对垃圾废弃物进行了资源化利用。利用发酵工程技术处理污染物质，最终转化产物大都是无毒无害的稳定物质，如二氧化碳、水、氮气和甲烷气体等，经常是一步到位，避免污染物的多次转移而造成重复污染，因此生物技术是一种既安全又彻底消除污染的手段。生物技术是以酶促反应为基础的生物化学过程，而作为生物催化剂的酶是一种活性蛋白质，其反应过程是在常温常压和接近中性的条件下进行的，所以大多数生物治理技术可以就地实施，而且不影响其他作业的正常进行，与经常需要高温高压的化工过程比较，反应条件大大简化，具有设备简单、成本低廉、效果好、过程稳定、操作简便等优点。

所以，当今生物技术已广泛应用于环境监测、工业清洁生产、工业废弃物和城市生活垃圾的处理，有毒有害物质的无害化处理等各个方面。

第一节　环境问题——人类生存与发展面临的严峻挑战

人类社会的发展创造了前所未有的文明，但同时也带来许多生态环境问题。由于人口的快速增长，自然资源的大量消耗，全球环境状况目前正在急剧恶化：水资源短缺、土壤荒漠化、有毒化学品污染、臭氧层破坏、酸雨肆虐、物种灭绝、森林减少等。人类的生存和发展面临着严峻的挑战，迫使人类进行一场“环境革命”来拯救人类自身。这场环境革命的意义与18世纪的工业革命一样重大，并且需要更加深入和彻底。在这场环境革命中，环境生物技术的兴起和蓬勃发展担负着重大使命，并且作为一种行之有效、安全可靠的手段和方法，起着核心的作用。

环境生物技术是高新技术应用于环境污染防治的一门新兴边缘学科。它诞生于20世纪80年代末期欧美经济发达的国家和地区，以高新技术为主体，包括对传统生物技术的强化与创新。环境生物技术涉及众多的学科领域，主要由生物技术、工程学、环境学和生态学等组成。它是生物技术与环境污染防治工程及其他工程技术的结合，既有较强的基础理论要求，又具有鲜明的技术应用的特点。严格地说，环境生物技术指的是直接或间接利用生物体或生物体的某些组成部分或某些功能，建立降低或消除污染物产生的生产工艺，或者能够高效净化环境污染，同时又生产有用物质的工程技术。

环境生物技术包括的内容很广，根据技术的难度和理论基础的深度，可以将其分成高、中、低三个层次。高层次生物技术是指以基因工程为主导的近代污染防治技术，如利用基因工程构建高效降解杀虫剂和除草剂等污染物的基因工程菌、创建抗污染型转基因植物等。中层次生物技术主要包括一些传统的污染治理方法，如污水处理的活性污泥法和生物膜法，及其在新的理论和技术背景下强化的技术与工艺等。低层次生物技术是指氧化塘、人工湿地、生态工程以及厌氧发酵等处理技术。从发展过程来看，先有低层次，后有中层次，近期才出现高层次的生物技术。三个层次的生物技术均是治理污染不可缺少的生物工程技术。高层次生物技术知识密集，寻求的是快速有效防治污染的新途径，为治理环境污染开辟了广阔的前景；中层次的环境生物技术是目前广泛使用的治理污染的生物技术，已有近百年的发展历史，应用性强，性能稳定，是当今生物处理环境污染工程的主力。如果没有中层次的环境生物技术，现时的环境污染就会达到不可救药的地步。中层次技术本身也在不断地强化改进，同时高技术也渗入其中。低层次生物技术主要是利用自然界生物净化环境污染的生物工程。其最大的特点是投资运行费用低，操作管理方便。同中层次生物技术一样，低层次生物技术也处于不断发展和改进之中，应用极为广泛。

实际上，上述三个层次的环境生物技术在当今社会中都起着非常重要的作用，没有重要与不重要之分，只有难易之别。在处理具体环境问题时，应科学地规划，合理配合使用，方能将各种环境生物技术之功能发挥至善。另外，各项单一工程或技术之间存在相互渗透交叉应用的现象，某项环境生物技术完全可能由高、中、低三个层次组成，例如废物能源化工程，其所需的高效菌种可用基因工程构建；所采用的厌氧发酵器可以在原有反应器基础上加以改造，以获取理想的产品质量；所用原料可以通过低层次技术进行预处理。这种三个层次的技术集中在同一环境生物技术项目中的现象并不少见，有时难以确定明显的界限。本书将其分类，仅仅是为了便于掌握该学科的思路，了解环境生物技术的学科范围。污染的产生是生产活动和消费过程带来的负效应，并随经济发展水平提高而加剧。废物源于工业活动和家庭，如生活污水、工业废水、农业和食品垃圾、木材废料和迅速增加的有毒工业产物及副产

物等。环境生物技术就是研究生物系统和生物过程在污染治理和监测方面的应用原理。现已发展了许多成功的生物技术流程，以用于污水、废气、土壤和固体废物处理，以及环境监测。下面对此进行简要的介绍。

第二节　环境污染检测与评价的生物技术

当今世界面临着从数量到种类都日益增多的污染物的直接威胁和长期的潜在影响。一个地方环境状况如何直接关系到人们的身心健康，污染存在与否，污染物的危害如何，怎样才能消除或减少污染物的有害影响……这一切都是人们日益关注的焦点。本章前面的内容已经介绍了污染的生物防治技术，在这里主要就与环境污染的监测与评价有关的生物技术作一简单介绍。传统的环境监测和评价技术侧重于理化分析和试验动物的观察。随着现代生物技术的发展，一类新的快速准确监测与评价环境的有效方法相继建立和发展起来，这种新的技术能对环境状况做出快捷、有效和全面的回答，逐渐成为环境监测评价的重要手段。主要包括：利用新的指示生物监测评价环境；利用核酸探针和 PCR 技术监测评价环境；利用生物传感器及其他方法等监测评价环境。

一、指示生物

传统的指示生物常采用试验动物。但是试验动物存在周期长、费用高、结果有较大偶然性等不足之处。为了获得大量准确有效的毒理数据，人们建立了多种多样的短期生物试验法，分别用细菌、原生动物、藻类、高等植物和鱼类等作为指示生物。细菌的生长和繁殖极为迅速，作为指示生物具有周期短、运转费用低、数据资料可靠等特点。根据污染物对细菌的作用不同，可分别选用细菌生长抑制试验、细菌生化毒理学方法、细菌呼吸抑制试验和发光细菌监测技术等监测污染状况。细菌生长抑制试验是依据污染物对细菌生长的数量、活力等形态指标来判断环境；细菌生化毒理学方法测定的是污染物作用下，微生物的某些特征酶的活性变化或代谢产物含量的变化，常用的酶包括脱氢酶、ATP 酶、磷酸化酶等；细菌呼吸抑制试验采用氧电极、气敏电极和细菌复合电极来测定细菌在环境中的呼吸抑制情况，从而反映环境状况；发光细菌监测技术的主要原理是污染物的存在能改变发光菌的发光强度。1966 年，发光菌首次被用于检测空气样品中的毒物。20 世纪 70 年代末期，第一台毒性生物检测器问世，并投放市场，相应地发展起来的发光菌毒性测试技术，引人注目。为了大量获得慢性毒性的数据，从 70 年代起，国外开始对慢性毒性的短期试验方法进行了研究。其中一种方法是采用鱼类和两栖类胚胎幼体进行存活试验。鱼类的胚胎期是发育阶段中对外界环境最敏感的时期，许多重要的生命活动过程，如细胞分化增殖、器官发育和定形等都发生在这一阶段。因此由胚胎幼体试验得到的毒理数据，能够有效预测污染物对鱼类整个生命周期的慢性毒性作用。与传统的慢性毒性试验相比，鱼类或两栖类胚胎幼体试验具有操作简捷有效，不需要复杂的流水式试验设备，反应终点易于观测和检测等优点。藻类和高等植物也能作为污染的指示生物。例如，一些藻类不能存活在某种污染物环境中，因此如果在环境中检测到这些藻类大量存在，相应地可以说明环境中没有该种污染物。

二、核酸探针和 PCR 技术

核酸探针杂交和 PCR 技术等是基于人们对遗传物质 DNA 分子的深入了解和认识的基础上建立起来的现代分子生物学技术。这些新技术的出现也为环境监测和评价提供了一条有效途径。核酸杂交指 DNA 片段在适合的条件下能和与之互补的另一个片段结合。如果对最初的 DNA 片段进行标记，即做成探针，就可监测外界环境中有无对应互补的片段存在。利用核酸探针杂交技术可以检测水环境中的致病菌，如大肠杆菌、志贺式菌、沙门氏菌和耶尔森菌等；也可用于检测微生物病毒，如乙肝病毒、艾滋病病毒等。目前利用 DNA 探针检测微生物成本较高，因此无法用此技术对饮用水进行常规性的细菌学检验；此外，检测的微生物数量微小时，用此技术分析有困难，必须先对微生物进行分离培养扩增后方能进行检测。PCR 术是特异性 DNA 片段体外扩增的一种非常快速而简便的新方法，有极高的灵敏度和特异性。对于微量甚至常规方法无法检测出来的 DNA 分子通过 PCR 扩增后，由于其含量成百万倍地增加，从而可以采用适当的方法予以检测。它可以弥补 DNA 分子直接杂交技术的不足。采用 PCR 技术可直接对土壤、废物和污水等环境标本中的细胞进行检测，包括那些不能进行人工培养的微生物的检测。例如，利用 PCR 技术可以检测污水中大肠杆菌类细菌，其基本过程为：首先抽提水样中的 DNA；然后用 PCR 扩增大肠杆菌的 LacZ 和 LamB 基因片段；最后分别用已知标记过的 LacZ 和 LamB 基因探针进行检测。该法灵敏度极高，100 mm^3 水样中只要有一个指示菌时即能测出，且检测时间短，几小时内即可完成。PCR 技术还可用于环境中工程菌株的检测。这为了解工程菌操作的安全性及有效性提供了依据。有人曾将一工程菌株接种到经过过滤灭菌的湖水及污水中，定期取样并对提取的样品 DNA 进行特异性 PCR 扩增，然后用 DNA 探针进行检测，结果表明接种 10～14 天后仍能用 PCR 方法检测出该工程菌菌株。

三、生物传感器及其他

近年来，生物传感器技术发展很快，有的传感器已应用在环境监测上。生物传感器是以微生物、细胞、酶、抗原或抗体等具有生物活性的生物材料作为分子识别元件。日本曾研制开发出可测定工业废水 BOD 的微生物传感器，此种传感器测定法可以取代传统的五日生化需氧量测定法。还有人研制出用酚氧化酶作生物元件的生物传感器，来测定环境中的对甲酚和连苯三酚等。另外，根据活性菌接触电极时产生生物电流的工作原理，国外研制出可测

定水中细菌总数的生物传感器。生物传感器具有成本低、易制作、使用方便、测定快速等优点，作为一种新的环境监测手段具有广阔的发展前景。酶学和免疫学测定法在环境监测上也常被采用。例如，美国利用酶联免疫分析法原理，采用双抗体夹心法，研制出微生物快速检验盒，用此检验盒检测沙门氏菌、李斯特菌等，2 h 即可完成(不包括增菌时间)。近年来，日本、英国和美国等都在研究 3-葡聚糖苷酸酶活性法检测饮用水和食品中的大肠杆菌，做法是：以 4-甲香豆基-β-D-葡聚糖苷酸为荧光底物掺入选择性培养基中，样品液中如有大肠杆菌，此培养基中的 4-甲香豆基-β-D-葡聚糖苷酸将分解产生甲基香豆素，后者在紫外光中发出荧光，故可用来测定大肠杆菌。

第三节　不同类型污染的生物处理技术

一、污水的生物处理

人类的生产活动和生活离不开水，但同时又带来大量的工业废水和生活污水。如果不能将这些废弃物进行及时处理，一方面会导致严重的环境污染，危害人类健康；另一方面会引起可利用水资源的枯竭。水资源短缺是 21 世纪人类面临的最为严峻的资源问题之一。全球陆地上的降水每年只有 119 万亿立方米，是人类可利用水量的理论极限。但是全世界对水的需求量每 21 年就翻一番，达到目前每年的 4.13 万亿立方米。现在全世界只有 1/4 的人群能饮周到合乎标准的净水，1/3 的人口没有安全用水，而且缺水的形势日趋严重。争夺水资源如同争夺土地资源一样，可能成为下一轮国家间爆发战争的缘由。我国人口占世界的 22%，淡水资源只有世界的 7%，人均供水量只有世界人均占有量的 1/4，居世界第 109 位，被联合国列为 13 个贫水国之一。我国 600 多座城市中，有 300 多座城市缺水，其中 110 座严重缺水，年缺水量达 50 多亿立方米。我国每年仅因缺水造成的粮食减产高达 50 多亿千克，经济损失达 120 亿元。全国有 8 000 万人饮水困难，城乡居民 70%生活用水的水质不符合饮用水的最低要求。曾经哺育过中华民族的黄河从 20 世纪 80 年代起年年出现断流，1996 年已断流 1 000 km 以上，断流时间超过 150 天，损失超过 100 亿元。水资源短缺是中国发展的限制性因素，制约了经济的增长。节约用水、改进技术、提高水价和远地引水都能在一定程度上缓解水资源的短缺，但目前世界各国将城市污水净化回用，作为解决缺水问题的首选方案，因为城市污水中只含有 0.1%的污染物，而海水含盐量达 3.5%；城市污水就近可得，水量稳定，易收集，基建投资比远距离引水经济得多。在美国的 155 个城市中，给水水源中每 30 m^3 水中就有 1 m^3 是污水处理系统排出的。经济效益分析表明，污水净化回用在环境保护和资源利用的总体上是十分有利的。以色列在比较了海水淡化和城市污水净化回用的成本后，认为把城市污水作为非传统的水资源加以利用是唯一的出路。目前我国污水的排放量与城市缺水量大致相当，所以科学治理并合理利用城市污水，对缓解城市紧张的水资源、解决城市环境污染和发展生产都具有重要的社会、环境和经济意义。进行污水处理的方法有很多，主要可以分为三大类：物理法、化学法和生物法。与前两种方法相比，生物法效果较好，特别是近几十年来，由于生物技术的发展，更显示了它的优越性。常见的生物方法包括稳定塘法、人工湿地处理系统法、土地处理系统法、活性淤泥法和生物膜法等。

(一)稳定塘法

稳定塘(stabilization pond)源于早期的氧化塘，故又称氧化塘。指污水中的污染物在池塘处理过程中反应速率和去除效果达到稳定的水平。稳定塘工程是在科学理论基础上建立的技术系统，是人工强化措施和自然净化功能相结合的新型净化技术，与原始的氧化塘技术相比，已发生根本性的变化。第一座人工设计的厌氧稳定塘是于1940年在澳大利亚的一处废水处理厂中建成的，目前全世界采用生物稳定塘处理污水废水的共有40多个国家。到1988年止，我国已建成85座稳定塘，每天处理污水总量170万吨，占全国污水排放量的2%，其中城市污水处理塘49座，其他为处理工业有机废水塘。稳定塘可以划分为兼性塘、厌氧塘、好氧高效塘、精制塘、曝气塘等。其去污原理是污水或废水进入塘内后，在细菌、藻类等多种生物的作用下发生物质转化反应，如分解反应、硝化反应和光合反应等，达到降低有机污染成分的目的。稳定塘的深度从十几厘米至数米，水体停留时间一般不超过两个月，能较好地去除有机污染成分。通常是将数个稳定塘结合起来使用，作为污水的一、二级处理。稳定塘法处理污水废水的最大特点是所需技术难度低，操作简便、维持运行费用少，但占地面积大是推广稳定塘技术的一大困难。

近些年来，越来越多的证据表明，如果在塘内播种水生高等植物，同样也能达到净化污水或废水的能力。这种塘称为水生植物塘(aquatic plant pond)。常用的水生植物有凤眼莲、灯芯草、水烛、香蒲等。美国在水生大型植物处理系统方面研究的规模最大，在加州建成的水生植物示范工程占地1.2公顷，其工艺流程为：污水→格栅→二级水生生物曝气塘→砂滤→反渗滤→粒状炭柱→臭氧消毒→出水。经过该系统的处理，出水可作为生活用水，水质达饮用水标准。在很多情况下，水生生物塘是与上述稳定塘相结合使用的，构成一种新型的稳定塘技术，即综合生物塘(multi-plicate biological pond)系统。综合生物塘具有污水净化和污水资源化双重功能，占地面积相对较小，净化效率较高，能做到“以塘养塘”，适合于中小城镇经济、技术和管理水平。

(二)人工湿地处理系统法

人工湿地处理系统法(artificial wetland treatment systems)是一种新型的废水处理工

艺。自1974年前西德首先建造人工湿地以来，该工艺在欧美等国得到推广应用，发展极为迅速。目前欧洲已有数以百计的人工湿地投入废水处理工程，这种人工湿地的规模可大可小，最小的仅为一家一户排放的废水处理服务，面积约40 m^2；大的可达5 000 m^2，可以处理1 000人以上村镇排放的生活污水。该工艺不仅用于生活污水和矿山酸性废水的处理，而且可用于纺织工业和石油工业废水处理。其最大的特点是：出水水质好，具有较强的氮、磷处理能力，运行维护管理方便，投资及运行费用低，比较适合于管理水平不高，水处理量及水质变化不大的城市或乡村。人工湿地由土壤和砾石等混合结构的填料床组成，深60～100 cm，床体表面种上植物。水流可以在床体的填料缝隙间流动，或在床体的地表流动，最后经集水管收集后排出。人工湿地对废水的处理综合了物理、化学和生物三种作用。其成熟稳定后，填料表面和植物根系中生长了大量的微生物形成生物膜，废水流经时，固态悬浮物(SS)被填料及根系阻挡截留，有机质通过生物膜的吸附及异化、同化作用而得以去除。湿地床层中因植物根系对氧的传递释放，使其周围的微生物环境依次呈现出好氧、缺氧和厌氧状态，保证了废水中的氮、磷不仅能被植物和微生物作为营养成分直接吸收，还可以通过硝化、反硝化作用及微生物对磷的过量积累作用而从废水中去除，最后通过湿地基质的定期更换或收割，使污染物从系统中去除。特别需要指出的是，生长的水生植物，如芦苇、大米草等还能吸收空气中的CO_2，起到净化空气的作用；其本身又具有较高的经济价值。人工湿地一般作为二级生物处理，一级处理采用何种方法视废水的性质而定。对于生活污水，可采用化粪池，其他工业废水可采用沉淀池作为去除SS的预处理。人工湿地视其规模大小可单一使用，或多种组合使用，还可与稳定塘结合使用。例如，白泥坑人工湿地的简单流程如下：

污水→栅→潜流湿地三个并联(种植芦苇和大米草)→潜流湿地两个并联(种植茳芏和芦苇)→稳定塘三个并联→潜流湿地一个(种植席草)→出水

(三)污水处理土地系统

污水处理土地系统(land systems for wastewater treatment)是20世纪60年代后期在各国相继发展起来的。它主要是利用土地以及其中的微生物和植物的根系对污染物的净化能力来处理污水或废水，同时利用其中的水分和肥分来促进农作物、牧草或树木生长的工程设施。污水处理土地系统具有投资少、能耗低、易管理和净化效果好的特点。主要分为三种类型，即慢速渗滤系统(SR)、快速渗滤系统(RI)和地表漫流系统(OF)。此外，也常采用将上述两种系统结合起来使用的复合系统。污水处理土地系统一般由污水的预处理设施，污水的调节与储存设施，污水的输送、分流及控制系统，处理用地和排出水收集系统等组成。该处理工艺是利用土地生态系统的自净能力来净化污水。土地生态系统的净化能力包括土壤的过滤截留、物理和化学的吸附、化学分解、生物氧化以及植物和微生物的吸收和摄取等作用。主要过程是：污水通过土壤时，土壤将污水中处于悬浮和溶解状态的有机物质截留下来，在土壤颗粒的表面形成一层薄膜，这层薄膜里充满着细菌，能吸附污水中的有机物，并利用空气中的氧气，在好氧菌的作用下，将污水中的有机物转化为无机物，如二氧化碳、氨气、硝酸盐和磷酸盐等；土地上生长的植物，经过根系吸收污水中的水分和被细菌矿化了的无机养分，再通过光合作用转化为植物体的组成成分，从而实现有害的污染物转化为有用物质的目的，并使污水得到利用和净化处理。

（四）生物膜处理法

生物膜处理法（bio-film treatment process），又称为生物过滤法、固着生长法或简称为生物膜法。通过渗滤或过滤生物反应器进行废水好氧处理的方法。在这个系统中，液体流经不同的滤床表面。滤床填料可以是石头、沙砾或塑料网等，其表面附着的大量微生物群落，可以形成一层黏液状膜，即生物膜。生物膜中的微生物与废水不断接触，能吸附去除有机物以供自身生长。生物膜的生物相由细菌、酵母菌、放线菌、霉菌、藻类、原生动物、后生动物以及肉眼可见的其他生物等群落组成，是一个稳定平衡的生态系统。大量微生物的生长会使生物膜增厚，同时使其生物活性降低或丧失。生物滤池是生物膜法处理废水的反应器。普通的生物滤池是一种固定型的生物滤床，构造比较简单，由滤床、进水设备、排水设备和通风装置等组成。其他的生物滤池还有塔式生物滤池、转盘式生物滤池和浸没曝气式生物滤池等。近年来还发展了一种特殊的生物滤池，即活性生物滤池（activated bio-filter）。它是一种将活性生物污泥随同废水一起回流到滤池进行生物处理的结构。活性生物滤池具有生物膜法和活性污泥法两者的运行特点，可作为好氧生物处理废水的发展方向之一。

二、大气污染的生物处理

（一）大气净化生物技术

工业化大生产带给环境的另一个负面影响是导致大气污染，破坏了人类的生存空间，严重危害人类的身心健康。工业活动排放出 CO_2、CO 和 SO_2 等大量有害废气是地球温室效应和酸雨形成的重要原因；汽车尾气中的铅能导致动物神经系统和泌尿系统疾病，挥发性的恶臭物质会损伤人类的嗅觉器官，让人不适……因此，有效控制这些污染源是当今社会普遍关心的问题。应用生物技术来处理废气和净化空气是控制大气污染的一项新技术，代表了大气净化处理技术的现代发展水平。目前常用的方法有：生物过滤法、生物洗涤法和生物吸收法等，所采用的生物反应器包括生物净气塔、渗滤器和生物滤池等。

（二）生物净气塔

生物净气塔（bio-scrubbers）通常由一个涤气室和一个再生池组成。废气进入涤气室后

向上移动，与涤气室上方喷淋柱喷洒的细小水珠充分接触混合，使废气中的污染物和氧气转入液相，实现质量传递。然后利用再生池中的活性污泥除去液相中的气态废物，从而完成净化空气的过程。实际上，空气净化最为关键的步骤就是将大气中的污染物从气态转化为液态，此后的处理过程也就是污水或废水的去污流程。生物净气塔可用于处理含有乙醇、甲酮、芳香族化合物、树脂等成分的废气；也可用来净化由煅烧装置、铸造工厂和炼油厂排放的含有胺、酚、甲醛和氨气等成分的废气，达到除臭的目的。

（三）渗滤器

与生物净气池相比，渗滤器（trickling filter）可使废气的吸收和液相的除污再生过程同时在一个反应装置内完成。

渗滤器的主体是填充柱，柱内填充物的表面生长着大量的微生物种群并由它们形成数毫米厚的生物膜。废气通过填充物时，其污染成分会与湿润的生物膜接触混合，完成物理吸收和微生物的作用过程。使用渗滤器时，需要不断地往填充柱上补充可溶性的无机盐溶液，并均匀地洒在填充柱的横截面上。这样水溶液就会向下渗漏到包被着生物膜的填充物颗粒之间，为生物膜中的微生物生长提供营养成分；同时还可湿润生物膜，起到吸收废气的作用。渗滤器在早期主要是用于污水处理，将其用于废气处理，运行的基本原理与前者相同。

（四）生物滤池

生物滤池（bio-filter）主要用于消除污水处理厂、化肥厂以及其他类似场所产生的废气。很明显，用于净化空气的生物滤池，与前面提及的进行污水处理的生物滤池非常相似，深度约1 m，底层为砂层或砾石层，上面是50～100 cm厚的生物活性填充物层，填充物通常由堆肥、泥炭等与木屑、植物枝叶混合而成，结构疏松，利于气体通过。在生物滤池中，填充物是微生物的载体，其颗粒表面为微生物大量繁殖后形成的生物膜。另外，填充物也为微生物提供了生活必需的营养，每隔几年需要更换一次，以保证充足的养分条件。

在生物滤池系统中，起降解作用的主要是腐生性细菌和真菌，它们依靠填充物提供的理化条件生存，这些条件包括水分、氧气、矿质营养、有机物、pH和温度等。活性微生物区系的多样性则取决于被处理废气的成分。常用于生物滤池技术的菌株有：降解芳香族化合物（如二甲苯和苯乙烯等）的诺卡氏菌；降解三氯甲烷的丝状真菌和黄细菌；降解氯乙烯的分枝杆菌等。对于含有多种成分的废气，可采用多级处理系统来进行净化，每一级处理使用一个生物滤池，针对某种或某类成分进行处理。

三、固体废弃物的生物处理

(一)固体垃圾的处理

随着城市数量增多、规模扩大和人口的增加,全球城市废弃物的产生量迅速增长,其中固体垃圾在现代城市产生的废弃物中占据的比例越来越大。以我国为例,目前我国人均每年垃圾产量大约为 440 kg,2000 年和 2001 年我国城市生活垃圾产生量分别为 1.18 亿吨和 1.35 亿吨,并以每年 10%的速度递增,加之历年垃圾存量已达到 66 亿吨,侵占了 35 亿多平方米土地。按照目前城市垃圾产生的速度来看,2030 年、2040 年和 2050 年我国城市年产生活垃圾将分别为 4.09 亿吨、4.57 亿吨和 5.28 亿吨。城市垃圾的组成较为复杂,一部分由玻璃、塑料和金属等组成,另一部分是可分解的固体有机物,如纸张、食物垃圾、污水垃圾、枯枝落叶、大规模畜牧场和养殖场产生的废物等。大量的垃圾在收集、运输和处理处置过程中含有或产生的有害成分,会对大气、土壤、水体造成污染,不仅严重影响城市环境卫生质量,而且危害人们身体健康,成为社会公害之一。世界各国处理城市垃圾的方法主要有 3 种,即填埋、堆肥和焚烧。其中填埋和堆肥主要是通过微生物的作用来完成垃圾处理的。

(二)填埋技术

填埋技术就是将固体废物存积在大坑或低洼地,并通过科学的管理来恢复地貌和维护生态平衡的工艺。填埋法处理垃圾量大、简便易行、投入少,是自古以来人类处理生活垃圾的一种主要方法。目前,美英两国 70%以上的垃圾是通过填埋技术处理的。填埋过程中,每天填入的垃圾应被压实,并铺盖上一层土壤。这些地点的完全填埋需数月或数年,因此如果处理不当,填埋地不仅不雅观,而且易导致二次污染,如产生异味、污染空气;蚊蝇滋生,卫生状况恶化;有害废物还能对填埋地的微生物过程产生严重的影响,并伴随着有害径流的发生,或渗漏到地下水中,不断污染城市水源。此外,被填埋的垃圾发酵后产生的甲烷气体易引发爆炸等事故。针对上述问题,现代填埋技术已有很大改进。在选择填埋场地时,其底层应高出地下水位 4 m 以上,而且填埋地的下层应有不透水的岩石或黏土层,如果无自然隔水层基质,则需铺垫沥青或塑料膜等不透水的材料以避免渗漏物污染周围的土地和水源。填埋场应设置排气口,使填埋过程中产生的甲烷气体及时排出,以防止爆炸起火,同时也便于气体的收集。此外,填埋场还要有能监测地下水、表面水和环境中空气污染情况的正常监测系统。有时,填埋前需要对填埋物进行一定的预处理。这种经过合理地构建的封闭填埋地可以较好地处置填埋物,并能产生甲烷气体用作商业用途。甲烷气体通常在合理填埋数个月后开始产生,并渐达到高峰产出期;几年后,产量逐渐下降。另外,通常不能在填埋地上建房,以防下陷,但此填埋地可作为农田、牧场或绿地公园等加以利用。过去,填埋地常被视为垃圾的转移地或存积容器，通过它将垃圾废物等与周围环境隔离开来。现在人们已开始把填埋地当作生物反应器来管理，使其发挥更大的经济效益和环境效益。我国于1995年在深圳建成了第一个符合国际标准的危险废物填埋场。此后，一些城市相继建成一些大、中型垃圾卫生填埋场，处理量在(1 000～2 500)t/天，目前在大多数西方国家中通过减少填埋物的数量来降低对土地的要求，并相应增加了操作的安全性。在可预见的将来，在固体废物的管理方面，填埋措施会继续起到重要的作用。

(三)堆肥法

堆肥是实现城市垃圾资源化、减量化的一条重要途径。与填埋技术相同，堆肥技术也是基于微生物的生命代谢活动，正是微生物的降解作用，使得垃圾中的有机废料转换成稳定的腐殖质。这些产物大大减少了原材料的体积，并能用作土壤改良剂或肥料安全地返回环境中。实际上，这是在有效的低温条件下的固体基质的发酵过程。家庭固体垃圾中可稳定降解的有机物含量较高，比较适合堆肥处理。如果使用特定的有机原料，如草秆、动物废料等，再经过特殊的堆肥操作，终产物可作为有广泛商业价值的真菌(*Agaricus bisporus*)的培养基。堆肥是在铺有固体有机颗粒的底床上进行的，固有的微生物在其中生长和繁殖。堆肥的方式有静止堆积、通气堆积、通道堆积或在旋转生物反应器(容器)中堆积等。也可以对废料进行某种形式的预处理，如通过切碎或磨碎的方法减少颗粒的大小。堆肥处理的基本生物学反应是有机基质与氧混合后发生氧化反应，生成CO_2、水或其他有机副产物。堆肥过程完成后终产品常需放置一段时间加以稳定化。堆肥工厂处理流程如下：

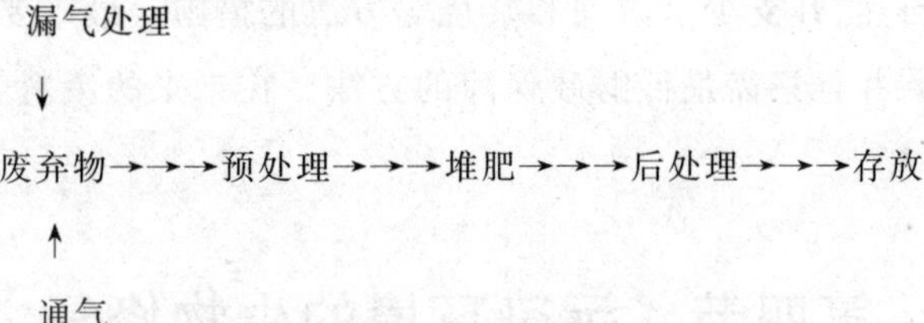

堆肥成功需要有微生物生长的最适条件。因为许多操作需要隔离，并且由于微生物的反应产生了生物热能，使堆肥内部热量迅速积累。过高的热量会严重削弱微生物的生物活性，因此堆肥处理应控制温度不超过55℃，有机基质的湿度水平常为45%～60%。湿度高于60%时，多余的水分将积累并填充在颗粒间隙，制约了堆肥的通气状况；湿度小于40%时，由于干燥而不利于微生物的成功繁殖。固体有机物只有在发酵微生物分泌的外源酶作用下才能缓慢溶解，这一反应通常是限速步骤。在大多数固体废料中，纤维素和木质素最为丰富。高木质素含量，例如秸秆和木材，会阻碍降解作用的进行；木质素特别耐降解，所以降解速度缓慢。在大多数情况下，它会保护其他一些易于降解的物质，使其免于降解。对一个有效的、平衡的生物反应器而言，空气持续稳定地进入是一个必要条件。对于大规模商业化的堆肥，通气堆肥系统是在一个封闭的建筑物内进行的，这样可以控制异味的散布。在这类系统中，通过翻转进行强制性的通气，可以创造良好的堆肥条件。现在欧洲已有数家这样的工厂，年处理能力超过 60 000 t。通道堆肥是在一个封闭的、长 30～60 m、宽和高各 4～6 m 的塑料管道内进行的。这种通道系统在污水淤泥和家庭废料的堆肥处理方面已应用多年，并可用于培养蘑菇所需的特殊基质的生产。一些工厂的年处理能力已达 10 000 t。旋转柱筒系统有多种规格，在世界范围内广泛用于家庭废料的堆肥处理。大规模的处理特别适用于湿有机废料；小规模的柱筒系统则广泛用于少量园艺废料的处理，产物可以再循环使用。

在某些堆肥过程中，由于存在含硫和含氮化合物，会产生异味。要利用气体净化器或过滤器来降低或去除这些气味。广泛利用的生物过滤器有一个固定的床基或有大量的有机物，如成熟堆肥或微生物着床的木屑。气体通过混合物时，产生的生物活性能大大减少令人不适的气味。毋庸置疑，堆肥是进行固体有机物处理及产物循环利用的一个基本策略。未来的堆肥技术应有如下四个标准：a. 要有合理的永久性的底层结构，以避免有害渗漏物污染地下水源；b. 堆肥基质的质与量要适合，这是影响终产品质量的主要因素；c. 形成终产品的市场，这是堆肥技术得以推广的保证；d. 处理过程不污染环境，并且在经济上可行。家庭垃圾的分类是导致堆肥处理日益广泛的主要原因。在欧洲，垃圾常分为三类来分别处理：可再循环利用垃圾，如玻璃、金属和塑料；能完全降解的垃圾，如蔬菜垃圾、纸张和生物垃圾；其余物质和有害垃圾。仅在德国，每年估计需要 200 万吨堆肥，其中 108 万吨用于农业；12 万吨用于葡萄栽培；10 万吨用于林业；36 万吨用作基质或土壤；34 万吨用于土地改良，预示着堆肥技术有广阔的市场前景。几个世纪以来，堆肥处理已形成多种方式，如蔬菜垃圾再循环利用。这是一种简单、自然、开支少于填埋和焚烧等方法的措施。最重要的是，堆肥是一种安全的、可杜绝有毒泄漏并且只需最低财政保障的方法。在未来的废料管理规划中堆肥技术将继续起着重要的作用。

第四节　污染环境的生物修复

一、生物修复的定义

生物修复是指利用土壤中的各种生物——植物、土壤动物和微生物，吸收、降解和转化土壤中的污染物，使污染物的浓度降低到可接受的水平，或将有毒有害的污染物转化为无害的物质。

二、重金属污染土壤的生物修复

重金属污染环境会对人类造成严重的毒害作用。汞污染物进入人体，随着血液透过脑

屏障损害脑组织。镉污染物在人体血液中可形成镉硫蛋白，蓄积在肾、肝等内脏器官。日本有名的公害病——痛痛病，就是镉污染的最典型例子。重金属进入人体，一般都有致癌病变等毒性作用，损害人体的生殖器官，影响后代的正常发育生长。清除环境中的重金属污染物，也是基因工程的重要任务。生长于污染环境中的某些细菌细胞内存在抗重金属的基因。这些基因能促使细胞分泌出相关的化学物质，增强细胞膜的通透性，将摄取的重金属元素沉积在细胞内或细胞间。目前已发现抗汞、抗镉和抗铅等多种菌株，不过这些菌株生长繁殖缓慢，直接用于净化重金属污染物效果欠佳。人们现正试图将抗重金属基因转移到生长繁殖迅速地受体菌中，使后者成为繁殖率高、金属富集能力强的工程菌，并用于净化重金属污染的废水等。

三、海洋污染的生物修复技术

(一)柴油污染的生物修复

柴油是一大烃类污染源，尤其是沿海城乡经济迅速发展地区。柴油作为海上大小船只的主要能源，溢油所造成的环境污染已成为滨海、河口开发利用亟待解决的重大问题之一。对此，我们率先在国内开展此研究。研究在实验室条件进行，降解微生物，取自九龙江河口红树林土壤。结果表明，红树林下土壤微生物比无红树林的土壤微生物有更高效和更快速降解柴油的特殊能力。柴油入土后，7 天后大部分被降解(微生物降解 50%)，14 天后 80%被降解(65%)，一个月后 90%被降解(微生物 70%以上)。红树林土壤中存在着对柴油烃类有效的降解菌，有待进一步研究、开发利用。

(二)石油污染的生物修复

海上石油的开发，各式各样石油加工产品的生产、使用及排放，海上溢油事故等，使得石油污染已成为海洋环境的主要污染物。据估计，每年约有 1 000 万吨石油进入海洋环境中。治理石油污染已成为当今各国环境专家的研究热点。微生物降解是石油污染去除的主要途径，在生物降解基础上研究发展起来的生物修复技术，在于提高石油降解速率，最终把石油污染物转化为无毒性的终产物。治理方法主要有两种：加入具有高效降解能力的菌株；改变环境因子，促进微生物代谢能力。在许多情况下，生物修复可在现场处理，而对于污染的沉积物，则一般使用生物反应器治理。

大量研究表明，石油降解微生物广泛分布于海洋环境中。细菌是主要的降解者，如假单胞菌属(*Pseudomonas*)、黄杆菌属(*Flavobacterium*,)、棒杆菌属(*Corynebacterium*)、弧菌属(*Vibro*)、无色标菌属(*Achromobacter*)、微球菌属(*Micrococcus*)、放线菌属(*Actinomyces*)等。研究表明，细菌对碳氢化合物的降解速率很大程度受海洋环境中低含量的营养盐——磷酸盐及含氧化合物所限制。氧化也是石油污染物快速降解的一个重要因素。碳氢化合物在微生物降解作用下转化成生物体自身的生物量，产生 CO_2、水及大量中间产物。石油污染物在海洋环境中存在时间的长短与其数量、结构及环境因素都紧密相关。一种污染物在一个环境中，其存在时间可达数年；而在另一环境中，则有可能在几个小时或几天内完全降解。

对环境中碳氧化合物的自然适应过程的研究是更好应用生物修复技术的前提与基础。目前，海洋石油污染的生物修复主要是通过改变环境因素，如加入营养盐、肥料或改善污染环境通气状况，以提高微生物的代谢能力，氧化降解污染物，则引入培养的降解菌株，对于成功修复污染环境是非常必要和有利的，但同时也会引起相应的生态和社会问题，有待于进一步深入地研究。

1969 年利比亚油轮泄漏事故，严重污染了海滩环境，破坏了当地的生态系统，碳氢化合物在环境中的归宿问题引起环境学家极大的关注，并对此展开了大量的研究，污染物生物降解起着重要的作用。1989 年，美国环境保护局在阿拉斯加石油泄漏事故中，利用生物复技术成功治理污染环境。从污染海滩分离的细菌菌株与不受污染的分离菌株相比，具有特殊的降解能力；同时，对现场的环境因子进行分析，发现由于营养盐缺乏，微生物降解能力受到限制。外加入亲油性肥料(InipolEAP222)一段时间后，与没有加入营养盐的对照相比，污染物的降解速率加快了。毒性试验也表明治理后的环境并没有产生负效应，沿岸的海域没有产生富营养化现象。于是，生物修复技术被推广到整个污染海滩，并取得相当成功。生物修复技术成为治理石油污染的一项重要清洁技术。

(三)农药污染的生物修复

目前，全世界化学农药的年产量已达 200 万吨(原药)，品种已超过 1 000 种，常用的有 300 多种。我国沿海各县每年使用的农药达 18 万吨。海洋环境虽然不是农药的直接使用区，但由于水体及大气的传送作用，海洋环境在不同程度上也受到农药的污染，滩涂和沿岸水体尤其严重。据估计，全世界生产的 DDT 大约有 25%被转人海洋，虽然有的国家已禁止使用或停止生产，但因其在环境中十分稳定，不易被分解，易被海洋生物吸收、累积，毒性又较大，污染也较严重。DDT 的主要代谢机制是还原去氯，转化成 DDD(TDE)，进一步的降解机制尚不清楚。DDD 的毒性强于 DDT，因此寻找能降解 DDD 的高效菌，对于治理污染环境是非常必要的。

(四)赤潮灾害的生物防除

赤潮是在一定的环境条件下，海水中某些浮游植物、原生动物或细菌在短时间内突出性增殖或高度聚集引起的一种生态异常，并造成危害的现象。随着人类活动的增加，海洋污染的加剧，沿海海域的赤潮现象日益频繁，对海洋水产和整个海洋环境产生严重的负面影响，

直接或间接地影响了人类自身的生活景观、经济生产，威胁到人类的身体健康和生命安全。日本濑户内海于20世纪70年代初平均每年发生赤潮326次，80年代以来，经治理，平均每年仍发生赤潮170～200次。福建省1989～1991年的三年间共发生赤潮12起，其中4起造成鱼、贝类大量死亡，损失达数千万元。1998年粤港、珠海万山群岛等海域发生赤潮，导致养殖业遭受数亿元的损失。寻求赤潮防治途径是目前世界上热门的研究课题。目前对赤潮的防治，主要是采取化学方法。化学方法防治虽可迅速有效地控制赤潮，但所施用的化学药剂给海洋带来了新的污染。因此，越来越多的人将目光投向了生物防治技术。

关于生物防治，有人建议投放食植性海洋动物如贝类以预防或消除赤潮，这看起来是一条有效的途径，但不能不考虑有毒赤潮的毒素会因此而富集在食物链中，可能产生令人担忧的后果。因而，更多研究者把目光投向微生物的修复作用。近期，国外发现了一种寄生在藻类上的细菌，它们专性寄生在这些藻类的活细菌中，可逐渐使藻类丝状体裂解致死；某些假单胞菌、杆菌、蛭弧菌可分泌有毒物质并释放到环境中，抑制某藻类如甲藻和硅藻的生殖；细菌亦可直接进入藻细胞内而使藻细胞溶解，有研究者从水体中的铜绿微囊藻中分离出一种类似蛭弧菌的细菌，这种细菌能够进入铜绿微囊藻并使宿主细胞溶解。有研究也表明，病毒在赤潮的生消中起着重要的作用。因此，利用微生物如细菌的抑藻作用及赤潮毒素的有效降解作用，使海洋环境保持长期可靠的生态平衡，从而达到防治赤潮的目的，就可避免上述缺点，这也是微生物防治的优越性。

赤潮灾害及其污染的生物修复的可能途径：一方面，在赤潮衰亡的海水中，分离出对赤潮藻类有特殊抑制效果的菌株；另一方面，采用基因工程手段，将细菌中产生抑藻因子的基因或质粒引入工程菌如大肠杆菌，并进行大规模生产可能是生物防治的有效出路。

（五）海洋环境中病原菌污染的生物修复

病原微生物的污染是一类重要的海水污染类型。一类是海域原来存在的有毒微生物类群，另一类是人类生活和生产中排出的废水、污水中含有大量的病原微生物。它们在一定条件下，可造成海水环境严重污染，甚至引起疾病流行，严重危害人类健康。

生物修复是治理海洋环境污染、海洋生态系统功能紊乱的一副良药，费用低、副作用少；污染前预防，污染后治理。但正像许多疾病一样，应对症下药，对于不同的污染物应采取不同的生物修复方案。成功应用生物修复技术是建立在一系列数据分析的基础上，主要有三方面的因素：污染物、可降解的微生物和相关的环境因子。同时，目前生物修复技术推广应用也还存在许多问题，这些前面已有讨论，但仍是很有发展潜力的环境清洁技术。

为进一步提高生物修复的治理效果，获得海洋环境污染治理新突破，其发展前景在于采用新工艺手段，生产易于生物降解的化合物，合成具有特殊降解能力的工程菌，从而减少污染物在环境中的累积、转移，保持生态系统的平衡，实现海洋环境的可持续发展。

第五节　环境污染预防的生物技术

一、清洁生产技术

（一）分解尼龙寡聚物的基因工程菌

尼龙寡聚物在化工厂污水中难以被微生物分解。目前已经发现在黄杆菌属、棒状杆菌属和产碱杆菌属细菌中，存在分解尼龙寡聚物的质粒基因。但上述三属的细菌不易在污水中繁殖。利用基因重组技术，可以将分解尼龙寡聚物的质粒基因，转移到污水中广为存在的大肠杆菌中，使构建的工程菌也具有分解尼龙寡聚物的特性。

（二）清除石油污染物的基因工程菌

在前面提及的石油污染的生物恢复技术中，有效微生物的选育是最为关键的过程。实际上，也可利用基因工程技术来构建工程菌以清除石油污染物，这是生物恢复技术的发展方向之一。据报道，美国人率先利用基因工程技术，把 4 种假单胞杆菌的基因组导入同一个菌株细胞中，构建了一种有超常降解能力的超级菌。这种超级细菌降解石油的速度奇快，几小时内就能吃掉浮油中 2/3 的烃类；而用天然细菌则需一年多才能消除这些污油烃。综前所述，将基因工程技术应用到环境保护和污染治理方面已取得一定的成就，但基因工程菌的应用仍有许多问题需要加以解决。其一是工程菌的遗传稳定性问题。工程菌如果能稳定遗传下去，其作用是不可估量的，但事实上许多工程菌仅能维持几代就会丧失其特异性状。其二是工程菌的安全性问题。这不仅涉及技术上的问题，而且关系到社会的安定和人们的认识观。工程菌释放到环境中会带来什么样的后果尚不得而知，需要加以考察和监测。

二、环境友好型材料开发中的生物技术

合成高分子材料具有质轻、强度高、化学稳定性好以及价格低廉等优点，与钢铁、木材、水泥并列成为国民经济的四大支柱。然而，在合成高分子材料给人们生活带来便利、改善生活品质的同时，其使用后的大量废弃物也与日俱增，成为白色污染源，严重危害环境，造成地下水及土壤污染，危害人类生存与健康，给人类赖以生存的环境造成了不可忽视的负面影响。另外，生产合成高分子材料的原料——石油也总有用尽的一天，因而，寻找新的环境友好型材料，发展非石油基聚合物迫在眉睫，而可生物降解材料正是解决这两方面问题的有效途径。

（一）可生物降解材料的定义及降解机制

生物降解材料，也称为"绿色生态材料"，指的是在土壤微生物和酶的作用下能降解的材料。具体地讲，就是指在一定条件下，能在细菌、霉菌、藻类等自然界的微生物作用下，导致生物降解的高分子材料。理想的生物降解材料在微生物作用下，能完全分解为 CO_2 和 H_2O。

生物降解材料的分解主要是通过微生物的作用，因而，生物降解材料的降解机制即材料被细菌、霉菌等作用消化吸收的过程。

首先，微生物向体外分泌水解酶与材料表面结合，通过水解切断表面的高分子链，生成小分子量的化合物，然后降解的生成物被微生物摄入体内，经过种种代谢路线，合成微生物体物或转化为微生物活动的能量，最终转化成 CO_2 和 H_2O。在生物可降解材料中，对降解起主要作用的是细菌、霉菌、真菌和放线菌等微生物，其降解作用的形式有 3 种：生物的物理作用，由于生物细胞的增长而使材料发生机械性毁坏；生物的生化作用，微生物对材料作用而产生新的物质；酶的直接作用，微生物侵蚀材料制品部分成分进而导致材料分解或氧化崩溃。

（二）可生物降解材料的分类及应用

根据降解机制，生物降解材料可分为生物破坏性材料和完全生物降解材料。生物破坏性材料属于不完全降解材料，是指天然高分子与通用型合成高分子材料共混或共聚制得的具有良好物理机械性能和加工性能的生物可降解材料，主要指掺混型降解材料；完全生物降解材料主要指本身可以被细菌、真菌、放线菌等微生物全部分解的生物降解材料，主要有化学合成型生物降解材料、天然高分子型和微生物合成型降解材料等。

近年来，随着原料生产和制品加工技术的进步，可生物降解材料备受关注，成为可持续、循环经济发展的焦点。目前我国生物降解材料开发和应用领域，在自主知识产权、创新型产品等方面的研发能力、投入量等方面均有待提高，生物降解材料的回收处理系统还有待完善。为了更好地实现可生物降解材料的产业化，今后还应该在以下几个方面做出努力：一是建立快速、简便的生物降解性的评价方法，反映降解材料在自然界中生物降解的实际情况；二是进一步研究可生物降解材料的分解速率、分解彻底性以及降解过程和机制，开发可控制降解速率的技术；三是通过结构和组成优化、加工技术及形态结构控制等，开发调控材料性能新手段；四是为了提高与其他材料的竞争力，必须研究和开发具有自主知识产权的新方法、新工艺和新技术，简化合成路线，降低生产成本，参与国际竞争。

第十二章　现代生物技术的安全性

第一节　生物技术的专利保护

当今世界，随着生物科学和工程技术的发展，人们在生物领域实施各种技术控制和技术干预已成为现实，比如，可以利用发酵工程、酶工程、基因工程、细胞工程及蛋白质工程等创造新物种或新的生命物质已不再是幻想。与此同时，生物技术产品和工艺在发展中凸显出巨大的经济价值。为此，将生物技术的发明创造纳入专利保护也是大势所趋。

一、生物技术专利保护概述

（一）生物技术专利保护的重要性

二十多年来，现代生物技术的发展在全球范围内方兴未艾，尤其是在医药和农业方面，取得了令人瞩目的成就。在生物技术领域取得的每一项创新性的、具有潜在经济价值的研究成果，都需要高度密集的专业知识作依托，先进的实施条件作支撑，巨额的资金作保障。但如果研究出来的成果得不到保护，合法的发明人和投资者不能得到相应的经济上的回报，则这样的成果就难以转化为社会生产力，这样就会影响相关产业及技术的进一步发展，甚至会影响社会科技的进步。为此，现代生物技术领域也同其他学科领域一样，采取切实有效的措施来保护创造和发明是非常重要的。

（二）生物技术专利保护与知识产权

目前生物技术领域的发明创新者可以用各种不同的形式来保护他们的权益，这种权益在法律上统称为“知识产权”。知识产权包括专利、商业秘密、版权和商标四大类，其中最重要的是专利，取得专利的发明创造者由国家颁发专利证书。早期欧洲各国的王室和皇家通常都向发明人颁发这种证书，赋予发明人对自己的发明成果的独占经营权。这种做法既鼓励了发明创造，也推动了生产力的迅速发展。后来，衍变成现在流行的专利制度。对于生物技术而言，专利也同样是知识产权最重要的形式。一方面，一项专利就是一份法律文件，它可以赋予专利拥有者以特权来完成其发明的商业开发过程；而且，在一项专利的基础上，专

利拥有者可以从最初的发明直接开发出其他衍生产品。对其他竞争者来说则需要购买这种权利来开发该发明衍生出来的产品。另一方面，一项专利又是一份公开的文件，它必须包含发明的详尽说明，因此它可以告诉其他人该项发明的本质和局限性，让人决定是否还应在某一方向上继续工作下去，或是考虑干脆购买这项已获专利的发明，以加快新产品的开发进程。随着世界范围内科学技术交流的加快、应用范围的扩展，专利保护就越发显得尤其重要。同时，各国的专利法之间差异很大，国际通用标准正在发展酝酿之中。通常情况下，自开始申请专利起，要花 2～5 年的时间申请才能被批准。由于一项专利被批准以后，都具有潜在的巨大商业价值和可观的经济效益，因此，为了公平、公正，对发明的认定和对专利申请的受理、批准都必须有一套非常严格的衡量标准。

（三）生物技术发明创新专利保护的发展背景

尽管人类应用生物技术有上千年之久，并且已经在人们生活的各个角落生根、开花和结果，但在专利制度创建之初，生物技术发明创新总是被拒之于专利大门以外，专利保护范围只局限在用化学或物理方法的创造发明。造成这种状况的原因在于，专利法是以技术内容为其保护对象的，包括技术方法和运用技术方法做出的结果，并且要求技术内容应体现人们运用自然规律实施的控制和干预，而且这种控制和干预程度需体现技术的含量。过去人们对生物方法的运用程度远没有达到像对化学和物理方法那样的运用程度，当人们利用化学或物理方法实施控制和制造的产品已达到相当水平的时候，而在生物方法的运用方面却还极为有限。正是因为早期的生物技术主要是依靠生物界的自然因素选择那些优良性状的菌种并加以应用，绝大部分属于经验继承的范畴，所以在很长时间内生物技术发明被排除在专利保护之外。

如今，这种状况发生了很大的变化，随着生物科学与工程技术的发展，人们在生物领域实施技术控制和进行技术干预已成为可能，例如，通过发酵工程、酶工程、基因工程、细胞工程、蛋白质工程等创造新物种或新的生命物质已成为现实。同时，生物技术产品和工艺在社会发展中凸显了巨大的经济价值。因此，将生物技术创造发明纳入专利保护也就成为必然趋势。

二、生物技术发明创新专利的特点

生物技术发明创新专利也同其他专利一样，是由专利局授权许可的一种合法权利，它以国家立法的形式赋予发明创造以产权属性，包括经济权利和精神权利，并以国家行政和司法力量确保这些权利得以实现。

(一)专利权的主要特点

1.独占性

独占性又称排他性、垄断性、专有性。独占性是指对同一内容的发明创造,国家只授予一项专利权。被授予专利权的人(专利权人)享有独占权利,未经专利权人许可,任何单位或个人都不得以生产经营为目的制造、使用、许诺销售、销售、进口其专利产品,或者使用其专利方法及使用、许诺销售、销售、进口依照该专利方法直接获得的产品。如果要实施他人的专利,必须与专利权人订立书面实施许可合同,向专利权人支付专利使用费。

2.地域性

地域性即空间限制,是指一个国家或地区授予的专利权,仅在该国或该地区才有效,在其他国家或地区没有法律约束力。因此,一件发明若要在许多国家得到法律保护,必须分别在这些国家申请专利。

3.时间性

时间性指的是专利权有一定的期限。各国专利法对专利权的有效保护期限都有自己的规定,计算保护期限的起始时间也各不相同。例如,我国《专利法》规定:“发明专利权的期限为二十年,实用新型专利权和外观设计专利权的期限为十年,均自申请之日起计算。”

(二)授予专利的发明应具备的条件

在专利申请被审查并被授权后,专利以书面的形式存在。内容包括发明者的姓名(如果发明者与专利人不同,则还要写明专利人的姓名)、对专利的简介以及相关的权利。

授予专利的生物技术发明必须满足四个条件。

(1)发明必须具有实用性。

(2)发明必须具有创造性,以前完全没有做过。

(3)发明必须具有新颖性,它在其特定的领域并不是一项显而易见的普通技能。

(4)在申请专利说明书中对发明做详尽的描述,使在同一领域的其他人能够了解执行。

(三)授予生物技术发明专利的局限性

《专利法》保护发明创造,但并不是所有发明创造都受《专利法》的保护。对于生物技术发明创造来说,它们与其他领域内的技术发明不同,通常与生物材料有关,这给对它们进行法律保护带来一些特殊的困难。对于生物技术发明创造专利的界定关键在于专利申请必须是与生命物质有关的发明,同时对该项发明应给予多大范围的保护。在中国《专利法》的规定中,与生物技术相关的发明创造中有几项不授予专利权,包括科学发现、疾病的诊断及其治疗方法、动植物品种等。

科学发现是指人们揭示自然界早已存在、但尚未被人们认识的客观规律的行为。科学发现不同于科学发明，因为它并不直接设计或制造出某种前所未有的东西，它只是一种正确的认识。科学发现，包括科学理论，从一定意义上讲，也是人们通常所讲的发明创造，但它有别于《专利法》中所规定的发明创造，因而不能授予其专利权。例如发现一条自然规律或者找到一种新的化学元素都不能获得专利。但应指出的是，科学发现是科学发明的基础，如果将新发现的化学元素与其他物质用特殊的方法结合而产生一种新的组合物，这种新的组合物若有新的用途，则是发明，属于《专利法》保护的范畴。不过，对于生物技术方面的科学发现的保护也可以通过其他形式，例如版权、保密等形式实现。

疾病的诊断和治疗方法是以人体（包括动物）为实施对象的而不能在工业上应用，所以不属于《专利法》所称的发明创造，因而不受《专利法》的保护。如西医的外科手术方法、中医的针灸和诊脉方法，都不属于《专利法》保护的对象。但是诊断和治疗中所用的仪器、器械等医疗设备，都可以在工业上制造、应用，因而可以获得专利权。

动植物品种发明是指新的动植物品种的培育。目前，世界上有美国、法国、德国、日本、意大利、丹麦、瑞典等国授予植物新品种专利权；罗马尼亚、匈牙利授予动物新品种专利权。他们认为，动植物新品种和其他发明一样，具有新颖性、创造性、实用性，理应受法律保护。中国不对动植物品种授予专利权，但对培育动植物新品种的方法，可依照《专利法》的规定授予专利权。应当说明的是，国内已于 1997 年 3 月经国务院批准颁布了《植物新品种保护条例》，自 1997 年 10 月 1 日起实行。该条例中明确规定，对凡属经过人工培育或者对发现的野生植物加以开发，获得具有新颖性、特异性、一致性和稳定性并有适当命名的植物品种，经植物品种保护机关审查批准后，将对完成育种的单位或者个人授予品种权予以保护。

三、现代生物技术专利类型

根据现代生物技术发明专利的特点，可以将其分为产品发明专利、方法发明专利和生物特性的应用发明专利三大类。

（一）产品发明专利

产品发明专利是现代生物技术专利申请中最为普遍的一类，它主要包括动植物新品种，新的微生物重组菌，新的宿主细胞类型以及其他一些现代生物技术中常用的单一物质和复合体，如新载体、新的限制性内切酶等。过去，人们一直就有为农业、发酵、医疗和药用工业的发明申请专利的传统，这些传统意义上的生物技术专利为社会的进步和发展做出了极为突出的贡献。例如，早年路易斯·巴斯德就申请了一项发酵法制备啤酒过程的专利。随着现代生物技术的发展，特别是 DNA 重组技术、杂交瘤技术等分子生物学技术的应用，使得现代生物技术在专利申请上具有更大的发展空间。通过采用基因工程技术创造的新物种，就是这方面专利申请的范例。

(二)方法发明专利

方法发明专利主要包括改造动物、植物、微生物甚至生物部分组织的方法,分离、纯化、增殖和检测生物或生物类物质的方法等。例如,利用 Ti 质粒转化植物细胞的方法(美国专利号 4459355)、cDNA 克隆的方法(美国专利号 4440859)、组建含有编码人的干扰素基因的重组质粒的方法(美国专利号 4686191)等,其中最著名的方法发明就是 PCR 技术,这项发明是 1985 年由美国的 Cetus 公司人类遗传研究室的 Mullis 完成的,它被认为是现代生物技术的一次革命,现在已被广泛地应用于涉及生物技术的各个领域。

(三)应用发明专利

应用发明专利主要是指对植物、动物、微生物和生物类物质新的应用。例如,有一项应用发明专利是对一种克隆载体的应用,该项发明包括载体本身以及相应的真核宿主细胞的培养。这项专利中的真核宿主细胞本身不能产生胸苷激酶,如果培养基中没有胸苷激酶,那么该真核宿主细胞即不能生长。专利中的克隆载体则带有编码胸苷激酶的基因,它转入该真核宿主细胞以后,细胞能在没有胸苷激酶的培养基中生长。这一应用发明于 1984 年获得了欧洲专利局的应用发明专利,专利号为 0022685。

目前已经批准的专利包括对核酸序列、酶、抗生素、克隆基因、杂合质粒、基因克隆或生物活性物质的纯化方法,以及经过基因工程改造修饰过的微生物、植物和动物。其中值得一提的是对克隆的人的基因(包括 cDNA)申请专利的问题。由于人类目前已发现有几千种遗传病,因此,对于各遗传病目的基因拥有专利无疑将使专利拥有者在这种遗传病的治疗竞争中处于有利的地位,同时就其专利本身而言,也具有重大的经济价值和社会价值。

四、生物技术发明专利保护的紧迫性及负面影响

(一)生物技术发明专利保护的紧迫性

生物技术研究开发的高投入和高风险性决定了对其实施保护的重要性。专利保护是实现其投资补偿和确保其良性循环的有利法宝,许多国家都视其为生物技术生存发展的关键。

1.发达国家在生物技术专利保护方面的做法

以美国为代表的一些发达国家,他们在生物技术专利,尤其是基因专利保护方面表现出了不同寻常的超前意识。他们采取抢占基本专利、向专利禁区挑战、先期收购专利和专有技术等基本策略,不失时机,先发制人。例如,1990 年 10 月,美国国立卫生研究院(MIH)在对其所分离出的 347 个 DNA 片段的功能和应用还一无所知的情况下就将其申请专利;

1991 年6 月 20 日,MIH 又把从人体细胞中分离出来的 315 个不同 DNA 序列直接提交专利局,要求申请专利,却未阐明它们的功能及应用。紧随其后,英国医学研究委员会和其他一些同行也效仿美国,在抢夺基因的基本专利上展开了一场前所未有的竞争与较量。

人类基因组计划取得的进展推动了基因专利争夺战的进一步升级。据日本特许厅调查,1995 年世界各国在生物领域提出的专利申请为 1 063 件,而 2001 年"解读人类染色体之后"的专利申请就超过 5 000 件。1995 年这种专利申请在整个生物领域仅占 30%,到 2000 年则超过了 50%,这说明世界上生物技术专利争夺战已经达到白热化的程度。

2.我国在生物技术专利保护方面的做法

我国生物技术研究起步较晚,资金少、基础差,条件比较艰难且被国外的专利申请抢占了大部分国内市场。截至 1994 年初统计,外国已在我国申请生物工程方法和产品专利共 518 件,其中 200 件已经授权;此外,还有一些项目已在我国申请行政保护。在这种情况下,我国某些投入大量资金开发的生物技术项目,在后期实施产业化的过程中,因遇到国外专利在先的冲击而造成法律障碍的事件已有发生。

自 2001 年 12 月 10 日起,我国已正式成为世贸组织成员。今后,我们必须遵照世贸组织的规则进行一切经济和科学研究活动。

3.关于生物技术专利保护方面的建议

我国在科学发明方面,以往的做法是申报研究成果,申请新药证书等。而现在,采用成果和新药证书等形式已不再能够保护我们的知识产权了,我们必须依靠专利。相对于应用性成果来说,专利则更加可靠、唯一,便于保护。即使是创新性成果,如果未申请专利,不仅无法保护,而且在成果的鉴定、评奖乃至再转让等过程中,会使成果公开化,这就为成果的失密和成果被他人抢先申请专利创造了机会。因此,今后对这类研究成果,理想的做法是先申请专利,否则会存在侵权风险。

为了保护自己的利益和知识产权,我们必须认清申请专利是唯一出路。我们应该向国际上在知识产权保护方面做得好的国家学习,积极实行"设计未动,专利先行"的政策。如果现在还意识不到这一点的话,我们将在未来为专利的使用权上付出高昂代价。

当前,生物技术正处在一个飞速发展时期,近十年来大量专利申请的不断涌现是形成巨大产业的前奏,我们必须抓住这一机遇,不断加快生物技术创新发明的步伐。生物技术工作者在研究、开发和应用的过程中,绝不能忽视对生物技术发明的保护。

(二)生物技术发明专利保护的负面影响

任何事物都有其两面性,发明专利保护也是如此。特别是生物技术发明专利,虽然能够对发明给予有效保护,但是它也存在着严重的缺点。首先,专利权的垄断性使专利拥有人具有决定专利转让价格的权力。对一些具有很高应用价值的专利,其转让价格也相对较高,这一点对贫困的国家而言是很难承受的。其次，一项重大的发明的取得是极其缓慢的，是渐进式的，有许多研究人员及研究机构为这样的重大发明做出了很大贡献，但最终也只有小部分人能够拥有专利权，而许多做出贡献的研究人员和机构却榜上无名，这显然影响了他们投资和工作的积极性，并因此而减慢了科学技术与社会发展的步伐。

关于这方面的例子还有很多。美国的一家名为 Myriad Genetics 的公司发现携带有 BRCA1 和 BRCA2 基因的妇女更容易患上乳腺癌。就这项“发明”，他们曾对数项专利提出申请，首先在美国提出，1995 年以来也向欧洲专利办公室提出过。授予这些专利意味着现在只有他们才能对全世界的乳腺癌 DNA 测试制定规则。不幸的是，这种情形并非只有 Myriad Genetics 一家。近来有 39 家跨国医药公司因南非使用抗艾滋病的专利药品而对其提起诉讼。美国孟山都公司把获得专利的不能产生种子的转基因种子卖给发展中国家。因为这些种子是不能产生新种子的，这样一来，新种子只有孟山都公司能够生产，这意味着那些农民不得不每年从孟山都公司购买新种子。现在，美国的实验室已经停止了血液色素沉着病的临床遗传检验服务，原因是使用专利的成本太高。现在，很多分子遗传学发现在临床实践中具有很高的价值，而且这些发现也已经能够商业化，但是却因为其昂贵的价格而无法得到应用。这一矛盾已经引起人们越来越多的关注，而美国实验室此举则是证明这一关注并非没有道理的第一证据。专利对于保证成本高昂的研究工作得到应有的回报固然是重要的，但专利使用费也固然应该更加切合实际，因为它们是为了促进而不是阻碍科学进步的。

上述事例提醒我们，在完善和加强专利保护的同时也应该注意到由专利本身带来的一些负面影响。

第二节 生物技术的安全性

通过对生物技术相关知识的学习，我们了解到，作为以生物技术为基础的每一项产品和工艺中，都需要知识的高度密集，需要先进的科研条件，也需要高额的投资。因此，如何采取行之有效的举措来保护这些生物技术的产品和工艺，以确保合法的发明人和工业投资者都能得到经济利益方面的回报，就必须要了解和掌握生物技术安全性的知识。

一、生物技术的安全性概述

(一)生物安全的概念

对于“生物安全”这一概念的界定，存在不同的理解。广义的生物安全是指在一个特定的时空范围内，由于自然或人类活动引起的外来物种入侵，并由此对当地其他物种和生态系统造成改变和危害；人为造成环境的剧烈变化对生物多样性产生影响和威胁；在科学研究、

开发、生产和应用中造成对人类健康、生存环境和社会生活有害的影响等。狭义的生物安全特指通过基因工程技术所产生的遗传工程体及其产品的安全性问题。由于DNA重组技术是作为现代生物技术的核心，因此，谈及现代生物技术的安全性一般指狭义的生物安全。

(二)人们对生物技术安全性的争议和担忧

生物技术，本来是以一种为人类谋福利的姿态出现的，然而它本身却可能潜藏着某种危机。人类社会从很久以前就一直安全地利用生物技术产品和工艺，但是，随着生物技术日新月异的发展，特别是基因工程技术的诞生，人们对其可能产生的后果越来越担心。起初，人们还在对食用一些经辐射处理的作物和食品产生的后果争论不休，但我们突然间又发现，这种危害与基因工程技术所带来的后果相比简直就是微乎其微。而更关键的是，基因工程已经渐渐地渗入了我们的生活，并影响着我们的饮食起居。基因工程作为科学发展的成果，它为我们人类带来的是幸福还是祸患，不同处境、不同立场的人有不同的见解：科学家和商人大都对其贡献赞叹不已，认为基因工程是20世纪生物工程的一项重大创举；而环保人士和一般市民则质疑基因工程的产物对人类和自然生态的安全性。

事实上，生物技术的安全性很早以前就引起过人们的争论，并产生种种担忧。人们的担忧主要有以下几个方面。

(1)基因工程对微生物的改造是否会产生某种有致病性的新微生物，而这些新的微生物都带有特殊的致病基因，如果它们从实验室逸出并且扩散，势必造成类似鼠疫那样的可怕疾病的大流行。

(2)转基因作物及食品的生产和销售，是否对人类和环境造成长期的影响；擅自改变生物基因是否会引起一些难以预料的危险。

(3)分子克隆技术在人体上的应用将造成巨大的社会问题，并对人类自身的进化产生影响；而应用在其他生物上同样会具有危险性，因为所创造出的新物种可能具有极强的破坏力而引发一场灾难。

(4)生物技术的发展将不可避免地推动生物武器的研制与开发，使笼罩在人类头上的阴影愈来愈大。

(5)动物克隆技术的建立，如果被某些人用来制造克隆人、超人，将可能破坏整个人类的和平。可以说，这种种忧虑在理论上都是很有道理的，并且都存在着实现的可能性。令人值得庆幸的是，人们(包括科学家与公众)从生物技术诞生之日起就对生物技术的安全性问题一直加以关注并采取了积极的防范措施，因此截至目前，尚没有出现大规模的灾难。

二、基因工程作物的安全性

(一)基因工程作物的概念

基因工程作物又称为转基因作物,是指利用以DNA重组技术为核心的现代生物技术,将外源基因整合于受体作物基因组,通过改造作物的遗传组成所获得的具有某种新的遗传特性的作物。基因工程作物通常至少含有一种非近源物种的遗传基因,如其他植物、病毒、细菌、动物甚至人类的基因。

(二)基因工程作物及其产品的潜在风险

基因工程作物及其产品在以下几个方面存在潜在风险。

1.基因转移

通过传粉植物可将基因转移给同一物种的其他植物,也可能转移给环境中的野生亲缘种。

(1)可能引起杂草化。植物通过传粉进行基因转移,可能将一些抗虫、抗病、抗除草剂或对环境胁迫具有耐性的基因转移给野生亲缘种或杂草。在自然环境中,如果野生亲缘种获得了这些抗逆基因,其表达的性状将对该野生植物种群及其与病、虫体天然种群间的互相作用产生一定影响。杂草具有种子多、传播力强和适应性强等特点,它一旦获得转基因生物体的抗逆性状,将在农业生态系统中比其他作物具有更强的竞争能力,由此影响其他作物的生长和生存。

(2)可能导致遗传多样性和物种多样性。如发生转基因作物与其他植物杂交,并大规模释放,则近缘劣势显现,降低物种多样性和遗传多样性。例如在推广杂交水稻的同时,地方水稻品种很大程度被取代,一些地方品种的基因流失掉了;由于地方品种的一再缩小,它们发生近亲繁殖、遗传漂变、基因随机固定和丧失,从而使基因多样性枯竭。

2.新性状对目标和非目标生物的影响

转基因植物的抗虫、抗病和抗除草剂等新性状不仅对目标生物的种群大小和进化速度产生直接的影响,而且也对非目标生物,特别是有益生物和濒危物种产生直接或间接的影响。由于杂草、昆虫和微生物都趋于使其种群及其个体的相关性状向最适应的生存环境方向演化,因此,转基因植物的广泛使用将可能有利于选择在抗性上更强的害虫和致病体的遗传种群。

3.抗病毒转基因

大田作物中的转基因病毒序列有可能与侵染该植物的其他病毒进行重组,从而提高新病毒产生的可能性。由于作物转基因活生物体的病毒基因随时随刻都生活在寄生植物的细

胞里，因此随着释放规模的增加，将有可能提高相关病毒的重组风险。

4.毒性和过敏性

大多数作物转基因活生物体可作为人类食物和动物饲料，如果转入的外源基因增加了受体植物的毒性，则会对人类或其他动物健康造成威胁。此外，自然界有许多物质是人类的变应原，如果外源基因转入受体作物后，其产物是人类的变应原，那么，将增加受体作物的变应原性。

5.破坏生物多样性

由于转基因作物的经济效益高，随着这些作物的推广，原有的品种会逐渐消失，最终将可能出现人工物种取代天然物种的现象，将会导致自然界的多样性受到严重破坏，由此可能会改变自然界的营养循环，同时也就改变了自然界的生物链。

（三）基因工程作物推广使用过程的重要事件

自1983年世界首例转基因作物问世以来，科学家对转基因作物的安全性进行了大量的研究，近年来引起社会广泛关注的代表性事件如下：

(1)为了改良大豆营养组成，曾将巴西豆的基因转入大豆。而有些人对巴西豆蛋白过敏。1996年，Nordlee等报道，转基因大豆中含有巴西豆的变应原，可能会引起部分人群发生过敏反应。该产品投放市场的计划因此而终止。

(2)1998年秋，苏格兰Rower研究所Pusztai报道，用转雪花莲凝集素基因的马铃薯饲喂大鼠后，大鼠体重及器官质量明显减轻，免疫系统受损。英国皇家学会对此组织评议并指出，该研究缺乏科学性，在试验设计、方法、研究结果及数据分析等方面都有严重缺陷，如供试的动物数量太少、未用大鼠的标准饲料、未添加蛋白质从而造成大鼠饥饿、统计方法有缺陷、实验结果无一致性等。

(3)1999年，美国康奈大学Losey等报道，将转基因玉米花粉撒在黑脉金斑蝶幼虫的食物马利筋叶片上，然后将它饲喂黑脉金斑蝶幼虫，与对照组相比，黑脉金斑蝶幼虫生长缓慢，4 d后幼虫死亡率为44%。其实，杀虫蛋白也能杀伤玉米螟以外的某些非目标昆虫是早已知道的事实。这项结果是在人为条件下强制给黑脉金斑蝶幼虫饲喂大量玉米花粉的实验中得到的，而玉米田边杂草叶片上散落的花粉数量则要少得多，因此实验室的结果并不能完全反映田间的实际情况。

大规模应用转基因生物已有十几年的历史，截至目前尚未出现因转基因生物引起危害的事件。2000年7月11日，中国科学院和英国皇家学会、美国科学院、巴西科学院、印度科学院、墨西哥科学院以及第三世界的科学院就“转基因植物和世界农业”发表联合声明指出，转基因技术在消除第三世界的饥饿和贫穷方面具有不可替代的作用，同时认为应加强转基因生物的安全性研究，以确保转基因生物研究与应用的健康发展以及环境和食用的安全性。

三、基因工程动物的安全性

(一)基因工程动物的概念

基因工程动物是指人类按照自己的意愿,通过现代生物技术手段有目的、有计划、有预见地改变动物的遗传组成所培育出的新型动物。从1980年年底至1981年,世界上有6个研究小组相继报道成功地获得了转基因小鼠,开创了基因工程动物研究的先河。自此,多种基因工程动物相继培育成功。目前,包括采用微注射、胚胎干细胞、基因敲除等多种手段对动物内源性基因组进行改造和修饰的,都属于动物基因工程的范畴。

(二)基因工程动物的潜在风险

对基因工程动物的研究和应用相对滞后于基因工程植物。除在转基因药物生产和作为生物反应器方面的工作已达到实用化水平外,转基因动物作为食品和饲料尚没有一例在中国获准进行试用和商品化生产。因为动物的遗传和生理特点有其特殊性,所以转基因动物的潜在生态风险与转基因植物有所不同。它们的主要潜在风险包括以下几方面。

1.外源表达物对人体可能产生毒性和过敏性

某些外源蛋白和其他物质在受体动物表达后,作为食品进入人体可能使原来食用这类非转基因动物食品的人群出现某些毒理作用和过敏反应。

2.外源表达物可能影响人体的正常生理过程

为加快食用动物的生长发育,最常使用的供体基因是生长激素类基因,而同源或异源生长激素类的外源基因表达产物对人体生长发育的生理影响将是在短期内难以察觉的。

3.外源表达物可能对非目标生物产生的影响

如果受体动物是生态系统的被食者,那么外源表达物有可能对捕食者的生理产生影响,而且这种影响可以通过食物链影响更多的物种。

4.转基因动物种群可能对同种动物正常种群产生的影响

在某些情况下由于转基因动物在生长发育上占有优势,如与同种的非转基因动物发生竞争,结果可能导致正常自然种群的数量发生很大变化,甚至消失,从而造成种内遗传多样性降低。

5.改变种间竞争关系导致对生态系统的影响

鉴于转基因动物可以具有正常动物不具备的优势特征,因此在一定范围和程度上可以改变处于同一群落中不同物种间的竞争关系,进而引起整个生态系统发生变化。

四、基因工程食品的安全性

(一)基因工程食品的概念

基因工程食品是指利用现代生物技术手段.特别是转基因手段获得的食品。

(二)基因工程食品的潜在安全性问题

转基因食品本身的安全性问题一直是人们普遍关心的问题,其潜在的安全性主要包括以下几个方面。

(1)转基因食品中基因修饰导致了“新”基因产物的营养学评价(如营养促进或缺乏、抗营养因子的改变)、毒理学评价(如免疫毒性、神经毒性、致癌性或繁殖毒性)以及过敏效应评价(是否为过敏原)。

(2)由于新基因的编码过程出现差异造成现有基因产物水平的改变。

(3)新基因或已有基因产物水平发生改变后,对作物新陈代谢效应的间接影响,如导致新成分或已存在成分含量的改变。

(4)基因改变可能导致突变,例如,基因编码序列或控制序列被中断,或沉默基因被激活而产生新的成分,或使现有成分的含量发生改变。

(5)转基因食品加工过程中产生的残留物、食品中致病菌的污染以及转基因食品和食品成分释放到环境中引起的相关环境安全性问题。

五、基因重组微生物及其产品安全性

关于基因重组微生物潜在危险性问题的讨论,早在 20 世纪 70 年代微生物基因工程实验刚刚起步的时候就已经开始。1971 年,美国麻省理工学院的一些研究人员提出了将猴肾病毒 SV40 DNA 与噬菌体 DNA 进行重组,然后导入 *E. coli* 的设想。这项计划一经提出就遭到许多科学家们的反对。反对者认为,这种带有病毒 DNA 的重组 DNA 可能会从实验室中逸出,并随 *E. coli* 感染人体肠道,从而产生严重后果。研究工作没有进行。1972 年,美国斯坦福大学科学家 Berg 研究小组创造了第一个重组 DNA 分子,人们对重组 DNA 潜在危险性的关注程度又重新高涨。重组 DNA 研究创始人之一的 Berg 出于安全方面的考虑,主动放弃了将 SV40 DNA 导入 *E. coli* 的研究。随着时间的推移,参与讨论的范围从科学界扩展到群众团体。鉴此,美国 NIH 组成了一个重组 DNA 咨询委员会(Recombinant DNA Advisory Committee,RAC)对重组 DNA 潜在危险性进行专门研究。1974 年 7 月,RAC 在 Science 上发表了对生物危害的关键性建议公开信,要求在没有弄清重组 DNA 涉及的危险范围和程度,以及采取必要防护措施之前,暂时停止涉及组合一种在自然界还没有发现的、有产生活性病毒能力或带有抗生素抗性基因的新型有机体实验，和涉及将肿瘤病毒或其他动物病毒DNA导入细菌的实验。原因是这两类重组DNA可能更容易在人类及其他生物体内传播，可能造成癌症或其他疾病的发生范围扩大。

1975年2月，NIH在加利福尼亚召开了关于重组DNA潜在危险性的专题国际学术讨论会。与会代表经过激烈的辩论，达成了以下共识：①新发展的基因工程技术为解决一些重大的生物、医学问题和人们普遍关注的社会问题，包括环境污染、食品及能源问题展现了乐观的前景。②新组成的重组DNA生物体有可能会意外扩散，可能会存在不同程度的潜在危险，必须采取严格的防护措施。③目前进行的某些实验，即使是在最严格的控制之下，其潜在危险依然很大。在以上共识的基础上，会议主张制定一个统一管理重组DNA研究实验的准则，尽快研究不会逃出实验室的安全宿主菌体和质粒载体。1976年6月，NIH制定并正式公布了“重组DNA研究实验准则”，该准则规定了禁止若干类型的DNA重组实验，以及物理防护和生物防护两个方面的统一标准。“重组DNA研究实验准则”的公布和安全的宿主菌体和质粒载体的建立使重组DNA研究进入一个新的蓬勃发展阶段。

随着研究工作的深入，人们发现重组DNA研究的危险性并不像人们早期想象的那么严重。与自然界许多有害微生物相比，基因重组微生物在自然界扩散和造成危险的可能性要小得多。这是由于基因重组微生物具有一些特殊的生物学性状，有可能影响自然界存在的他种微生物，但这些性状和改变在人类的掌握与操纵之下；而自然界的有害微生物在外界各种辐射及其他不可知因素的作用下发生的基因突变，人类却无法预知和控制。此外，基因重组微生物在实验室中表现的性状有许多在自然界并不能显现，在自然选择压力下更有可能被淘汰。

目前，许多重要的医用产品如重组人胰岛素、生长素、白细胞介素等细胞因子、许多重组工业用酶都已经大规模发酵生产，这些产品中不存在经过基因操作的微生物活体，因而也没有重组微生物扩散问题，迄今为止尚没有造成健康和环境问题的报告。目前，研究人员也没有发现释放到环境中的重组微生物造成的不良影响。

与1976年正式公布的“重组DNA研究实验准则”相比，该准则已经进行过多次修改。目前，只要不向自然界扩散，实验室小规模重组微生物实验实际上已经不受到任何法规约束。但这并不意味着重组DNA研究不具有潜在的危险性，研究人员对此仍然要保持高度警惕和清醒的认识。

第三节　生物技术的社会伦理问题

现代生物技术与传统生物技术的最显著的区别在于前者是在基因水平上进行操作，改变已有的基因，改良甚至创造新的物种。但这一新技术将会带来什么后果无人知晓，这就是

现代生物技术自问世以来一直备受关注、争议颇多的根本原因。近年来，从技术的层面上讲，人们主要关心以下两个问题：①外源基因引入生物体特别是人体后，是否会破坏调节细胞生长的重要基因；是否会激活原癌基因，出现一些人们难以预料的后果；②基因上是否会导致极强的难以控制的新型病原物的出现。尽管这两个问题目前尚无明确的答案，但世界各国政府都对基因操作制定了严格的规则。

分子生物学家们受到来自动物保护组织的强大压力。把动物作为模型进行各种操作在动物保护者眼里是对所有动物(包括人类)的生存权的极大损害。他们强烈要求政府通过法律取缔所有动物实验。尽管美国等国家已有法律规定，当动物的生存权与人的生存权发生冲突时，以人的生存权更为重要，这样就在法律上肯定了在医学领域使用实验动物的合理性，然而长期以来动物保护组织并未因此善罢甘休。

生物技术革命的浪潮席卷全球，不仅带来了巨大的社会效益和经济效益，而且也对人们的传统观念造成极大撞击，引起了许多与生物技术有关的伦理问题。

一、克隆人的伦理问题

生命科学与人自身及人类社会的联系比其他任何自然学科都更加紧密，它关系到每一个人的命运，所以由此引发的争论当然也最激烈。克隆人引发的争论有技术上的，也有社会伦理方面的。其焦点问题还在于它带来了某些潜在的威胁和社会伦理方面的问题。克隆技术一旦用于人类自身，人类新成员就可以被人为地创造，成为实验室中的高科技产物，他们不是来自合乎法律与道德标准的传统的家庭，兄弟、姐妹、父母、子女之间的相互人伦关系必将发生混乱。人们很难想象和接受这种对人类社会基本组织——家庭的巨大冲击。这对人类社会现有法律、伦理、道德产生威胁，对人类的观念是严峻的挑战。

二、器官移植的伦理问题

当人体的某一器官出现病变导致功能衰竭、威胁到人的生命时，植入健康的器官代替原有的器官成为现代医学延长生命的重要手段。器官移植也被列入 20 世纪人类医学三大进步之一。每年数以万计的病人在进行器官移植后得以生存，肾移植的 10 年生存率已经超过 60%，心、肝、肺移植的 5 年生存率也已经达到 50%以上。人的某些器官丧失功能后，换个“零件”是目前唯一有效的治疗措施。器官移植业已成为当今医学发展最重要的方向之一。

然而，目前可供临床移植的器官严重缺乏，从供体中获得可供移植的人体器官也还存在各种法律问题。从技术角度而言，器官移植成功率的高低取决于供体器官的新鲜程度，那么何时摘取器官为好？如何确定人体的死亡？目前多数国家接受的传统的死亡标准，即以心跳、呼吸停止作为判定死亡的指标，然而此时作为移植的供体器官已经不很“新鲜”了，移植成功率受到影响。1997 年，日本正式实施的《器官移植法》中执行脑死亡标准，对器官移植的发展起到了推动作用。但是，目前世界上有很多需要进行器官移植的病人，而可供用于移植的器官远远不能满足需要，因此，即使有了"新鲜"的供体器官，还存在一个如何优先选择的问题。如何提高器官应用效率？如何选择优先标准才符合伦理道德？是病重者优先还是病症较轻但最有希望康复者优先？这是一个难以抉择的伦理问题。目前，猴子的头颅移植已经获得成功，成功进行人类头颅移植已为时不远。但是，经过头颅移植成功而救活的病人将面临何种伦理困境？尽管如此，器官移植的研究工作还要继续进行下去，并且会在发展中逐步解决面临的问题。

中国科学院院士、国内器官移植学创始人之一、原同济大学医学院（今华中科技大学同济医学院）教授裘法祖指出，21 世纪器官移植技术可能向两个方向发展：异种器官移植和细胞工程器官移植。

基因定点整合技术和体细胞克隆技术的成功使许多曾经讨论多年的重大科学工程问题又重新受到科学界的重视，其中最为明显的例子就是将猪改造成可供人类器官移植的器官供体动物。要将猪的器官供人体使用，首先必须克服超急性排斥、迟发性急性排斥和慢性排斥三大问题。人们已经知道，当猪的器官移植给人体后，人体中天然抗体会迅速结合到猪器官血管内壁细胞上，从而激活补体系统，使猪器官在几分钟内坏死；造成这种现象的原因是猪细胞表面存在一个 α(1→3)联结的半乳糖抗原表位造成表面抗原的差别；人体内有 1%的免疫球蛋白识别这个表位并发生交叉反应。目前采用的措施是用反义 RNA 阻止半乳糖苷转移酶的功能，或用表达 DAF 和 CD59 等基因方法阻断补体系统激活。上述方法对克服超急性排斥有一定的效果，但并未从根本上解决免疫排斥问题。阻断超急性免疫排斥反应的最根本、最直接的办法是将猪细胞内半乳糖苷转移酶基因从基因座上敲除，或用人类起相应作用的岩藻糖基转移酶基因去置换它，从根本上消除两种细胞表面抗原的差别，或通过置换整个 MHC 基因簇技术进一步消除两类器官的免疫学差别，同时应用现有的免疫抑制剂，猪的器官就可能成为供人类器官移植的丰富来源。

由克隆羊"Dolly"技术带动起来的研究领域之一是人类干细胞的研究。Dominko 和 Mitalipova 等(1998)报道，牛的卵母细胞可以使不同物种的体细胞染色质重新编程。这一研究结果证明异种核移植是可行的，因而可能有极大的医学价值。其意义在于不是用羊的去核卵母细胞去支持牛的体细胞发育，而是用动物的去核卵母细胞支持人的体细胞发育。如果人的体细胞核在动物卵母细胞刺激下恢复其发育全能性，通过异种克隆技术可以很容易地克隆人的体细胞，用于分离胚胎干细胞或其他干细胞用作基因治疗或基因修补；此外，使用动物卵母细胞还可以节约成本和避开使用人卵细胞存在的某些伦理问题。在不久的将来，研究人员可以按照每一位顾客的需要定做适合其自身需要的干细胞或在体外培养人类器官修补的材料，以便必要时使用。当然，在目前阶段用异体核移植技术去培育发育到高级

阶段人体胚胎还有许多技术难点和法律与伦理问题。随着细胞工程技术的发展,21 世纪我们有可能用细胞培养出新的器官。

三、基因“身份证”的伦理问题

伦理上的原因也让医生为难。因为在制作“基因身份证”时可以测出这个人基因有哪些缺陷,有哪些疾病易感基因。因为这涉及个人隐私,是否告诉对方让医生很为难。一旦告知,对方很可能背上沉重的心理负担。实际上,由于目前医学研究程度所限,即使一个人有疾病易感基因,也可能不发生疾病,即使产生了基因突变,也不意味着绝对会导致疾病产生。“人类身体机能太复杂了,就是把基因都研究清楚了,也并不代表着把所有疾病都研究清楚了”,但是某些国家保险公司获取投保人的基因资讯,对投保人进行限制、提高保费等要求,并作为依据拒绝赔付。某些公司聘用人员也利用基因资讯决定是否聘用。这给人们带来了许多困扰。

有的科学家有这样的论点:凡是科学技术上能够做的,就应该去做。现在,这一“技术至上”的观点已受到普遍质疑。目前不少科学家还是怀有一种理性的态度。如果由于担心目前尚未成为现实的克隆人可能引发严重的伦理问题而禁止克隆技术,那可能就是因噎废食了。目前西方反科技的思潮认为科学技术的本性就是坏的、恶的,当代的许多问题都是科学技术造成的。因此对克隆技术容易产生偏见,对此我们应保持清醒的头脑。但现代科学技术是如此发达、如此强大,它所可能引发的负面效应又是如此明显、如此严重。这就促使人们不能不思考科学技术如何更好地为人类服务的问题,从而呼唤伦理的规范和引导。这是为了科学技术更健康有序地发展,更好地造福人类。有人用电力技术的例子说明我们人类在新技术面前总能“自动”过关,甚至有人说“周口店人可能也讨论过能否被火烧死,但最后不是也过来了吗?”对于这样一种论证方式,需要注意的是:科学技术和人类文明的发展都不是线性的,今天的很多技术手段的负面效应是不可逆转的,有的甚至对人类具有毁灭性,不给人类“从头再来”的机会。当代的科学技术与从前的科学技术不可同日而语。在小羊多利诞生后不久,克林顿宣布禁止用联邦经费克隆人时说,“科学往往在我们懂得其含义之前就快速前进了。因此,我们有责任小心翼翼”。当代科学技术需要伦理的规范,这并非杞人忧天。科学上迈出的一小步,可能是人类发展的一大步,这一大步迈向何方,须三思而行。

随着人体胚胎干细胞和干细胞的研究进展,社会伦理和法律问题将会逐渐减少。1998 年12 月美国科学家汤普森在《科学》杂志上报道了他们成功地在体外培养并扩增了人体胚胎干细胞,建立了人体胚胎干细胞系。同时,美国科学家约翰也以人体原始生殖细胞建立了与人体胚胎干细胞功能相同的多能干细胞系。这些细胞经过数十代培养,仍保持作为干细胞的性状,其意义在于解决了干细胞的来源问题,但没有解决免疫排斥和社会伦理问题。李本富教授在发言中介绍，1999 年 12 月美国科学家库帕发现小鼠肌肉组织干细胞，可以“横向分化”为血液细胞。这一发现很快被世界很多科学家证实，并发现人的成体干细胞也有“横向分化”的功能，这种功能具有普遍性。比如造血干细胞可以“横向分化”为肌肉、肝脏和神经等组织的细胞。一旦“横向分化”的分子机制被研究清楚，人类就有望利用自身健康的组织干细胞诱导分化为病损组织的功能细胞，治疗自身的疾病。同时可以克服异体细胞移植带来的免疫排斥，解决干细胞的来源问题，弱化使用人体胚胎干细胞的伦理问题。

随着现代生物技术越来越多地介入现代生活，它与生物伦理学的矛盾也日趋尖锐。事实上生物伦理学作为一种哲学实践应紧密地与生物科技结合共同促进人类的进步。首先，现代生物技术与生物伦理学是紧密联系和相互促进的，他们分别作用于社会环境和自然环境，相互影响、相互作用，从人类活动的社会属性而言二者是辩证统一的。其次，生物伦理学作为高科技发展背景下产生的应用伦理学，属于一种发展伦理和责任伦理，应随着社会和科技的发展不断地调整着自身的秩序观，朝着“正义、正当、规范”为核心的现代伦理学方向发展。最后，现代生物科学应在新型生物伦理观的规范下健康发展，如科学家要有科学伦理道德观念等。现代生物技术作用于农业和医学等各个领域，不仅创造了大量的财富和拯救了无数生命，同时也带来了巨大的商机，但如果没有相关的政策和法规约束而无秩序地膨胀，将会给人类社会带来无穷的烦恼。荀子曰：“水火有气而无生，草木有生而无知，禽兽有知而无义，人有气有生有知亦有义，故为天下最贵也。”人始终凌驾于万物之上。因此，尽管科学技术是一把双刃剑，但只要掌握在人类的手中，在法律法规和人类伦理道德的共同制约下，就一定能造福于人类。

参考文献

[1]舒庆,余长林,熊道陵.生物柴油科学与技术[M].冶金工业出版社,2013

[2]杨玉珍,现代生物技术概论[M].河南大学出版社,2014

[3]刘莹,生物技术的发展[M].辽宁大学出版社,2015

[4]贺小贤.现代生物技术与生物工程导论[M].科学出版社.2016

[5]吕虎,华萍.现代生物技术导论[M].科学出版社.2014

[6]郑爱泉.现代生物技术概论[M].重庆大学出版社.2016

[7]张虎成.现代生物技术理论及应用研究[M].中国水利水电出版社.2015

[8]杨玉红,刘中深.生物技术概论[M].武汉理工大学出版社,2014

[9]宋思扬,楼士林.生物技术概论[M].第4版.科学出版社,2014

[10]刘桂林.生物技术概论[M].中国农业大学出版社,2013

[11]张永奎,兰先秋.现代生物工程与技术概论[M].化学工业出版社.2014

参考文献